卓越工程师教育培养计划食品科学与工程类系列教材

食品罐藏工艺学

汪秋宽 主编

科 学 出 版 社

北 京

内 容 简 介

本书为“卓越工程师教育培养计划食品科学与工程类系列教材”之一。全书共分五章：罐藏容器、食品罐藏原理、水产品罐藏工艺、家畜家禽罐藏工艺、果蔬罐藏工艺。每一章都设置了案例教学和思考题。全书注重知识拓展、教学内容和手段的改进，以加深学生对所学内容的理解掌握。教材更实质性地将罐头生产工艺技术与课堂内容融合在一起，通过学习，可较透彻地理解和掌握食品罐藏工艺技术，为食品新型产品的研究开发及生产企业的技术管理奠定基础。

本书可作为食品科学与工程和食品质量与安全应用型专业本科生教材，同时也可作为相关研究人员的参考书。

图书在版编目(CIP)数据

食品罐藏工艺学/汪秋宽主编．—北京：科学出版社，2016
卓越工程师教育培养计划食品科学与工程类系列教材
ISBN 978-7-03-046310-4

Ⅰ.①食… Ⅱ.①汪… Ⅲ.①罐头食品-食品加工-高等学校-教材 Ⅳ.①TS294

中国版本图书馆 CIP 数据核字（2015）第 267747 号

责任编辑：席 慧/责任校对：张怡君
责任印制：张 伟/封面设计：迷底书装

科学出版社出版
北京东黄城根北街 16 号
邮政编码：100717
http://www.sciencep.com
北京凌奇印刷有限责任公司印刷
科学出版社发行 各地新华书店经销
*
2016 年 1 月第 一 版 开本：787×1092 1/16
2024 年 4 月第九次印刷 印张：16 3/4
字数：397 000

定价：69.80 元

（如有印装质量问题，我社负责调换）

《食品罐藏工艺学》编写委员会

主　编　汪秋宽

副主编　任丹丹

编　委（以姓氏笔画为序）

包海蓉　任丹丹　刘登勇　何云海　汪秋宽

前 言

我国罐头行业属于典型的农副产品加工业，也是传统的出口创汇产业，在国民经济中具有很重要的作用。近年来，随着市场需求和科技研发能力的增强，高新技术在罐头加工业中得到了较为广泛的应用；罐头行业装备发展态势十分明显，高新技术得到了逐步推广与应用，如连续化去囊衣技术在酸性罐头（橘子罐头）中的广泛应用、EVOH包装材料的推广应用；罐头新型杀菌关键技术，包括低温杀菌、分段杀菌、高温连续杀菌、低温连续杀菌和无菌包装技术等，使产品的品质大大改善。罐头产品质量稳步提高，安全风险低，逐渐实施了全产业链的管理。罐头产业也逐渐将重点转至关注原料基地建设、产品质量的可追溯性、品质指标的完善和提高，拓展了国内高端客户和销售市场。

科技发展促进了罐头行业的发展，罐头行业的发展需要更多的相关专业技术人员的支撑。食品科学与工程和食品质量与安全专业是罐头行业主要技术人员培养专业学科，承担着行业科技技术发展的重任。本书为“卓越工程师教育培养计划食品科学与工程类系列教材”。为加深学生对授课内容的理解，教材在每一章都设置了案例教学和思考题；作为卓越工程师系列教材，本书注重了教学内容、手段的改进，通过增加实际案例、思考题，加深学生对所学内容的理解和掌握。本书更实质性地将罐头生产工艺技术与课堂内容融合在一起，适应于食品科学与工程和食品质量与安全应用型专业。本书的主编为汪秋宽，具体分工如下：大连海洋大学汪秋宽编写绪论和第2章食品罐藏原理；上海海洋大学包海蓉编写第1章罐藏容器；大连海洋大学何云海编写第3章水产品罐藏工艺；渤海大学刘登勇编写第4章家畜家禽罐藏工艺；大连海洋大学任丹丹编写第5章果蔬罐藏工艺。

本书兼顾高等学校对教材的科学性与理论性要求，保证教材课程内容的完整性与系统性，理论联系实践，尽量使学生彻底理解与掌握食品罐藏工艺学原理与实际生产工艺技术。本书是“卓越工程师教育培养计划食品科学与工程类系列教材”中的一本，是食品工艺学导论、食品冷藏工艺学、食品工程原理等课程的配套教材，要求学生具备食品化学、食品微生物学、食品工程原理等课程基础。本书因其实践性较强，不仅可作为高等学校课程教材，也可供从事食品加工行业的技术人员使用。

本书的编者长期从事食品工艺学教学工作，在食品罐藏工艺学及实践教学中积累了丰富的经验，在本书编写过程中结合学生在学习过程中经常出现的问题而设置了思考题，加深学生的理解。

编 者

2015年8月

《食品罐藏工艺学》教学课件索取单

凡使用本书作为教材的主讲教师，可获赠教学课件一份。欢迎通过以下两种方式之一与我们联系。本活动解释权在科学出版社。

1. 关注微信公众号“科学 EDU”索取教学课件

关注→“教学服务”→“课件申请”

2. 填写索取单拍照发送至联系人邮箱

<table>
<tr><td>姓名：</td><td colspan="2">职称：</td><td>职务：</td></tr>
<tr><td>学校：</td><td colspan="3">院系：</td></tr>
<tr><td>电话：</td><td colspan="3">QQ：</td></tr>
<tr><td colspan="4">电子邮箱（重要）：</td></tr>
<tr><td colspan="2">所授课程 1：</td><td colspan="2">学生数：</td></tr>
<tr><td colspan="2">课程对象：□研究生 □本科（____年级）□其他________</td><td colspan="2">授课专业：</td></tr>
<tr><td colspan="2">所授课程 2：</td><td colspan="2">学生数：</td></tr>
<tr><td colspan="2">课程对象：□研究生 □本科（____年级）□其他________</td><td colspan="2">授课专业：</td></tr>
<tr><td colspan="4">使用教材的名称 / 作者 / 出版社：

扫码获取食品专业教材最新目录</td></tr>
</table>

联系人：席慧　　咨询电话：010-64000815　　回执邮箱：xihui@mail.sciencep.com

目　录

绪　论

一、罐头食品的发展历史

罐头食品是将食品原料经过处理后装入一定的容器中，经排气、密封、杀菌而达到长期储藏目的的一种食品。在18世纪，法国大博物学家G. 布封（G. Buffon，1707～1788）和英国博物学家李约瑟（J. T. Needham，1713～1781）利用显微镜进行观察研究，进行了“肉汤加热密封”的研究实验；意大利生物学家和生理学家拉扎罗·斯帕兰扎尼（Lazzaro Spallanzani，1729～1799）对李约瑟的实验进行了反复的验证，得出“新的一代生命（包含微生物）不会自发发生”的结论，换句话说，没有微生物发生，食品就不会腐败变质。1795年，法国政府征集食品长期保存的方法。于是，尼古拉·阿培尔（Nicolas Appert，1749～1841）集思广益，充分利用前人的研究成果，采用斯帕兰扎尼的加热密封方法，经过多年的研究实验，终于在1805年成功研究出可以长期贮存的玻璃瓶装食品，尼古拉·阿培尔申请了专利。1812年，尼古拉·阿培尔在巴黎附近的马西镇建立了世界上第一个罐头食品厂，产品主要供给军方食用。尼古拉·阿培尔公布食品保存方法以后，在欧洲引起了各国的强烈争议。世界著名的化学家、微生物学家路易斯·巴斯德（Louis Pasteur，1822～1895）经过大量科学、精密的实验，从科学理论基础上证明了微生物的生长繁殖是食品腐败的主要原因，从而证明了尼古拉·阿培尔发明的食品罐头的可靠性和科学性。罐头食品储藏技术的发明，使食品得以保存较长时间，且使消费者尝到了营养美味的各种罐头食品，使食品延长了货架期，为食品行业的发展做出了突出贡献。1810年，英国的杜兰德将瓶子换成了手工制作的白铁盒，使这种保存食品的方法得到了进一步的改进和推广。尼古拉·阿培尔发明的罐头食品，为北极探险和世界科学技术的发展创造了基本条件，还为以后的许许多多的企业家和科学家，造就了各种各样的食品罐头工厂及大大小小的包装发明，并使新材料、新技术、新设备和新产品相继问世。尼古拉·阿培尔给它取名为“Conserve”，传入中国时，根据它的发音和外形，谐音译为“罐头”。

经过200多年的发展，罐藏容器从开始的玻璃瓶罐、手工制作的金属罐到后来的三片罐、两片罐及以铝合金为罐材的易拉罐，以及后来的纸质复合材料和蒸煮袋的出现，使罐藏容器品种更为新颖、多样、实用。罐头生产技术也由最初完全手工操作发展到今日的机械化安全生产。

中国罐头行业从1950年开始成为农产品加工出口最大的品种，为新中国的经济建设立下了汗马功劳，为社会主义新农村建设作出了巨大贡献。长期以来，整个行业一直注重外销，忽略了国内市场的培育，随着国际市场的变化，罐头行业逐渐把国内市场作为重点。近年来，通过宣传，使更多消费者对罐头有所认知，企业增强了品牌影响力，开发生产了更多的色香味俱佳的产品，国内市场的发展潜力已经得到释放，市场销量逐渐增加。

二、中国罐头产业发展状况

罐头行业属于典型的农副产品加工业，季产年销，在欧美市场，罐头产量及销售市场一直比较稳定。图 0-1 为全球水产罐头产量的变化，由图 0-1 可见，全球水产罐头产量比较稳定，略呈逐年增加状态。图 0-2 为我国水产罐头产量的变化，图 0-2 显示我国水产罐头产量呈逐渐增加的趋势。罐头行业在我国农业国民经济中占有重要的地位，属于劳动密集型产业，中小企业较多，行业进入门槛不高，每年消耗农产品 2000 万 t，直接服务三农，给农民创造了就业机会；每年为国家创汇近 50 亿美元。根据国家统计局对规模以上的近 900 家企业统计的数字显示，2013 年我国罐头行业完成产量累计为 1000 余万 t。目前我国的罐头原料种类逐渐拓宽，肉类、水产品类、果蔬类、粮食类等都可制作罐头。罐头行业以原料供应地为龙头，产业分布已趋向明朗化。我国水产品类罐头的产区以广东、福建、浙江、山东、辽宁等沿海地区为主；柑橘罐头以浙江、湖南、湖北等地为主产区；肉类罐头以上海、福建、四川为主产区；黄桃罐头以河北、山东、安徽和辽宁为主产区；福建和山东还是蘑菇、芦笋罐头的主产区；番茄酱罐头主产于新疆和内蒙古；竹笋罐头则是浙江、福建、江西的名牌产品；大量的八宝粥主要产于浙江、福建和山东等地。

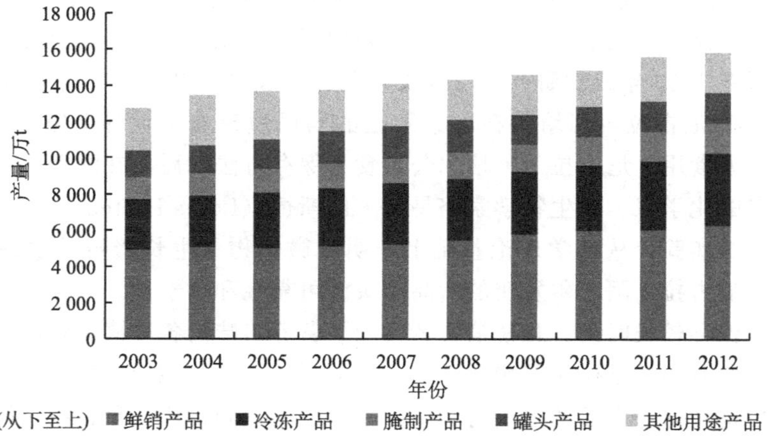

图 0-1　全球水产罐头产量的变化（数据来源：FAO，Fishery and Aquaculture Statistics，2014）

我国水果种植面积广阔，柑橘、苹果、梨和桃等水果种植面积超过亿亩，大量的水果产量保证了水果罐头的生产，对区域农业经济发展和社会稳定有着十分重要的意义。水果的市场主要是鲜销，部分作为食品工业包括罐头加工的原料。我国水果罐头年出口量近 100 万 t，在国际市场有一定竞争力，国内市场也呈现逐年扩大的趋势。每年罐头加工所需的各种鲜果原料近 500 万 t，是水果转化升值的重要途径。2013 年以来，全行业深入贯彻科学发展观，坚持以市场为导向、科技为支持，大力实施名牌战略，优化产业结构，提高食品质量，发展循环经济；近些年来，罐头原辅材料种类的增加和生产工艺技术的提升，促进了我国罐头行业的不断发展。以往单纯依赖出口，而如今内销市场经过近几年的努力，有了长足的进步，内销销量远远超过了出口。罐头行业属于农副产品加工业，直接服务于三农，有利于提高农民的生活水平，为新农村的建设直接作出贡献。

目前，我国罐头行业全面面向国内和国际两个市场，摆脱了传统的只依靠出口市场一条

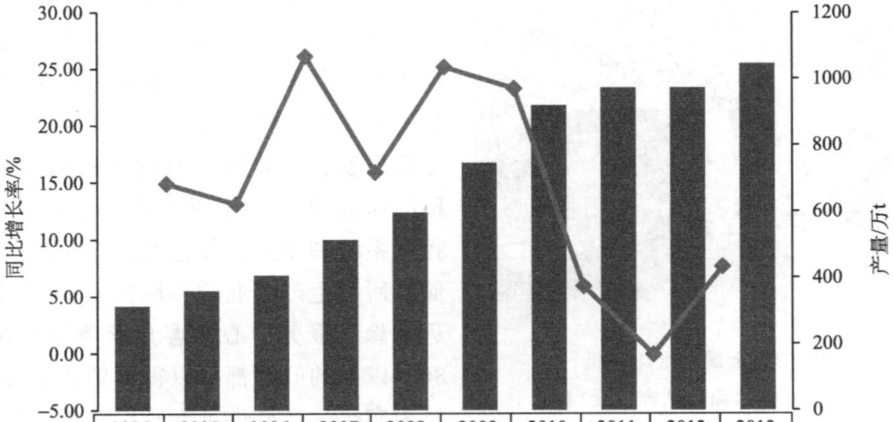

	2004	2005	2006	2007	2008	2009	2010	2011	2012	2013
产量/万吨	313.37	360.06	407.26	513.63	595.29	745.07	918.35	972.53	971.46	1045.39
同比增长		14.90%	13.11%	26.12%	15.90%	25.16%	23.26%	5.90%	−0.11%	7.61%

图 0-2　我国水产罐头产量的变化（数据来源：国家统计局）

腿走路的境况，并且有很多企业把重心从国外市场部分移至国内市场。根据国家海关数据显示，近年来，出口额的同比增长率均大于出口量的同比增长率，该现象表明，我国出口罐头的平均吨价处于持续上扬态势。2013 年，我国罐头出口已经覆盖到全球 185 个国家和地区，出口市场的基本格局并没有发生实质性变化，欧盟、日本、美国、俄罗斯仍是我国罐头的最大出口市场。从出口量来看，2013 年，中国罐头出口超过 10 万 t 的国家有 5 个，分别是日本、美国、俄罗斯、尼日利亚和德国。中国罐头出口市场的集中度较高。

近年来，亚非、中东发展中国家和地区的罐头贸易量在逐渐增加，特别是软罐头、调理食品、粥与调味酱等产量提高较快。所以说罐头食品的发展也能够反映现代食品的发展，并将会继续反映食品的发展状况。目前，罐头产品几乎涉及所有的食物原料，从谷物、薯类、果蔬、畜禽肉类、水产、乳品、菌菇类、调味品等到这些原料的液态、流体、固态等产品形态，罐头食品种类繁多、琳琅满目。近些年来，欧美传统罐头市场贸易量基本保持不变或略有下降，速冻食品有时替代了小部分肉类、蔬菜、水产、水果罐头食品。

我国未来的罐头消费市场潜力巨大。在国际上罐头食品一直是发达国家食品消费的主要品种之一，美国人均罐头年消费量在 90kg 左右，西欧约 50kg，日本为 23kg，而我国罐头食品人均消费每年仅为 1kg。国内大多消费者在罐头认识上存在一定误区，认为罐头食品缺少营养、含有防腐剂，把罐头与不新鲜、不营养等同，甚至对罐头保质期较长也大不认可，这些问题已严重影响到国内消费市场。随着消费者对罐头食品的认知，了解罐头食品的生产及长期保存的原理，方便、营养丰富的罐头食品的消费量就会逐年上升，同时，目前罐头食品企业规范的质量安全管理增加了罐头市场消费信心。

罐头机械设备的发展推动了整个罐头行业的发展。英国第一个发明了镀锡金属罐，美、德、日等国相继进行了研究，使其制造工艺技术趋于完善。美国在金属包装工业发展领域有着悠久的历史，在 20 世纪 30 年代啤酒就使用金属罐包装，美国拥有世界上最先进的成型、充填、封口等机械装备，高科技、高精度、高效率给美国带来了高质量的产品。近年来，美

图 0-3　金属之星印铁机
（引自：杨鹏和朱从容，2014）

国已经将相关的自动控制技术、特种加工技术、生物技术、激光技术等先进技术应用到机械制造技术中，包括罐头杀菌设备、包装设备和生产线技术。图 0-3 所示的是德国高宝公司制造的金属之星印铁机，印铁机有同步换版专用驱动装置，随时印刷单元的换版时间不超过 3min，还设有控制系统和专业的颜色测量。德国高宝公司里存储了所有生产企业的印刷机操作数据，通过 3 个远程诊断服务中心为客户服务及解决故障问题，80％以上的问题都可以得到解决。金属之星印铁机为实罐生产提供了五彩缤纷的空罐，推动了罐头行业的发展。德国已经将快速制造、成套生产、精度高、稳定性好等机械装备特点应用到罐头生产设备及生产线上，并通过计算机模拟仿真，将各种零件的数据和实际工作时间的参数应用到设计的设备上，以提高生产效率，降低废品率。系列的模拟仿真数据可以使设备生产企业迅速根据客户意见更改模型，大幅缩短了设备的研发制造时间。目前网络技术也是协助设备生产企业解决问题的帮手，罐头生产企业可以通过网络技术将故障设备出现的实时数据参数及时传送到远程维修服务中心进行故障诊断分析，以快速解决问题。日本最早将微电子技术应用到空罐制造机械中，现已经将伺服电机驱动、PLC 技术和传感器检测技术等完美地运行在空罐生产中，使罐头生产线实现了生产过程无人操作。日本的小野食品机械株式会社生产了全自动 F 值检测杀菌设备，设备一方面受热均匀且温度提升速度快，另一方面避免了过度杀菌可能造成的营养损失，如图 0-4 所示。日本三友机械制造公司的方罐注胶机应用了伺服电机驱动和激光传感器检测，这样可以根据生产需要调节注胶机速度，且通过激光传感器在注胶完成后自动对注胶的质量进行检测，自动剔除不合格的产品，如图 0-5 所示。

我国的包装机械生产起步于 20 世纪 50 年代，70 年代末期经过发展逐渐形成包装机械行业，当时金属包装行业主要以中小企业为主。随着我国改革开放与经济快速发展，民营企业大量引进了国外的先进生产设备，制罐业也进入了快速发展时期。但目前我国的机械制造水平与国外发达国家还存在较大差距，大部分生产设备还都是单机生产，成套设备生产很少，且仍存在生产效率低、能耗高等缺陷。表 0-1 列出了国内外封罐机的技术参数对照。从表 0-1 中可以看出，美国的安祖鲁斯公司（Angelus）封罐机产能最大，最大产能为每分钟 2500 个，这就意味着生产的高效率、低成本。意大利的西弗莱尼公司（Cevolani）和台湾新益机械公司的主要封罐机工作头数也较多，有 12 个，每分钟的最大产能高达 1200 个。浙江舟山博达机械公司是国内知名的制罐机械企业，其生产的主流封罐机工作头数也有 8 个，最大产能为每分钟 500 个。由此可见，目前国内大陆的制罐机械工作效率较国外及中国台湾还有差距，且其稳定性和可靠性较国外先进设备也有距离，且设备寿命相对也短。国内的制罐机械企业以民营和中小企业为主，大部分制罐机械企业规模偏小，相对自主研发能力薄弱，“小而全”是企业的主要特征之一，生产集约化程度不高，生产设备难有突破，与国外的先进设备相比缺少竞争力，只能通过压低价格获得市场份额，不仅造成了资源浪费，还不利于制罐机械行业的良性发展。随着国家对创

图 0-4　日本杀菌 F 值自动检测设备

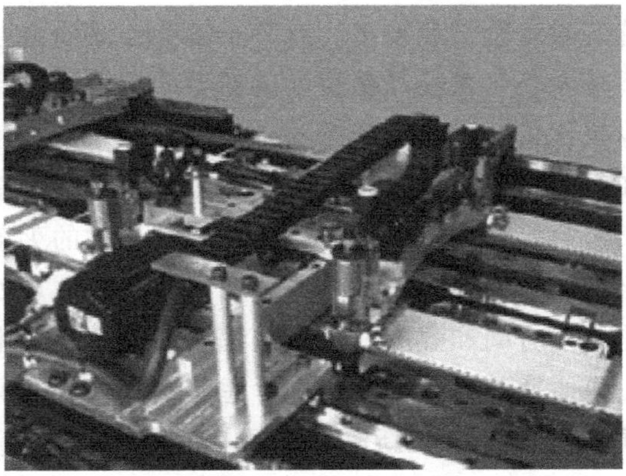

图 0-5　日本方罐注胶机（引自：杨鹏和朱从容，2014）

新科技的重视及投入，罐头包装生产线、杀菌设备的研发逐渐受到关注，部分优化设计的罐头生产线和关键设备已经投入生产使用（孙秋花等，2013；张武蓉，2012），通过设计罐头灭菌锅自动控制装置系统，全面、实时地对检测数据进行自动记录，实现罐头灭菌锅控制装置自动化。

表 0-1　国内外封罐机的技术参数

生产企业	产品型号	每分钟生产能力/个	工作头数	适用罐径/mm	适用罐高/mm
美国安祖鲁斯公司（Angelus）	18 V	500～2500	18	50.8～76.2	46～203.2
	12 V	400～1800	12	50.8～76.2	46～203.2
意大利西弗莱尼公司（Cevolani）	AT541	250～800	8	52～105	38～210
	AT518	200～1200	12	52～105	38～210
台湾新益机械公司	S-B65	1200	12	52～74	30～200
舟山市博达机械公司	GT3B56A-S	300～500	8	52～99	39～160

来源：杨鹏和朱从容，2014

罐头生产设备的高自动化程度推动了罐头生产的产能及规模。美国 Dole 公司的 30 条菠萝作业线，每小时处理能力达 180t；美国台尔蒙公司的 30 条黄桃作业线，每小时处理能力为 50t，泰国菠萝罐头单一品种，小型厂年产量 3 万 t，大型厂年产量 10 万 t。我国罐头产业的生产技术水平、规模等不断更新改造和升级，生产企业的生产规模逐渐扩大，机械化程度逐渐提高。目前我国的制罐机械少部分如电阻焊机基本已经达到国际水平，大部分制罐设备与发达国家相比仍存在着差距。国外的先进设备已经向集成化、智能化、低能耗化方向发展，更加重视环保和人性化；国内的设备还是单机生产较多，成套设备生产很少。部分国内罐头生产的装备机械化程度不断提高，如八宝粥罐头生产的连续化和机械化程度高，产能较大，已经形成规模化效益；番茄酱和黄桃罐头行业，生产量比较大，在国际市场上销售额也是稳中有涨。

罐头食品的新型前处理技术及杀菌技术的发展拉动了行业发展。随着消费者对新鲜度、口感的需求，近些年进行的涉及罐头质量的原料预处理技术和产品杀菌技术的创新与开发，包括适合热力杀菌的独特有效安全护色技术、有利于罐头食品质量营养的保质杀菌技术、结合栅栏因子的低强度杀菌技术、延长食品保藏期的新型非热杀菌技术等等。国外已经将罐头新型杀菌工艺技术和计算机优化技术应用于罐头杀菌等多种新型杀菌方法，以保证罐头食品的营养、风味和质构，如已经采用微波杀菌、高压低温杀菌、辐照杀菌、无菌包装技术、气体火焰直接加热的火焰灭菌法等；利用计算机建模和杀菌公式的灭菌方法、结合神经网络模型的杀菌技术、水排气灭菌法、脉动侧喷式杀菌釜及结合高压的热处理杀菌方法。因此，传统的热杀菌需要逐渐优化杀菌时间和温度，通过杀菌设备建立计算机控制的自动杀菌技术。另外，科学家还通过食品保质期的研究，即第一考虑有利于食品的保质期及保证在长途运输和远离产区的销售消费质量与安全，在新鲜和保质期之间寻找平衡点，虽然保质期越长越好，但如果保质期过长导致产品的品质会随时间发生变化时，保质期就要适当缩短。科学家提出，对要求新鲜口味的食品，在保藏期方面要相对缩短保质时间。另外，我国罐头行业普遍采用的杀菌方式是热杀菌，一方面产生了大量的能耗；另一方面冷却阶段使用冷水为介质，产生了大量污水，都不利于罐头行业的节能减排。鉴于此现状，目前国内外部分罐头厂已经开始了废水的处理及重复利用（Cristóvão et al.，2014）。除此之外，以罐头食品质量营养为导向的新型制罐工艺技术不断涌现，如变温杀菌工艺对鳙鱼软罐头品质的影响（张路遥等，2013）；通过调节杀菌初温缩短杀菌时间，以缩短罐头生产周期（王强，2010）；新型罐头的生产工艺技术的研发，如番茄干罐头加工技术的研究（李疆等，2011）；张雅杰等

(2014) 研究了高静压对不同品种黄桃罐头的质构差异，结果表明，不同品种特性对高静压加工黄桃罐头果肉的硬度和汤汁黏度无显著影响，热处理的黄桃罐头果肉硬度有所下降。近几年研究开发的新产品工艺技术还包括海参罐头杀菌工艺技术研究（桑磊等，2013）、酱汁鲍鱼硬罐头杀菌工艺及流变学性质研究（黄菊青等，2013）、山杏仁蕨菜罐头的工艺技术研究（鞠国泉，2005）和盐析菜罐头生产工艺研究（王雅利，2012）。

罐头食品的发展还有赖于产品安全质量的保证。发达国家的罐头工业已形成了从食品原料基地、食品加工厂到食品物流和贸易一体化的集团公司。对于当今世界食品消费的发展趋势，随着经济水平的提高和物质文化的丰富，消费者要求食品食用更加方便，保存更容易、安全性更高，值得注意的是，消费者也越来越重视食品的新鲜度，希望食品的加工程度最小，同时也更关注加工厂对环境和生态产生的影响。自 20 世纪 90 年代以来，食品行业的质量安全管理系统逐步在行业内建立发展、逐渐完善。罐头产品质量安全管理稳步提高，对于低酸性食品更是加强了生产线的安全风险管理。目前我国罐头食品大部分的国家标准和行业标准也正在逐渐与国际接轨，行业内食品质量安全管理或危害分析关键控制点（HACCP）和良好生产操作规范（GMP）的质量控制体系也在逐渐完善，管理和监督的有效度逐渐提升。罐头生产的经营模式也在发生变化，有些柑橘罐头企业也从追求规模产量转变为进一步把产业做精做专，按照全产业链的运作模式，把重点放在原料基地建设、产品质量的可追溯性、品质指标的完善和提高，有利于高端客户和国内市场的开发。企业也在通过 HACCP 管理系统、罐头食品宣传，消除消费者对罐头食品添加防腐剂、营养价值低及安全难保证等的误解。HACCP 体系已经在传统的罐头生产中得到推广应用，如小黄鱼罐头的生产（钟文珠等，2007）、鲐鱼罐头的生产（王坚强，2004）和新型罗非鱼罐头加工过程质量安全管理（何俊燕等，2008）。目前，大中型罐头生产企业已经逐渐将产品追溯体系应用到企业产品质量控制中，以从源头上控制产品质量，如罐头的安全生产管理及质量追溯系统的建立（杨君等，2010；杨信廷等，2006）。罐头质量的提高还得益于近些年我国强大的检测分析能力和罐头食品营养质量保证的工艺技术，包括罐壁中双酚类化合物和其他有害物质的检测控制，如罐头食品中双酚类化合物残留（梁凯等，2012；李碧芳，2011；胡文兰等，2013），还包括鲭鱼罐头中 7 种多氯联苯的测定（李莉等，2014），肉类罐头中总砷含量不确定度的评定（彭新然等，2008）。生产工艺的不断改进同样提升了产品的质量，如不同照明条件下菌菇罐头中发丝的准确识别（王秀萍等，2014）。有关营养成分变化的控制方面研究报道也很多，如芦笋罐头营养品质及抗氧化性研究（马挺军等，2010）和柑橘罐头的维生素 C 保存率研究（喻凤香等，2012）；麻竹笋罐头贮藏过程中质构、果胶和色泽的变化（郑炯等，2014）；正交试验优化干装苹果罐头固化护色剂配方（张永茂等，2013）；贮藏过程中荔枝罐头褐变的初步分析（林小燕等，2010）。国外在该领域的研究也较多，如罐藏果蔬营养成分的变化与保护（Mercedes et al.，2015）。新型原料和保健功能罐头的研制开发，如大枣罐头的研究开发（Homayouni et al.，2015）；保健型五粮饭罐头及其加工工艺（王卫等，2012）；幼儿青豆鱼泥罐头的研制（孟祥晨等，2000）；婴幼儿蔬菜鱼泥罐头的研制（孟祥晨等，2000）和鱼骨泥对鱼肉蛋黄酱罐头品质的影响（范三红等，2014）。

罐头食品行业是一个发展潜力巨大的行业。目前，研究开发的罐头产品种类繁多，罐头种类依其用途分，包括有家庭食品小罐头、公共膳食罐头、开启方便的旅行罐头、各种疗效罐头和针对特殊需要的高空、高山、宇宙罐头，以及婴幼儿营养罐头等。从空罐到实罐，从原料到产品几乎全都有专用的设备。近些年根据功能性需求，适合老年人、青少年、婴幼儿等不同人群的专用罐头食品，以及有保健功能的各类罐头也应运而生，如营养型、救灾类、旅游类及宠物类等特殊品种。针对我国地域广阔、地区差异、文化差异、经济差异所导致的需求差异，开发不同层次的罐头食品。罐头食品消费有一个特点，即在罐头原料的淡季或非产区，罐头食品比新鲜原料价格低。以水果为例，在非季节和非产区，新鲜水果的价格是罐头水果的几倍到十几倍。在高消费的市场，应开发以新鲜高品质为主的品牌罐头产品；而在低消费市场，应开发价格合理和有特色的罐头产品。值得研究开发的罐头食品有符合我国食品原料特点的各类果蔬、水产、肉类、真菌类等特色罐头产品，如我国淡水鱼产量大，发展淡水产品罐头有潜力；研究开发方便、快捷的主食罐头和快餐罐头食品，满足我国消费者饮食习惯的方便主食罐头包括大米罐头产品；具有中国烹饪特色的中式菜肴罐头产品；适合餐饮行业的半成品与原料式的罐头产品。国际上新型罐头食品不断涌现，如食品型树叶罐头，这是最近由日本生产的一种罐头，一旦打开盖子，立即会飘出树叶的清香，能使人暂时忘记疲劳，缓解紧张情绪，这种取名为“森林浴”的罐头，效果可持续百天。活鱼罐头，日本北海道一家水产公司专门出售活鱼罐头，他们把活的鱼、虾、蟹、鳖装入透明的塑料罐头内，再注入水，加以密封，然后运往各地销售，这些鱼虾在罐内最少可以存活几天。罐头形式和方式也是需要研究的重要方面，如新型的罐型和包装材料、可自动加热的罐头包装等。国际上新型包装形式的罐头产品更是层出不穷。

软罐头（soft can）是近年来发展最快的一种罐头包装形式。因其重量轻、质量高、便于携带、易开启、生产物流中节约能源和材料等优点，成为居家、旅游和军需的方便食品，颇受消费者欢迎。狭义的软罐头就是采用蒸煮袋包装的食品，但随着蒸煮袋技术及应用的不断发展，软罐头的内涵逐渐增加，广义的软罐头是指全部用软质材料制成的包装盒和其中至少有一部分器壁或容器盖是使用软包装材料制成的半硬容器，经高温杀菌后，可以在常温下保存的包装食品。蒸煮盒一般具有刚性或半刚性结构的底盘和一个可密封的软盖，外形为盒或盘形。有些食品需要保持一定的组织形态，或者为使用时更方便，可选择蒸煮盒型包装，适用于包装方便餐、汤等食品。结扎灌肠采用对氧和水蒸气具有高阻隔性能的膜作肠衣，属于罐头食品的另一包装形式。它有一定的收缩性，还耐高温，在高温杀菌后薄膜收缩，产品外观坚挺紧密，如火腿、香肠等。软包装适宜包装的食品种类繁多，包括肉禽类、素菜类、水产类等，还可包装各种饮料、汤料、调味料等。软罐头食品已经分布世界各地，成为消费者不可缺少的产品。

参考文献

范三红，王相帅，冯雨薇，等. 2014. 鱼骨泥对鱼肉蛋黄酱罐头品质的影响. 食品科学，35（5）：21-24.

工业和信息化部消费品工业司. 2014. 食品工业发展报告. 北京：中国轻工业出版社.

何俊燕，李来好，郝淑贤，等. 2008. HACCP 体系在中的应用. 现代食品科技，24（7）：704-708.

胡文兰，厉志玉，刘健毅，等. 2013. 杭州市场罐头类食品中双酚 A 的污染及其膳食风险评估研究. 中国食物与营养，19（10）：13-16.

黄菊青，方婷，陈锦权. 2011. 酱汁鲍鱼硬罐头杀菌工艺及流变学性质研究. 食品科学，32（14）：67-71.

鞠国泉. 2005. 山杏仁蕨菜罐头的工艺技术研究. 食品研究与开发，26（4）：33-34.

李碧芳，曾泳艇，郑彦婕，等. 2011. 双酚 A 环氧衍生物在罐头食品中迁移规律及污染情况研究. 食品工业科技，（1）：246-249.

李疆，杨艳彬，周红，等. 2011. 番茄干罐头加工技术的研究. 农产品加工，232（1）：62-64.
李莉，陈易晖，徐颖，等. 2014. 鲭鱼罐头中 7 种多氯联苯的测定——亚临界水萃取-气相色谱法. 宁波工程学院学报，26（2）：1-6.
梁凯，邓晓军，伊雄海，等. 2012. 基质分散固相萃取-液相色谱-离子阱质谱法检测罐头食品中双酚类化合物残留. 分析化学，40（5）：705-712.
林小燕，杨淑婷，夏杏洲，等. 2010. 贮藏过程中荔枝罐头褐变的初步分析. 农产品加工，205（4）：39-41.
马挺军，秦晓健，贾昌喜. 2010. 芦笋罐头营养品质及抗氧化性研究. 农产品加工，205（4）：8-12.
孟祥晨，孔保华，葛攀，等. 2000. 幼儿青豆鱼泥罐头的研制. 食品工业科技，5：37-39.
孟祥晨，孔保华，刘桂荣，等. 2000. 婴幼儿蔬菜鱼泥罐头的研制. 食品工业，5：37-39.
彭新然，王向军. 2008. 原子荧光光谱法测定肉类罐头中总砷含量不确定度的评定. 检验检疫科学，5：33-35.
桑磊，翁乔丹，潘超然. 2013. 海参罐头杀菌工艺技术研究. 食品工业科技，34（19）：256-261.
孙秋花，吕艳，彭彦平，等. 2013. 连续式罐头装罐包装机的设计与开发. 包装工程，34（9）：55-58，79.
王坚强. 2004. HACCP 在鲐鱼罐头生产工中的应用. 浙江海洋学院学报（自然科学版），23（2）：158-162.
王强. 2010. 玻璃罐装番茄酱罐头杀菌条件探讨. 食品工业，6：52-55.
王卫，何容，邹强，等. 2012. 一种保健型五粮饭罐头及其加工工艺. 成都大学学报（自然科学版），31（4）：316-317.
王秀萍，何忠蛟. 2014. 不同照明条件下菌菇罐头中发丝的准确识别. 农业工程学报，30（4）：264-271.
王雅利. 2012. 盐析菜罐头生产工艺研究. 中国食物与营养，18（6）：58-61.
杨君，袁利鹏，刘后伟，等. 2010. 菠萝罐头安全生产管理及质量追溯系统的建立. 食品工业，5：96-100.
杨鹏，朱从容. 2014. 我国水产罐头制罐机械现状及发展趋势. 机械工程师，10：17-19.
杨信廷，孙传恒，钱建平，等. 2006. 食品安全控制中条码质量追溯标签的设计与应用. 食品科学，（5）：98-101.
喻凤香，林亲录，陈煦，等. 2012. 柑橘罐头研制及其 VC 保存率研究. 农产品加工，277（4）：61-62，79.
张路遥，姜启兴，许艳顺，等. 2013. 变温杀菌工艺对鳙鱼软罐头品质的影响. 食品科学，34（20）：37-42.
张武蓉. 2012. 罐头灭菌锅控制装置现状分析及自动控制装置的研究. 漳州职业技术学院学报，14（3）：39-41.
张雅杰，姚佳，张燕，等. 2014. 高静压及热加工不同品种黄桃罐头的质构差异研究. 高压物理学报，28（2）：232-238.
张永茂，张海燕，张芳，等. 2013. 正交试验优化干装苹果罐头固化护色剂配方. 食品科学，34（14）：51-56.
郑炯，宋家芯，陈光静，等. 2014. 麻竹笋罐头贮藏过程中质构、果胶和色泽的变化. 食品科学，35（4）：260-230.
钟文珠，沈伟征，王强，等. 2007. HACCP 在小黄鱼罐头生产中的应用. 四川食品与发酵，（6）：19-22.
Cristóvão R O，Botelho C M，Martinsa R J E，et al. 2014. Primary treatment optimization of a fish canning waste water from a Portuguese plant. Water Resources and Industry，6：51-63.
Homayouni A，Azizi A，Keshtiban A K，et al. 2015. Date canning：a new approach for the long time preservation of date. J Food Sci Technol，52（4）：1872-1880.
Mercedes M P，Carmen C，Carmen B，et al. 2015. Effects of industrial canning on the proximate composition，bioactive compounds contents and nutritional profile of two Spanish common drybeans（*Phaseolus vulgaris* L.）. Food Chemistry，166：68-75.

第1章 罐藏容器

第一节 罐藏容器概述

一、罐藏容器发展概况

罐头食品发展历史源远流长，公元6世纪北魏贾思勰在《齐民要术》中对罐藏法就作过描述，“一层鱼、一层饭，手按令紧，荷叶闭口，泥封勿令漏气”。此种保藏方法可视作罐藏法的萌芽。18世纪末，法国陆军因战争给养出现问题，拿破仑悬赏鼓励发明保藏食品的方法。法国人尼古拉·阿培尔经过十年多的努力在1804年成功研究出可以长期贮存的玻璃瓶装食品。阿培尔给它取名为“Conserve”，传入中国时，根据它的发音和外形谐音译为“罐头”。1812年，他在法国巴黎附近的马西镇建立了世界第一个罐头食品厂。

（一）世界金属罐藏容器的发展

英国商人彼得·杜兰德（Peter Durand）为克服玻璃容器易破损的缺点，1810年，他首先按照阿培尔发明的罐藏方法使用镀锡板制造食品容器，即所谓马口铁罐来盛装食品，并在英国获得了发明专利权，拉开了镀锡板罐头时代的帷幕，图1-1为不同尺寸的马口铁空罐。1811年，彼得·杜兰德将发明专利卖给英国工程师布朗·登金与约翰·霍尔，两人在1812年使用Durand的专利，成立了世界第一家马口铁罐头工厂。19世纪初期，罐藏技术传入美国，波士顿、纽约等地先后建立了罐头工厂。1818年，英国人威廉·安德伍德（William Underwood）移民到美国，开始在波士顿建罐头厂进行罐头食品生产。1822年，他在波士顿成立了William Underwood公司，揭开了美国“罐头王国”的序幕。

图1-1　不同尺寸的马口铁空罐（引自：Featherston，2015）

1847年，美国使用了冲制罐底盖坯料的冲床，1849年正式制成冲盖机，奠定了三片罐制造的基础。1859年，欧洲开始采用将罐底盖直接盖在罐身上自动卷封的封罐机。由此，马口铁罐的封口方法由内嵌（或外嵌）加以锡焊改为卷边，用胶圈代替了封焊。1896年，美国首先使用液体橡胶代替厚的橡胶圈，并于1897年制成液胶涂布机，同时改进封口卷边，采用二重卷边。由于不断改进，自动制罐机得到顺利发展。

1975年，瑞士制成罐身接缝宽为0.8mm的电焊接制罐机，1978年，又制成罐身接缝宽度为0.4mm的电阻焊制罐机。从而使三片罐罐身接缝状况得到改善，三片罐生产无论在质量还是产量上都有大幅度的提高，并从工艺上根除了接缝焊锡罐的铅污染问题。在制罐生产中还出现了罐身接缝采用尼龙粘接的新型三片罐。

制造两片罐的冲拔工艺在1847年形成，后来由浅冲罐发展到利用多级拉深方法制得深冲罐。至于深冲技术，1964年美国首先推出冲击挤压法，1968年又推出拉深和罐壁压薄法。20世纪60年代，美国大陆制罐公司（Continental Can Co.）首先使用铝材制造罐头盖，正式拉开了铝材制罐的帷幕。20世纪60年代早期，铝制薄壁拉伸罐平均每1000罐质量为25kg，到20世纪70年代中期缩减到20.3kg，现今已减轻到15.0kg，每1000罐的平均质量减少了约40%。另外，铝制薄壁拉伸罐罐身和罐盖的生产力也大大提高。20世纪70年代制罐速度为每分钟650～1000个，80年代提高到每分钟1000～1750个，21世纪已经超过了每分钟2000个。

制罐材料继热浸镀锡板（HTP）之后，出现了电镀锡板（ETP）。1934年德国建成电镀锡板生产线，1937年美国首次生产出镀锡量为5.59g/m²的电镀锡板。基于电镀锡板的优越性，至今已全部取代了热浸镀锡板。1930年挪威开始使用铝合金板制造包装容器。20世纪60年代初，为减少用锡量而使用无锡薄钢板——镀铬板（TES）制造包装容器。之后各种马口铁罐头、低锡罐头、无锡罐头、电解罐头、易拉罐等金属罐头及各种罐头涂料，都先后诞生。

（二）世界软罐头包装容器的发展

20世纪初期，玻璃瓶和金属罐装的罐头食品，已经普及到世界各国。由于玻璃瓶和金属罐罐头存在的缺点，1940年开始了其他材料罐头研究的准备工作，美国首先进行软罐头包装的研究开发工作。从1958年起，美国陆军Natick研究所开始从事供军队使用的软罐头食品的研究，进行大量的开发试制和性能试验。1960年软罐头开始供军队使用。20世纪60年代后期，日本和欧洲也开始利用软罐头技术生产食品，1969年美军Natick研究所开发研制的软罐头食品由于性能好、质量可靠、使用方便，成功地应用于阿波罗宇航计划。1974年美国农业部认可用软罐头包装肉制品，1975年美国政府食品与药品管理总署（FDA）考虑到软罐头黏合剂中的聚酯和环氧组分可能迁移到食品中，要求美国农业部撤回认可，1977年美国FDA签发可用于制造软罐头的高温层材料的规范，20世纪80年代初期，发明了第一个高阻隔性的塑料容器，这些容器由乙烯-乙烯醇共聚物（EVOH）或聚偏二氯乙烯（PVDC）等在受热条件下不会变形和改变阻隔性的材料构成。目前的软罐头由不同的塑料层或者再结合铝箔层制成，理想的特性必须是化学惰性，至少能耐受125℃高温，能热封，具有低氧气和水蒸气的透过率，能抵抗充填、加工、仓储、流通过程中的外力，材料不会因为老化而变脆。图1-2为软罐头包装容器。

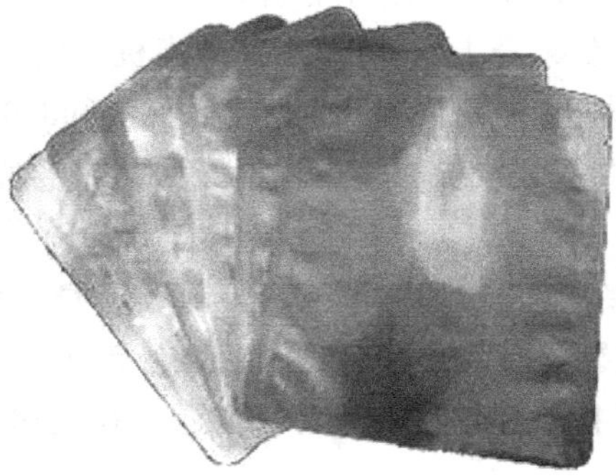

图 1-2　软罐头包装容器

（三）中国制罐工业发展

在 20 世纪 50 年代，我国都以手工制作咬接罐为主，质量差，效率低。60 年代前后我国开始使用制罐机械生产三片焊锡罐，当时轻工业部（现中国轻工总会）为统一罐头标准颁发了空罐罐型标准，随着生产技术的发展，轻工业部于 1965 年颁发了“空罐生产工艺操作要点”，1976 年颁发了马口铁罐型规格系列 QB 221—1976，为与国际标准接轨，轻工业部于 1982 年颁发了“罐头工业空罐工艺技术要点(试行)”，这些标准的颁发对我国罐头工业的发展已起到了一定的推动和促进作用。之后为了统一和发展技术标准，还组织制订了《500 毫升罐头瓶》（ZBY 22008—1987）、《70 型旋开式瓶盖》（ZBY 73018—1987）等国家标准。

由于传统的铅锡焊接罐工艺落后，底盖卷封时在罐身接缝处容易出现质量问题，致使空罐废品率较高，而且生产焊锡罐劳动强度大、产量低、劳动力消耗高，使用的铅锡焊料锡资源缺乏，价格昂贵，铅锡容易给罐头食品带来铅毒污染，70 年代起电阻焊应用于制罐工业。1980 年最早由漳州罐头厂开始引进 2 条电阻焊接制罐生产线。1985 年第一个全铝两片罐企业即首条两片罐生产线在中国投产。自 1979 年我国开始研究软罐头并于 1981 年开始试生产。

二、罐头食品对罐藏容器的要求

为使罐头食品能够在容器内长时间保藏，并且保持一定的色、香、味和原有的营养价值，同时又适应工业化生产，罐藏容器需满足以下要求。

1. 卫生安全、无毒无害　罐藏容器的首要条件是卫生安全，无毒无害。罐藏容器与食物直接接触，只有无毒无害的容器，才能避免食品受到污染，保证食品安全可靠，符合卫生规范，避免危害人体健康。

2. 密封性良好　罐藏容器必须具有良好的密封性能。食品的腐败变质多是因为自然界中微生物活动与繁殖的结果。罐藏食品是食品原料经过加工、密封、杀菌制成的一种能长期保存的食品，如果容器密封性能不良，杀菌后的食品会再次被外界微生物侵袭而引起腐败变质。良好的密封性能使罐内容物与外界隔绝，防止外界微生物的污染，确保食品得以长期贮存。

3. 良好的耐腐蚀性　食品的营养成分丰富，由于罐藏食品含有糖、蛋白质、脂肪、有机酸、盐等成分，这些物质在罐头生产过程及贮藏过程中会发生某些化学变化，造成罐藏容器某种程度的腐蚀。一些富含蛋白质的食品会在高温杀菌过程中分解出含硫物质，促成或加剧金属容器的腐蚀。番茄制品和水果等食品在罐藏过程中会缓慢地腐蚀金属容器，严重时会导致罐壁穿孔。所以食品的罐藏容器必须具有良好的耐腐蚀性能，无论是容器内壁还是其覆盖层，都应有良好的耐腐蚀性能，否则会影响食品的原有风味和营养价值，以致罐内食品败坏。

4. 取食方便、携带方便　罐藏容器应具有良好的商品价值，要求造型美观，开启方便；制罐材料要轻便，又要具有一定的强度；既要便于消费者取食和携带，又要适应运输和销售的要求。

5. 适合工业化生产 选用的罐藏容器必须适合工业化生产。要求罐藏容器在生产过程中能承受各种机械加工，适应工厂化、机械化、自动化生产的要求，同时要求其生产效率高、质量稳定、成本低，并符合现代生产管理的需求。

6. 热稳定性好，材料丰富，价廉 罐藏容器应具有良好的热稳定性，具有良好的导热性和承受剧烈温差的能力。罐藏容器的制罐材料要求来源丰富，价格适宜，以便控制罐藏容器的成本。

三、罐藏容器的种类及其性能

罐藏容器按其材料分为金属罐（包括镀锡板罐、涂料铁罐、镀铬板罐和铝合金罐等）、非金属罐（主要包括玻璃罐、陶瓷罐、塑料罐等）、金属与非金属的组合罐（塑料薄膜与铝箔复合的软罐头等）。

金属罐以容器形状分为圆形罐和异形罐（包括方罐、椭圆罐、梯形罐、马蹄形罐等）。按其不同的制罐生产方式可以分为三片罐和两片罐。三片罐是指由罐盖、罐底和罐身三部分组成的容器，罐身有接缝，亦称接缝罐。接缝罐根据不同的接缝方式，又分焊锡接缝罐（焊锡罐）、电阻焊接缝罐（电焊罐）和粘结接缝罐（粘接罐）、激光接缝罐等。两片罐是指由罐盖和一体成型的罐筒两个部分组成的容器，又称冲压罐，有冲拔罐和薄壁拉伸罐之分，冲拔罐包括浅冲罐和深冲罐。

镀锡板罐是罐头生产中最常用的一种容器。镀锡板表面镀有纯锡，纯锡与食品直接接触没有毒性，具有良好的耐腐蚀性能；便于用锡焊合罐身接缝部位，焊接后能保持容器良好的密封性能；用镀锡板制成的容器质量轻，能承受一定的压力，具有一定的机械强度，便于加工运输；镀锡板表面光滑，适于涂料、印刷，既可防止腐蚀和生锈，又可美化外观，增强商业性；镀锡板的加工性良好，可制成大小不一、形状各异的罐藏容器；耐压、耐拉伸，适合于连续化、自动化的工业生产要求；传热系数大，加热杀菌时传热速度快。但是镀锡板不经涂料、印刷，容易腐蚀和生锈；容器不透明，也不能重复使用，不能直观容器内食品；由于表面需镀锡，镀锡层外面还往往再加以涂料，生产成本较高，这是镀锡板罐的主要不足之处。

铝罐目前在啤酒、饮料和鱼罐头生产方面已大量使用。铝合金薄板质轻，铝罐的质量仅为同样大小铁罐的1/3。罐壁虽然很薄，但强度较高。铝罐的导热性高，有利于提高罐头食品的杀菌、冷却效果。铝罐不会产生硫化污染，也不会使食品带有金属味。它有一定的耐腐蚀性能，但它对酸性盐类等物质的耐蚀性较差，内壁一般需涂料后使用。铝罐的内外壁比较容易涂料、印刷，其外观易于美化。另外开启后的铝罐可以回收利用，因为废铝回炉制成新的铝材只需大约5%的能源，所以对防止废罐公害、节资节能都有很好的效果。但是由于铝罐壁很薄，在重力作用下易变性，所以在加工、贮藏、运输过程中需要加以防范。

镀铬板罐目前主要用于啤酒罐和饮料罐，仅次于镀锡板罐和铝罐。另外还有相当数量的镀锡板用于制造食品罐的底盖。镀铬板表面不镀锡，但有金属铬层和水合氧化铬层，其耐蚀性比镀锡板差，经涂料后，对内容物具有较好的耐腐蚀性能；由于表面无锡层，涂膜的牢固度显著优于镀锡板，而且其固化温度不受锡的熔点温度（232℃）的限制，有利于提高涂料的生产效率；使用镀铬板罐，主要在于节省锡。它的机械加工性能与镀锡板几乎相同，强度也相同。但表面镀铬层薄，容易擦伤，一经擦伤极易生锈。三片罐镀铬板罐生产时，不能用锡焊接罐身，而要采用黏合剂粘结或电阻焊接工艺。

玻璃罐在罐头生产中占的比例很大，仅次于镀锡板罐，国内外都有大量使用。玻璃罐安全卫生，化学稳定性好，不会与食品发生作用，能较好地保持食品原有风味。玻璃罐造型美观；透明可见，便于检查和商品挑选；玻璃原料充足，容器可回收重复使用，因而成本较低。但玻璃罐较重，重量是同体积的马口铁罐的4～5倍；质脆易碎，机械强度较差；导热性能差，传热能力相当于铁罐的1/60；在使用时要求温度变化均匀缓和，通常杀菌、冷却需分段进行。另外，由于玻璃罐能透过紫外线，会引起某些罐内食品有效成分分解、破坏，不利于食品的长期贮藏。

蒸煮袋作为软罐头食品的包装容器，越来越得到广泛使用。它可用于肉类、禽类、蔬菜和果汁等食品的包装，特别适宜于风味菜肴、海味品、调味汁、咖喱类米饭及某些快餐食品的包装。蒸煮袋由复合薄膜制成，袋壁薄，杀菌时热处理时间短，有利于保持食品的色香味和营养价值。蒸煮袋的化学稳定性优于镀锡板罐，故软罐头食品可在常温下贮存、流通。含铝箔复合的蒸煮袋不透光、不透气、不透水，能作耐高温高压的处理；蒸煮袋开启方便；空袋贮藏体积小，与镀锡板罐等硬质罐藏容器相比，可节省贮藏容积85%，质量也大大减轻。但是蒸煮袋易划伤划破，装有内容物的软罐头要加套外包装纸盒给以保护，因而成本有所增加，总体而言软罐头包装食品的保质期较马口铁罐头短。

第二节　金属罐藏容器的制罐材料

一、镀锡薄钢板

镀锡薄钢板又称镀锡板，俗称马口铁，它是经过表面镀锡处理轧制而成的低碳薄钢板，分为以热浸工艺镀锡的热浸镀锡板和以电镀工艺镀锡的电镀锡板。施涂料的电镀锡板即涂料镀锡板（涂料铁），未涂涂料的电镀锡板即电素铁。镀锡薄钢板具有金属的延展性、刚性、耐腐蚀、无毒害、表面光亮。现用于制罐的镀锡板多是电镀锡板，与热浸工艺镀锡薄板相比，具有镀锡均匀、耗锡量低、质量稳定、生产率高等优点。

（一）镀锡薄钢板结构与品质

如图1-3所示，镀锡薄钢板由钢基、锡铁合金层、锡层、氧化膜和油膜等构成。

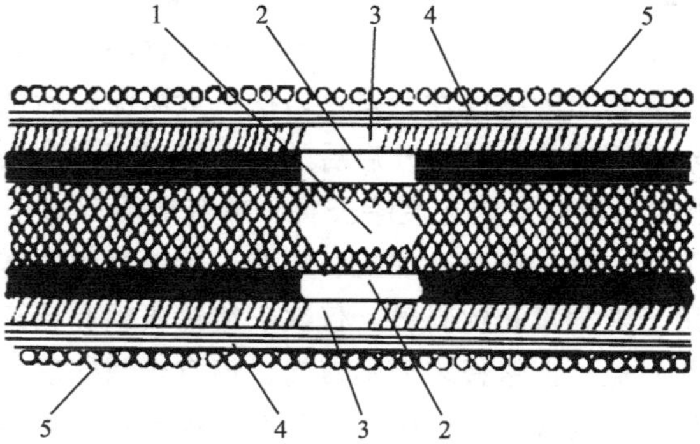

图1-3　镀锡薄钢板的构造（引自：杨邦英，2002）

1. 钢基；2. 合金层；3. 锡层；4. 氧化膜；5. 油膜

镀锡薄钢板质量的根本在于钢基板的品质，各国的标准对商品用钢基板的成分，大都提出了明确的最低要求。最有代表性的是美国材料协会（ASTM）标准 ASTM A 623—2011，见表 1-1，其中列出了用于食品制罐的三种钢基板的成分要求，此后各国都进一步限定铅的含量，进一步提升镀锡板品质。对表中的其他成分，尤其是四大对耐腐蚀有不良影响的非金属成分（硫、硅、磷、碳），各国都尽力控制使之含量更小，对四大金属成分（锰、铜、铝、铬）也按需进行控制，以确保制造出耐腐蚀性和耐加工性均优的镀锡薄板。

表 1-1 镀锡轧制品钢基化学成分要求

元素	钢锭成分，最大值/%		
	D 型	L 型	MR 型
碳	0.12	0.13	0.13
锰	0.60	0.60	0.60
磷	0.02	0.015	0.02
硫	0.03	0.03	0.02
硅[a,b]	0.02	0.02	0.02
铜	0.20	0.06	0.20
镍	0.15	0.04	0.15
铬	0.10	0.06	0.10
钼	0.05	0.05	0.05
铝[c]	0.20	0.10	0.20
其他元素的每一种	0.02	0.02	0.02

a 订货要求钢基为矽镇静钢时，矽最大含量会增至 0.080%；b 订货要求钢基为铝镇静钢时，铝最大含量会增至 0.030%；c L 型和 MR 型钢，作为非镇静钢和镇静钢供货时，相应的会不加或加入铝，D 型钢的铝最大含量，通常会为 0.02%

来源：章文灿，2014

（二）镀锡薄钢板的生产工艺

1. 电镀锡板的生产工艺流程

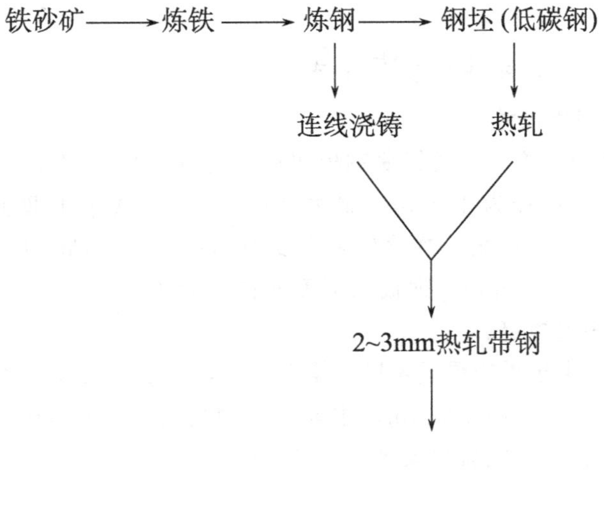

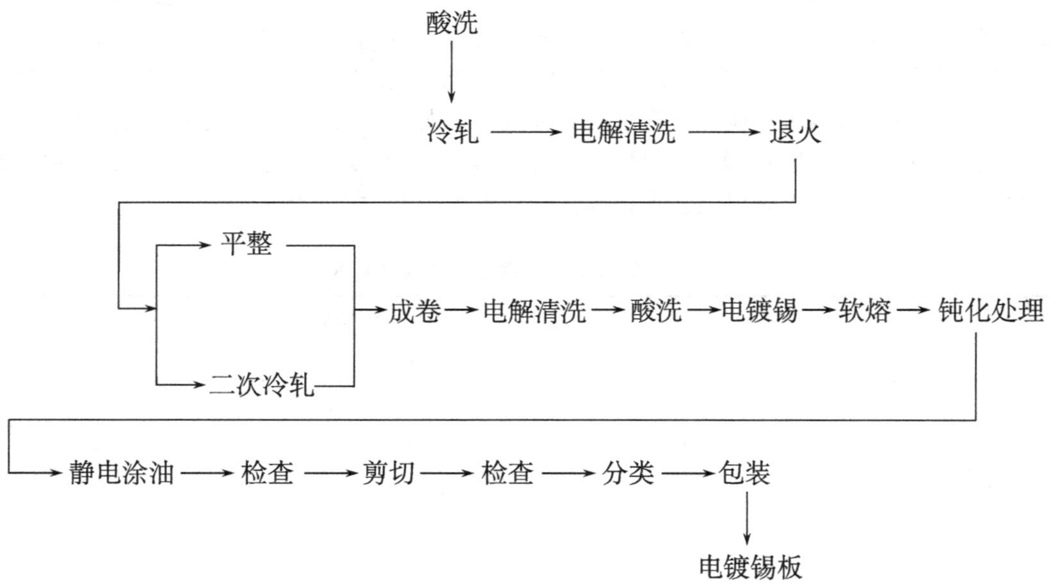

2. 热浸镀锡板的生产工艺流程

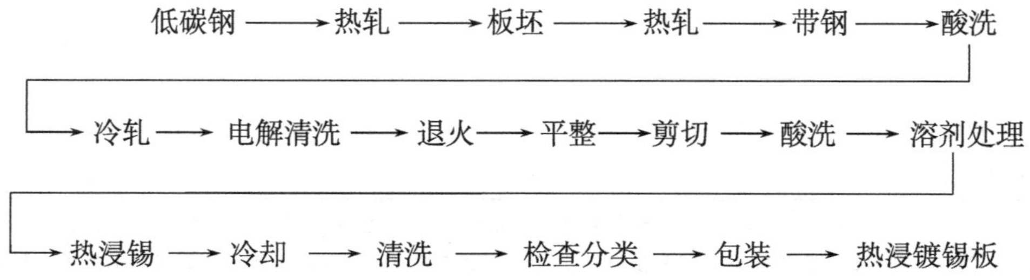

镀锡板制造工艺中，热轧带钢经酸洗后进行冷轧，形成冷轧薄钢板，冷轧是在冷状态下减少钢带厚度的生产过程，国际上冷轧板钢种一般分为 D 型、L 型、MR 型、MC 型。D 型：铝镇静钢，用于深拉伸加工和耐腐蚀性特别优良的食品容器。L 型：所含杂质较少，用于耐腐蚀性较强的食品容器。MR 型：非金属含量与 L 型钢相似，但残余部分的限制不严格，用于一般食品容器。MC 型：含磷量较 L 型、MR 型高，用于腐蚀性较弱的食品容器，现很少使用。

（三）镀锡薄钢板的技术条件和质量要求

1. 镀锡薄钢板的规格尺寸

1）镀锡板的长度和宽度　镀锡薄钢板按形态可分为板材和卷材。我国规定板材长度为 400～1200mm，卷材内径为 450mm（最大重量 10t）。钢板的长度允许偏差为 0～3mm。宽度：厚度为 0.20～0.50mm 的一次冷轧板宽度为 520～1050mm，厚度 0.15～0.19mm 的二次冷轧板宽度为 520～900mm。钢板的宽度允许偏差为 0～3mm。国际标准化组织、日本、美国、欧洲均有相关规定。

目前使用的镀锡板由于供应渠道不同，罐型复杂，规格也相应繁多，使用面积较广泛的有 712mm×512mm、827mm×730mm，主要用于制食品罐。860mm×835mm、884mm×835mm 主要用于制饮料罐。底盖则大多使用专用铁。

湖北省武钢冷轧厂供应的镀锡板宽度尺寸为775mm、800mm、825mm、850mm、875mm、900mm、925mm、950mm、975mm、1000mm、1025mm、1050mm系列。中粤马口铁工业有限公司的常用宽度为712mm、810mm、827mm、835mm、850mm、880mm系列，长度可以任意选择，但一般长度与宽度之差不超过200mm。其他公司也有自己的规格尺寸。

2）*镀锡板的厚度*　我国规定镀锡板的厚度为0.15～0.19mm、0.20～0.25mm，国际标准化组织、日本、美国、欧洲标准都有各自的规定。罐头工业制罐常用铁皮厚度一般按罐型大小、内容物性质、罐身和罐盖用铁要求进行选择。目前常用的厚度为0.20mm、0.23mm、0.25mm、0.28mm等；饮料罐常用的罐身厚度为0.20mm、0.21mm，罐盖为0.21mm。

国际上现通用SITA（100m^2）（国际镀锡板面积制）代替原基箱，美国ASTM—623M—87具体规定有：公制（米制）以100m^{2}单位表示面积，称为1SITA，不用基本箱；公制（米制）厚度以mm表示；镀锡量以g/m^{2}表示，不用lb/基箱；厚度允许偏差采用绝对值，而不用±%。每包米制镀锡产品计有100张，传统单位每包计有112张。

2. 镀锡薄钢板的镀锡量　镀锡板的镀锡量是以每平方米的锡量（g）来表示的。我国国家标准GB/T 2520—2008规定钢板及钢带的镀锡量代号、公称镀锡量及最小平均镀锡量应符合表1-2的规定。对表1-2规定以外的其他镀锡量，可在订货时协商。表1-2中镀锡量代号中斜线左面的数字表示钢板上表面或钢带外表面的镀锡量，斜线右面的数字表示钢板下表面或钢带内表面的镀锡量。对于差厚镀锡产品，上下表面的镀锡量可以互换。

表1-2　钢板及钢带的镀锡量代号、公称镀锡量及最小平均镀锡量

镀锡方式	镀锡量代号	公称镀锡量/(g/m^2)	最小平均镀锡量/(g/m^2)
等厚镀锡	1.1/1.1	1.1/1.1	0.90/0.90
	2.2/2.2	2.2/2.2	1.80/1.80
	2.8/2.8	2.8/2.8	2.45/2.45
	5.6/5.6	5.6/5.6	5.05/5.05
	8.4/8.4	8.4/8.4	7.55/7.55
	11.2/11.2	11.2/11.2	10.1/10.1
差厚镀锡	1.1/2.8	1.1/2.8	0.90/2.45
	1.1/5.6	1.1/5.6	0.90/5.05
	2.8/5.6	2.8/5.6	2.45/5.05
	2.8/8.4	2.8/8.4	2.45/7.55
	5.6/8.4	5.6/8.4	5.05/7.55
	2.8/11.2	2.8/11.2	2.45/10.1
	5.6/11.2	5.6/11.2	5.05/10.1
	8.4/11.2	8.4/11.2	7.55/10.1
	2.8/15.1	2.8/15.1	2.45/13.6
	5.6/15.1	5.6/15.1	5.05/13.6

来源：李玉光，2008

差厚镀锡钢板及钢带可采用薄面标识的方法（D）或厚面标识的方法（A）进行标识。如采用薄面标识的方法，可使用1条宽度约为2mm的连续直线，在薄镀锡面靠近钢板或钢带边部的位置进行标识。表示为在薄镀锡量代号后加字母D，如2.8D/5.6。如果采用厚面标识的方法，表示为在厚镀锡量代号后加字母A，如2.8/5.6A。如需对差厚镀锡板采用其他标记方法进行标记，可由供需双方协商，并在合同中注明。

3. 镀锡薄钢板的调质度　不同的罐藏用途，不同的制罐工艺，镀锡板承受的加工程度不同，对镀锡板机械性能要求也不同。镀锡板机械性能一般包括硬度、抗拉强度、屈服强度、伸长率和杯突值等。

调质度是表示镀锡板综合机械性能的一种指标，没有单一的机械试验能测出影响材料加工制造特性的所有因素，洛氏硬度试验（HR 30Tm）是可用的最佳单一测试方法，所以调质度通常用洛氏表面硬度表示。

调质度T代号越小，镀锡板质地越软；调质度T代号越大，则硬度越高。但是，镀锡板的硬度一定时，由于镀锡板的生产方法、热轧条件、冷轧条件及退火条件等不同，机械性能也不完全相同。统一调质度的镀锡板抗拉强度、伸长率、杯突值等也不尽相同。相关的机械性能还与镀层状态、表面粗细等有关。

一次冷轧钢板及钢带的硬度应符合表1-3的规定。二次冷轧钢板及钢带的硬度应符合表1-4的规定。钢板及钢带的调质度用洛氏硬度（HR 30Tm）的值来表示。

表1-3　一次冷轧钢板及钢带的硬度

调质度代号	洛氏硬度 HR 30Tm[a]
T-1	49±4
T-1.5	51±4
T-2	53±4
T-2.5	55±4
T-3	57±4
T-3.5	59±4
T-4	61±4
T-5	65±4

a 硬度为2个试样的平均值，允许其中1个试验值超出规定允许范围1个单位

来源：李玉光，2008

表1-4　二次冷轧钢板及钢带的硬度

调质度代号	洛氏硬度 HR 30Tm[a]
DR-7M	71±5
DR-8/DR-8M	73±5
DR-9	76±5
DR-9M	77±5
DR-10	80±5

a 硬度为2个试样的平均值，允许其中1个试验值超出规定允许范围1个单位

来源：李玉光，2008

4. 镀锡薄钢板的表面处理 钢板及钢带的表面状态，按原板的表面特征，以及镀锡后是否进行锡层软熔处理来区分。根据表面粗糙度不同，可生产不同表面的电镀锡钢板和钢带。钢板、钢带的表面经软熔处理，表面光亮；不经软熔处理表面为灰暗色。

镀锡板为了抑制表面氧化锡生成，防止变色，并提高抗硫能力，在镀锡以后均进行钝化处理。钝化方式可采用低铬钝化、化学钝化或阴极电化学钝化等。国际上化学钝化条件采用3位阿拉伯数字代号来表示，第一位数表示钝化液配方：1为铬酸；2为铬酸和磷酸配合；3为重铬酸盐；4为碳酸钠。第二位数表示是否通电：1表示通电；0表示化学浸涂。第三位数表示通电量多少：数字越大，电量越大，表面铬含量越高。我国罐头用铁常用的钝化方式为300和311。不钝化镀锡板表面易生成氧化膜，当氧化膜厚度达到1.40×10^{-7}mm时，表面会变黄。氧化膜一般在贮存过程中生成，并发生仓储变色。涂料后烘烤过程会氧化，并发现烘烤变色，氧化膜会影响镀锡板表面特性和外观，减弱涂膜附着力，氧化膜太厚，涂膜附着力差，易剥落，氧化膜不均匀，涂膜发脆。

电镀锡板通过钝化处理后，其钝化程度高，钝化膜含铬量亦高，由于电素铁有易划伤和擦伤等缺陷，对于高蛋白食品的罐藏容器易产生硫化腐蚀现象。普通镀锡板钝化膜含铬量一般为6～8mg/m^2，低铬铁通过低铬钝化，其钝化膜含铬量<1.5mg/m^2。

静电涂油是为了防止镀锡钢板和钢带在存放过程中生锈和运输过程中互相摩擦，便于铁皮分开。涂油种类可以有CSO（不饱和脂肪酸甘油混合物——棉籽油）、DOS（癸二酸二辛酯）或ATBC（乙酰三丁柠檬酸盐）等。除非协议另有规定，通常采用DOS油（癸二酸二辛酯），油量一般为1.0～10.0mg/m^2（视不同用途而异），油量太少润滑性不够，制罐时铁皮易擦伤；油量太多，涂料易造成鱼眼，会造成集中腐蚀。

5. 镀锡薄钢板的耐腐蚀性能 镀锡板作为罐藏容器材料，耐蚀性是很重要的性能，食品不同，腐蚀特性不同，对镀锡板耐蚀性要求也不同，因此要求镀锡板有适应于各种不同内容物特点的耐蚀性。镀锡板各结构层的质量对镀锡板的耐蚀性起着重要作用。目前主要通过酸浸时滞值试验、铁溶出试验、锡层晶粒度评定、合金-锡电偶试验等综合评价镀锡板的耐腐蚀性能（主要针对酸性食品而言）。

对某些电化学脱锡作用较强的食品，应使用具有良好耐蚀性的K板，其镀锡量应不低于5.6/2.8（g/m^2），经过酸滞（PL）、铁溶出值（ISV）、锡晶粒度（TCS）、合金-锡电偶合（ATC）等4项特殊试验后，其目标值符合PL≤10s、TCS≥9级、ISV≤20μg铁、ATC≤0.12μA/cm^2。

对某些电化学脱锡作用较强的食品，还可使用具有良好耐蚀性的J板，其镀锡量应不低于5.6/2.8（g/m^2），经过酸滞（PL）、铁溶出值（ISV）、锡晶粒度（TCS）3项特殊试验后，其目标值同样符合K板对应3项试验的目标值，而合金呈现酸性镀锡法通常所具有的浅灰色。

6. 镀锡薄钢板的分类标记及包装 镀锡薄钢板的分类及代号见表1-5，依据分类代号形成镀锡板的牌号和标记。普通用途的钢板及钢带，其牌号通常由原板钢种、调质度代号和退火方式构成，如MR T-2.5 CA，L T-3 BA。用于制作两片拉拔罐（DI）的钢板及钢带，原板钢种只适用于D钢种，其牌号由原板钢种D、调质度代号、退火方式和代号DI构成，如D T-2.5 CA DI。用于制作盛装酸性内容物的素面［镀锡量5.6/2.8(g/m^2)以上］食品罐的钢板及钢带，即K板，原板钢种通常为L钢种。其牌号通常由原板钢种L、调质度代号、退火方式和代号 K 构成，如 L T-2.5 CA K。用于制作盛装蘑菇等要求低铬钝化处理的食品罐的钢板及钢带，原板钢种通常为 MR 钢种和 L 钢种。其牌号由原板钢种 MR 或 L、调质度代号、退火方式和代号 LCr 构成，如 MR T-2.5 CA LCr。

表 1-5 镀锡薄钢板的分类及代号

分类方式		代号
原板钢种	—	MR，L，D
调质度	一次冷轧钢板及钢带	T-1，T-1.5，T-2，T-2.5，T-3，T-3.5，T-4，T-5
	二次冷轧钢板及钢带	DR-7M，DR-8，DR-8M，DR-9，DR-9M，DR-10
退火方式	连续退火	CA
	罩式退火	BA
差厚镀锡标识	薄面标识方法	D
	厚面标识方法	A
表面状态	光亮表面	B
	粗糙表面	R
	银色表面	S
	无光表面	M
钝化方式	化学钝化	CP
	电化学钝化	CE
	低铬钝化	LCr
边部形状	直边	SL
	花边	WL

来源：李玉光，2008

镀锡板的包装要特别注意包装的密闭性和安全性，防止散架和生锈，以防止运输和卸货时镀锡板磨蚀的产生。一般每包重量为 1000～2000kg，每包钢板的张数为 100 的倍数。包装箱内外应附有标示单和检查表。标示项目包括：规格、调质度、退火区分、表面处理、等级、成品尺寸、张数、重量（净重、毛重）、制造年月日、镀锡量或品号、镀锡钢卷号、检查日期等。

7. 镀锡薄钢板的质量要求 镀锡板表面质量要求不得有针孔、伤痕、凹坑、皱折、锈蚀等对使用有影响的缺陷，但轻微的夹杂、刮伤、压痕、油迹等不影响使用的缺欠允许存在。对于钢带，由于没有机会切除钢带缺陷部分，因此钢带允许带缺陷交货，但有缺陷部分的长度不得超过每卷总长度的 8%。对于罐头用镀锡薄钢板的总体质量要求做到：尺寸要整齐、厚度要均匀、锡层要完整、韧度要适当。四边要符合尺寸，四角要垂直，不得有大小头、镰刀弯；厚薄要均匀，制作罐身采用厚度较薄、硬度较低的镀锡板，保证翻边封口的质量，制作罐底和罐盖采用较厚的镀锡板，以经受杀菌的压力；锡层要完整，不能有气泡、露铁点、孔洞、压痕。

我国制罐所使用的镀锡薄板，已经逐渐由从前的 0.25～0.23mm，减薄至 0.21～0.16mm。从冷轧工艺来看，目前的炼钢水平结合五对辊轴连轧设备，一次冷轧产品的最小厚度可以达到 0.16mm。但要得到低于此厚度的薄板，一般都采用二次冷轧，即先轧出 0.20～0.18mm 的带钢，并在退火、清洗表面之后，再用双机架轧机，实施二次冷轧，即可获得 0.16mm 和更薄的二次冷轧镀锡薄板，常用二次冷轧厚度为 0.14～0.12mm 的薄板，甚至也出现厚度为 0.05mm 的薄板。目前镀层的镀锡量，在大多数情况下，已降至 2.8g/m^2 和 1.1g/m^2。电镀的方法，也越来越精致，锡层致密度有所提高，以弥补降低镀锡量而导致耐蚀力的损失。

轻度掺镍的低镀锡薄钢板，其结构中心是基板，从中心向外依次为退火适宜的掺镍层（Fe-Ni）、铁-镍-锡（Fe-Ni-Sn）合金、厚度为 0.3～0.5g/m^2 的薄镀锡层、特殊的钝化层（金属铬、水合氧化铬），最外层为防锈油层。铁-镍-锡合金层能减少锡和钢基板之间的电位差，起到良好的保护作用，甚至在锡层被划伤后也能起作用。镀锡层的厚度是兼顾经济性和焊接性的选择。掺镍镀锡板厚度一般一次冷轧板为 0.15～0.80mm，二次冷轧板为 0.10～0.40mm，掺镍镀锡板的钢种、调质度（一次、二次冷轧板）、表面状态和涂油同电镀锡板。

低锡薄钢板（LTS 铁）与一般镀锡薄钢板比较，镀锡厚度由传统 2.8g/m^2 降低到 0.78g/m^2，目前常用的最低可采用的量为 1.1g/m^2，表面经热熔处理较好，能适用于电阻焊接工艺，焊接前无需进行处理，抗腐蚀性能和 2.8g/m^2 镀锡板相同，对涂料的附着能力更好。目前用得较多的是即食食品、宠物食品、果酱、婴儿食品、非酸性的蔬菜类和一般果汁类。酸性腐蚀性食品需试验后慎用。低锡薄钢板是一种较理想又经济的制罐材料。

随着电阻焊和涂料工业的发展，在低碳钢冷轧原板（黑铁皮）上直接涂料、印刷用来制罐也得到广泛应用。低碳钢冷轧原板的规格及要求，不同的标准、不同的国家有不同的规定。

二、镀铬薄钢板

镀铬薄钢板（简称镀铬板）是为减少用锡量而发展的一种镀锡板代用材料，商品名为铬型无锡薄钢板（TFS-CT），是表面镀有铬和铬的氧化物的低碳薄钢板。铬是一种坚硬、带银白色光泽的金属，硬度、耐磨性、基体结合性都很好，耐热性也较高。早在 20 世纪 20 年代，镀铬工艺已用于工业生产，美国从 1940 年开始研究镀铬板，先后采用铬酸化学浸渍处理和电解铬酸处理，并开始大量生产。日本 1955 年以来，研究铬酸钝化方法，取得许多成果。欧洲各国也都在 20 世纪 70 年代相继生产镀铬板。

镀铬板采用的原板和镀锡板相同，都是低碳结构薄钢板，但镀铬层很薄（$<$1.3nm），其工艺和镀锡板相同。因此一般原有镀锡生产线只需略加改造，加装镀铬槽就可实现镀锡或镀铬两用。

（一）镀铬板的结构和生产方法

1. 结构　镀铬板结构由钢基板、金属铬层、水合氧化铬层和油膜构成，见图 1-4。各构成部分的厚度、成分和性能特点见表 1-6。

2. 生产方法　镀铬板的生产方法有一液和两液两种方式，前者是在一种电介液中电解处理，使金属铬和水合氧化铬同时析出；后者是在镀铬后，另用新的铬酸处理，使之析出水合氧化铬。

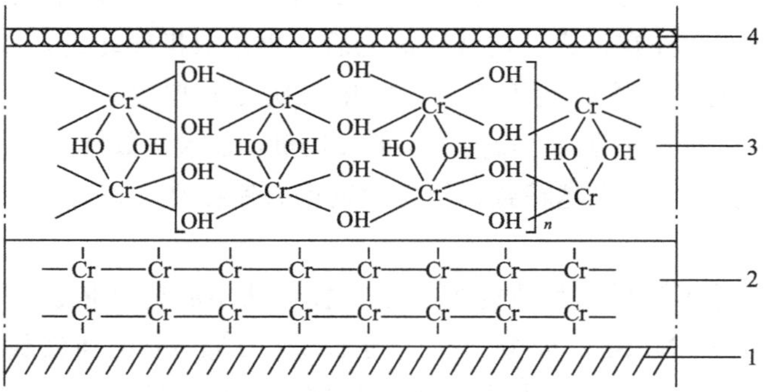

图 1-4　镀铬板断面图（引自：杨邦英，2002）

1. 钢基板；2. 金属铬层；3. 水合氧化铬层；4. 油膜

表 1-6　镀铬板各构成部分的厚度、成分和性能特点

名称	厚度	成分	功能特点
油膜	4.9～9.5mg/m^2	癸二酸二辛酯	防锈和润滑
水合氧化铬层	以每平方米氧化层中铬量表示，7.5～27mg/m^2	水合氧化铬	保护金属铬层，便于涂料和印铁，并防止产生孔眼
金属铬层	32.3～140mg/m^2	金属铬	有一定耐蚀性，但比纯锡差
钢基板	制罐用 0.2～0.3mm	低碳钢	加工性良好，制罐后具有必要的强度

来源：杨邦英，2002

（二）镀铬板的性能和用途

1. 镀铬板的特性　原板采用特普（TOP）冷轧薄板加工成形，美术装饰性好；经电解铬酸处理后，在薄板表面生成厚度为 0.05～0.10μm 的氧化铬，并呈现淡青色的光泽；包装后贮存在室内，长期不会生锈；与涂料、油墨黏附融合优良，涂膜附着力强，不会发生涂膜剥离现象，宜加工制造底盖和冲拔罐；焊接性能差，由于铬的电阻大、铬层无润滑性，不适于制电阻焊接罐；耐碱，涂装后不受溶剂、油膜影响；耐热，400℃短期加热不受损。

2. 使用时注意事项　镀铬板耐腐蚀性比镀锡板为差，因此需经内、外涂料后使用；用作罐身时采用通常的焊锡法焊接困难，一般均采用熔接法和粘合法接合；镀铬板的铬层较薄，封口时卷边缝容易生锈，特别是卷边下部，为此封口时需采取相应措施；镀铬板表面平坦度影响涂膜遮盖性；镀铬板有夹杂物会影响加工性；涂膜太薄，容易刮伤影响耐蚀性。

（三）制约镀铬板在食品制罐业上应用的技术问题

1. 耐蚀性问题　耐蚀性问题可从镀铬技术的改进和镀后涂料的改进加以考虑。需要注意的是，技术上的改进需同时考虑成本，才能保持镀铬板的优势。镀铬板耐蚀性虽比不上镀锡板，却仍有一定的耐蚀性，用于弱酸性食品包装是适合的。这类食品市场很大，如肉、鱼、禽、乳制品、蔬菜、豌豆、甜菜、土豆，以及各种饮料、汤类等。如果严格保证涂料的技术指标，一些 pH 在 3.7～4.5 的酸性食物也是可以用镀铬板包装的，如水果、泡菜等。

2. 制罐工艺问题　镀铬板镀层薄而韧性差，缺乏如锡一样的冲制润滑剂，因此冲拔工艺需要重点注意。目前而言，用于两片罐采用深冲工艺是可行的。由于不能锡焊，制作三片罐时，必须采用熔焊或粘合。采用镀锡板镀铬板组合使用，罐身用镀锡板，罐底盖用镀铬板亦可。此外罐身与盖的封接亦不宜采用二重卷边工艺，否则必须进行补涂。镀铬板在食品包装中应用虽有局限性，却也有其特点和优势，有比较广阔的市场，值得推广和发展。

三、覆膜铁

通过熔融法或粘合法，将塑料薄膜覆合在冷轧薄钢板上的复合材料称为覆膜铁（Lam, nated steel)，相对涂料铁，也可称为涂塑铁。与传统的制罐材料铝板和镀锡钢板相比，覆膜铁有其独特的优越性。首先，在性能方面，覆膜铁的耐冲、耐腐蚀性是涂料铁不能比拟的。因为它是塑料薄膜的复合板，覆膜铁解决了传统制罐材料存在的耐腐蚀性和附着力的矛盾。其次，在材料成本方面，由于覆膜铁是一种兼有塑料薄膜和金属板材双重特点的金属材料。因此，一般情况下，不必用马口铁作底材去生产覆膜铁，其成本优势显而易见。再次，在环保节能方面，覆膜铁的生产无大量溶剂废气排出，而且成膜温度也只有70℃左右，所以生产成本也低于涂料铁。

覆膜铁是在冷轧薄钢板/镀铬铁两面覆盖（粘合）上多层的聚酯复合薄膜（厚度为20～25μm)，是一种兼有塑料薄膜和金属板材双重特点的金属功能材料。理论上覆膜铁基板可直接采用冷轧薄钢板，但是，其制罐时罐身焊缝处易产生锈蚀，且粘合力不牢，在欧美和日本，覆膜铁技术多采用镀铬铁TFS作基板。其有机膜覆合的牢度极高，这主要是由于TFS产品表面存在一层铬的水合氧化物膜，与有机膜以氢键的形式结合在一起。目前，覆膜工艺有两种：一是高温高压下的挤压工艺，采用高温覆膜及急冷重结晶等技术，有机膜覆合的牢度高；二是粘合工艺法，采用低温粘合，其粘合牢度不及高温高压法。根据产品用途的不同，两种工艺在日本和欧洲均有应用。

与内涂外印的镀铬铁相比，覆膜铁具有以下特点。

(1) 具有良好的防锈、装饰、隔热、减震等功能，尤其耐冲压、耐腐蚀性是涂料铁不能比拟的。由于覆膜铁所覆盖（粘合）上去的薄膜为多层的聚酯复合薄膜，它阻隔腐蚀介质渗透的能力接近于“完全阻隔”。对于西红柿酱罐、两片罐的包装来说，覆膜铁是理想的材料。而涂料铁在耐腐蚀性和附着力之间存在矛盾。

(2) 表面针孔少，致密，且可在覆膜上做多种处理，如标识、镭射处理等（与涂层相比较）。二次冷轧覆膜铁，其具有优良的力学性能，抗拉强度高。

(3) 生产效率高、能源消耗和材料成本低。覆膜铁表面为热塑性树脂薄膜，以聚酯和聚丙烯为好，成膜温度只有70℃左右，且无需内涂外印，生产效率和能源消耗均较为理想。

(4) 有利于环保。涂料铁的内涂料多以环氧树脂为主，外涂料有底涂料、白涂料、上光涂料之分，以丙烯酸和聚酯树脂为主。印铁油墨有热固化和紫外线固化之分，但印铁油墨必须与涂料配套才能保证油墨的色彩和附着力等性能。由于目前使用的涂料在有机高分子中加入固化剂、增塑剂、色调剂等配料，溶解在溶剂和稀释剂中，所以印铁厂仍然存在环保问题待解决。另外，对于西红柿酱罐、深冲两片罐等涂料铁还不够稳定。但表面为热塑性树脂薄膜的覆膜铁在生产过程中无大量溶剂废气排出，有利于环保。

四、铝合金薄板

制罐及包装用铝材，分纯铝系列和耐蚀的铝合金板材或箔材等，日本和美国标记代号为

1000、3000 和 5000 等系列。1000 系列为纯度达 99%以上的铝制品；3000 系列为 A1-Mn 合金；5000 系列为 A1-Mg 合金，为非热处理材料，大部分用在制罐和制盖。纯铝的强度和硬度较低，使用受到限制。纯的熔融的铝在严格控制的条件下，加入硅、铜、镁、锰 等配制成合金，使强度和硬度显著提高，两种最常用的元素镁及锰加入以后，特别是镁加入后，虽然增加了材料的强度，一般都要降低对酸碱性腐蚀的抵抗。因此品种单一的铝合金和只有单一强度的材料很难满足各种要求，必须根据不同用途及材料成本，选用相适合的强度、加工性、耐腐蚀性的铝合金。为提高铝材的耐蚀性一般均经涂料后使用，涂料前铝合金薄板须经重铬酸盐处理和硫酸处理两种方法进行钝化处理。

铝合金薄板系铝镁、铝锰等合金经铸造、热轧、冷轧、退火、热处理和矫平等工序制成的薄板，相当于低合金钢的强度，可用于生产冲拔罐和薄壁拉深罐等两片罐和易开盖及饮料瓶盖等。不同代号的铝合金材料，选用对象也有所区别：冲拔罐要求采用冲拔性能好的 3003～5052 合金等软质材料；而薄壁拉伸罐则要求采用压薄拉深性能特别良好的 3004 合金；作易开盖则是超硬质和开罐性能优良的材料，按耐压强度选用 5052、5082 及 5182 等合金，特别是含 4%～5% 镁和 0.35%锰的 5182 型合金，是一种适宜制造碳酸饮料底盖的硬质材料。

五、罐头涂料

（一）罐头内壁涂料

镀锡板、镀铬板和铝合金薄板等材料制成罐头后易受腐蚀，且引起内容物变质。为防止上述情况的发生，多数食品罐头均要求罐内涂料，罐头品种不同，涂料要求亦不同。

1. 罐头内壁涂料目的

(1) 含蛋白质丰富的水产、家禽和畜肉类罐头采用抗硫涂料，以防止蛋白质在高温杀菌过程中降解，释放出游离的硫，造成硫化腐蚀，如硫化斑和硫化铁等，必要时在基料中加一些可以吸硫的物质（如氧化锌等），以防止硫化铁的生成。

(2) 酸性较强的番茄酱和酸黄瓜等采用抗酸涂料，以防止罐壁的酸腐蚀，造成罐头的穿孔变质，以保证罐头具有一定的保存期。

(3) 某些含花青素的水果，如草莓、樱桃和杨梅等，由于锡的还原作用，不但会使色素褪色，且造成罐壁的花青素腐蚀，形成氢胀胖听，需要在一般涂料基础上，增加涂料厚度或进行二次补涂，以提高其抗腐蚀性能。

(4) 清蒸鱼类和午餐肉等容易粘罐，食用时不易倒出。采用含有防粘剂的涂料，以保持形态完整美观。

(5) 罐装啤酒等饮料罐，对铁离子含量极为敏感。需要采用细腻致密的涂料，制罐后需喷涂，保证成膜后没有孔隙点，以防止铁离子渗入罐内，而影响啤酒的风味和透明度。

(6) 有的罐头品种采用冲拔成型的两片罐，在空罐制造过程中，需要涂料能耐冲压及延伸等。

从以上几个方面可见罐内涂料主要起双重保护作用：①保护镀锡板等包装材料不受内容物的作用而发生腐蚀及脱锡变色等现象。②保护食品不受罐头镀锡板等包装材料的作用而影响其品质或营养价值。

2. 罐头内壁涂料的基本要求　罐头内壁涂料的基本要求可用以下术语描述：无毒无

味涂膜好，附着铁皮脱不了，能耐腐蚀防变质，涂印方便价不变。具体要求如下。

（1）涂料成膜后应无毒害，不污染内容物，不影响其风味和色泽，低公害性。

（2）涂料成膜后能有效地防止内容物对罐壁的腐蚀。

（3）涂料成膜后附着力良好，具有要求的硬度、耐冲击性和耐焊接高温，适应制罐工艺要求。

（4）制成罐头经杀菌后，涂膜不应变色、软化和脱落、溶解。

（5）施工方便，操作方便，烘干后能形成良好的涂膜。

（6）涂料及所用溶剂价格便宜。

（7）涂料贮藏稳定性好。

3. 罐头内壁涂料的组成及类型 罐头内壁涂料的品种较多，构成各异，但主要成分均为树脂、溶剂、颜料和其他辅助材料。

树脂是高分子的有机物，是内壁涂料的主要成分，主要成膜物质。大部分树脂能溶在有机溶剂中成为液体，称为涂料。把涂料涂布于金属物的表面，溶剂挥发后，树脂等物质附在金属的表面干结成膜，称为涂膜。树脂分天然树脂和合成树脂两类。

溶剂是指能分散树脂等固态或半固态物质的液体。选择的溶剂要求有良好的溶解性能，溶解后不浑浊、无沉淀。在涂料干燥过程中，溶剂要全部挥发。严格控制用量，严格控制溶剂的杂质和成本。溶剂种类主要有脂类溶剂、酮类溶剂、醇类溶剂、醚类溶剂、芳烃类溶剂。

颜料是构成涂膜的组成成分，是次要成膜物质。主要作用有着色、增强涂料耐磨性、降低涂膜对光与热的敏感性、增强涂膜的防锈性能等。

用于罐头内壁涂料的不同辅助材料，起到不同辅助作用。例如，填充剂起填充作用，增加涂膜的耐磨性；稀释剂用于稀释涂料；增塑剂（软化剂），使涂膜有弹性、柔韧性，提高附着力，减少机械伤；流平剂改善涂料性能，在涂布过程中破坏二相表面张力，使涂料易流散；润滑剂使涂料有润滑，防粘作用；干燥剂对涂料起干燥作用。

我国常用罐头内壁涂料，根据所用基料不同，大体可分为：环氧酚醛涂料、酚醛涂料、油树脂涂料、环氧氨基涂料、乙烯基涂料等类型。

1）环氧酚醛涂料 环氧酚醛涂料是环氧树脂和酚醛树脂混合制成的，必须经过加热聚合，干燥成膜，要求烘烤温度不低于195℃，是使用最广泛的一种内壁涂料，对金属表面有一定的附着力及柔韧性及化学稳定性，涂膜呈金黄色、无异味、能耐焊接高温及一般低硫和低酸食品的腐蚀，常用于经过调味的鱼、肉、蔬菜、果酱等罐头容器的涂料及水果罐头容器的底涂料。环氧酚醛涂料在施工过程中流平性较差，特别当溶剂使用不当和环氧相对分子质量较高时，对镀锡板表面状态较为敏感，容易形成“鱼眼”或“小孔”，此外当涂膜较厚时，与铁皮的附着力较差。为提高抗硫性，可添加铝粉或氧化锌等。

2）酚醛涂料 酚醛涂料由酚和醛反应制成，其涂膜透气性很小，柔韧性较差，漆膜较硬，但对硫化腐蚀的抗性比较突出。酚醛涂料在施工过程中，必须严格控制干膜后的质量。烘烤温度不低于180℃，温度过低会影响产品质量，温度过高和时间过长，涂膜发脆、变硬。酚醛涂料易含有游离酚，其与水中氯作用生成氯酚，有异味，故不宜作为清水蔬菜的罐头容器。

3）油树脂涂料 油树脂是油溶性酚醛树脂和干性油（桐油、亚麻油、脱水蓖麻油）加热熬炼而成，是最早用于食品罐头的涂料，固形物含量可达60%以上。为提高油树脂的抗硫能力，通常在涂料中加入一定比例的氧化锌等，油树脂涂料涂膜耐动物性脂肪性能差，容易软化脱落，同时易使食品污染发生异味，一般在表面上罩上一道酚醛涂料或防粘涂料为面漆。油树脂的固化温度一般在200～210℃，10min后氧化聚合反应完全，并能去除异味的挥发成分，温度对涂膜理化性能影响很大。

4）*环氧氨基涂料*　环氧氨基涂料是环氧树脂中加入作为硬化剂的氨基树脂，如脲醛、三聚氰胺等制成的，是具有一定化学、物理性能的无色涂料。能耐高温杀菌，在烘烤后色泽不变。它的特点是无色透明、气味小、附着力强、漆膜耐深冲性好，可作为浅色水果的内壁涂料，也可作为罐外涂料。在环氧氨基涂料中加入柠檬酸亚锡等，可作为蘑菇罐头涂料。

5）*乙烯基涂料*　乙烯基涂料是将乙烯共聚体溶解于溶剂中制成的涂料，乙烯基涂料的主要特点是柔韧性 好、无臭、无味、耐油、耐醇性优良，透气性小，耐深冲性能好，缺点是不耐焊接热，附着力差。它适合作为易受金属（锡、铁）影响色、香、味及透明度的饮料罐（如啤酒罐）的面涂料或喷涂涂料。

4. 常用罐头内壁涂料品种　以上述各种类型涂料为基料，根据使用要求，加入其他化学成分，分别加工配制成适用于抗酸、抗硫、抗硫抗酸两用涂料、脱膜涂料、环氧氨基涂料等各种专用涂料。常用罐头内壁涂料品种、主要成分及性能特点见表1-7。

表1-7　常用罐头内壁涂料品种、主要成分及性能特点

涂料品种	主要成分及配制方法	溶液	性能特点
抗硫抗酸二用涂料（#214涂料）	用#609环氧树脂和#703酚醛树脂两种树脂溶液。按7：3比例混合配置而成	香蕉水	附着力、耐冲击力、耐焊热和耐腐蚀性较好，涂膜基本无异味。具有一般抗硫抗酸性能
抗硫涂料	分底涂料及面涂料两次涂装： 底涂料为#617环氧酯化氧化锌涂料，由#604环氧树脂与豆油酸、亚麻仁油酸酯化为环氧酯加入一定量的氧化锌制成	丁醇和香蕉水（1：1）	底涂料耐冲击性和抗硫性能好，但涂料较软，不能单独使用
	面涂料为#2126酚醛树脂，由苯酚、甲酚与甲醛以氨水作催化剂缩合而成	丁醇和乙醇（1：3）	致密性和抗化学性良好，耐冲击性差，印涂时须严格掌握涂膜厚度和烘烤温度
防粘涂料	分底涂料和面涂料两次涂装： 底涂料为#617环氧酯化氧化锌涂料，成分同上抗硫涂料的底涂料	丁醇和香蕉水（1：1）	具有一定的抗硫性能，防粘效果良好，面涂料在高温杀菌时熔融化，附于涂料表面，因而起到脱膜作用。底涂料的氧化锌起到吸附硫的作用
	面涂料为环化橡胶合成蜡	甲苯和香蕉水（1：1）	
环氧氨基柠檬酸亚锡涂料（#510涂料）	在环氧氨基中加入一定量的柠檬酸亚锡浆，利用二价的亚锡离子被氧化成四价的锡离子的还原作用，进行漂白护色	香蕉水	使某些果蔬罐头内容物保持色泽，并防止对容器内壁的腐蚀

续表

涂料品种	主要成分及配制方法	溶液	性能特点
#S-73耐深冲抗硫涂料	以#214环氧酚醛为基料，加入由氧化锌与#621线性环氧树脂扎成的氧化锌浆料制成	香蕉水	兼有良好的抗硫性和深冲性
冲拔罐抗硫涂料	由底涂料和面涂料配套组成： 底涂料为环氧脲醛树脂，由#1009环氧树脂和#520脲醛树脂制成，使用前加入氧化锌浆和磷酸 面涂料为多羟酚醛树脂，由聚多羟酚加入丁醇、多聚甲醛及氨水反应制成	环己酮、醋酸丁酯、二甲苯（3∶3∶4） 环己酮、醋酸丁酯、二甲苯（3∶3∶4）	兼有抗硫及耐冲性能
饮料罐专用涂料	分底涂料及面涂料两次涂装： 底涂料由#609环氧树脂和#561三聚氰胺甲醛树脂等组成 面涂料为聚乙烯、醋酸乙烯、顺丁烯二酸苷单丁酯共聚体	香蕉水 环己酮和二甲苯（1∶1）	无臭、无味、耐醇性强、透气性小，对金属的隔绝性能良好
M-20环氧氨基涂料（无色涂料）	由环氧树脂和氨基树脂混合而成	香蕉水	无异味，附着力、耐冲击性和耐热性良好，具有一定抗化学性
737无色涂料	改性环氧树脂	214稀释剂	涂膜无色透明，耐冲击性和耐腐蚀性良好
S-832铝色抗硫涂料	以环氧氨基改性树脂为料，加入一定量的铝膏配置	香蕉水	附着力较好、硬度、耐冲击性、耐热性优良，且有较好的抗硫耐腐蚀性能
乙烯基涂料	以氯乙烯、醋酸乙烯、顺丁烯二酸苷（或顺丁烯二酸苷单丁酯）等共聚物为主要成分，溶解于溶剂中，加入适量的稳定剂制成	环己酮、二甲苯、醋酸丁酯混合溶剂	无臭无味，耐醇性强，透气性小，柔韧，隔绝性能优良，不耐热，附着力差
芦笋专用涂料（#81涂料）	分底涂料和面涂料两次涂装： 底涂料为XE-2涂料（环氧改性二甲苯树脂） 面涂料为#214涂料	香蕉水 香蕉水	附着力特好，涂膜成网状结构，可做内划线罐，耐腐蚀，抗硫性强，无异味

来源：杨邦英，2002

5. 罐头内壁涂料的涂装及质量要求 罐头内壁涂料的涂装过程主要包括涂印和固化两个部分。涂印是将罐头内壁涂料涂布在基板上或空罐的内壁上，使之成为均匀的表面覆盖层——湿膜或粉末涂层。喷涂方法包括滚涂法、喷涂法、印涂法等。静电喷涂是固体粉末涂料的一种涂装方法，电泳涂布是水溶性涂料的一种涂装方法。固化是利用热能或辐射能的作用，使涂印后湿膜中的溶剂蒸发，树脂进一步交联，或使固体粉末熔融，最后形成干固而坚韧的涂膜。常用箱式烘房，利用电或煤气加热空气进行干燥，也有利用紫外线、电感应、电子束等的固化方法。

经涂装后罐头内壁涂料要求达到如下质量要求：外观涂膜光滑、完整，色泽均匀一致；涂膜无明显露底、划伤及气泡；涂膜表面无杂质颗粒、油污及涂料堆积；涂膜不焦糊、锡层不熔融；涂料铁反面不带料。其具备如下理化性质：涂膜无毒害且不影响食品风味；涂膜厚度符合标准规定；耐冲击性能试验，冲盖后经5%硫酸铜溶液浸泡盖面上不应有明显腐蚀点；抗酸性能试验，试样放入5%乙酸溶液中，经121℃加热30min，涂膜不应变色和脱落；抗硫性能试验，试样放入1%硫化钠溶液中，经121℃加热30min，不应有明显的硫化斑，涂膜不应脱落、变色；实罐试验，涂料铁装制实罐后，经37℃或60℃保温后，开罐观察，对于抗酸涂料铁应无明显腐蚀和涂膜脱落。抗硫涂料铁应无明显硫化铁及硫化斑，不能污染内容物。

（二）罐头外壁涂料（彩印涂料）

1. 食品罐头外壁涂料的目的 以印铁商标代替纸商标，光亮美观，省去贴标工序，避免纸商标易破损、脱落、退色和油污等缺点；防止罐外生锈；适应罐头在冰箱中贮存；可使用罐外镀锡量较低的镀锡板。

2. 食品罐头外壁涂料及油墨要求 印铁商标经沸水和加压蒸汽加热处理后，涂膜不应变色、软化、脱落和起泡，保持原有光泽和色彩；涂料和油墨烘干后，白涂料不泛黄，彩色油墨不变色，光泽良好；涂料和油墨干燥性能良好，不回粘；涂膜成膜后附着力良好，适应制罐工艺要求；采用高速印铁机，油墨印刷性能良好；涂料及其所用溶剂价格便宜，施工方便；涂料和油墨贮藏稳定性良好。

3. 常用罐头外壁涂料铁品种和涂印条件 常用罐头外壁涂料铁品种和涂印条件见表1-8。

表 1-8 常用罐头外壁涂料铁品种和涂印条件

品种	涂层	涂料名称	溶剂	烘烤条件		涂膜厚度/(g/m²)
				温度/℃	时间/min	
水果罐头外壁涂料铁	底涂料	环氧氨基醇酸树脂涂料	丁醇和二甲苯(1∶1)	150～160	8～10	1.5～2.5
	白涂料或白油墨	环氧氨基醇酸树脂白涂料（印图2次）	丁醇和二甲苯(1∶1)	150～160	8～10	16～18
		65-43白油墨（印涂3次）	松油醇调墨	150～160	8～10	12～14
	彩印油墨	各种彩印油墨	65-01调墨油和210桐油醇酸树脂调墨	150～160	8～10	—
	罩光涂料	氨基醇酸树脂涂料（#3402椰子油醇酸树脂，#583三聚氰胺甲醛树脂）	丁醇和二甲苯(1∶1)	140～150	8～10	6～8

续表

品种	涂层	涂料名称	溶剂	烘烤条件		涂膜厚度/(g/m²)
				温度/℃	时间/min	
肉禽、蔬菜罐头外壁涂料铁	底涂料	环氧氨基醇酸树脂涂料	丁醇和二甲苯(1∶1)	150～160	8～10	1.5～2.5
		环氧脲醛树脂涂料	香蕉水	190～200	8～10	1.5～2.5
	白涂料或白油墨	环氧氨基醇酸树脂白涂料（印图2次）	丁醇和二甲苯(1∶1)	150～160	8～10	16～18
		65-43白油墨（印涂3次）	松油醇调墨	150～160	8～10	12～14
	彩印油墨	各种彩印油墨	65-01调墨油和210桐油醇酸树脂调墨	150～160	8～10	—
	罩光涂料	B01-31丙烯酸树脂涂料	丁醇和二甲苯(1∶1)	170～175	8～10	5～7

来源：杨邦英，2002

（三）接缝补涂料

镀锡薄板罐头容器生产时，无论采取锡焊或电阻焊将罐身板卷曲成圆筒状后进行焊接时，其身缝部位及其两侧因受高温熔融或机械损伤都必须对其进行补涂以作保护，外补涂用以防锈，内补涂用以防止食品与罐壁损伤部位直接接触而发生腐蚀现象。罐用接缝补涂料的要求有：涂料成膜后应无毒害；与盛装内容物不相溶，有良好的抗化学性；无环境污染，符合卫生要求；涂膜厚度适当，附着良好，能起到阻隔作用；具备快速烘干固化性能，适于设备操作。

接缝补涂料的种类，根据操作方法与设备而异，有用于锡焊和半自动电阻焊机的手工补涂料；有专用于高速自动电阻焊接机补涂烘干设备的快速烘干、固化的接缝补涂料，按设备要求分液体滚涂、液体喷涂和粉末喷涂3种，滚涂与喷涂使用接缝补涂料的黏度与固体含量有所区别。

#EP-3接缝补涂涂料用于锡焊罐和半自动电阻焊制罐手工补涂、烘干；PX-856接缝补涂料适用于水果、蔬菜、饮料等低酸食品的空罐电阻焊接缝补涂料；XE-2环氧改性二甲苯树脂边缝补涂料用于原汁猪肉和番茄酱罐头的接缝补涂；884有机溶胶接缝补涂料作为电阻焊生产线制罐的内壁补涂料，具有快速干燥固化功能，涂膜附着力强，抗酸、抗硫性能良好。

（四）罐头密封胶

为保证食品罐头的密封，罐盖钩边须充填密封材料，当经过卷边封口作业后，由于胶膜和二重卷边的压紧作用将罐底盖和罐身紧密结合起来，可以保证罐藏容器的密封性能，使罐藏食品得以长期贮存、不变质。

1. 密封胶的质量要求 胶膜中不得含有对人体有害的毒素，必须符合食品卫生要求；胶膜应具有良好的可塑性，便于填满罐身与罐盖卷封后存在的空隙，确保罐头的密封性能；胶膜应具有良好的热稳定性，以防在高温、高压杀菌时胶膜溶化，造成罐内流胶现象；胶膜与镀锡板应有良好的附着力及耐磨性能，以避免卷封作业时胶膜断裂，影响封口部分的密封质量；胶膜应有良好的抗热、抗水、抗氧化、抗油等特点，以确保罐头在沸水杀菌消毒、钝化处理、油类产品加盖排气时胶膜不溶化、不脱离。

2. 密封胶的种类及特点 罐藏容器的密封胶除了某些玻璃罐的金属盖上使用塑料溶胶制品外，基本上均使用橡胶制品。金属罐藏容器的密封胶均为液体橡胶，浇注在盖钩上固化成膜。液体橡胶按稀释条件分为水基胶和溶剂胶。水基胶类的氨水胶使用较多，我国尤以硫化乳胶使用广泛。氨水胶的主要组成部分是天然乳胶。它是由橡胶粒子在水介质中的悬胶体组成的一种胶体。乳胶的化学结构为异戊二烯。天然乳胶一般用氨水作保存剂，因为氨既能抑制胶乳中的细菌繁殖，又能使橡胶粒子分散，阻止橡胶粒子凝固成块。但氨挥发，对人体有刺激作用，同时会使胶乳的黏度下降。因此胶乳中氨含量应控制在一定范围之内。胶乳中橡胶粒子带负电荷，包含一层亲水胶体，形成稳定的胶体体系。当粒子上的电荷被中和，或者由于某种化学作用、污染等破坏了它的保护膜时，就会造成胶乳的凝固。被金属离子吸附，特别是二价或三价的金属离子吸附，可以引起胶乳的完全凝固。铅及其他金属盐类和酸类也会促进胶乳的凝固。铜和锰对胶乳也起破坏作用。胶乳一经凝固则会发生连续的高分子聚合，不再分散在水中。因此，使用过程中，要避免因为外界条件的变化而引起胶乳的絮凝。硫化乳胶系氨水胶，采用天然乳胶、硫黄、硫化促进剂及其他辅助材料等物料配制而成。这些配合剂能使液胶的性能得到改善，更符合制罐工艺和罐藏食品的要求。同时，由于大量填料的加入，降低了胶乳的表面张力，便于液胶在浇注时按规定要求均匀涂布在盖钩内。

3. 硫化乳胶 硫化乳胶由多种组分构成，包括天然乳胶成膜物质异戊二烯聚合体；提高乳胶性能的硫化剂、硫化促进剂；对硫化乳胶起软化作用，增强胶膜可塑性的软化剂（增塑剂）、乳化剂；增加耐磨性的填充剂；增加乳胶的黏度、稳定乳胶的稳定剂；在乳胶中起分散作用，使粉状的物质均匀地分散到溶液中去，同时起黏稠作用的分散剂；使乳胶中不溶解的物质均匀地悬浮在溶液中，使乳胶能均匀一致的增稠剂；防止微生物引起变质的防腐剂；防止天然乳胶老化，延长寿命的防老剂；减少乳胶黏度的稀释剂；着色剂等。

第三节　罐型规格系列与空罐落料

一、罐型规格系列

罐藏食品按不同罐型规格系列编号。接缝圆罐罐型编号按罐型大小和高低进行，罐号由内径和外高来决定。冲底圆罐的编号为 200；接缝方罐编号为 300；冲底方罐编号为 400；椭圆罐编号为 500；冲底椭圆罐编号为 600；梯形罐编号为 700；马蹄形罐编号为 800。

镀锡板罐罐型系列见表 1-9～表 1-14。

表 1-9　圆罐成品规格系列表

罐号	成品规格/mm			计算容积/cm^3	备注
	公称直径	内径	外高		
15267	153	153.4	267	4823.72	
15234	153	153.4	234	4213.83	
15178	153	153.4	178	3197.33	

续表

罐号	成品规格/mm			计算容积/cm³	备注
	公称直径	内径	外高		
15173	153	153.4	173	3086.44	
1588	153	153.4	89	1533.98	专用罐型
1561	153	153.4	61	1016.49	专用罐型
10189	105	105.1	189	1587.62	
10124	105	105.1	124	1023.71	
10120	105	105.1	120	989.01	
1068	105	105.1	68	537.88	
9124	99	98.9	124	906.49	
9121	99	98.9	121	883.45	
9116	99	98.9	116	845.04	
980	99	98.9	80	568.48	专用罐型
968	99	98.9	68	476.29	
962	99	98.9	62	430.20	
953	99	98.9	53	361.06	
946	99	98.9	46	307.29	
8160	83	83.3	160	839.27	
8117	83	83.3	117	604.93	
8113	83	83.3	113	583.13	
8101	83	83.3	101	517.73	
889	83	83.3	89	419.63	
871	83	83.3	71	354.24	
860	83	83.3	60	294.29	
854	83	83.3	54	261.59	
846	83	83.3	46	217.99	
7127	73	72.9	127	505.05	
7116	73	72.9	116	459.13	
7113	73	73.9	113	446.61	
7106	73	72.9	106	417.39	
789	73	72.9	89	346.44	
783	73	72.9	83	321.39	
778	73	73.9	78	300.52	
763	73	72.9	63	237.91	
755	73	72.9	55	204.52	
751	73	73.9	51	187.83	
748	73	73.9	48	175.31	

续表

罐号	成品规格/mm			计算容积/cm³	备注
	公称直径	内径	外高		
6101	65	65.3	101	314.81	
672	65	65.3	72	221.04	
668	65	65.3	68	207.64	
5133	52	52.3	133	272.83	
5104	52	52.3	104	210.53	
599	52	52.3	99	199.79	
589	52	52.3	89	178.31	
539	52	52.3	39	70.89	

来源：杨邦英，2002

表 1-10　冲底圆罐成品规格系列表

罐号	成品规格/mm			计算容积/cm³
	公称直径	内径	外高	
201	153	上 153.0 下 132.0	30.0	480.70
202	83	83.3	57.0	294.29
203	73	72.9	42.0	163.00
204	52	52.3	37.0	73.04

来源：杨邦英，2002

表 1-11　方罐及冲底方罐成品规格系列表

罐号	成品规格/mm						计算容积/cm³
	外长	外宽	外高	内长	内宽	内高	
301	103.0	91.0	113.0	100.0	88.0	107.0	941.60
302	144.5	100.5	49.0	141.5	97.5	43.0	593.24
303	144.5	100.5	38.0	141.5	97.5	32.0	441.48
304	96.0	50.0	92.0	93.0	47.0	86.0	375.91
305	98.0	54.0	82.0	95.0	51.0	76.0	368.22
306	96.0	50.0	56.5	93.0	47.0	50.5	220.74
401	144.5	100.5	35.0	141.5	97.5	32.0	441.48
402	133.0	88.0	32.0	130.0	85.0	29.0	320.45
403	126.0	78.0	32.0	123.0	75.0	29.0	267.52
404	119.0	81.0	24.0	116.0	78.0	21.0	190.01
405	109.0	77.5	22.0	106.0	74.5	19.0	150.04

来源：杨邦英，2002

表 1-12　椭圆罐及冲底椭圆罐规格系列表

罐号	成品规格/mm						计算容积/cm^3
	外长径	外短径	外高	内长径	内短径	内高	
501	148.2	73.8	46.5	145.2	70.8	40.5	327.00
502	148.2	73.8	36.5	145.2	70.8	29.5	238.18
601	162.5	110.5	37.5	159.5	107.5	34.5	464.60
602	178.0	98.0	36.0	175.0	95.0	33.0	430.89
603	168.0	93.5	34.5	165.0	90.5	31.5	369.43
604	125.5	86.0	31.0	125.5	83.0	28.0	229.07

来源：杨邦英，2002

表 1-13　梯形罐（四面体角锥形罐）规格系列表

罐号	成品规格/mm										计算容积/cm^3
	盖外长	盖外宽	底外长	底外宽	外高	盖内长	盖内宽	底内长	底内宽	内高	
701	77.3	54.3	81.0	64.0	92.0	74.3	51.3	78.0	61.0	84.0	367.98

来源：杨邦英，2002

表 1-14　马蹄形罐规格系列

罐号	成品规格/mm					
	外长	共腰最大外宽	外高	内长	两腰最大内宽	内高
801	193.0	146.5	90.0	190.0	143.5	84.0
802	165.5	119.5	67.0	162.5	116.5	61.0
803	165.5	119.5	51.0	162.5	116.5	45.0
804	147.5	101.5	49.0	144.5	98.5	43.0
805	126.0	90.0	48.0	123.0	87.0	42.0

来源：杨邦英，2002

二、镀锡板罐裁板落料及消耗定额

（一）圆形空罐的落料

1. 罐身板的落料尺寸

1）罐身板宽度　一般为罐型外高加 3～3.5mm，滚加强筋的空罐加 4～4.5mm。

2）罐身板长度

（1）电阻焊接罐。

$$L_1 = \pi(D + S) + U$$

式中：L_1为电阻焊接罐落料长度；D 为空罐内径（保留小数点后两位）（mm）；S 为罐身用铁厚度（mm）；U 为电阻焊缝叠接宽度，一般为 0.4～0.5mm。

（2）锡焊罐。

$$L_2 = \pi(D + t_b) + 3A$$

式中：L_2为锡焊罐落料长度；D 为空罐内径（mm）；t_b为罐身用铁厚度（mm）；A 为端折宽度(mm)。

注：钥匙卷开罐落料长度应再加卷开舌头长度

3）罐身板落料面积　　罐身板落料面积＝身板长度(L)×身板宽度(H)

2. 圆形底盖落料面积

$$S_c = 1/4\pi D^2/100$$

式中：S_c为罐盖落料面积（cm^2）；D 为冲模刀口直径（mm）。

（二）镀锡薄板利用率的计算

镀锡板罐的落料利用率是指被裁的罐身板和罐盖的总面积与镀锡板的面积之比。单张镀锡板利用率用下列公式计算：

$$单张镀锡板利用率(\%) = (A \times m + B \times n) \div S \times 100\%$$

式中：A 为单只罐身板落料面积（cm^2）；B 为单只底盖落料面积（cm^2）；m 为单张镀锡薄板裁下的罐身个数；n 为单张镀锡薄板冲下的底盖个数；S 为单张铁皮的面积（cm^2）。

三片罐容器由两只罐盖和一只罐身配套而成，在实际制造过程中往往需有两种不同的材料方式，使罐身和罐盖达到平衡。配套使用时，镀锡板落料利用率为

$$配套利用率(\%) = (M \times m + N \times n) \div (m + n) \times 100\%$$

式中：M 为甲图单张镀锡板利用率；N 为乙图单张镀锡板利用率；m 为配套时所需甲图的镀锡薄板张数；n 为配套时所需乙图的镀锡薄板张数。

$$m = b' - 2a'$$

式中：b'为乙图罐盖数；a'为乙图罐身数。

$$n = 2a - b$$

式中：a 为甲图罐身数；b 为甲图罐盖数。

例题 1　罐号 962 的圆罐，成品规格为内径 98.9mm，外高 62mm，罐身落料尺寸为 319.5mm×65.5mm，罐盖落料尺寸为 Φ115.3mm，所使用的镀锡板尺寸为 714mm×510mm。甲图单裁罐身 15 只，乙图单裁罐盖 24 只。试计算镀锡板的利用率。

计算单张镀锡板的利用率：

甲图镀锡板利用率(%)＝$(A \times m + B \times n) \div S \times 100\% = [(319.5 \times 6.55) \times 15 + 0] \div (71.4 \times 51.0) \times 100\% = 86.21\%$

乙图镀锡板利用率(%)＝$(A \times m + B \times n) \div S \times 100\% = [0 + (0.7854 \times 11.53^2) \times 24] \div (71.4 \times 51.0) \times 100\% = 68.82\%$

计算镀锡板配套张数：

甲图镀锡板张数 $m = b' - 2a' = 24 - 0 = 24$（张）；

乙图镀锡板张数 $n = 2a - b = 2 \times 15 - 0 = 30$（张）。

计算镀锡板配套的利用率：

配套镀锡板的利用率（%）＝$(M \times m + N \times n) \div (m + n) = (86.21\% \times 24 + 68.82\% \times 30) \div (24 + 30) \times 100\% = 76.55\%$。

（三）镀锡板理论消耗定额

（1）每千罐耗用镀锡板张数＝(配套后合计张数/配套后空罐总数)×1000。

（2）每千罐耗用镀锡板质量(kg)＝每千罐耗用镀锡板张数×单张镀锡薄板质量(g)/1000。

其中，单张镀锡薄板质量(g)＝镀锡板长度(mm)×宽度(mm)×厚度(mm)×7.85 (g/cm^3)/1000。

(3) 每吨罐头耗用镀锡薄板质量(kg)＝每千罐耗用镀锡板质量(kg)×1000/罐头净重克数。

例题 2　罐号 962 的圆罐装 300g 清蒸对虾。镀锡板厚度为 0.23mm。试计算每吨清蒸对虾罐头耗用镀锡板多少千克?

千罐耗用镀锡板张数＝(24＋30)÷(15×24)×1000＝150(张)

单张镀锡板质量＝(714×510×0.23×7.85)÷1000＝657.45(g)

千罐耗用镀锡板质量＝(150×657.45)÷1000＝98.62k(g)

每吨清蒸对虾罐头耗用镀锡板质量＝(98.62×1000)÷300＝328.73(kg/t 罐头)

第四节　三片罐空罐制造工艺

一、焊锡接缝圆罐制造工艺

(一) 焊锡接缝圆罐生产工艺流程

罐身：镀锡板→选铁→切板→切角切缺→端折→成圆→涂头道药水→钩合→踏平→涂二道药水→焊锡→擦锡珠→翻边

罐盖底：镀锡板→选铁→切板→涂油→冲盖底→圆边→注胶→干燥硫化

罐身、罐盖→封底→检查→成品→入库

(二) 焊锡接缝圆形罐罐身制造要点

1. 选铁　为了使罐头食品能长时间保藏而不变质，在镀锡板罐生产之前，对马口铁皮需进行严格的挑选和检查。检查项目有：外表质量的检查，对素铁主要看其有无锈斑、孔洞、有无严重的裂痕、碎铁、卷铁等，有缺陷时用红笔标出；对涂料铁看有无划伤、颜色是否一致及涂膜的情况；对印铁检查有无变色、图案有无走样；硬度检查；厚度和质量检查；马口铁皮的尺寸检查；物理性的检查；化学性质的检查，主要测定镀锡量，多孔性、抗油性、抗酸性、抗硫性和马口铁皮的内在质量等指标。

2. 切板　任何一种罐型，当其罐头内径和用铁厚度、端折宽度及落料宽度附加系数确定后，罐身板的落料长度和落料宽度即可按公式算出。身板落料尺寸确定后，必须按规格裁剪，切板时保证其技术要求。由于模具使用过程有一定的磨损，罐身板长度要作必要的修正。一般模具使用公差允许±0.25mm。身板落料宽度附加系数一般为 3～3.5mm，罐型稍大的和罐身滚加强筋的大包装容器，身板落料宽度附加系数可增加至 3.5～5.0mm。切板设备有闸刀式、圆盘式、波形式等。切板时要求马口铁皮紧靠挡板，用力均匀，保证 4 个角垂直，调整好上下刀具距离。

3. 切角和切缺(切缝)　切角是将罐身板一端的两角按规格要求切去。目的是为了减少罐身接缝两端叠缝的叠接面，提高二重卷封封底的质量。若不切角切缺，罐身接缝处直至两端全部是钩合接缝，与底盖双重卷边时有 11 层镀锡板相叠，卷曲困难。切角后，双重卷边时可减少 4 层镀锡板，为 7 层，可以卷合。

切缺是在罐身板的另一端按规格要求切出两个"V"形或"U"形缺口。切缝是切出两个缝口。切缺(切缝)后，两个切口(缝口)之间的距离以每端计各短 1mm 左右，可使接缝棱口斜坡和其邻近叠缝部位经过踏平后容易压紧平服，避免小洞眼，以防漏锡。切角与切缺的形式有钝角形的切角，“V”形的切缺；钝角形的切角，“U”形的切缺；空塔形切角，“V”形的切缺。罐形不同，切角与切缺的深度不同。切角和切缺时断面应该保持整齐，不带毛口。

4. 端折 经过切角和切缺后即行端折，使两端分别压折成方向相反的弯钩，一端向上的称雄钩，向下的为雌钩，以便罐身接缝钩合。端折宽度根据罐形的不同而不同，一般为2.3～2.8mm。操作时将马口铁皮推到底（挡板），防止弯曲时端折边有大小头；端折弯曲的地方马口铁皮不应断裂，涂料不允许脱落，锡层不允许擦伤；端折后铁皮不应有弯曲现象；罐身两端的两个端折宽度根据罐形必须要符合要求，保证罐头在弯曲成型时钩合良好。

5. 成圆 端折后的罐身板通过成圆机构的机械作用力，便于罐身钩接和合缝，使平直的罐身板初步形成圆柱体。罐身圆柱体不得歪斜，罐身不得有瓦楞状，不得有棱角，端折口不得压扁。

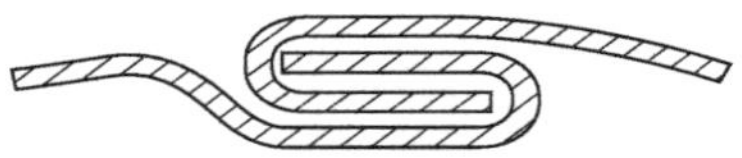

图 1-5 踏平后接缝断面图
（引自：李雅飞等，1993）

6. 踏平 通过踏平作业，将罐身圆柱体钩合的折边部分压紧成纵缝，并使钩合纵缝陷入罐身内部，凸于内壁，罐身外表压平后仅留一线缝沟。见图1-5。踏平前涂头道药水，可使焊锡时罐身缝的内部渗锡均匀饱满。在罐身筒切缺的一端折缝内涂上药水。踏平后踏缝要求均匀，要求紧贴平服，不能有错角，两端不能有高低，不能有小沙眼；踏平时缝钩应落槽，若不落槽要压扁，楞缝不得轧裂，不得损伤涂料层和锡层。

7. 焊锡 踏平后采用焊锡生产工艺。由于焊锡充满接缝，是焊锡处镀锡板表面的镀锡与焊锡融合成一体，形成良好的密封结构，见图1-6，使罐身没有小空隙，能耐压而不漏气。焊锡前涂二道药水，以去除锡层表面的油污、杂质、氧化膜，促进锡的流动性。要求锡路光滑、均匀平整；锡缝渗锡良好，不得有堆锡、沙眼、起粒、脱角；涂料不得烧焦；避免产生锡珠；彩印罐图案不得损伤。

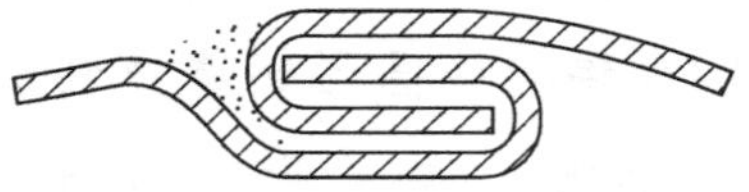

图 1-6 焊锡后接缝断面图
（引自：李雅飞等，1993）

8. 翻边 翻边是通过翻边机构把罐身筒两端的边缘按规格要求翻出，以便于与罐底盖紧密结合，由此获得良好的封口结构，见图1-7。翻边可采用闸刀式翻边机、撞击式翻边机、轮式翻边机等。翻边要求均匀、无断口，翻边后叠接缝位不能有裂口，翻边后不能有大小头，不得有喇叭口，不得有裂边，不得有脱角。

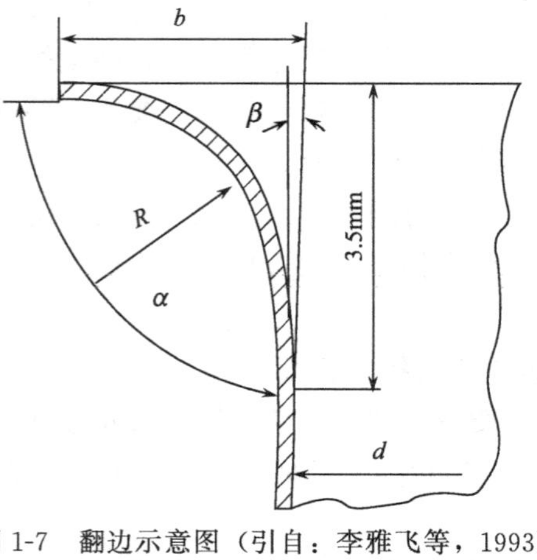

图 1-7 翻边示意图（引自：李雅飞等，1993）
d. 空罐内径；b. 翻边宽度；R. 翻边圆弧半径；
α. 翻边角度；β. 罐身角度

9. 压罐身加强筋 为了增加罐身的强度，以便承受在杀菌冷却运输过程中的罐内外压力差，使罐头保持原来的形状，制罐工艺上采用罐身加强筋来提高容器的抗压强度。罐身加强筋的形式较多，有单列式、组列式。若罐头中食品含空气较多，在杀菌过程中，由于气体膨胀，罐内压力较大，宜采用单列式；罐内真空度较高时，宜用组列式。罐身接缝部位，有4层铁皮厚，先用凹模压出痕后进行滚线，滚线时要求光滑均匀，不能有皱纹或深浅不一；加强筋的深度要一致。

（三）焊锡接缝圆形罐罐盖制造要点

1. 涂油、切板 冲盖前镀锡板必须涂油，涂一层极薄的食用液体石蜡，提高板材表面润滑性，避免在冲盖过程中产生机械损伤，保证其涂膜及镀锡层的连续性和完整性。涂油不宜过多，以免影响注胶作业及黏附灰尘影响胶膜的完整性。切板是指冲盖用的镀锡板条板的裁切，裁切是冲压的准备工作，有效地裁切给冲盖工序带来方便和效益。切板的原则是结合考虑落料方案和具体操作条件，尽量提高铁皮的利用率。罐盖落料方式一般分单行排列和交叉排列，需根据罐型大小和罐盖排列计算落料尺寸，确定冲盖条板的大小。

2. 冲盖、圆边 镀锡板冲盖条板经过冲床的冲压裁切，在冲模的作用下制得具有一定规格标准的膨胀圈纹、埋头度和盖边形状的罐盖。再通过圆边机构加以圆边，形成完整的盖边，如图1-8所示。

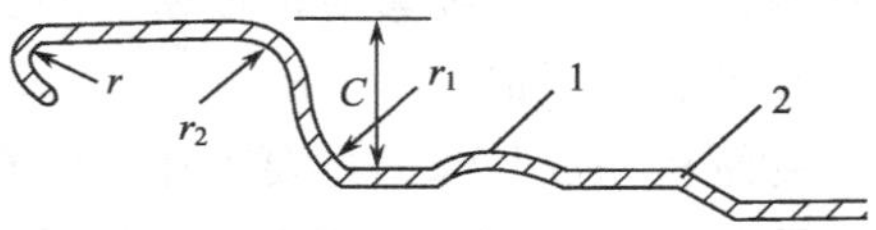

图1-8 圆形罐盖结构示意图
（引自：李雅飞等，1993）
C. 埋头度；1. 膨胀圈纹的凸筋；2. 膨胀圈纹的斜坡；*r*. 盖边圆弧半径，r_1、r_2 均为1mm

罐头在杀菌过程中，罐内气体产生体积膨胀，罐内形成一定的压力，为保证罐头冷却后，底和盖保持原有的形状，冲出膨胀圈，如图1-8提高底（盖）的机械强度和弹性。

罐底（盖）埋头度依罐径大小略有差异，罐径大的埋头度可稍深些，小罐径容器的埋头度为2.8～3.0mm。罐底（盖）埋头度主要是提高罐头在杀菌过程中的抗压强度，防止杀菌受热时产生的内压力将罐盖顶出造成松听，影响罐头的密封结构。

3. 注胶、烘干硫化 焊锡接缝罐良好的密封性取决于罐身接缝焊锡的质量，同时也取决于二重卷边的质量和二重卷边缝内垫料的密封作用。罐身和罐盖卷封接合时，密封垫料压紧并充满于板材之间的空隙，隔绝了罐内外的流通，阻碍外界空气和微生物的侵入，保证罐头的密封性，使得罐头食品长期贮藏而不变质，注胶、烘干硫化是形成性能良好的密封垫料必不可少的工序。

用注胶机将配制好的密封胶均匀浇注于罐盖边缘的沟槽内。先行加温干燥，让水分蒸发，再行高温硫化，提高胶膜的理化性能，起到密封作用。

注胶要求均匀，不能有断胶现象，胶膜色泽鲜艳、无气泡、无洞眼，硫化适宜，不存在欠硫化和过硫化现象。要求扯断伸长率为200%，富有弹性，具有良好的抗水、抗油、抗氧化的性能，如图1-9所示。

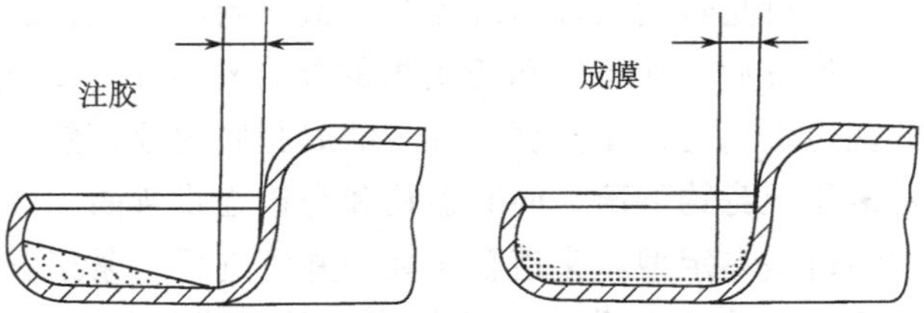

图1-9 注胶和成膜部位示意图（引自：李雅飞等，1993）

（四）焊锡接缝圆形罐的封底

1. 封底　封底是接缝罐罐底密封的一道生产工序。封底是通过封底机构（或封罐机），将罐身的翻边部分（身钩）和底盖的钩边部分（盖钩）及密封垫料——胶膜，进行牢固而紧密的卷合，形成二重卷边。二重卷边是金属罐藏容器的一种封口结构，它由5层板材组成，其中盖钩3层，身钩2层，但在罐身接缝叠接部位则为7层板材组成，身钩多2层；在卷边缝的内部衬垫富有塑性的胶膜。这种二重卷边结构对于容器有着良好的封口作用，其完善的致密性能，从而保证罐头食品的罐藏效果。

2. 二重卷边的形成　圆边后的罐盖、具有翻边的罐身、盖钩内的胶膜和具有卷边性能的封罐机，这4要素对形成密封的二重卷边很重要，所用板材的厚度和性能也会影响密封的二重卷边的形成。

封罐机完成封罐的主要工作部件有压头、托底板、一对头道辊轮和一对二道辊轮。压头的主要作用是固定罐身与罐盖的位置，使辊轮卷边压紧时，罐身处于固定位置。压头的大小按罐型直径加以选择，压头应标准化，不能随意更改尺寸，以确保罐头内径和罐盖标准。

托底板用于搁置罐身，与压头配合使罐身和罐盖的配合形成一定压力，在辊轮进行卷边作业时，罐身和罐盖始终固定不变，有些封罐机卷封作业时罐身转动，则盘下面装有平面滚珠轴承，使转动轻而灵活。托盘中心垂直线应与压头中心垂直线在同一直线上，其平面应与压头平面呈水平状态互相平行，才能夹紧罐头保持四周高度一致，压力均匀。

辊轮分为头道辊轮和二道辊轮，其外形轮廓和尺寸基本是一致的，仅在辊轮槽形部位，因其作用不同而不同。卷边辊轮的槽形曲线有多种形式，一般由3～4个圆弧段所构成。头道辊轮的槽形曲线狭而深，主要作用是使罐盖的盖钩逐步向下弯曲到罐身翻边，进而连同罐身翻边一起进行卷曲使之相互钩合，使二重卷边基本定型。头道辊轮沟槽的上部圆弧曲率半径较大，弯曲度较小，能使罐盖的边缘易于向下弯曲，而沟槽的下部圆弧曲率半径较小，弯曲度较大，使罐盖边缘便于继续弯曲并逐步向上和罐身翻边钩合。二道辊轮的槽形曲线，相对头道辊轮的槽形曲线而言宽而浅，其作用是把已初步定型的二重卷边压扁、压紧。槽形分为“7”字形、斜圆形和“C”字形三种。“C”字形封口卷边中间空隙稍大，斜圆形封口卷边上部空隙稍大。“7”字形沟槽上部圆弧曲率半径较小，弯曲度较大，而下部弯曲度较小，其封口卷边紧密良好，外形略呈矩形，故一般二道辊轮槽形曲线使用“7”字形较多。由于卷边辊轮的槽形曲线对封口质量极为重要，所以槽形的确定必须根据罐形大小、罐盖边圆弧状况、板材厚度等因素加以慎重考虑，辊轮必须经过槽形曲线的设计、成型刀具车制、热处理及曲线磨床精磨才可制成。

二重卷边的形成过程，就是辊轮沟槽与罐盖接触造成卷曲推压的过程。当罐身和罐盖同时进入封罐机内封口作业位置后，在压头和托底板的配合作用下，共同将罐身及罐盖夹住，罐盖被固定在罐身筒的翻边上，封口压头套入罐盖的肩胛底内径，然后先是一对头道辊轮作径向推进，逐渐将盖钩滚压至身钩下面，同时盖钩和身钩逐步弯曲，两者逐步相互钩合，形成双重的钩边，使二重卷边基本定型。头道辊轮离去并缩进后，紧接着由一对二道辊轮进行第二次卷边作业。二道辊轮的沟槽部分进入并与罐盖的边缘接触，随着二道辊轮的推压作用，盖钩和身钩进一步弯曲，进一步钩合，最后紧密钩合，完全定型，形成二重卷边。封罐各阶段的状态如图1-10所示，卷边作业时，盖钩内的密封胶卷在二重卷边缝隙中，加强二重卷边的密封效果。

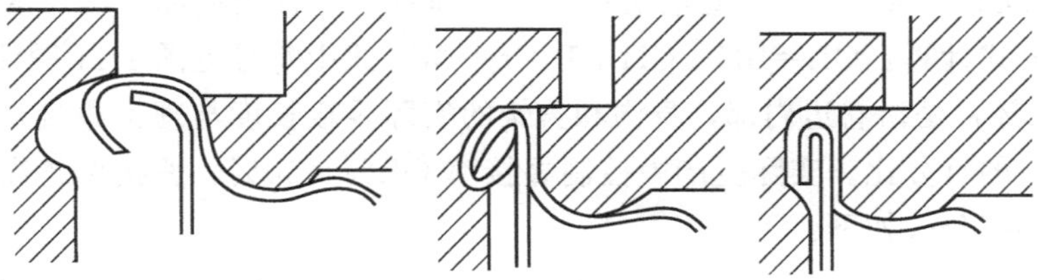

图 1-10　封罐各阶段的状态（引自：http://www.docin.com/p-169924628.html）

a. 卷边开始前状态；b. 头道卷边完成时卷边状态；c. 二道卷边完成时卷边状态

3. 二重卷边结构和技术要求　二重卷边结构如图 1-11 所示。

1）*卷边厚度*　卷边厚度可由如下公式计算：

$$T=3t_c+2t_b+G$$

式中：T 为卷边厚度；t_b为罐身镀锡板厚度；t_c为罐盖镀锡板厚度；G 为卷边厚度空隙，是 g_1、g_2、g_3、g_4之和。镀锡板接缝圆罐二道辊轮卷封后，G 一般为 0.15～0.25mm。

2）*卷边宽度*　卷边宽度与二重卷边内部结构状况有关，可由如下公式计算：

$$W=2.6\,t_c+\mathrm{BH}+\mathrm{Lc}$$

式中：W 为卷边宽度；t_c为罐盖镀锡板厚度；BH 为身钩宽度；Lc 为身钩空隙。

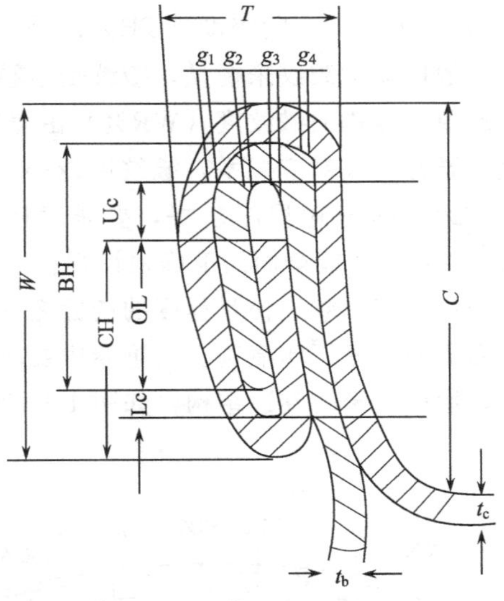

图 1-11　二重卷边结构示意图

（引自：夏文水，2013）

T. 卷边厚度；W. 卷边宽度；C. 埋头度；BH. 身钩宽度；CH. 盖钩宽度；OL. 叠接长度；Uc. 盖钩空隙；Lc. 身钩空隙；g_1，g_2，g_3，g_4. 卷边内部各层间隙；t_b. 罐身镀锡板厚度；t_c. 罐盖镀锡板厚度

3）*埋头度*　埋头度一般由封罐机压头和卷边厚度、宽度所决定。食品罐的埋头度一般应大于卷边宽度的 0.15～0.30mm，即

$$C=W+(0.15\sim0.30)$$

4）*身钩、盖钩*　不同的罐型对其二重卷边内部身钩、盖钩有不同的规格要求。身钩宽度必须适当，过小卷封不足易造成漏罐，过大易产生铁舌，影响密封强度和容器质量。盖钩宽度与身钩宽度基本一致，CH＝BH。罐径为 52.65mm，BH＝(1.85±0.15)mm；罐径为 73～99mm，BH＝(1.95±0.15)mm；罐径为 105mm，BH＝(2.00±0.15)mm；罐径为 153mm，BH＝(2.10±0.15)mm。

5）*盖钩空隙、身钩空隙*　二重卷边内部存在盖钩空隙和身钩空隙，实际生产中需掌握一定的均匀的空隙度。一般要求空隙小一点，因为盖钩空隙和身钩空隙过大，会使介于卷边部分的胶膜在卷封受压过程中，首先向这部分空隙移动并聚集，就不能充满于卷边厚度空隙之中，从而降低容器的密封效果。另外，卷边内上下空隙过大，卷边的叠接长度减少，容器密封强度会降低；若叠接强度增大，容器密封强度增大。一般正常封口条件下，盖钩空隙、身钩空隙应相当于 1～1.5 倍的罐盖所用的镀锡板厚度。

6）叠接长度和叠接率　二重卷边内部盖钩和身钩重合叠接部分的长度为卷边叠接长度，可按如下公式计算：$OL=BH+CH+1.1t_c-W$，式中符号见图 1-11 图注。

叠接率 OL%，是指卷边内部，身沟和盖钩的实际叠接长度与理论叠接长度（即身、盖钩的钩间距离）的百分比。实际生产中控制叠接率 OL%≥50%，叠接率越高，越有利于罐头的密封。叠接率公式如下：

$$日本采用\ OL\%=\frac{BH+CH+1.1t_c-W}{W-(2.6t_c+1.1t_b)}\times 100\%$$

$$美国采用\ OL\%=\frac{BH+CH+t_c-W}{W-(2t_c+t_b)}\times 100\%$$

国际上通常采用日本的公式作为叠接率的公式。

7）紧密度　紧密度（TR%）是指卷边内部盖钩上平服部分占整个盖钩宽度的百分比，一般以盖钩皱纹来衡量，皱纹是指卷边内部解体后，盖钩边缘上肉眼可见的凹凸不平的皱曲现象。盖钩的皱纹度（WR%）由盖钩上皱纹延伸程度占整个盖钩长度的比例而定，皱纹度和紧密度成对应关系，皱纹度越小，表示紧密度越高，如图 1-12 所示。卷边的紧密度越高，罐头的密封程度越好，要求 TR%≥50%，罐头卷封的紧密程度还应和罐身压痕（PR）结合，才能全面而准确地评判。

压痕是表示卷边松紧程度的指标之一，在卷边解体后可见，是罐身内壁由于辊轮和压头紧压而成的明显压印痕迹。二重卷边要求罐身内壁有一定的压痕，以示二道辊轮施加了适当压力，形成紧密的卷边结构，如图 1-13 所示。

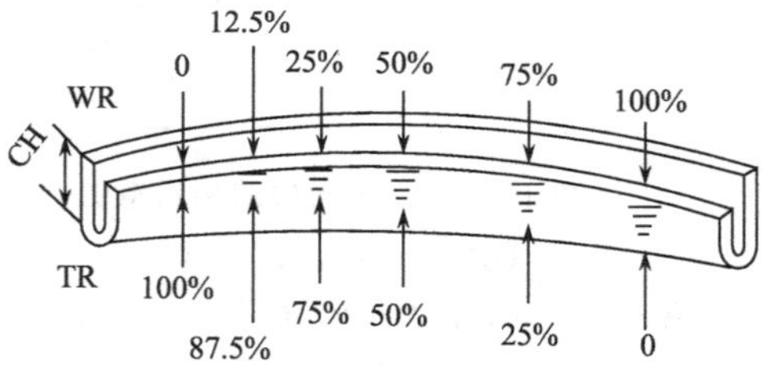

图 1-12　紧密度和皱纹度对应关系示意图
（引自：李雅飞等，1993）

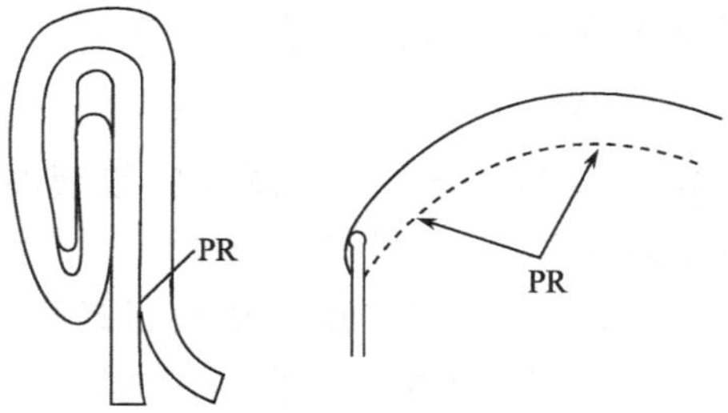

图 1-13　压痕位置图
（引自：李雅飞等，1993）

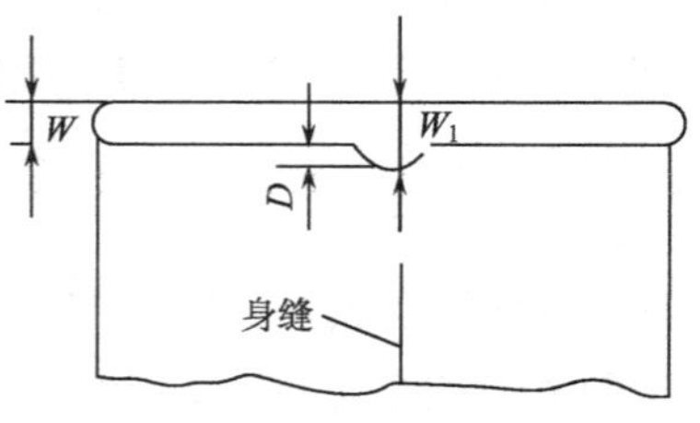

图 1-14　垂边示意图
（引自：李雅飞等，1993）

8）垂唇　罐身缝叠接部位存在的铁舌称垂边，即外部垂唇，如图 1-14 所示，凡不是锐角，其宽度不超过卷边宽度的 20%，不漏气者允许存在。外部垂唇度（D%）由如下公式计算：

$$D\%=\frac{W_1-W}{W}\times 100\%$$

式中：W 为正常卷边宽度；W_1 为产生垂唇后卷边宽度。

焊锡圆罐接缝处卷边为 7 层板材，卷封后盖钩向下垂延形成内部垂唇，如图 1-15 所示，允许有不呈锐角的圆弧内垂唇存在，其宽度应不超过盖钩宽度的 50%。

9）接缝盖钩完整率　当卷边剖开后，卷边接缝部位盖钩产生内垂唇，有效盖钩与整个盖钩宽度的百分比为接缝盖钩完整率（JR%），目测以25%为一级评度，计算公式如下：

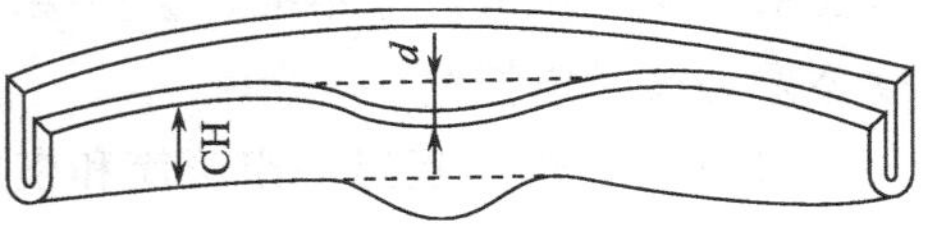

图 1-15　内垂唇示意图
（引自：李雅飞等，1993）
CH. 盖钩宽度；d. 内重唇宽度

$$JR\% = \frac{CH - d}{CH} \times 100\%$$

接缝盖钩完整率，表示有效盖钩的程度，要求 JR%≥50%，盖钩完整率越高，罐头密封性越好。

至此，要求空罐检查中 TR%≥50%，OL%≥50%，JR%≥50%，以保证罐头良好的密封性。

10）封底的质量要求　二重卷边顶部应平服，下缘应光滑，不应存在卷边不完全、假封、快口、铁舌、毛边等缺陷；要求罐身钩边与盖钩不得有严重的皱纹，不得有弯曲形状；封底时不得有擦伤。封底各部分的规格必须要符合标准。卷边下缘不应存在密封胶膜挤出等现象。

4. 试漏、补涂料　卷边后的试漏，圆罐要求采用加压试验，或者采用减压试验，都要求至少 2min 不漏气。

在空罐制造过程中产生机械伤，或在焊锡过程中产生涂膜损伤，为保证罐头产品质量，使容器保持良好的抗腐蚀性能，需对损伤部位进行补涂。补涂料可用刷涂法对局部面积补料，然后烘烤成膜，也可采用流涂方法或喷涂方法补涂料。

二、电阻焊接缝圆罐制造工艺

（一）电阻焊接缝圆罐生产工艺流程

电阻焊接缝圆罐生产工艺流程如下：

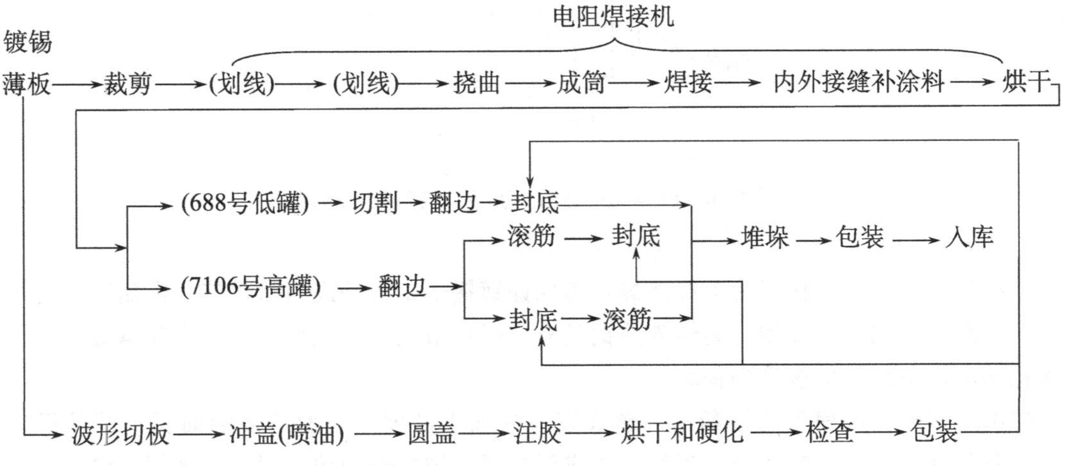

（二）电阻焊接缝圆罐制造工艺要点

1. 切板　电阻焊身板落料尺寸计算见第三节。其中罐身接缝部位镀锡板的搭接量 U，随电阻焊接机型号不同而不同，一般为 0.4～0.5mm。采用电阻焊工艺制罐对切板的精度有特殊要求，如果切板尺寸不准，会使接缝焊成一头宽一头窄，或者导致不能焊，故身板落料长度公差必须严格控制。

2. 挠曲 罐身板经一组滚筒和楔形钢块的挠曲处理，可打乱罐身板内部的晶体结构，消除内部的应力而易于成型，成圆后的罐身筒稳定，弹性回弹减少，以保证焊接质量。对于0.20mm镀锡薄板的罐身板经挠曲后罐身板呈30～35mm弓高。

3. 成圆 经成圆装置后的罐身板应为圆筒体，筒体边须有4～6mm间隙，并沿筒体长度平行，弯曲过度，超过12.7mm会使卷成圆的罐身进“I”形收集棒非常困难，弯曲不够，开式或弓形，罐身筒很难与“Z”形棒接触，亦很难进入导笼入口处。

4. 电阻焊接 电阻焊接是一种利用电流通过存在于焊接电路的电阻，使恒定的金属熔融，与此同时通过施加压力产生热效应的原理进行焊接的操作。电阻焊接装置的两个电极或两个焊接滚轮由低电阻材料制成，被焊接的金属在电极或焊接滚轮中间受压，电流接通后，被用来焊接在一起的金属界面电阻很高，被加热到塑熔状态，在一定压力下相互熔接在一起。焊缝操作是缝焊机用两只锥形焊接滚轮代替点焊电极，需焊接的板材在锥形滚轮之间慢慢地移动，在此过程使熔点成线，两点的间距由移动的速度和电流的频率确定。缝焊机示意图见图1-16。

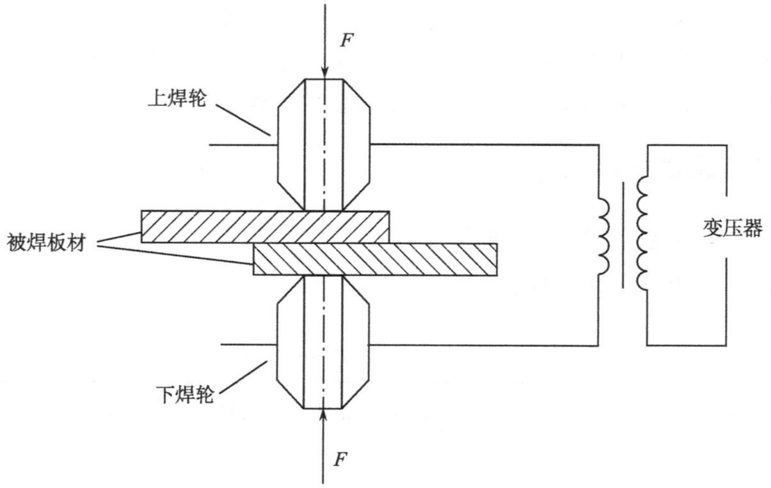

图1-16 缝焊机示意图（引自：杨邦英，2002）

制罐工业用电阻焊接机为连续点焊，为保证镀锡薄钢板的高质量焊接，需始终保持焊接电极的洁净，使用一根成型的高纯度的铜丝充当焊接滚轮和焊接件之间的中间电极，避免了因熔化锡的污染而使电极受到损坏。

把圆形铜丝压成扁平的横断面，形成较大的加工硬度，增加了接触面积，铜丝得以延伸，把铜丝通过上下焊轮环绕，当经挠曲成型的罐身被推进到两个焊接轮之间，电流通过时导电臂和焊接滚轮具有低电阻，因此热量很小，而镀锡薄板具有高电阻特性，产生很高的热量。通过焊接压力（F）的影响，两片基础金属（镀锡薄板）被加热至塑熔状态压在一起，凝聚冷却后形成了同类金属的焊接结构。

焊接罐身板时，决定焊接质量的3个主要因素是焊接电流、焊接压力、焊接电阻。焊接电流是决定焊接质量的最主要因素，焊接电流正常时，被焊接材料接触区中部产生塑熔状态，上下两个外表面并未熔化；焊接电流偏低，被焊接的罐身板间不会产生金相结合，只有残锡的假焊，牢度极低；焊接流过大，温度过高，金属过熔，形成飞溅点，焊缝发脆，表面不平，造成罐身在翻边、滚筋和补涂料工艺中的困难。焊接过程中，上下焊轮间的作用力起着非常重要的作用，焊接作用力由薄板厚度、焊接速度和电流频率确定。当电流频率为150/250Hz时，焊接压强为3430～4900kPa。焊接压力增加时，接触电阻减少，焊接电流增加。焊接电阻R＝Rm＋Rr，式中Rm是两片金属薄板自身材料电阻；Rr是接触电阻。形成一个好的焊缝还和叠接宽度、镀锡量、薄板厚度、机器速度、焊接频率等有关。焊缝叠接宽度越大，铁皮塑熔需热量越多，焊接电流需增加。

5. 罐身及焊缝质量要求 罐身及焊缝质量要求如下：

(1) 罐身无明显棱角，罐内壁涂料或罐外镀锡层不得有严重的擦伤和机械损伤。

(2) 焊缝的焊点应均匀连续，不得有冷焊、漏焊、虚焊及击穿现象，罐内侧焊缝不得有飞溅点。

(3) 焊缝搭接量应符合规定。

(4) 焊缝厚度应不大于原薄板厚度的1.5倍。

(5) 焊缝端两边错位，应不大于0.5mm，焊缝端部拖尾不大于0.5mm。

(6) 焊缝抗拉强度不低于身板抗拉强度，能经受正常的翻边、压筋等加工操作。

(7) 焊缝密封良好，不允许有漏气现象。

(8) 焊缝表面氧化膜应薄而均匀。

(9) 使用氮气保护时，焊缝不得出现黑色氧化膜。

6. 焊缝缺陷 焊接条件的设定和操作不当会引起焊缝缺陷。在电阻焊空罐制造过程中，焊缝的好坏是决定空罐品质的重要因素，它不仅影响到焊缝补涂带的覆盖性，还会造成装罐后因焊缝不良导致的腐蚀、漏罐。在焊接过程中，由于操作不当而造成的缺陷有下列几种。

1) *冷焊和锡焊* 焊接时产生的热量不足，无法将铁皮完全熔融而形成的焊缝，冷焊系焊缝完全没有结合，锡焊则仅是锡的焊合，均为焊接缺陷。

2) *飞溅（焊石）现象* 焊接时铁皮毛边过大，焊接压力过低，焊接电流过大，焊接速度过快，热的金属飞溅出焊缝造成飞溅现象。飞溅现象严重，在补涂时补涂带无法将其遮盖，装罐后很易造成边缝腐蚀。

3) *焊缝孔洞* 焊接时热融的铁皮冷却速度较铁皮收缩慢而产生孔洞，焊缝有孔洞致使焊缝强度降低。

4) *焊缝逗点状孔洞* 焊接时由于上下焊轮不对称，电焊电流过大，焊接速度过快，焊接压力过低，铜线张力不足，铁皮或铜线表面不洁等，会造成焊缝孔洞达焊接重叠部位的1/4～1/2，有时会贯穿整条焊缝，装罐后容易在短时间内造成穿孔腐蚀。

5) *焊点间隙大，不连接* 此种缺陷导致焊缝强度不够，装罐后产品容易发生腐蚀而败坏。

7. 焊接板材性质和焊接质量的关系 焊接过程材质是影响电阻焊罐品质的因素之一，

尤其在高速电阻焊接时影响更为显著。当厚度增加时，要得到良好的电阻焊缝，必须要较高的电流。锡层接触电阻小，是良好的焊接材料，镀锡量越高，铁皮接触电阻愈低所需的电流越高，但镀锡量到一定值时，其表面接触电阻逐趋于定值，不再影响焊接。板材含碳量增加，所需焊接电流增大，高速焊接时，含有渣物过多，夹渣处电阻较大，会在焊缝处产生飞溅（焊石）。材质正常变异，不会影响焊接质量。板材调质度不均匀容易造成成型后罐身输送或焊接不良，在一定的压力下随着铁皮硬度的增加，表面接触电阻增加，所需的电流减少。

8. 内外接缝补涂料

1）内补涂料的要求和形式　　内接缝补涂料要求与被涂材料有良好的附着力，与盛装的内容物不相溶，有良好的抗化学性，对人体无害，无环境污染，符合食品卫生要求，涂膜厚度适当，价格便宜，适于设备操作。内补涂料的形式，按补涂料的性质分为液体补涂料（固体含量20%～55%）和粉末补涂料（固体含量100%）。按补涂方式分为喷涂、滚涂（液体补涂料）和静电吸附（粉末涂料）。

2）接缝补涂料的种类　　接缝补涂料分为双组分液体涂料、单组分液体涂料、分散型溶剂涂料和粉末涂料。由于双组分液体涂料的贮存寿命及使用的硬化剂涉及卫生法规问题，目前很少使用。

（1）单组分液体涂料有以下几种。

环氧酚醛涂料：涂料性能优越，有良好的耐化学性、制造加工性和隔绝性；对罐身底涂料有良好的附着力，并能承受罐身滚加强环而不破裂；不会影响内容物的风味且不易被内容物色素染色，添加 ZnO 可防止焊缝硫化变黑，添加防粘剂可防止粘罐；易通过涂膜颜色来判定涂膜烘烤的程度。

乙烯类涂料：具良好的附着力及柔韧性，但抗性及制造加工性欠佳，因不会产生风味问题，适合用于饮料、啤酒等罐头。若过度烘烤涂膜会有焦化现象。

丙烯酸涂料：具良好的附着力及柔韧性，耐化学性及制造加工性优异，涂膜易被内容物染色，易硫化黑变及造成风味问题。

聚酯涂料：性能和丙烯酸涂料相似，但涂膜染色及风味问题较丙烯酸小。

环氧氨基涂料：为无色透明涂料，含有少量酚醛树脂，固体含量为48%～50%，广泛用作焊缝外补涂料。在抗性要求不太严格情况下，可作为内涂料进行滚涂或稀释后进行无气喷涂，其抗硫性能比有机溶胶涂料略好，但抗酸及覆盖性能较差，可用于浓缩牛奶制品。

（2）分散性涂料。分散性涂料是高分子质量不溶性的乙烯类树脂分散在适当的溶剂中，由于固形物高达58%～60%，能得到较厚的涂膜，柔韧性、耐化学性、制造加工性能也相当良好，没有风味问题，但涂膜易被内容物染色，易硫化黑变，烘烤不充分致涂膜白化，烘烤过度易焦化。一般可添加 ZnO 或铝粉，避免黑变或涂膜被内容物染色。

（3）粉末涂料。罐内接缝最理想的方法是利用粉末涂料进行静电喷涂，粉末补涂料的涂层厚，覆盖性能好，无孔隙，能持久地贮藏高酸及高硫等腐蚀性食品。粉末涂料不需要任何溶剂、不挥发、不会发生气泡问题，并有回收系统，可以减少浪费，不会导致环境污染，符合卫生要求。加入10%的氧化钛，固化后形成白色的补涂带增加美感。

3）罐外接缝补涂料　罐身外焊缝补涂料一般采用滚涂系统，补涂带宽度为 8～10mm，外接缝补涂料一般选用丙烯酸型涂料，外焊缝补涂料采用滚涂系统，会出现内接缝滚涂系统同样的问题，一般使用高黏度、高固体涂料来解决上述缺点。其中美国狄士打（DEXTER）涂料公司 40%固体含量丙烯酸涂料等可改善焊缝涂布质量，加强抗性。

9. 烘干、固化　无论是液体涂料还是固体粉末涂料，在涂布后均需要进行烘干固化才能使涂层发挥最大的保护作用。涂料的烘干固化有热空气、直接火焰和红外线等加热方式，能源有电、煤气、液化气和高频发生器等。

对液体涂料，整个烘干加热过程大致分为升温、烘干、固化三个阶段。升温阶段使涂料达到预烘烤温度，烘干阶段使涂料中的溶剂挥发、产生胶凝，最后进入固化阶段。为了保证涂料在烘烤过程中达到固化要求，防止产生气泡和涂料焦化等现象，涂料烘干固化工艺曲线（温度-时间）关系见图 1-17。

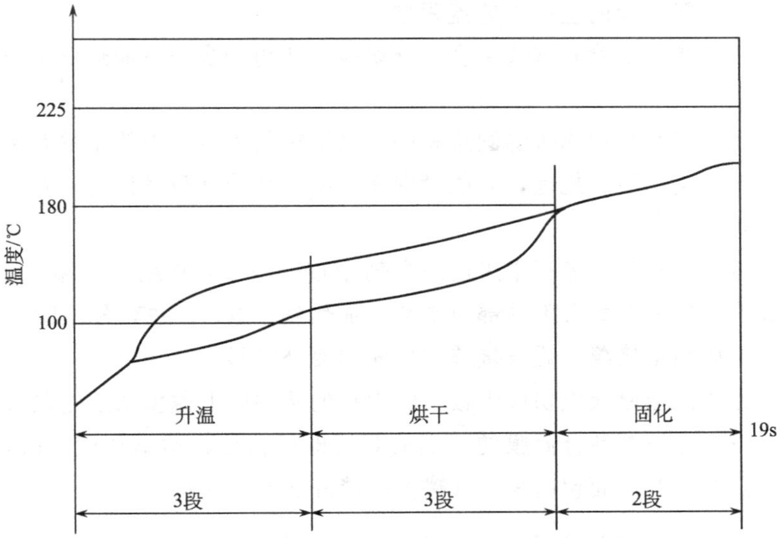

图 1-17　8 段烘炉涂料烘干固化工艺曲线图（引自：杨邦英，2002）

由于边缝补涂料烘烤时间短，因此需特别注意温度的变化，若升温过快容易产生气泡，升温过慢涂膜烘烤不足。另外涂料使用过多的高沸点溶剂，会因涂料流动性大，导致遮盖率差，含过多挥发性高的溶剂也易产生气泡。总之，固化时间宜长不宜短，对 VAAK 电阻焊机烘烤固化全过程时间通常为 10～20s，其中固化段时间 5～7s。对不同涂料不同设备，固化工艺曲线也有所区别。粉末涂料不含溶剂，高温将粉末熔融、冷却而成膜，通常粉末涂料烘烤时间为 8～10s。

10. 翻边工序　翻边要求均匀整齐，无宽窄不一，避免翻边过度（蘑菇形翻边）、翻边不足、裂边、翻边内折等缺陷。

（三）激光焊接罐

激光焊接罐是罐身板接缝对接，用激光焊接而成的空罐。激光焊接是将高能量密度的激光束直接照射在罐身接缝上进行对接熔化焊接，并不是接触焊接，不需要焊轮及相关辅助设备、材料。焊缝为由罐身板直接熔化形成的连续焊缝，焊缝强度与原罐身板强度相近。由于高能量的激光束能聚焦，且采用对接形式焊接，焊缝平直、细窄、美观、强度好。激光焊接耗能比电阻焊少，每米长的焊缝焊接成本可下降50%。激光焊接的使用材料较广泛，能焊接更小罐径的空罐。激光焊接工艺流程如下：

镀锡薄钢板裁剪→罐身板输送（双张检测）→挠曲→成圆对接→激光焊接→焊缝补涂→烘干

（四）粘结接缝圆罐的制造

镀铬板用于三片罐制造时，由于镀铬板一般不能焊锡，故罐身接缝采取搭接形式，对叠接部位的板材加以电阻焊接或黏合剂粘结。

镀铬板的电阻焊接制造和镀锡板的电阻焊接制造相同，能节约大量材料，具有生产效率高、没有铅污染等优越性，并由于罐外无需留出较宽的焊锡接缝，故而彩印面积增大，外表美观。镀铬板粘结接缝圆罐的生产工艺流程如下：

镀铬板→切板→黏合剂涂布（或粘合）→切板→切角→成圆→加热压平→冷却→接缝补涂及固化→翻边

其罐盖及封底制造均与焊锡接缝圆罐相同。粘接罐制造过程中使用尼龙系黏合剂，要求无毒无臭无味，符合食品卫生规范，并能紧密而牢固地粘结罐身搭接缝。其粘结工艺有压合方式和层合方式两种。

黏合剂压合方式是指制罐流程中采用黏合剂涂布工序，即在罐身板端部涂上5mm宽的尼龙黏合剂，成圆之后将有黏合剂的部位重叠，加热到260℃，并充分压紧，使搭接处的黏合剂固化冷却，从而粘结接缝，罐身接缝内外面均要补涂料。

黏合剂层合方式是指原板先切成中板，使中板的两端压上薄膜状尼龙黏合剂，再将中板剪切成罐身板，身板上带有粘合薄膜的两端成圆后即行粘结，粘结宽度5mm。其特征是粘合薄膜翻折将内侧原板的端面包起来。其罐身接缝外面要补涂料。

第五节　两片罐空罐制造工艺

两片罐是罐身没有接缝，身底连成一体，即罐底和罐身用整块金属薄板冲压拉拔成形，然后与罐盖连接而成的金属罐。两片罐的特点是密封性能良好，与接缝罐相比只有一个部位需要密封，即罐盖与罐身的密封，减少了质量上的缺陷，保证了容器的密封强度。用铝合金薄板制造罐藏容器，主要使用于两片罐。两片罐分冲拔罐和薄壁拉伸罐（DI罐），冲拔罐又分为浅冲罐和深冲罐（DRD罐）。

一、浅冲罐

罐底与罐身用浅拉伸法将镀锡或镀铬等金属薄板一次拉拔成形而制成。罐高与罐径之比小于1，其形状可为圆形、方形、椭圆形等，由于罐身较浅无接缝，多用于盛装鱼、贝、虾、蟹类罐头，可以减少罐壁腐蚀。由于冲拔罐主要是利用镀锡（铬）薄板的延展性，在冲模的挤压作用下产生塑性变形，制成所需的容器形状，工艺流程比较简单，关键工序为冲压罐身与修整切边，在冲床上借助不同的冲压模具来完成。浅冲罐生产工艺流程如下：

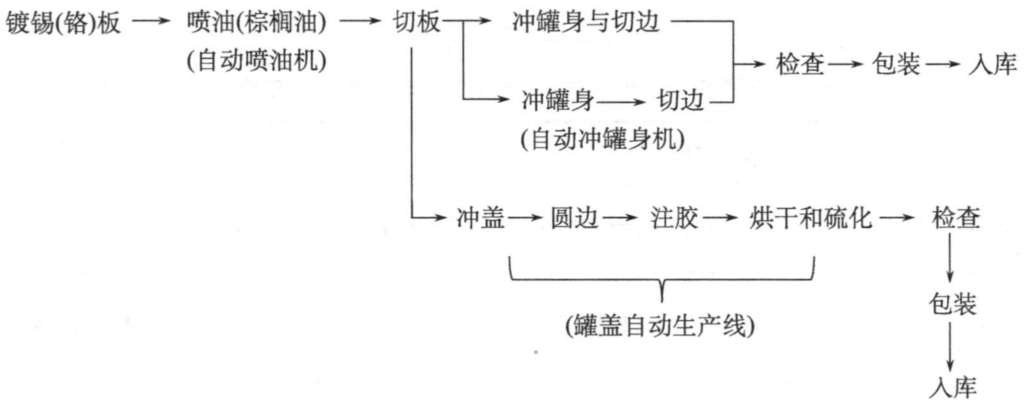

冲拔罐的成形过程是由凸模向凹模的冲压作用，将板材拉深而形成的整体结构，当凸模在冲床的曲轴带动下进入凹模时，板材受到冲压，按照冲模的形状形成所设计的容器。

二、深冲罐

深冲罐又称多次拉伸罐，简称 DRD 罐，罐身与罐底用多次拉伸法制成。即先将金属薄板冲制成杯体，通过多级拉伸，杯体的直径逐步缩小，使底部的部分材料转向罐壁，而不是将罐壁部分压薄，这样制成罐子的最终高度与罐径之比可以大于1，而成品罐壁与罐底的厚度，以及总表面积都与杯板基本一致。用多次拉伸法制成的深冲罐，由于罐壁较厚，适合包装加热保藏的食品，使内部形成真空，以控制产品的氧化和防止罐头的变形。深冲罐罐盖的生产流程同浅冲罐，罐身生产工艺流程如下：

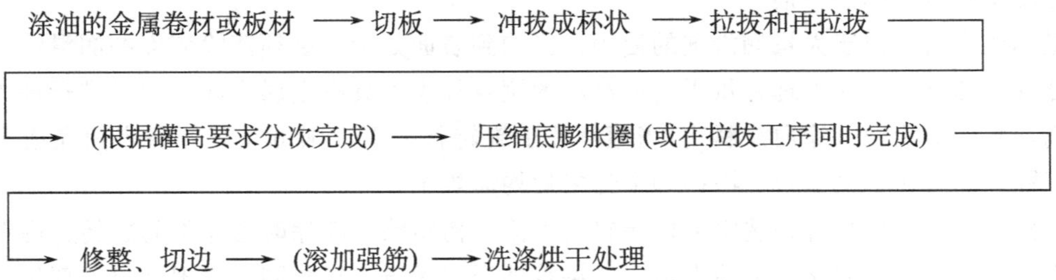

三、薄壁拉深罐

薄壁拉深罐是罐底与罐身用拉伸与罐壁压薄法一体形成的两片罐，有铝制和钢（镀锡薄板）制两种，简称 DI 罐。目前国内薄壁拉深罐铝制为多，DI 罐一般先将卷材冲切成杯体，通过压薄成形机对罐壁进行压薄拉深，由于具有冷加工硬化作用，强度相应增加，在罐壁延伸变薄的同时，提高了罐身高而罐径不变，其罐高与罐径之比为 2∶1 左右，主要用来盛装含碳酸气软饮料和啤酒等带有内压力的罐装食品，经工艺改进，可用来盛装果汁软饮料。薄壁拉深罐制造工艺流程如下：

卷材 → 解卷 → 涂润滑油 → 冲片 → 冲杯 → 第一次拉伸（冲片、冲杯合称：冲杯）

→ 第二次拉伸 → 第三次拉伸 → 拱形底成型 → 修切边 → 内外面清洗 → 烘干（第二次拉伸至拱形底成型合称：多级压薄拉伸）

→ 外壁涂白涂料(烘干) → 印刷装潢 → 干燥 → 罐底喷漆(空气干燥)(铁二片罐)

→ 内壁第一次喷涂 → 烘烤 → 内壁第二次喷涂(必要时) → 烘烤

→ 缩颈翻边 → 检漏 → 堆垛、包装 → 入库

铝合金薄板先被冲切成圆形坯料，接着被拉伸成较矮的杯坯。冲杯时要上润滑油，考虑到后续工序（特别是挤拉工序和洗涤工序），要求使用水溶性的润滑油。代表性的润滑油为凡士林，它与水乳化制成浓度20%水溶性润滑剂供使用。

冲成的杯坯连续经过数个压薄成形器，杯身材料在冲头和压膜之间被挤压、拉深，杯身受到多级拉深以后，厚度减薄，但受到冷加工的硬化作用使强度有所增加。罐壁压薄的同时，板材的延伸使罐身达到规定的高度。当罐身变薄达到所要求的厚度时，利用穹底台的作用同时将罐底形成一定的形状。在罐体成形的过程中，为了达到润滑和降温的目的，要连续不断地使用水溶性的润滑剂。

罐体成形后，由于大量润滑剂的使用，影响到表面处理，必须清除表面的润滑油，因此要充分洗涤和进行化学处理并烘干，洗涤后的罐身外表面具有金属光泽，为了进行理想的罐外印刷，常需要涂白（涂白涂料）。当罐身处于旋转状态下，则可在其外缘表面完成多种色彩的印刷，然后涂上光涂料。涂印和上光之后均需烘干。

容器内壁，根据内容物选定的内涂料由喷涂机构喷涂。喷涂时罐体瞬间旋转，内壁被均匀地涂上涂料，烘干固化。为使卷边后的罐盖外径和罐身直径相同，要把开口端部位的口径缩小（称缩颈），接着进行旋转翻边。两片罐薄壁拉深罐的生产过程各阶段示意见图 1-18。

图 1-18　两片罐薄壁拉深罐的生产过程各阶段（引自：Featherston，2015）

第六节 易 拉 盖

一、易拉盖的分类

易拉盖是一种由金属（铝、镀锡或镀铬薄钢板）制成，在开启部位有刻痕，装有提拉附件，以方便开启的罐盖。易拉盖的主要形式有孔开式易拉盖和全开式易拉盖，其中孔开式易拉盖又可分为撕脱型易拉盖和掀压型易拉盖——环保盖，如图 1-19 所示。

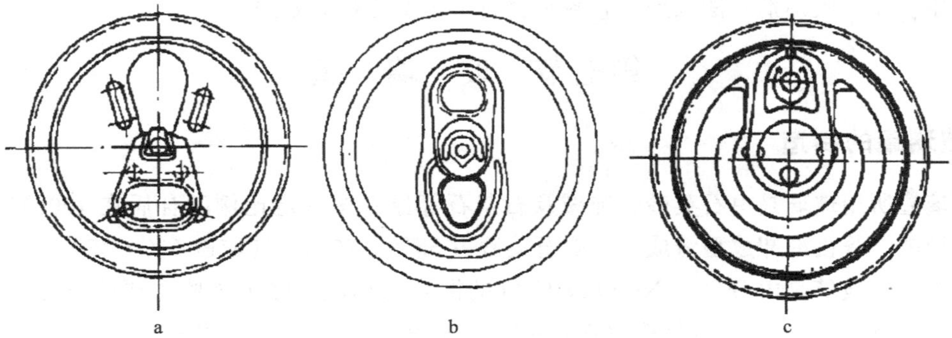

图 1-19 易拉盖的主要形式（引自：杨邦英，2002）

a. 孔开式撕脱型易拉盖；b. 孔开式掀压型易拉盖；c. 全开式易拉盖

孔开式撕脱型易拉盖，开启时用拉环将盖面孔状刻痕部分撕脱，即可饮用。孔开式掀压型易拉盖，开启时借助拉环提拉的杠杆作用，产生反向压力，将盖面孔状刻痕部分向下掀压，由于小片不脱落，不会造成公害，又称环保盖，其用途与撕脱型相同。全开式易拉盖，拉环铆合在近盖边部位，开启时用拉环将沿盖面圆周的刻痕整体撕脱，主要用于盛装粥类和糖水水果等罐头，随着扩口罐的出现，亦被用于午餐肉和火腿罐。

二、易拉盖生产

易拉盖制造工艺流程如下：

铝卷材 → 涂料 → 冲基本盖 → 圆边 → 注胶 → 烘干 → 完成基本盖 →

多工位冲制成型 → 拉环定位与装配 → 成品包装

拉环铝材 → 多工位冲制拉环 ——↑（至拉环定位与装配）

易拉罐盖的制造与接缝圆罐的罐盖制造有一定的差异，但圆边、注胶、烘干硫化等工序基本上相同。易拉罐盖的制造材料要求选用高硬度的冷轧铝材，其镁含量较高。易拉罐盖上有易被拉开的压线，划线的深度约占铝板厚度的 70%。罐盖有能安装拉环的空心铆钉。这种罐盖铆钉的冲制是整个易拉罐盖生产的关键。目前采用两次成型，第一次是立起凸泡，第二次是冲制所需的铆钉纽扣，以便安装拉环。拉环的生产按进模方式进行，如穿大孔（定位）、穿孔、切缝、预压型、整形、冲铆合孔、卷边、断料等。

罐盖上冲制铆钉和压线、冲制拉环及拉环铆合在罐盖上，均由同一台制盖机完成。当铝材冲压成罐盖形状后，即在罐盖上进行鼓泡、压铆钉纽扣、压线等作业。与此同时，铝材还通过多道模具作业制成拉环。最后将拉环铆合在罐盖的空心铆钉上，制得易拉罐盖。这种带有拉环的易拉罐盖称为孔开式撕脱型易拉盖，见图 1-19a。按罐盖上压线程度的不同，拉环可全拉脱，也可拉而不脱。

镀锡薄板或铝合金薄板易拉盖，由于都需要冲出一个铆钉，同时又不破坏局部的材料，并保证开启刻痕深度均匀而易于开启，所以对所用薄板有严格要求，尤其是采用二次冷轧板时。目前已逐渐转向采用最简单的、厚度仅为 50μm 左右的铝箔或钢箔。高压杀菌铝膜盖的材料结构由保护涂漆、印刷层、底漆、铝料、黏合剂、PP 膜组成，密封方法除采用常见的粘合（用食品级胶黏剂）法以外，卷封是密封牢固度更好的方法。

第七节　玻　璃　罐

一、玻璃罐的制造

玻璃罐所用玻璃是由石英砂、纯碱及石灰石等原料按一定比例配合后在 1000℃以上的高温下熔融，缓慢冷却成型铸成。一般石英砂占 55%～70%，纯碱占 5%～25%，石灰石占 15%～25%。玻璃是由 SiO_2、Na_2O 及 CaO 的混合物构成，除了这些主要的氧化物外，玻璃里面还含有 4%～8%的氧化铝（Al_2O_3）、氧化铁（Fe_2O_3）、氧化镁（MgO）及其他氧化物。

玻璃在熔融状态时为液体，当它逐渐冷却凝固后将保持所赋予它的形状，并有一定硬度和透明度。冷却成型时，可根据不同模具，制成各种不同容积不同形状的玻璃罐。但为了提高它的热稳定性，满足罐头生产需要，一般需要经过一次加热退火。

玻璃罐制备流程如下：

原料磨细→过筛→配料→混合→加热熔融→成型冷却→退火→检查→玻璃品成品

二、玻璃罐的技术条件

化学稳定性是指玻璃罐对化学侵蚀的抵抗能力。一般要求，玻璃罐内注入稀酸后，沸水浴上加热 30min，其酸性不消失。热稳定性是指玻璃罐对温度急剧变化的抵抗能力，它决定于玻璃罐的导热性和受热的膨胀率。玻璃的热导率相当于铁的 1/60，铜的 1/1000 左右。玻璃的体积膨胀系数比金属小。反映玻璃罐热稳定性的耐温急变要求是急热温差 60℃，急冷温差 40℃，玻璃瓶均不破裂。即将玻璃瓶先浸入 40℃热水 5min，然后立即浸 100℃沸水静置 5min，再浸入另外 60℃热水静置 5min，要求无破碎。

玻璃罐的抗张力依其化学成分不同而不同，一般为 34.3～83.3N/mm^2。玻璃的抗压力比较大，一般为 588～1225N/mm^3。玻璃的这一性能决定了玻璃罐可能堆积的高度，也决定了封罐时罐颈所能承受的压缩力量。玻璃承受或大或小的机械作用（如切割或刻痕）的能力称为硬度。当玻璃受到撞击时发生裂缝或破碎的性能称为脆性，玻璃罐的脆性较大。玻璃的弹性在很细的玻璃管和棒的情况下最易显现，而在罐头瓶罐等制品中就几乎完全显不出来。

对于各种玻璃罐容器均有一定的技术要求，以保证玻璃罐的罐藏效果。例如，500mL 矮圆形广口玻璃容器，其瓶身椭圆度要求不超过直径±2mm，在瓶口或封口线上不许有 0.5mm 以上的气泡，等等。

三、玻璃罐的类型及封口形式

玻璃罐的类型很多，各种类型都与它的封口结构有着密切关系。根据玻璃罐的封口密封形式及其相应的罐盖结构，主要有卷封式玻璃罐、旋开式玻璃罐、撬开式玻璃罐、套压旋开式玻璃罐及按压重封式玻璃罐等。

（一）卷封式玻璃罐

卷封式玻璃罐罐盖用镀锡薄板或涂料铁制成，橡胶圈嵌在罐盖盖边内，通过玻璃罐封罐机辊轮的推压作用，逐步将盖边及其胶圈紧紧滚压在瓶口边缘，形成卷封结构。这种卷封式玻璃罐的特点是密封性能良好，能承受加压杀菌，但罐盖开启比较困难。500mL矮圆形大口玻璃罐就是采用滚压卷封式封口结构的玻璃罐。封口见图1-20。

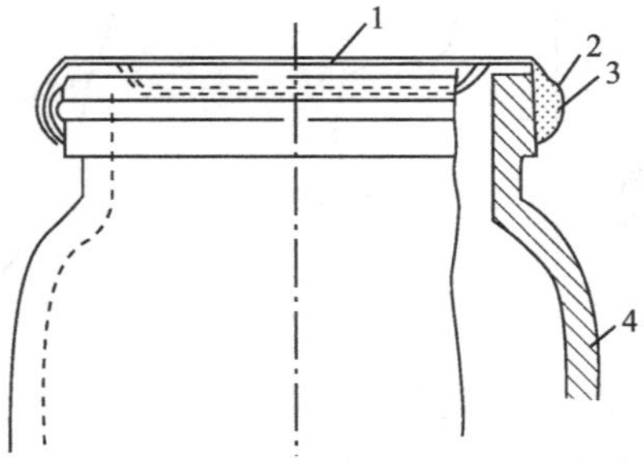

图1-20 卷封式玻璃罐

（引自：曾名湧，2007）

1. 罐盖；2. 罐口边突缘；3. 胶圈；4. 玻璃罐身

（二）旋开式玻璃罐

旋开式玻璃罐的瓶颈上有螺纹线，罐盖底边内侧有盖爪。旋盖后，罐盖上的盖爪和螺纹恰好相互吻合，安置在罐盖内的胶圈正好压紧在瓶口上，此时配合罐内真空，玻璃罐获得密封。常见的四旋式玻璃罐最为广泛使用，其罐盖有四个盖爪，瓶颈上有四条螺纹线，旋合时罐盖只需转1/4圈，其盖爪凸缘便与瓶口上的间断螺旋锁合，详见图1-21。除四旋式外，还有六旋式、三旋式等玻璃罐。这种旋开式玻璃罐的罐盖可用镀锡板冲制，在罐头生产中使用旋盖机加以封盖。盖内胶圈采用热塑性塑料溶胶。

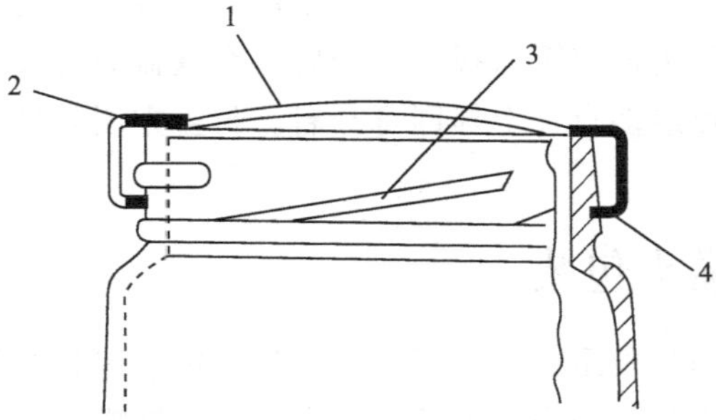

图1-21 四旋式玻璃罐（引自：http://www.docin.com/p-169924628.html）

1. 罐盖；2. 胶圈；3. 罐口突环；4. 盖爪

（三）撬开式玻璃罐

撬开盖是一种金属真空盖，它用于玻璃罐、大口瓶或平底罐罐口线，金属盖圆边内侧紧扣橡胶垫圈，封压时卡住橡胶垫圈而密封。撬开盖由金属盖和扣紧在卷边下部位置上的切割橡胶垫圈组成，填圈的大小厚薄规格、类型和间隙随容器罐口、产品和其他因素而异。顶隙经蒸汽充分喷射后，用压盖机将盖子直接盖在罐口上，顶隙形成的真空和橡胶垫圈对罐口边缘的摩擦使盖子固定在罐口位置上，封口见图1-22。

（四）套压旋开式玻璃罐

套压旋开盖是一种金属真空盖，适用于快速经高压杀菌的产品，现广泛使用于婴儿食品，对肉类、蔬菜、豆类、汤类食品亦适用。套压旋开盖无盖爪（或突缘），垫圈为模压的塑料溶胶，覆盖在盖面的外周边直到卷边的密封面上，形成顶部和侧边的密封。供婴儿食品的套压旋开盖在盖面上设计安全钮或弹性片。套压旋开盖也是用蒸汽喷射顶隙后，简单地将盖子压在罐口上，使塑胶垫圈与罐口顶端和外侧面紧密吻合，杀菌后内侧面形成与罐口螺纹相应的永久性凹痕，旋开和重封均很方便，见图 1-23。

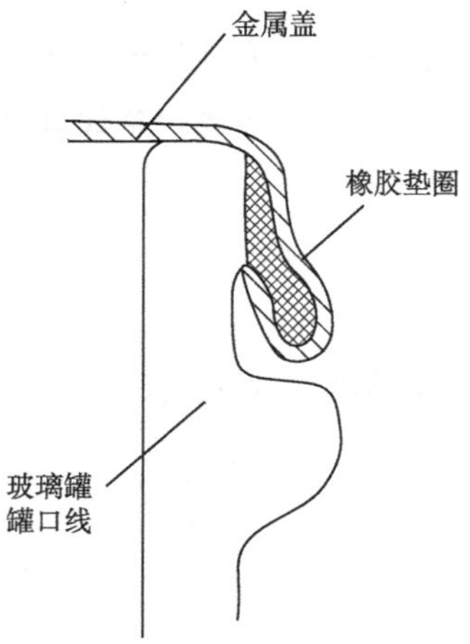

图 1-22 撬开式边封
（引自：杨邦英，2002）

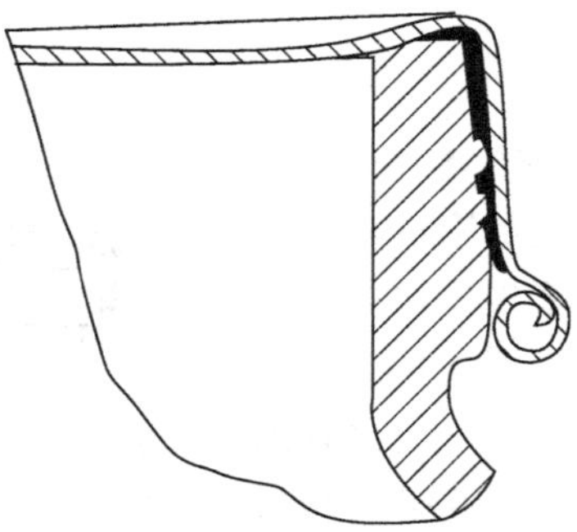

图 1-23 套压旋开盖封盖
（引自：曾庆孝，2002）

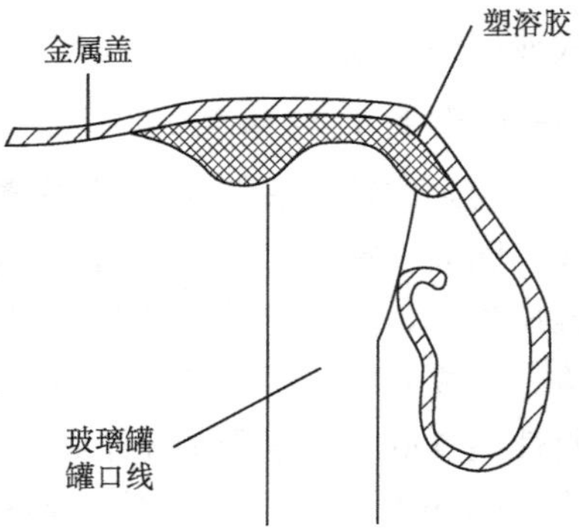

图 1-24 深按压式封盖
（引自：杨邦英，2002）

（五）按压重封式玻璃罐

按压重封盖的成形过程和旋开盖相似，但此盖的 6 个爪子不像旋开盖是水平的，而是在盖边内向上的，并与垂直线有一定的角度。如图 1-24 所示，深按压重封盖在使用时，塑胶垫与罐口密封面吻合，盖子一旦到位，金属爪的张力即将罐盖握住。开启时在罐盖周边扳动两三处即可，或使用专用钩形开罐盖器在盖周两点或多点往上提即可开启。封盖方便并具有有效的重封性能。

第八节 软罐头包装

软罐头包装是指全部用软质材料制成的包装和其中至少有一部分器壁是使用软包装材料制成的半硬容器，与玻璃瓶和金属罐相比，软罐头食品的历史不长。但是，目前软罐头包装技术已广泛用于肉类食品、液体食品、膏状食品和熟食制品等的包装，国内外软罐头包装技术仍在不断发展。

软罐头包装食品能部分地取代传统的金属和玻璃罐硬包装食品而得以迅速发展，是软罐头本身具有的优点所决定的。软罐头包装的优点是：包装材料的厚度小而传热快，能缩短杀菌时间，因此包装制品的色、香、味好，营养成分损失少；包装容器质量轻、体积小，可节省仓储空间，运输成本低、方便；常温下有较长时间（6～12 个月）保质期，且封口启封方便；适装品种多，如肉禽类、水产类、果蔬类、各种米饭、汤类均适宜。但软罐头的包装材料强度比硬罐头低，尤其是抗穿透强度低，保质期不及硬罐头长，且生产能力也较低。

软罐头包装形式有蒸煮袋、蒸煮盒、结扎灌肠 3 种。我国目前主要开发蒸煮袋和结扎灌肠两种形式，并已开发铝箔片材与高温蒸煮聚丙烯膜的复合及复合材料拉伸成型的蒸煮盒。

一、蒸煮袋

蒸煮袋是由多层复合薄膜以黏合剂通过干法复合或共挤复合后经分切和三边封口预制成一定尺寸的袋，可热熔封口，并能经受高温湿热杀菌。袋材要求有良好的热封性、耐热性、耐水性和高阻隔性。在耐热性方面要求：一是复合材料及封口部分不能因热处理而发生剥离及强度降低；二是袋内层密封面之间不得发生粘连；三是包装尺寸要稳定。蒸煮袋的包装材料，经常使用的有聚酯（PET）、聚丙烯（PP）、聚乙烯（PE）、尼龙（PA）、铝箔（Al）及黏合剂等。

蒸煮袋按其是否有阻光性分为带铝箔层的不透明蒸煮袋和不带铝箔层的透明蒸煮袋。日本的蒸煮袋，按其耐高温程度分为普通蒸煮袋（RP-F），可耐100～121℃杀菌温度；高温杀菌蒸煮袋（hiRP-F），耐121～135℃杀菌温度；超高温杀菌蒸煮袋（URP-T），耐135～150℃杀菌温度。按包装袋规格有大型及小型两种蒸煮袋。按外表形状分，可分为四方封口的平袋和可以竖放的立袋。

（一）透明蒸煮袋

透明蒸煮袋有透明普通型和透明隔绝型两种，其优点是产品可直视，但对氧、光和水蒸气的隔绝性能较有铝箔层的复合膜差，故保质期较之略短。透明普通型一般用两层膜复合而成，外层采用PET或PA，内层是聚丙烯、聚乙烯等用于热封，耐热性约为110℃，若要满足120℃以上的高温杀菌，需用特殊聚丙烯作密封层。用透明蒸煮袋对蛋白质和脂肪含量高的食品进行包装杀菌时，需用透明隔绝型蒸煮袋，在普通型蒸煮袋包装材料的两层材料之间用乙烯——乙烯醇聚合物（EVOH）或聚偏二氯乙烯（PVDC）作为阻隔层。实验表明，用聚偏二氯乙烯（PVDC）作阻隔层的复合膜在120℃、130℃杀菌后氧气透过量变化不大，是理想的蒸煮袋阻隔膜。

（二）铝箔蒸煮袋

铝箔蒸煮袋可分为3层或4层结构，最外层通常是聚酯，中间层为铝箔，主要阻隔气体和光照，最内层为烯烃类，一般能耐120℃以上的高温杀菌。由于杀菌温度及流通过程中的强度要求，有时需要用4层结构的铝箔袋，4层袋的结构在原铝箔的内面或外面增加1层尼龙薄膜或聚酰胺，可耐135℃的超高温杀菌，如PET（12μm）/Al（9μm）/PA（20μm）/特殊PP（70μm）4层结构的铝箔袋。由于铝箔蒸煮袋极好的阻隔空气、光、水蒸气的性能，能使食品的色、香、味得以长期保存，保质期长达2年以上。只要没有因铝箔折曲而产生针孔，其阻隔性指标，如透气度和透湿度基本接近零。

（三）高温短时杀菌蒸煮袋、大型蒸煮袋、立袋

高温短时杀菌蒸煮袋适用于高温短时杀菌（HTST），由于采用了HTST技术，缩短了杀菌时间，较好地保持了食品风味。表1-15是可用于高温短时杀菌的部分透明袋和铝箔袋主要构成及物理性能。

大型蒸煮袋所装内容物可达1kg以上，对耐冲击性和穿刺性有较高的要求，因此必须使用4层薄膜组成，如PET（12μm）/Al（9μm）/ON（15μm）/CPP（70～80μm）适用作大型蒸煮袋。当然大型蒸煮袋材料及厚度的选择要根据内容物的种类及数量而定。

表 1-15　高温短时杀菌（HTST）蒸煮袋的构成和物理性能

项目	实验方法	单位	铝箔袋 HiRP-F	透明袋	
				尼龙作外层	聚酯作外层
构成			聚酯 铝膜 特殊层 聚烯烃	尼龙 特殊层 聚烯烃	聚酯 特殊层 聚烯烃
粘合强度	STM-1057B（拉力试验）	mN（20mm）	＞8000	8000	8000
封口强度	STM-1057B（拉力试验）	N（20mm）	80～100	60	50～80
抗张强度	STM-1057B（拉力试验）	N（20mm）	130～150	90	70～130
长伸率	STM-1057B（拉力试验）	%	80～120	90	90～110
撕裂强度	STM-1030M（埃尔曼多夫法）	g	55	—	—
破裂强度	STM-1029（穆伦法）	N/cm^2	70	—	—
粘连温度	真空包装	℃	137	137	137
热封范围	封口试验法	℃	190～250	180～220	180～220
氧气透过量	压力法	$mL/(m^2 \cdot 24h \cdot 0.1MPa)$，（27℃·65%RH）	0	30	47
水蒸气透过率	JISZ0208	$g/(m^2 \cdot 24h)$	0	10	6

注：STM 为日本东洋制罐公司测试法

来源：徐文达，2002

立袋是相对平袋而言，能够站立的袋子，但在加压杀菌时可平放。立袋外表美观，不需外包装，所以强度要求比平袋高。日本软罐头用立袋有适合一般加压杀菌的 UB（聚酰胺/聚烯烃）、UBF（聚酯/铝箔/聚烯烃），适合高温加压杀菌的 UHT（聚酯/聚酰胺/聚烯烃）、UHB（聚酯/防气层/聚烯烃）、UHF（聚酯/铝箔/聚酰胺/聚烯烃）等类别。

二、蒸煮盒（盘）或罐

蒸煮盒或罐既要有良好的阻隔性能又要能适应高温杀菌时盒内外压力差的变化。蒸煮盒（盘）一般具有一个刚性或半刚性结构的底盘和一个可密封的软盖，因为盘式包装是薄型容器，它具有蒸煮袋优点。热成型、冷冲压成型和共挤技术的进步，将这类包装技术发展推向更高的水平。热成型是一种成本低的技术，它将一张热塑性片加热到适当温度，然后压入成型模具，使其变成所需形状，最后冷却至固化温度。完全用非金属材料制成的这类包装可在微波炉中加工或加热，其经济优势得以体现。蒸煮盒的热封盖膜有铝塑复合膜和塑料复合膜。

蒸煮盒可分为单层塑料盒、复合塑料盒和塑铝复合盘等类型。单层塑料盒一般用350～450μm的聚丙烯单层薄片制作。复合塑料盒用高阻隔性聚偏二氯乙烯薄膜作为隔绝层，由CPP/PVDC/CPP构成，厚约430μm。单层聚丙烯塑料盒透氧度较大，而以聚偏二氯乙烯作为阻隔层的复合塑料盒透氧度较小。

塑铝复合盘的生产技术实现了铝箔片材或薄金属片材与高温蒸煮聚丙烯膜的复合，完成了将复合材料拉伸成型的过程。例如，德国"比高"（Pico-pac）系列可热封、可高温高压杀菌的塑铝复合容器及盖子，具有易开启铝箔盖、高度阻隔层的产品保护，可高温杀菌，可用微波炉加热，机械性良好，空罐可堆叠储存，质量轻，运输成本低，易再循环，能源费用低，多种外形尺寸，适用于各种需长期保存的高温杀菌产品。

蒸煮罐的形式有铝塑复合罐和注塑罐。瑞典letpak铝塑复合罐，罐身用PP与铝箔复合，罐底用与罐身相同材料作衬注塑成型，用高频热封与罐身焊接成一体；罐盖为易开型，可耐130℃高温杀菌，须配置专用的封口设备。尺寸有多种系列。美国HORMEL公司生产的多层塑料注塑法制造Omni蒸煮罐，具有一定的刚性抗压性能，可代替金属罐，并可用普通金属罐封口机封口，与金属罐具有极强的竞争力。

三、结扎灌肠

结扎灌肠采用对氧和水蒸气具有高阻隔性能的PVDC膜做肠衣，有一定收缩性，可耐130～140℃高温，在高温杀菌后薄膜收缩产品外观坚挺紧密。由于PVDC薄膜在热水中加热后阻隔性不会降低，所以既可以作蒸煮袋或盒的复合材料阻隔层，又可直接作结扎灌肠的包装材料，因薄膜有收缩张力，肠筒的折叠缝熔接须采用高频热封。

第九节 罐藏产品空罐包装创新应用的典型案例

一、空罐包装设计理念的过去和未来

案例

杭州中粮包装有限公司对罐藏水产品包装的设计与思考。由传统理念即包装是盛装内容物、保护内容物、物流畅通转变为包装是吸引消费者、促进销售、改变生活；由传统包装的单一美学评价模式转变为美学/技术/经济（三维）和美学/技术/经济/人性/环保（五维）评价模式。

案例分析：

1. 时代变迁，核心竞争力飘移，老路难走 我们的时代面临规模经济向注意力和感觉经济时代发展，低成本老路难以持续，市场已经证实：能被注意（视觉停留10s）、被吸引（手上拿起并关注）、有良好的消费体验（手感、视觉、口感并带来愉悦）是第一的，消费行为实质变成了注意力打拼、消费体验的竞赛。从规模性价比的竞争发展到产品注意力、消费感觉的竞争，罐藏容器包装成本不是第一的，贴近消费的设计才是第一。

2. 消费行为变化：呼唤品牌高度与方向 老罐头缺乏新故事、新口味、新亮点。老百姓购买行为调查发现，"省心、便利、愉悦和口感"是食品重复购买的关键驱动体验环节。罐头诉求、亮点是什么？罐头的品牌高度与亮点不突出、买点不对路、边缘化急需改变。

3. 抓住行业本质：罐头行业的本质是食品　香港经济学家郎咸平教授指出“制造业发展离不开行业本质的把握”，罐头行业的本质是迎合生活节奏快、不乐意做饭的需求，创造方便、美味的同时，要进一步挖掘营养内涵。

4. 包装同质化、粗放型，便利和货架视觉审美冲击不足　重新定义罐藏食品的好包装概念，重点打造包装安全的同时，突出便利性与货架视觉冲击力（图 1-25）。

图 1-25　罐藏食品包装的便利性与货架视觉冲击

二、国外罐藏食品借鉴

案例

日本企业水产罐藏食品创新特点主要有设计精致、品名突出；注重口味测试、迎合市场；开发同种品类、口味不同的系列罐藏食品，如图 1-26 所示。欧洲企业罐藏食品创新特点有开展不同材料罐藏容器对食品营养和保质期的比较研究；主要包材能源效应的比较研究；消费者行为研究，指导包装设计；罐头营养科学配餐与菜谱的研究等。

图 1-26　日本水产罐头系列食品

案例分析：国外罐藏食品借鉴——感觉好才是真的好，美口味、美包装、美的消费体验。规模化竞争能力，不是新时期感觉经济、注意力经济时代的核心竞争力！洞察消费行为与趋势、把握食品消费本质、打造迎合用户美好感觉与体验的产品组合，成为企业新的核心能力。创建品牌意境联想美、包装装饰欣赏美、食品口感味道美、终端促销活动美的全美食品营销，可能成为激活、撬动市场增量杠杆的路径和方法。

三、金属罐藏包装容器产品的技术升级

案例

开启易拉盖罐头时常见的情况有拉环断开，消费者不得不用罐头刀撬开罐盖；很多易拉盖罐头上标明“小心割手”之类的警告语，罐盖不但坚硬，在拉开后亦相当锋利，消费者很容易被割伤手；易拉盖的设计意愿就是希望为消费者提供轻便的开盖方式，可实际上易拉盖要求消费者具有相当的手力，很多长者或妇女在拉开时感觉无法拉起罐盖取出所有内容物。由Amcor公司提供的易撕拉包装方案，易撕拉盖可热密封在马口铁罐环缘上，使罐子有安全及方便的密封方式。消费者只需简单的拉起易撕拉盖上的拉片，开盖过程方便顺利；易撕拉盖没有启封后的锐利刃口边缘，不会被边缘割伤，开启安全；易撕拉盖只需轻巧的拉开撕力，任何消费者都能够轻松地拉起整个易撕拉盖，图1-27所示为易撕拉铝膜盖。易撕拉盖的铝膜层为干粉干货产品或高压杀菌产品提供最佳的保护。

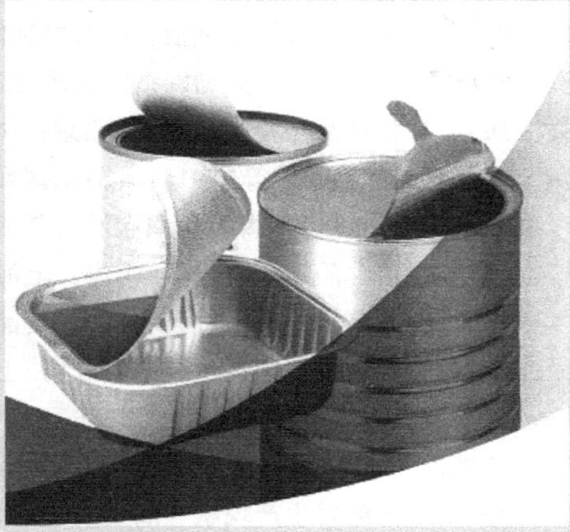

图1-27 易撕拉铝膜盖

案例分析：三片罐经历了减薄、浮雕、凹凸变形、易开易撕、与塑料融合等技术与产品的升级。呈现便利、小型化、便携、便开启的趋势。出现可组合的休闲食品罐头。易撕拉铝膜盖应用的主要优点有容易开启罐子，没有被割伤的危险，适合长者及儿童使用；特有的产品保护性，可以容易及完整地取出产品；包装重量降低；清楚知道包装是否完好无损；在标准封膜机上有优良的加工性能；可在标准封罐机上进行封口加工。

本章小结

自阿培尔发明食品罐头以来，为使罐头食品能够在罐藏容器内长时间保藏，并且保持一定的色、香、味和原有的营养价值，同时又适应工业化生产，罐藏容器经过不断改进和发展，形成目前食品工业中外形多样、特点各异的罐藏容器。通过介绍食品制罐材料及制罐工艺的发展进程和特点，掌握用更卫生、安全、轻巧、美观的材料，通过新工艺、新技术、新设备，制成空罐，以生产出满足罐藏要求的理想罐藏容器。

思考题

1. 对罐藏容器的种类及性能进行比较。
2. 简述马口铁圆罐生产工艺流程及主要工序、技术条件。

参考文献

陈镜波. 2012. 玻璃包装在欧洲市场仍备受青睐. 印刷技术，24：6-7.

陈耀文. 1982. 软罐头食品的发展和某些技术关键问题的探讨. 上海食品科技，3：2-9.

但锡安. 2012. 二次冷轧镀锡薄钢板食品饮料罐的制造与应用分析. 包装学报，4：42-46.

傅晓华. 2013. 覆膜铁产品及其制罐技术的研究. 上海包装，4：40-43.

高福成. 1997. 现代食品工程高新技术. 北京：中国轻工业出版社.

韩锦平，韩锦国，韩锦泰，等. 2010. 食品罐藏发展史略——纪念罐头发明 200 周年. 包装学报，4：1-4.

李彭，高艳飞，陈新. 2011. 薄壁金属包装材料激光焊接工艺研究. 包装世界，4：30-31.

李雅飞，等. 1993. 食品罐藏工艺学. 上海：上海交通大学出版社.

刘文年. 1990. 罐藏容器生产的过去和将来. 食品工业科技，6：25-27.

孟丽. 2011. 镀铬薄钢板在制罐包装中的应用. 上海包装，4：35.

欧阳军. 2002. 罐头史话. 中国保健营养，6：38.

王红育，李颖. 2009. 我国罐头食品的发展. 食品研究与开发，12：175-177.

王祝堂. 2012. 中国罐料生产现状与展望（下）. 铝加工，1：9-12.

魏天飞，何淑萍. 2014. 金属包装为罐装食品保安全. 中国包装工业，9：56-59.

无锡轻工业学院，天津轻工业学院. 1984. 食品工艺学. 北京：中国轻工业出版社.

吴秀英. 2014. 食品包装材料的种类及其安全性. 质量探索，9：56-59.

夏文水. 2013. 食品工艺学. 北京：中国轻工业出版社.

肖军. 2014. 金属包装的涂层钢板及其涂料探密. 湖南包装，2：23-27，48.

徐文达，等. 2002. 食品软包装材料与技术. 北京：机械工业出版社.

薛艳丽. 2004. 食品包装容器发展漫谈. 中国包装，6：77.

杨邦英. 2002. 罐头工业手册. 北京：中国轻工业出版社.

于新华. 2001. 罐头食品的历史、现状及发展对策. 食品与发酵工业，2：58-61.

曾名湧. 2007. 食品保藏原理与技术. 北京：化学工业出版社.

曾庆孝. 2002. 食品加工与保藏原理. 北京：化学工业出版社.

张彩军，贾雅楠，朱立光. 2014. 高品质镀锡板生产技术与夹杂物控制. 河南冶金，4：1-7，45.

章建浩，等. 2000. 食品包装大全. 北京：中国轻工业出版社.

章文灿. 2014. 食品制罐材料及制罐工艺的现代进展. 食品工业科技，7：40-43.

赵智勇. 2013. 国内镀锡板的生产与市场. 中国冶金，4：7-9，16.

Featherstone S. 2015. Complete Course in Canning and Related Processes. 4th ed，Volume 1. London：Woodhead Publishing：187-202.

Featherstone S. 2015. Complete Course in Canning and Related Processes. 4th ed，Volume 2. London：Woodhead Publishing：75-83.

第 2 章　食品罐藏原理

第一节　罐头生产的基本过程

食品罐藏工艺是将食品装入马口铁罐、玻璃瓶等罐藏容器内，经排气、密封、杀菌、冷却、保温检验的贮藏方法。由于食品的原料和罐头品种的不同，各类罐头的生产工艺各不相同，但基本原理是相同的，罐头生产的基本生产流程如下：

原料验收→原料前处理→装罐→排气封罐→杀菌→冷却→静止保温检验→包装→出库

一、食品原料的保藏、处理和加工

生产罐头的食品原料多种多样，特别是近些年来，不同的水产原料、果蔬原料、肉类原料及谷豆类原料等都可以生产罐头食品。各类罐头的食品原料中，水产品原料必须是新鲜的，罐头原料要求水产原料为活鲜原料、冰鲜或冷冻冷藏原料，对冷冻冷藏原料，要求在－18℃贮藏期为 6 个月以内的原料。水产原料肌肉中水分含量较大，蛋白质含量高，容易腐败变质。因此，水产原料的贮藏过程要求严格控制冷冻冷藏温度，同时避免氧化。一般情况在贮藏过程中应该避免阳光直射，避免与其他物质交叉摆放。畜兽肉类在屠宰后，开始会出现死后僵硬、肌肉收缩和发硬的现象，作为罐头食品原料，必须采用经过僵硬期的肉（一般说，牛肉为 12～24h，小牛肉为 4～8h）。水果原料主要采集八成熟的，应该注意的是，水果成熟度低时酸度太强，作为罐头食品原料，要根据不同原料采取成熟后使用或直接使用。谷豆类原料，要严格检查原料的完好度，避免原料的霉变，一旦产生了霉变，不能使用。

作为罐头食品的原料和辅助材料，因为收获或捕获季节的限制，大部分原料需要保藏后再供加工。动物性的原料多采用低温冷冻冷藏或低温冷藏；植物性的原料多采用低温贮藏或气调保藏，有的原料如蘑菇等可采用盐法保鲜护色。辅助材料则根据原料的性质不同，分别采用干燥保藏、密封保藏等。

原料在进入生产之前，首先根据罐头原料要求，对罐头原料进行验收，可根据原料的新鲜度、大小等接受原料或拒绝接受原料。接受原料后，对原料进行挑选和分级，剔除不合格的原料，根据原料的质量、鲜度、色泽、大小等分为若干等级，以利于加工工艺条件的确定。对于畜禽产品原料应接受经过兽医检查后的原料。

罐头食品原料的前处理过程首先去掉不可食部分。挑选分级后的原料，分别进行清洗、去骨、去皮、去鳞、去头尾、去内脏、去根、去核、去囊衣等处理，然后根据各类产品规格要求，进行装罐或预热处理、调味处理等，包括切块、切条、切丝、打浆、榨汁、浓缩、预热、调味、熏制、烹调等处理。

各类原料的质量标准，以及保藏、运输、处理等具体方法将在各类罐头生产工艺有关章节中叙述。

二、食品的装罐

（一）容器的准备

用于罐头生产的容器主要有镀锡薄板罐、镀铬薄板罐、铝合金薄板罐、玻璃罐、塑料罐及复合塑料薄膜袋等。在罐头生产过程中，装罐前应按原料种类、性质及产品等要求合理选用不同的罐藏容器，然后再按要求进行清洗、消毒、罐盖打印等处理。

此外，在使用前还应检查容器是否完整、有无缺陷。铁罐要求罐型整齐、焊缝完整、补涂均匀，罐盖和罐身翻边处无缺口变形，罐壁无锈斑和脱锡现象；玻璃装罐瓶要求瓶口平整光滑，瓶身无气泡、裂纹等。

1. 空罐的准备及消毒清洗 罐藏容器是用来盛装食品的，与食品直接接触，因此要保证安全卫生。由于空罐在加工、运输和贮存过程中可能会被污染一些微生物，附着一些尘埃、油脂、污物，有的还可能残留焊接药水等，因此在装罐之前必须进行洗涤和消毒。基本方法先用热水冲洗空罐，然后用蒸汽进行消毒。

1）*金属罐的清洗* 金属罐的清洗有人工清洗和机械清洗两种。

人工清洗是将空罐放在沸水中浸泡0.5～1min，有时可用毛刷刷去污物，取出后倒置盘中，沥干水分后进行消毒。人工洗罐劳动强度大，效率低，一般在小型企业多采用人工清洗消毒。

机械清洗则多采用洗罐机喷射热水或蒸汽进行洗罐和消毒。大中型企业多用洗罐机进行清洗。

2）*玻璃瓶清洗* 玻璃瓶的清洗也分人工清洗和机械清洗两种。

人工清洗的过程首先用热水浸泡玻璃瓶，如果是回收的旧瓶子，因瓶内壁可能黏附着食品的碎屑、油脂等污物，瓶外壁也常黏附着商标残片等，因此，一般先用温度为40～50℃、含量为2%～3%的NaOH溶液浸泡5～10min，以便使附着物润湿后清洗干净。然后用毛刷逐个刷洗空瓶的内外壁，再用清水冲净，沥水后消毒。

机械清洗则多用洗瓶机清洗。常用的洗瓶机包括喷洗式洗瓶机、浸喷组合式洗瓶机等。喷洗式洗瓶机一般适用于新瓶的清洗。瓶子首先以具有一定压力的高压热水进行喷射冲洗，而后再以蒸汽进行消毒。浸洗和喷洗组合洗瓶机适用于新瓶和旧瓶的清洗。洗瓶时，瓶子先浸入碱液槽浸泡以去掉污物，随后送入喷淋区经两次高压热水冲洗，最后用低压、低温水冲洗即完成清洗。

2. 罐头产品代号打印

1）*硬罐头打印形式* 除玻璃瓶可以无需在罐盖上打印代号外，其余马口铁罐均应按国内规定或客户合同要求打印代号。下面主要介绍其中两种代号打印内容和形式。

（1）单行打印。在罐盖的中间部位，打印生产日期，如图2-1a所示。

（2）多行打印。这种打印方式是在原轻工业部明码打印法基础上的延伸，多数出口产品采用在罐盖中间位置，分四行打印（采用喷码机喷码），即第一行为厂名代号＋班次号，第二行为年、月、日代号，第三行为产品名称代号，第四行为卫生注册号，如厦门罐头厂2008年10月12日第一班生产的糖水龙眼产品（图2-1b）。

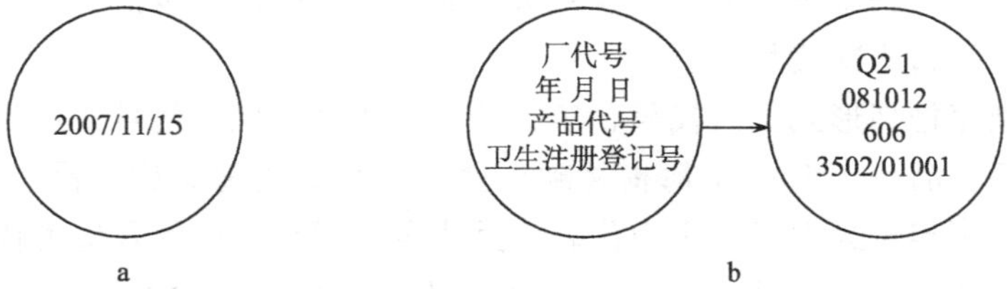

图 2-1　代号打印形式（引自：梁文珍，2011）

①厂名代号。由省（自治区、直辖市）代号和阿拉伯顺序号（根据登记顺序编排）组成。省（自治区、直辖市）代号的规定如下：

北京	A	上海	B	辽宁	C	吉林	D
黑龙江	E	内蒙古、宁夏	F	河北、天津	G	山东	H
河南	I	陕西	J	江苏	K	浙江	L
安徽	M	江西	N	山西	O	湖南	P
福建	Q	广东、海南	R	广西	S	四川、重庆	T
云南	U	贵州	V	湖北	W	甘肃、青海	X
新疆、西藏	Y	台湾	Z				

②班次代号。有些工厂需要另加班次代号，在厂名代号后面间隔一字距离打上班次代号，班次号以阿拉伯数字表示。

③年、月、日代号。为 6 位数，年份末位俩数，月、日各 2 位数。

④产品名称代号。主要根据罐头生产的原料种类和加工品种分为十大类。以不同阿拉伯数字作为各类号的首位字（军需罐头在产品代号前加打“J”）。规定如下：

猪肉类罐头	0	贝、虾、蟹类罐头	5
牛羊肉及其他畜肉类罐头	1	糖水、糖浆类水果罐头	6
禽肉类罐头	2	果酱、果汁类罐头	7
油浸、茄汁类罐头	3	蔬菜类罐头	8
红烧、其他调味鱼类罐头	4	其他类罐头	9

芦笋罐头的产品名称代号较特殊：第一位打 A 表示芦笋；第二位表示形态：W 代表整装白芦笋、WG 代表整装绿头白芦笋、C 代表段装白芦笋、P 代表笋尖白芦笋、G 代表整装绿芦笋；第三位打 1 代表带皮芦笋，去皮芦笋此位可不打；第四位表示粗细：打 G 代表巨大、E 代表特大、L 代表大号、M 代表中号、S 代表小号，段装芦笋此位不打，如 AWL 代表整条装大号白芦笋。

具体罐头产品名称代号是由原国家主管轻工食品职能部门进行编排，具体可通过由杨邦英主编的《罐头工业手册》查找。由于某些罐头的原料品种不同，如黄桃和白桃；加工规格不同，如蘑菇的整菇、扣菇、特片菇、片菇、碎块；大、中、小级别分别为 L、M、S。应打在产品名称代号后面间隔一字的位置。内销罐头厂，在省代号前（左方）加打“D”英文字母即国内贸易，如上海的内销罐头厂为 DB、广东省为 DR、吉林为 DD。

2）软罐头的打印　凡属正式生产的各种内销和出口罐头产品都必须打印代号，软罐头也不例外，仿照马口铁罐头的方法。软罐头产品代号打印内容包括：厂名代号；生产日期代号；产品名称代号；班次代号。

软罐头打印顺序排列形式：厂代号，年、月、日代号，班次代号，产品名称代号。厂名代号：如上海益民食品一厂 B_1、上海梅林罐头食品厂 B_2、上海泰康食品厂 B_3。年、月、日代号：年代号以公历年份最末两个字为代表；月代号以罐头生产的月份为代表；日代号以罐头生产日为代表。产品名称代号：见硬罐头内容部分。例如，上海梅林罐头食品厂 1999 年 11 月 21 日第二班生产的产品，打成厂代号年月日班次：$B_2$99 11 21 2。

（二）装罐

1. 装罐的工艺要求

1）*装罐要及时* 经处理加工合格的半成品要及时装罐，不应堆积过多，一般不宜超过 2h，以防微生物污染而变质，影响产品质量。

2）*质量要一致* 罐藏食品要求同一罐内的内容物大小、色泽、成熟度、块数等基本一致，这样既保证了产品有良好的外观，又提高了产品质量，同时提高了原料利用率，降低成本。

3）*净重和固形物含量必须达到要求* 固形物含量一般要求占 45%～65%，最常见的为 55%～60%，有的高达 90%。为使质量符合要求，保证称量准确，必须经常校对称量称，定期复称。

4）*顶隙适当* 顶隙是指罐内食品表面层或液面与罐盖间的空隙。一般为 6～8mm，防止灭菌时内容物膨胀使罐头变形（假胖听），并可形成一定的真空度。有些产品为防止罐内存在氧气而引起产品表面发黄而基本上不留顶隙，如午餐肉罐头，果酱等浓稠食品是趁热（80℃以上）装罐后立即密封的，因此也不留顶隙。当罐头在密封、杀菌、冷却后，由于罐内食品冷缩，也可使产品达到一定的真空度。某些淀粉含量高的产品，因受热容易膨胀，罐顶隙可适当留大些。

5）*严格防止夹杂物混入罐内* 工作台上不要放置小工具、手套、揩布、绳子等杂物，以防混入罐内。同时要严格规章制度，工作服尤其是工作帽必须按要求穿戴整齐，生产工人禁止戴戒指、手表、耳环等首饰进行装罐操作。

6）*装罐时保持罐口清洁* 不得有小片、碎块或油脂、糖液、盐液等留于罐口，否则会影响卷边的密封性。

7）*装罐时应合理搭配，排列整齐* 有些罐头食品装罐时有一定的式样或定型要求，如红烧扣肉罐头装罐时必须排列整齐，皱面向上，这样可提高产品品质。凤尾鱼装罐时要求每条排列整齐，而且不要把尾部压断。烧鸭装罐时要求翅膀、腿部等搭配装入，并将翘起的骨骼下压，使其平坦。原汁、清蒸类及生装产品，主要是控制好肥瘦、部位的搭配，汤汁或猪皮胶的加量，以保证固形物的含量达到标准。瘦肉含水量较低，含水量高的食品经杀菌后，水分排出易使固形物含量不足。

2. 装罐的方法 根据产品的性质、形状和要求，装罐的方法可分为人工装罐和机械装罐两种。

1）*人工装罐* 多用于肉禽类、水产、水果、蔬菜等块状、固体产品的装罐，这些产品的原料性质如成熟度、大小、色泽、形状等差异较大。特别是经不起机械摩擦的产品，装罐时要进行挑选，进行合理搭配，排列整齐。目前还主要靠人工完成这种挑选、搭配，按要求排列装罐。这种方法简单，但劳动生产率低，偏差大，卫生条件差，而且生产过程的连续性较差，但此法简便易行适于小型罐头厂。

2）*机械装罐*　一般适于颗粒状、糜状、流体或半流体等产品的装罐，如午餐肉、果酱、果汁、青豆等多用装罐机装罐。机械装罐适用于多种罐型，速度快，效率高，分量均匀，能保证食品卫生，因此能采用机械装罐的应尽量采用机械装罐。

三、罐头的排气

（一）预封

罐头的排气是在排气箱内完成的。排气箱内要求加热蒸汽的温度高于 95℃。由于排气箱内有时产生水蒸气，易导致罐头产生交叉污染。为避免排气过程中产生交叉污染，一方面排气箱的设计使冷凝水直接流入排气箱两边排水管内；要及时清理排气箱，且保持排气箱的温度；另一方面传统的加工方法是对罐头进行预封。经预封的罐头在热排气或在真空封罐过程中，罐内的空气、水蒸气及其他气体能自由逸出，而罐盖不会脱落。预封是指某些产品在进入加热排气之前，或进入某种类型的真空封罐机封罐之前，所进行的一道卷封工序，即将罐盖与罐身筒边缘稍稍弯曲钩连，其松紧程度以能使罐盖可沿罐身筒旋转而不脱落为度，使罐头在加热排气或真空封罐过程中，罐内的空气、水蒸气及其他气体能自由逸出。对于加热排气来说，预封可预防固体食品膨胀而出现液汁外溢的危险，并避免排气箱盖上蒸汽冷凝水落入罐内而污染食品，同时还可防止罐头从排气箱送至封罐机过程中，罐头顶隙温度的降低，防止外界冷空气的侵入，以保持罐头在较高温度下进行封罐，从而提高了罐头的真空度。对于带骨的肉禽类罐头，还能便于封罐。玻璃罐则不需预封。

1. 预封方法　预封采用的预封机类型有手扳式、J 型、阿斯脱里亚型等。手扳式结构简单，生产效率低，20～25 罐/min；J 型预封机的生产效率为 70～80 罐/min，阿斯脱里亚型预封机 100 罐/min。一般要求预封速度不要超过 100 罐/min，以免转速太快，汤汁外溅。预封时汤汁在离心力的作用下容易外溢，因此，最好采用滚轮回转式封罐机。

2. 打印代号　罐头在预封或密封前，需在罐盖上打印代号，一般用英文字母和数字表示生产厂、产品名称、生产年月日、班次等，以便于产品检查、管理和追溯。打印方法按有关规定进行。预封机有手扳式和自动式两类，预封原理属于卷封原理。

预封时，由于离心作用，罐内食品特别是液汁容易外溢，为此最好采用滚轮回转式预封机。如果采用压头旋转式预封机，则压头转速宜慢一些。

（二）排气

食品装罐后、密封前应尽量将罐内顶隙、食品原料组织细胞内的气体排除，这一排除气体的操作过程就叫排气。排气是罐头生产必不可少的一道工序，通过排气，不仅能使罐头在密封、杀菌冷却后获得一定真空度，而且还有助于保证和提高罐头的质量。

需要加热排气的产品，一般在装罐后或预封后迅速进行排气，排气后的罐头应迅速进行密封，密封后的罐头应在 40min 内进行杀菌、冷却之后获得一定的真空度。有些罐头产品也可以不进行加热排气，如在装罐酱时，若能保持较高温度且装得满而紧密，迅速加盖密封，也能够达到加热排气的某些效果。有些产品则采用抽真空封罐，也能达到加热排气的效果。

1. 排气的目的和效果　排气是食品装罐后，排除罐内空气的技术措施。排气的目的和效果包括如下几点。

(1) 防止或减轻罐头在高温杀菌时发生变形或损坏。未经排气的罐头，在高温杀菌时，因罐内食品受热膨胀、水蒸气的产生、罐内空气的膨胀，罐内压力就会急剧增高。当罐内压力比罐外压力（即杀菌锅内蒸汽压力）大得多时，密封的二重卷封结构就会松弛，甚至产生漏气乃至暴节而造成废品。经过排气的罐头，虽然在高温杀菌时罐内压力也会增大，但由于减少了罐内空气压力，所以杀菌时罐内压力相对低些。在杀菌冷却之后，一般依靠罐盖膨胀圈的内向应力，能使罐头恢复正常状态。

(2) 防止罐内好气性细菌和霉菌的繁殖。从各类罐头食品中所检验出来的微生物来看，以好气性芽孢菌为最多，在水果类罐头中有时还有酵母。

需氧菌虽然要有游离氧的存在才能生长，然而各种需氧菌的需氧量（最高、最低和最适量）因菌种不同而不同，如灰绿青霉菌最大需氧量为 3.22～3.68mg/L，最少需氧量为 0.06～0.68mg/L。排除罐内氧气是控制需氧菌生长的重要途径。

(3) 防止或减轻罐头食品色香味的不良变化。食品暴露在空气中，特别是经过切割的食品表面，极容易产生氧化反应，而导致色香味的变化。脂肪含量较高的食品，由于氧化而产生酸败，不仅食品表面发黄，而且使食品带有腌味。某些果蔬如苹果、生梨等的切断表面与空气接触，就会产生褐变。果酱、果冻等的色泽和香味也会因被氧化而产生变化。一般说，这种变化都始于表面，逐渐向内部深入。氧气不仅存在于食品组织中，而且水和液汁中也溶有氧，氧在水中的溶解量与水温有关，水温越低氧的溶解量也就越大。100℃的水中，氧的含量为零。罐头在低压环境下，罐内的气体就会外逸。因此，罐头处于真空状态下，就能降低罐内氧的含量，使食品处于缺氧状态下保藏，这样就可以防止或减轻食品的氧化变质。

(4) 防止或减轻维生素和其他营养成分的破坏。在罐头生产过程中，维生素的破坏程度，与食品中维生素的种类、加热温度及时间、氧气的存在与否有关。有氧存在时，加热到100℃以上，维生素容易被分解。在同一温度下，无氧存在时，维生素相对稳定。一般说，维生素 D 最稳定，维生素 A 和维生素 B 次之，维生素 C 最不稳定。

糖水橘子罐头在原料处理和排气过程中，维生素 C 损失最大，而在密封后的杀菌过程中几乎没有损失。苹果在加热中大部分的维生素 C 易损失掉，这就是为什么苹果需要放在盐水中浸泡，这样由于苹果自身的呼吸作用，使组织内部的氧全部消耗掉，随后进行加工，这样维生素 C 就相当稳定。罐头食品贮藏过程中残留的氧对维生素 C 在最初数周内损耗较多，当罐内氧被消耗后，维生素 C 含量的变化就逐渐减少。这说明维生素 C 在无氧条件下加热是相当稳定的。但是，靠排气把罐头食品中的氧和溶于液体中的氧全部排尽是很困难的，因此罐头食品中维生素的损失总是难免的。

(5) 防止或减轻在贮藏过程中食品对罐内壁的腐蚀。罐头在贮藏过程中，罐内壁常出现腐蚀现象，罐内有氧存在时，会使腐蚀作用加剧。腐蚀属电化学反应，是由阳极和阴极反应所决定的。锡的腐蚀主要是阴极反应所引起的，有氧存在时，阴极反应强烈，并促进阳极反应，反应式如下：

$$2H^+ + \frac{1}{2}O_2 + 2e^- \longrightarrow H_2O$$

可见有氧时促进腐蚀，但不产生氢气。

无氧存在时，其反应式为

$$2H^+ + 2e^- \longrightarrow 2H \longrightarrow H_2\uparrow$$

由于氢原子的产生，阴极反应缓慢，阳极反应也随之缓慢，所以锡的腐蚀也就缓慢，但这种反应产生氢气，有可能使罐头产生膨胀。美国制罐公司也证明，氧的存在有促进水果中酸的成分对罐内壁的腐蚀作用。比奇洛（Bigelow）证明，罐内氧的存在有促进腐蚀的作用。为此，对水果罐头应充分排气，尽量减少顶隙度，密封温度不应低于 70℃。真空封罐时，封罐机的真空度不应低于 5.1×10^4 Pa。

罐内壁有无涂料，对罐内残留氧的消耗速度有影响。以日本 2 号罐进行试验，罐内盛装抗坏血酸和丙氨酸溶液（浓度为 10^2 mol/m^3），溶液的 pH 为 3.2，从图 2-2 可以看出，素铁罐内的氧减少得很快，而涂料罐内的氧消耗得较缓慢。

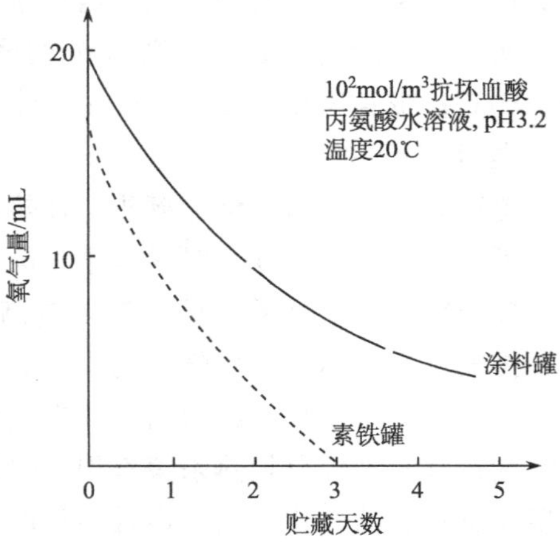

图 2-2　罐内顶隙中氧气量的变化

2. 罐头排气方法　目前国内罐头工厂常用的排气方法有 3 种：加热排气、真空封罐排气和蒸汽喷射排气。加热排气法使用得最早，也是最基本的排气方法。真空封罐排气法，也可称为真空抽气法，是发展快、使用较普遍的方法。蒸汽喷射排气法，是近几年迅速发展的排气方法。

1）*加热排气法*　加热排气的基本原理是将装好食品的罐头（未密封）通过蒸汽或热水进行加热，或预先将食品加热后趁热装罐，利用罐内食品的膨胀和食品受热时产生的水蒸气，以及罐内存在的空气本身的受热膨胀，而排除罐内空气，排气后立即封罐。这样，罐头经杀菌冷却后，罐内就能形成一定的真空度。

目前常用的加热排气方法有两种：热装罐法和排气箱加热排气法。

（1）热装罐法。热装罐法是将食品预先加热到一定温度后，立即趁热装罐并密封的方法。采用这种方法时，不得让食品温度下降，否则就会使罐内的真空度相应下降。这种方法只适用于流体或半流体食品，或者食品的组织形态不会因加热时的搅拌而遭到破坏，如番茄汁、番茄酱、糖浆草莓、糖浆苹果等。采用此法时，要及时杀菌，因为这样的装罐温度非常有利于好热性细菌的生长繁殖，而使食品在杀菌前就已腐败变质。热装罐法还可以先将食品装入罐内，另将配好的汤汁加热到预定的温度，然后趁热加入罐内，并立即封罐。这种方法，其食品温度不得低于 20℃，汤汁温度不得低于 80～85℃，否则就得不到所要求的真空度。为了保持食品的温度，可采用排气箱保温。

（2）加热排气法。这种方法是食品装罐后，将经过预封或不预封的罐头送入排气箱内，在预定的排气温度下，经过一定时间的加热，使罐头中心温度达到 70～90℃，使食品内部的空气充分外逸。加热排气可以间歇地或连续地进行。间歇式排气只适用于小型罐头厂和试制室。连续式排气是目前最常用的排气方法，常用的排气箱有齿盘式和链带式两种，目前大多采用后者。

排气温度应以罐头中心温度为依据。各种罐头的排气温度和时间，根据罐头食品的种类和罐形而定，一般为 90～100℃，6～15min，大型罐头，或装填紧密、传热效果差的罐头，可延长到 20～50min。从排气效果来看，在较低温度下，较长时间的加热排气的效果比高温、短时间的加热排气效果好，这是因为固体或半流体食品传热较慢，食品中的气体只能在食品升温到一定程度后才能排除。但也要考虑到由于加热排气时间过长，会导致食品色香味和营养成分的损失。因此，在确定某一种罐头食品的排气温度和时间时，需要从排气效果和保持食品质量等方面综合考虑。

一般说果蔬应采用低温长时间排气工艺，如糖水桃子罐头一般采用85℃/10min排气，若采用100℃/4min排气，就会出现果实软化，且使食品内部空气得不到有效的排除。肉类罐头可以采用高温短时间排气，需要避免高温加热可能导致的脂肪融化和脂肪析出等现象。

从生产实际经验看，果蔬罐头的密封温度应控制在58～75℃；不带骨的肉类罐头为70～80℃；带骨肉类为85～90℃；带骨红烧鸭为75～78℃；生装带骨红烧鸡为78～100℃；水产类为76～80℃。

罐型大、传热速度慢的罐头，加热排气时间应适当延长。一般罐藏容器材料不同，传热速度不一样，排气温度和时间也不相同，铁罐传热速度快，排气温度可低些，排气时间可短些，玻璃罐传热速度慢，排气温度应高些，排气时间应长些。生装和冷装的罐头，因温度低，排气温度应高些，排气时间应长些。

加热排气可使食品组织内部的空气得到较好的排除；罐头可利用热胀冷缩来获得一定的真空度；且起到部分加热杀菌作用。但加热排气法对食品色香味有不良的影响，对于某些水果罐头有不利的软化作用，而且热量的利用率较低。

2）*真空封罐排气法*　这种排气法是在封罐过程中，利用真空泵抽出密封室内的空气，形成一定的真空度，当罐头进入封罐机的密封室时，罐内部分空气在真空条件下迅速外逸，随之迅速卷边密封。这种方法可使罐内真空度达到3.33×10^4～4.0×10^4Pa，甚至更高。

这种排气法主要是依靠真空封罐机来抽气的，近些年高速真空封罐机采用的较多，国内常用的有GT4B2型真空封罐机等。封罐机密封室的真空度，可根据各类罐头的工艺要求、罐内食品的温度等进行调整。

罐头在真空室内的抽气时间很短，所以只能抽调罐头顶隙内的空气和罐头食品中的一小部分空气。真空封罐排气法已广泛应用于肉类、鱼类、部分果蔬罐头的生产中，如午餐肉、油浸鱼类罐头、凤尾鱼罐头等固态食品罐头的真空封罐过程。凡汤汁少空气含量多的罐头，采用真空封罐排气的效果很好。这种方法可在短时间内使罐头达到较高的真空度，因此生产效率很高，有的每分钟可达到500罐以上；可适应各种罐头食品的排气，对于不宜加热的食品尤其适用；能较好地保存维生素和其他营养成分；真空封罐机体积小占地少。但这种排气法并不能很好地将食品组织内部和罐头食品内部空隙处的空气加以排除；封罐过程中容易产生暴溢现象造成净重不足，严重时可能产生瘪罐。

3）*蒸汽喷射排气法*　这种排气法是向罐头顶隙喷射蒸汽，驱走顶隙内的空气后立即封罐，单一依靠顶隙内蒸汽的冷凝而获得罐头的真空度，这种方法应用较少。这种方法主要由蒸汽喷射装置来喷射蒸汽，一般是在封罐机六角转头内部或封罐压头顶隙内部喷射蒸汽，喷蒸汽一直延续到卷封完毕。喷蒸汽封罐装置如图2-3所示。喷射的蒸汽具有一定温度和压力。蒸汽气流必须有效地将罐顶隙内的空气排除出去，并需罐身和罐盖交接处周围维持规定压力的蒸汽，以防止外界空气侵入罐内。

采用喷蒸汽排气法时，罐内必须留有适当的顶隙以保证形成一定的真空。为了保证得到适当的罐头顶隙，可在封罐工序之前，增设一道顶隙调整装置，用机械带动的柱塞，将罐头内容物压实到预定的高度，让多余的汤汁从柱塞四周溢出罐外，从而得到预定的顶隙度，溢

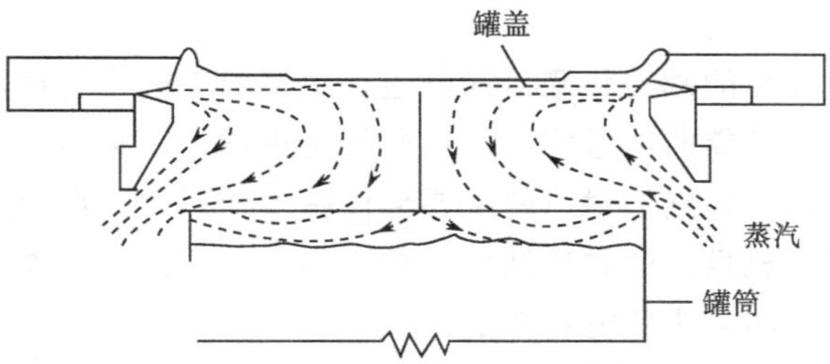

图 2-3　喷蒸汽封罐装置（引自：杨邦英，2002）

出的汤汁可过滤回收。顶隙度最小控制为 8mm 左右。

装罐前，罐内食品温度对喷蒸汽排气封罐后获得的罐头真空度也有一定影响。图 2-4 表示美国 No. 2 罐（532mL 罐）内装番茄酱，顶隙度为 9.53mm 时，密封温度对罐内真空度的影响。从图 2-4 可以看出，提高密封温度，也能获得较高的罐内真空度。所以，为了获得较高的真空度，可将罐头加热后再进行蒸汽喷射排气封罐，这样就可获得良好的效果。对于含有大量空气或其他气体的罐头，如整粒装甜玉米罐头，装罐后可先喷温水加热，然后再喷蒸汽排气密封。

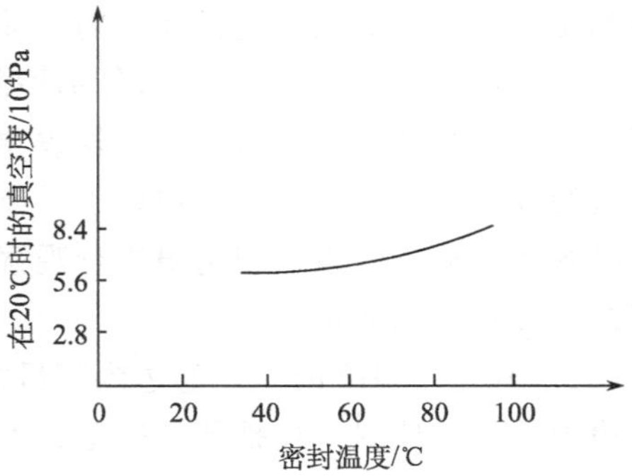

图 2-4　密封温度对真空度的影响

在普通封罐机上装喷蒸汽装置后，某些罐头食品就可省去排气箱排气了。蒸汽喷射排气封罐法对于大多数糖水或盐水罐头食品和固态食品或半流体食品而言，都可以得到适当的真空度。此法不适合于干装食品，这类食品对真空度要求很高，同时干装食品也不宜直接喷射蒸汽。

由于这种方法的喷蒸汽时间较短，罐内食品除表面外，没有受到加热过熟的影响，食品表面受到的加热程度也比较小。这种方法的缺点是不能将食品内部的空气及食品间隙里存在的空气加以排除，因此不适用于含气多的食品，如块装桃子或梨、片装桃子等。这类食品要在喷蒸汽排气前，先将果实进行抽真空处理，使食品内部空气排除，然后再喷蒸汽排气封罐，才能获得适当的真空度。

除上述 3 种排气方法外，还可采用气体置换排气法。这种方法与蒸汽喷射排气法类似，是用二氧化碳或氮气喷射罐头顶隙，置换掉顶隙中的空气，这些气体在罐内相对稳定，以达到排气的目的。这种方法常用于橘汁或啤酒等罐头。例如，每分钟生产能力为 1200 罐的罐装啤酒生产线，用 12 头装罐机进行装罐，在进入封罐前，以 3.43×10^4 Pa 压力的二氧化碳气体吹向罐身和罐盖之间，然后封罐，用气量为每小时 $48m^3$ 左右。

四、罐头的密封

罐头食品得以长期保存的原因主要是罐头在经过杀菌后，依靠容器的密封使食品与外界隔绝，不再受到外界空气及微生物的污染而腐败变质。这种严密的隔绝作用是由容器本身的材质、制造质量及封口设备来完成的。罐头食品生产过程中主要借助封罐机进行密封，因此严格控制密封操作是十分重要的。

（一）金属罐的密封

金属罐的密封是指罐身的翻边和罐盖的圆边在封口机中进行卷封，使罐身和罐盖相互卷合、压紧而形成紧密重叠的卷曲的过程，所形成的卷边称为二重卷边。封罐机的种类、形式很多，效率也各不相同，但是它们封口的主要部件基本相同，二重卷边就是在这些部件的协同作用下完成的。为了形成良好的卷边结构，封口的每一部件都必须符合要求，否则将直接影响二重卷边的质量，影响罐头的密封性能。

1. 封口操作　罐体与罐盖的卷封周边是二重卷边的形成过程。由于工作状况不一样，作为二重卷边封口的执行机构的卷封滚轮沟槽也不一样。

2. 卷边质量判断　在罐头生产中，通常通过对头道和二道卷边的定时检测来确保卷边良好的密封性。卷边检测所需的主要工具包括卷边投影仪或罐头工业专用的卷边卡尺和卷边测微计，检测的项目包括卷边的外部检测、内部检测和耐压试验。

1）*卷边外部检测*　卷边外部检测又分目检和计量检测两大类，卷边的外观要求边上部平伏，下缘光滑，卷边的整个轮廓卷曲适度，卷边宽度一致，无卷边不完全（滑封）、假封（假卷）大塌边、锐边、快口、牙齿、铁舌、卷边碎裂、双线、跳封等因压头或滚轮故障引起的其他缺陷，以上用肉眼进行观察；分别对罐高、卷边厚度、卷边宽度、埋头度和垂唇度进行计量检测测定。

2）*卷边内部检测*　卷边内部目检：用肉眼在投影仪的显像屏上或借助于放大镜观察卷边内部空隙情况，包括顶部空隙、上部空隙和下部空隙，观察罐身钩、盖钩的咬合状况及盖钩的皱纹情况。

卷边内部计量检测：测定罐身钩、盖钩、叠接长度及叠接率。

耐压试验：用空罐耐压试验器检测空罐有无泄漏。装有内容物的罐头需先在罐头的任何部位开一小孔，将内容物除去，洗净、干燥，并将小孔焊上后再进行试验。卷边的耐压要求，一般中小型圆罐采用表压为 98kPa 的加压试验，或采用真空度 68kPa 的减压试验，都要求 2min 不漏气。直径为 153mm 的大圆罐采用表压为 70kPa 的加压试验，保持 2min 以上不漏气，大圆罐的加压试验所用压力不宜过高，因内压较高时埋头部分容易挠曲产生凸角。

3）*卷边外观常见的缺陷*　常见缺陷及原因、预防措施见表 2-1 和图 2-5。

表 2-1　常见卷边质量问题及预防措施

卷边不良的状态	原因分析	预防措施
卷边过宽	头道滚轮滚压不足，二道滚轮滚压过紧或磨损，托盘压力过大	调整压头，更换滚轮
卷边过窄	头道滚轮滚压过紧、二道滚轮滚压不足或槽钩过窄，托盘压力过小，压头高度调节得过高	调整压头，更换滚轮
埋头度过深	两道滚轮上下支撑不好，压头直径过大或过厚，托盘压力过小	调整封罐机压头与托盘，更换压头
身钩过长	托盘压力过大，压头高度调节得过低	调整压头、调节压头与托盘间距
盖钩过短	卷边滚轮相对于压头的位置过高，头道滚轮进给过少或槽钩磨损，压头厚、直径大	调整封罐机、更换滚轮、压头

续表

卷边不良的状态	原因分析	预防措施
快口	压头、滚轮磨损、滚轮相对于压头的位置过高，压头与托盘的间距过小，托盘压力过大，滚轮滚压过紧、身缝处焊锡过多	调整封罐机、更换滚轮、压头
卷边松弛	压头与滚轮向距过大，二道滚轮滚压不足，盖钩钩边前弯曲，头道滚轮卷曲过度或槽钩磨损	调整封罐机、更换二道滚轮

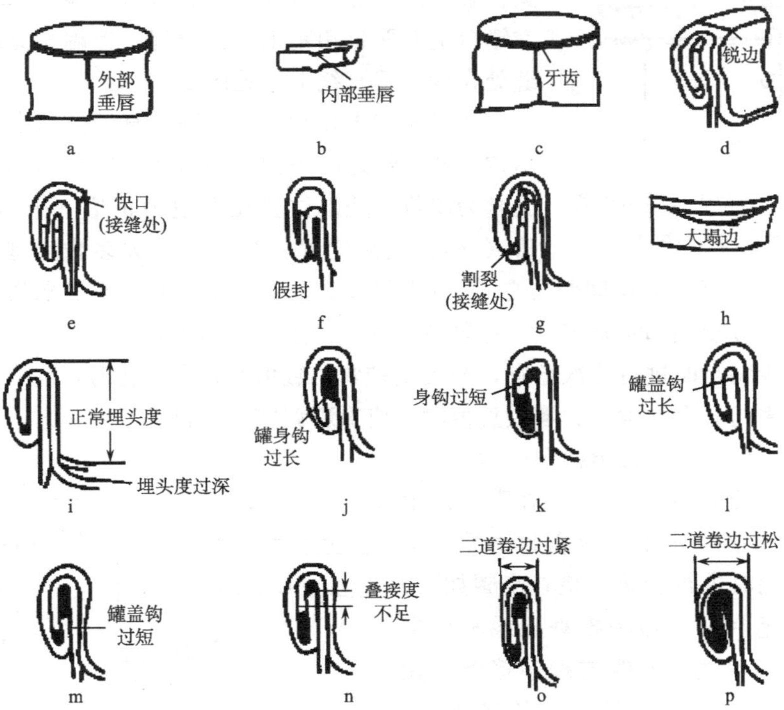

图 2-5 二重卷边缺陷图

（二）玻璃罐的密封

玻璃罐与铁皮罐不同，其密封方法也不同，再加上玻璃罐本身因罐口边缘造型不同，罐盖的形式也不同，因而其封口方法也各异。目前采用的有卷边密封法和旋转式密封法。

1. 卷封式玻璃瓶的密封 这种瓶子的密封方法与金属罐的密封方法相似，它是靠封罐机中的压头、托盘和两个滚轮的协同作用完成卷边封口。这种玻璃瓶由于开启困难，应用范围在逐渐缩小。

2. 旋开式玻璃瓶的密封 多采用旋转式密封法，这种罐型的罐口周围具有 3 条、4 条或 6 条突出倾斜的螺纹线，每条螺纹线尾端则和第二条螺纹线的始端交错衔接。如具有 3 条斜线，则它们的首尾相互交错衔接，构成一条相互衔接的圈纹，如斜线为 4 条，则它们同样首尾重叠，形成圈纹，以此类推。根据玻璃罐颈上斜线条数，可以分为三旋式、四旋式或六旋式玻璃罐。使用较多的为四旋式玻璃罐。玻璃罐盖用镀锡薄板制成，盖的下缘具有 4 个向内卷曲延伸的盖爪可以和玻璃罐口上突出的螺纹斜线扣紧，盖内垫有橡胶圈或注有封口胶垫，因而保证了玻璃罐的密封性。

这种玻璃罐的封口形式主要依靠罐盖的盖爪扣紧在罐口突出螺纹线上，罐盖内有橡胶圈或封口胶垫以加强密封性能。装罐后，由手工或旋盖机把罐盖旋紧，便得到良好的密封。当盖爪与罐口螺纹正确配合，使每个盖爪上所受的力比较一致，则玻璃罐盖不会咬死，开启方便。

实际生产中，对于罐盖是否正确密封有以下两种检查方法。

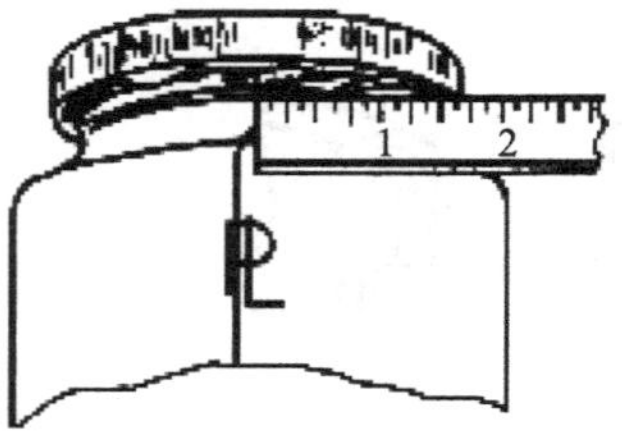

图 2-6　瓶盖拧紧位置或盖爪位置（引自：杨邦英，2002）

1）拧紧位置（PULL-UP）——非破坏性检查　拧紧位置是罐盖盖爪起始边与罐口上的罐颈直缝间的距离。在罐口上有两根相距180°的直缝，但罐颈直缝不一定和身缝处在同一根直线上，见图 2-6。

测量时首先在罐口找出罐颈直缝。测定从这一垂线到达位于和它最近的盖钩起始边间的距离即得拧紧位置，以毫米为单位。盖爪位置在右边为正值（＋），在左边为负值（－），正常位置应是正值。大多数合理封盖情况下，为＋6mm。然而在任一方向间距会有 6mm 差异度。拧紧位置的测定不能取代密封安全性的测定，但对一批玻璃罐和罐盖来说，拧紧位置和密封安全性间关系一旦确定，它是非常有用的。生产时最少每小时进行 2 次检查，当发现拧紧位置值有很大变化时，应立即进行密封安全性检查，如密封安全性检查为零或负值时，应重新调整封盖机。

2）密封安全性（security）——破坏性检查　密封安全性检查是一个对罐盖判定是否良好的最可靠测定值，应在封盖后、杀菌完成冷却后同时进行测定。检查步骤如下：①用一支记号笔在盖上做一根垂直线和罐身上连续画上一条直线（此线与罐颈接缝并无关系），见图 2-7。②逆时针方向旋转罐盖，直至破坏真空为止。③重新将罐盖在罐口上封盖，直至垫圈和罐口接触及盖爪和罐口螺纹线咬紧（切勿用力重）。④测定两条直线的距离，称为密封安全值，以毫米为单位。⑤如果盖上的线在罐身上线的右边则密封安全值为正值，如果盖上的线在罐身上线的左边则为负值（图 2-7）。

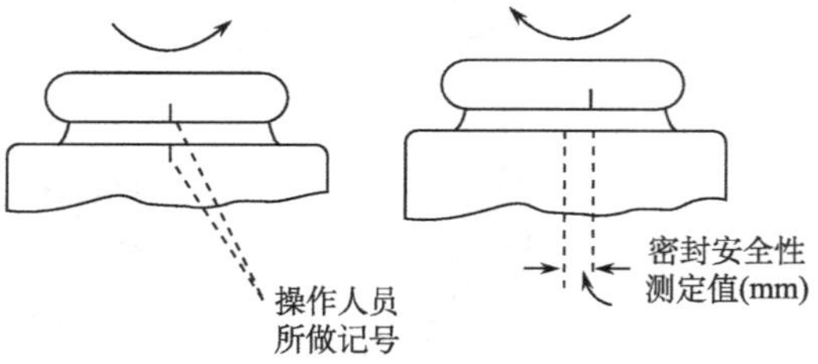

图 2-7　密封安全值或稳定值（引自：杨邦英，2002）

53～110mm 四爪非高温杀菌罐盖密封安全参考值：封盖后为 5～8mm，杀菌冷却后为 3～8mm。58～82mm 四爪高温杀菌罐盖密封安全参考值：封盖后为 5～8mm，杀菌冷却后为 2～5mm。

（三）蒸煮袋的密封

蒸煮袋即软罐头，一般采用真空包装机进行热熔密封。依靠内层的聚丙烯材料在加热时合成一体而达到密封的目的。封口效果取决于蒸煮袋的材料性能及热熔合时的温度、时间、压力和封边处是否有附着物等因素。

五、罐头的杀菌和冷却

罐头的杀菌分为常温常压杀菌和高温高压杀菌。常温常压杀菌一般采用 100℃及以下温度，高温高压杀菌一般采用 121.1℃。

（一）杀菌的目的和意义

罐头食品的原料难免会被各种微生物污染，这些微生物能使食品腐败变质或使人体中毒致病。因此罐头食品的原料经预处理装罐密封后，必须进行热力杀菌，其目的是杀死食品中被污染的致病菌、产毒菌及腐败菌，并破坏食物中的酶。由于杀菌后的罐头处于密闭条件下，可以防止外界微生物的二次污染，使罐头得以长期保存而不变质。

罐头食品的杀菌并非要求绝对无菌，只要求不允许有上述有害微生物存在。但允许罐内残存某些微生物或芽孢，要求这些微生物或芽孢在罐内特殊的环境（如真空状态、pH 等）下处于休眠状态。在通常的商品流通及贮藏过程中不能生长繁殖，不会引起食品的腐败变质或因致病菌的活动而影响人体健康，达到这种标准的杀菌程度称为“商业无菌”。

罐头食品的杀菌，通常是杀菌温度越高，杀菌时间越长，则杀菌程度越彻底。但是随之罐内食品的营养成分的破坏程度及食品的色香味及组织状态也破坏得越大。因此罐头食品杀菌时，在考虑杀菌工艺的同时，要尽可能保存食品的色香味及营养成分。对某些罐头而言，杀菌过程有时还起到调制食品、增进食品的风味、软化食品组织的作用，如清蒸类及茄汁类罐头就属于这种类型。

（二）加热杀菌操作应注意的事项

（1）杀菌是食品在一定的时间和温度条件下的加热处理，加热温度和时间应经科学测定后确定。

（2）经过科学测定而确定的杀菌工艺规程专用于指定的产品及其配方、配制方法、容器尺寸和杀菌锅的类型。

（3）杀菌的决定因素主要依据可靠的传热效果和产品中微生物的耐热性。

（4）微生物的耐热性取决于所选用的微生物，以及在加热时的食品介质和随后微生物所处环境。

（5）传热数据（时间和温度）的确定应在尽可能模拟工业生产条件下获得。

（6）从热传导和耐热性试验中获得的数据将用于理论杀菌条件的计算。

（7）有时用接种实罐的杀菌试验来校核计算的杀菌工艺条件。

（三）杀菌规程

杀菌操作规程中的主要参数，常常用所谓“杀菌公式”来表示，这只是把参数排列为“公式”形式，并非数学计算式。确定杀菌规程，主要是确定其必要的杀菌温度和杀菌时间。杀菌规程首先必须保证食品的安全性，同时也应考虑食品的营养价值和商品价值。一般的杀菌规程表示如下：

$$\frac{\tau_h-\tau_p-\tau_e}{t_s} \text{ 或 } \tau_h-\tau_p-\tau_e/t_s$$

式中：τ_h为杀菌锅内的介质由初温升高到规定的杀菌温度 t_s时所需要的时间（min）。蒸汽杀菌时就是指从进蒸汽开始至达到杀菌温度 t_s时的时间，热水杀菌时就是指通入蒸汽使热水达到沸腾时所需要的时间，通称为升温时间。τ_p为杀菌锅内的介质达到规定的杀菌温度 t_s在该温度下所维持的时间（min），通称为恒温杀菌时间。τ_e为杀菌锅内的介质，由杀菌温度 t_s降低到出罐时的温度所需要的时间（min）。若是蒸汽杀菌，该时间就是指降压冷却时间，通称为冷却时间。t_s为杀菌锅内的规定杀菌温度，一般用℃表示。

必须说明，上式所表示的恒温杀菌时的温度，是指杀菌锅内介质的温度，不是指罐头中心温度。由于传热速度关系，罐头中心温度总是比杀菌锅内的温度晚些达到规定的杀菌温度。在恒温杀菌阶段，杀菌锅内的温度保持不变，而罐头中心温度仍然继续升高，直至达到规定的杀菌温度为止。在冷却阶段，杀菌锅内的温度迅速下降，而罐头中心温度下降得较缓慢。

在制订杀菌规程时，必须注意到工厂所在地区的海拔高度，对于沸水杀菌时尤为重要。水的沸点与大气压有关（表 2-2），一个大气压（1.013 25×10^5Pa）时水的沸点为100℃；小于1.013 25×10^5Pa 时，沸点低于 100℃；高于 1.013 25×10^5Pa 时，沸点高于 100℃。海拔高的地区，其大气压力比海平面的大气压低，沸点也低。海拔越高，大气压越低，水的沸点也就越低。

表 2-2　水的沸点与大气压的关系

大气压/×10^4Pa	沸点/℃	大气压/×10^4Pa	沸点/℃	大气压/×10^4Pa	沸点/℃
9.07	96.9	9.67	98.7	10.27	100.4
9.13	97.1	9.73	98.9	10.33	100.8
9.20	97.3	9.80	99.1	10.40	100.7
9.27	97.5	9.87	99.3	10.47	100.9
9.33	97.7	9.93	99.4	10.53	101.1
9.40	97.9	10.00	99.6	10.60	101.3
9.47	98.1	10.07	99.8	10.67	101.4
9.53	98.3	10.13	100.0		
9.60	98.5	10.20	100.2		

一般说，采用沸水杀菌时，水的沸点每降低 1℃，杀菌时间应延长 3～3.5min。

（四）罐头的杀菌和冷却操作方法

杀菌设备的种类繁多，操作方法也各不相同，这里只就国内常用的几种杀菌和冷却操作方法作简单介绍。

1. 杀菌设备　杀菌设备分一般分立式杀菌锅和卧式杀菌锅（图 2-8 和图 2-9）。立式杀菌锅为上面开锅盖门，卧式杀菌锅可以为一面开门，也可以是两面开门，便于一面为罐头入口，另一面为罐头出口；罐头一般先装入筐篮车再装入杀菌锅。

2. 常压沸水杀菌的操作方法　大多数水果和部分蔬菜罐头采用沸水杀菌，杀菌温度不超过 100℃，一般采用立式开口杀菌锅，杀菌操作比较简单。先在杀菌锅内注入需要量的水，然后通过蒸汽加热。待锅内水达到沸腾时，将装好罐头的杀菌筐篮放入锅内。为了避免杀菌锅内水温的急速下降和玻璃罐的破裂，可预先将罐头预热到 50℃后再放入杀菌锅内。此时还不能作为计算杀菌时间的开始。待锅内水再次升至沸腾时，开始计算杀菌时间，并保

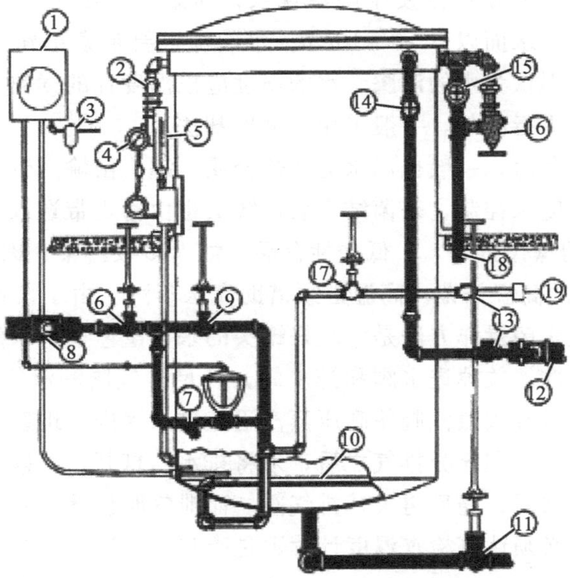

图 2-8　立式杀菌锅［引自：the Recommended Canadian Code of Hygienic Practice for Low-acid and acidified Low Foods in Hemetically Sealed Containers (Canned Foods)，1991］

①温控仪；②安全阀；③空气过滤器；④压力表；⑤温度计；⑥蒸汽阀；⑦滤汽器；⑧蒸汽总管；⑨辅助蒸汽阀；⑩蒸汽喷射孔；⑪排水阀；⑫水总管；⑬止回阀；⑭水阀；⑮溢流阀；⑯弹簧安全阀；⑰空气阀；⑱放气管；⑲压力控制器

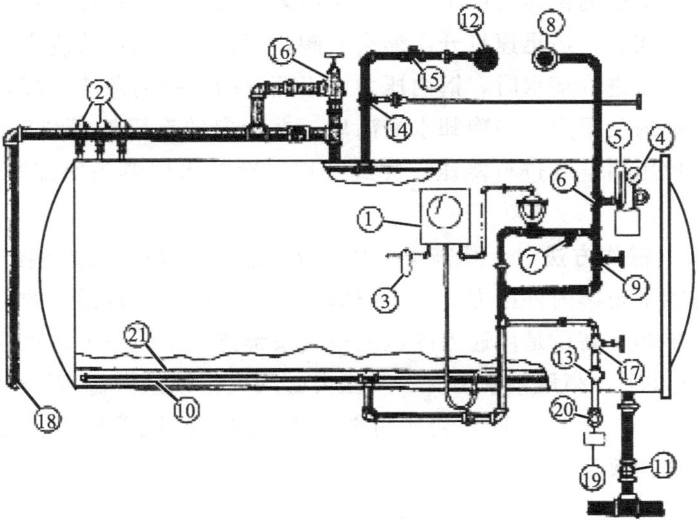

图 2-9　卧式杀菌锅［引自：the Recommended Canadian Code of Hygienic Practice for Low-acid and acidified Low Foods in Hemetically Sealed Containers (Canned Foods)，1991］

①温控仪；②安全阀；③空气过滤器；④压力表；⑤温度计；⑥蒸汽阀；⑦滤汽器；⑧蒸汽总管；⑨辅助蒸汽阀；⑩蒸汽喷射孔；⑪排气阀；⑫水总管；⑬止回阀；⑭水阀；⑮溢流阀；⑯弹簧安全阀；⑰空气阀；⑱放气管；⑲压力控制器；⑳空气总管；㉑罐头篮轨道

持沸腾至杀菌终止，注意勿使中途发生降温现象，而影响杀菌效果。罐头应全部浸没在水中，最上层的罐头也应在水面以下 10～15cm。水的沸点要观察正确，不要把大量蒸汽进入锅内而使水翻动的现象误认为水的沸腾。水的温度应以温度计的读数为准。杀菌结束后，立即将杀菌筐篮取出迅速进行冷却，一般采用水池冷却法。

采用常压连续式杀菌时，一般也以水为加热介质。罐头由输送带送入杀菌器内，杀菌时间可由调节输送带的速度来控制，杀菌结束后，罐头也由输送带送入冷却水区进行冷却。

3. 高压蒸汽杀菌的操作方法　低酸性食品，如大多数蔬菜、肉类及水产类罐头食品，都必须采用 100℃以上的高温杀菌。高温必须借助高压蒸汽。由于设备类型不同，杀菌操作方法也不同，高压蒸汽杀菌操作方法是将装好罐头的杀菌筐篮放入杀菌锅内，关闭杀菌锅的门或盖，并检查其密封性。关掉进水阀和排水阀，开足排气阀和泄气阀。检查所有的仪表、调节器和控制装置。然后开大蒸汽阀使高压蒸汽迅速进入锅内，迅速而充分地排除锅内的全部空气，同时使锅内升温。在充分排气之后，须将排水阀打开，以排除锅内的冷凝水。待冷凝水排除之后，关掉排水阀，随后再关掉排气阀。而泄气阀仍然开着，以调节锅内压力。待锅内达到规定压力时，必须认真检查温度计读数是否与压力读数相应。如果温度偏低，说明锅内还有空气存在，此时需再打开排气阀，继续排尽锅内的空气，然后再关掉排气阀。当锅内蒸汽压力与温度相应，并达到规定的杀菌温度和压力时，开始计算杀菌时间，并通过调节进气阀和泄气阀，来保持锅内恒定的温度，直至杀菌结束。恒温杀菌延续到预定的杀菌时间后，关掉进气阀，并缓慢打开排气阀，排尽锅内蒸汽，使锅内压力降到略大于大气压力。若在锅内常压冷却，即按锅内常压冷却法进行操作，或将罐取出放在水池内冷却。

4. 压缩空气反压杀菌冷却的操作方法　杀菌阶段的操作基本上与高压蒸汽杀菌的操作相同，只是在冷却阶段的操作有所不同。杀菌结束后的冷却操作如下：杀菌结束后，关掉所有的进气阀和泄气阀。一边迅速打开压缩空气阀，使杀菌锅内保持规定的反压力，一边打开冷却水阀进冷却水。进冷却水时，锅内压力由于蒸汽的冷凝而急速下降，因此必须及时补充压缩空气以维持锅内反压力。当冷却水灌满后，在稳定的反压下延续所需要的冷却时间，然后打开排气阀放掉压缩空气进行降压，并继续进入冷却水使罐头冷却至 38℃左右，即可开门出罐。

5. 高压水杀菌的操作方法　凡肉类、鱼贝类的大直径扁罐及玻璃罐都可采用高压水杀菌。此法特点是能平衡罐内外压力，对于玻璃罐而言，可以保持罐盖的稳定，同时能够提高水的沸点，促进传热。高压是由通入的压缩空气来维持。不同压力，水的沸点就不同，其关系见表 2-3。必须注意，高压水杀菌时，反压力必须大于该杀菌温度下相应的饱和蒸汽压力，一般大 2.1×10^4～2.7×10^4 Pa，否则可能产生玻璃罐的跳盖现象。高压水杀菌时，其杀菌温度应以温度计读数为准。

表 2-3　高压锅压力与相应温度的关系

表压/$\times10^4$Pa	相当于饱和水蒸气温度/℃	表压/$\times10^4$Pa	相当于饱和水蒸气温度/℃
0.69	101.8	2.06	105.3
0.98	102.8	2.45	106.1
1.37	103.6	2.75	106.9
1.77	104.5	3.14	107.7

续表

表压/×10⁴Pa	相当于饱和水蒸气温度/℃	表压/×10⁴Pa	相当于饱和水蒸气温度/℃
3.43	108.4	9.61	119.9
3.82	109.2	10.30	120.9
4.12	109.9	10.98	122.0
4.51	110.6	11.77	123.1
4.81	111.3	12.45	124.1
5.20	112.0	13.14	125.1
5.49	112.6	13.82	126.0
6.18	114.0	14.51	127.0
6.86	115.2	15.20	127.8
7.55	116.4	15.87	128.8
8.24	117.6	16.57	129.8
8.92	118.8		

六、罐头的检查、包装和贮藏

（一）罐头的检查

罐头在杀菌冷却后，须经保温或贮藏、外观检查、敲音检查、真空度检查、开罐检查、化学检验、微生物学检验，衡量其各项指标是否符合标准，是否符合商品要求。具体检查方法见罐头食品检验的有关规定。

1. 保温贮藏试验　接种实验后的试样要在恒温下进行保温贮藏试验。培养温度依试验菌不同而异，一般情况下嗜温菌和酵母为 26.7～32.2℃；霉菌为 21.1～26.7℃；嗜热菌为 50.0～57.2℃；凝结芽孢杆菌为 35.0～43.2℃。保温检验根据低酸性罐头和酸性罐头，其保温温度分类见表 2-4。

表 2-4　按规定进行抽样及保温方法

罐头种类	温度/℃	时间/天
低酸性罐头食品	36±1	10
酸性罐头食品	30±1	10
预定要输往热带地区（40℃以上）的低酸性罐头食品	55±1	5～7

2. 全部产品保温方法　工厂在容器密封和杀菌两个工序质量无法保证时，产品需按以下方法进行全部保温。

（1）肉类、禽类、肉菜类及水产罐头，全部经（37±2)℃保温 7 天。

室内温度上下四周应均匀一致。如果罐头自杀菌锅内取出，冷却至 40℃左右即送入保温室，则保温时间可缩短为 5 天。

（2）糖水水果类、蔬菜类及果汁类罐头须在温度不低于 20℃情况下常温处理 7 天，如温度超过 25℃时，可缩短为 5 天。

(3) 含糖量在50%以上的浓缩果汁、果酱、糖浆水果类罐头，干制品罐头和杀菌温度不到100℃的低温的肉类、禽类罐头，可以不进行保温及常温处理。

(4) 某一工厂的某种产品，按上一年度统计，全年平均胀罐率在0.05%（包括假胀罐）以下者，经省（自治区、直辖市）工业、贸易、检验三方同意，该产品可实行暂不保温，而按保温方法（2）处理。但在不保温期间每季度应抽一班产品进行保温，如果胀罐率超过0.05%和外贸库存成品胀罐率超过0.05%时均应立即恢复保温。

3. 感官检验

1) *组织形态*　肉禽、水产类罐头加热至汤汁溶化；糖水水果类、蔬菜类罐头滤去汤汁；糖浆类罐头倒在金属丝筛上；果酱类罐头置于白瓷盘上。观察其组织形态，并用玻璃棒轻轻拨动，检查组织结构是否完整、块形大小是否均匀及块数的多少，有无机械伤、斑点、皱缩、破裂、煮融等缺陷。鱼类罐头应检查其脊骨有无外露现象，骨肉有无分离，鱼皮是否附在鱼体上，有无粘罐现象等。

2) *色泽*　汁液收集在量筒或烧杯内，静置3min，观察其色泽、澄清程度。以清亮为佳，浑浊为次。汤汁中不应悬浮有固形物、小颗粒及碎片等。固体物置于白瓷盘中，观察其色泽及有无夹杂物。

3) *滋味气味*　嗅其香味，尝其口味。当前，没有一种仪器能准确检验罐头食品的滋味与气味，只能借助人体的味觉和嗅觉器官，而人与人的味觉、嗅觉灵敏性不同，对感觉的表述程度也不一样。因此，常常由若干人一起组合参加评定，汇总个人意见，给予鉴定，决定质量的优劣。

参加品尝的人员必须具有正常的味觉和嗅觉，品尝前要漱口，尝前4h不得吃有刺激性的食物及烟、酒。整个鉴定时间不得超过2h。

(1) 果蔬罐头鉴定。要看其是否有原果实的香味；果酱类罐头需要用匙盛少量果酱于口中仔细品尝；果汁应先闻其香味后品尝，浓缩果汁先冲水至规定浓度然后评定其酸甜是否可口。

(2) 肉禽类及水产类罐头的鉴定。要看其是否具有烹调（如茄汁、五香、红烧、油炸等）及辅助应有的滋味，有无油腥味及异味，肉质软硬是否合适。

感官检验结果如果不符合技术要求，应记作缺陷。凡有明显异味，硫化铁明显污染内容物，出现有害杂质如碎玻璃、头发、昆虫、金属屑及长度大于3mm已脱落的锡珠等均为严重缺陷。凡有一般杂质，如棉线、合成纤维丝、畜禽毛等，感官性能明显不符合技术要求；有数量限制的超标均为一般缺陷。

4. 生产线上的实罐试验　接种实罐试验和保温试验结果都正常的罐头加热杀菌条件，就可以进入生产线的实罐试验作最后验证。试样量至少100罐以上。试验时必须对以下内容进行测定并做好记录。

(1) 热烫温度与时间。

(2) 装罐温度。

(3) 固形物重。肉、禽、水产类罐头加热溶化开罐后，将内容物平倾于已知重量的金属丝筛上。筛子置于直径较大的漏斗上，下接量筒，用以收集汁液，静置3min，使汁液流完，空罐洗净擦干后称重（g），然后将筛子及固形物一并称重（g）。果蔬罐头开罐后，筛上果肉与蔬菜重，即为果蔬罐头中全部果肉和蔬菜重，但在有配料的蔬菜罐头中其蔬菜重必须减去配料重。

(4) 黏稠度（咖喱、浓汤类产品）。

(5) 顶隙度。

(6) 盐水和汤汁的温度。

(7) 盐水和汤汁的浓度。

(8) 食品的 pH。

(9) 食品的水分活度。

(10) 封罐机蒸汽喷射条件。

(11) 真空度检验。真空度的高低可采用打检法来判断或用罐头真空计检测。打检法是用特制的棒敲打罐盖或罐底，如发出的声音坚实清脆，则为好罐，浑浊声则为差罐。用罐头真空计测定罐头真空度一般要求达到 26.67kPa 以上。

(12) 封罐时食品的温度。

(13) 加热前食品每克（或毫升）含微生物的平均数及波动值。其取样次数为 5～10 次。pH 3.7 以下的高酸性食品检验乳酸菌和酵母；pH 3.7～5.0 的酸性食品检验嗜温性需氧菌芽孢数（如可能的话，嗜温性厌氧菌芽孢也要检验）；pH 5.0 以上的低酸性食品则检验嗜温性需氧菌芽孢数，嗜热性需氧菌芽孢数（如有可能的话，可包括嗜温性厌氧菌芽孢），这对于保证杀菌条件的最低极限十分必要。

(14) 杀菌前的罐头初温。

(15) 杀菌升温时间。

(16) 杀菌温度与时间。

(17) 杀菌锅上压力表、水银温度计、记录温度仪的指示值。

(18) 杀菌锅内温度分布的均匀性。

(19) 罐头杀菌时测定温度（冷点温度）的记录及其 F 值。

(20) 罐头密封性的检查及其结果。

5. 卫生检验　将罐头放入 20～25℃的温度中保温 5～7 天，如果罐头杀菌不足，罐内微生物繁殖产生气体会使内压增加，发生胀罐，这样就便于把不合格罐区别剔出。含糖量在 50%以上浓缩果汁、果酱、糖浆水果类罐头可以不进行保温处理。

除此之外，罐头食品还需要对溶血性链球菌、致病性葡萄球菌、肉毒梭状芽孢杆菌、沙门氏菌和志贺氏菌等致病菌进行检查，检验方法参照 GB 4789.26 规定，合格的罐头中致病菌不得检出。

对于罐头食品的检验，还有很多内容，如微量元素的测定、食品添加剂及残留农药的测定等。

罐头杀菌后出厂前，按要求在一定的温度和时间保温存放后，抽样进行感官、理化、空罐及商业无菌等检验，经确认无质量问题后，才能包装出厂。

（二）罐头的包装和贮藏

罐头经检查合格后，擦去表面污物，涂上防锈油，贴上商标纸，按规格装箱。罐头在销售或出厂前，需要专门仓库贮藏，库温以 20℃左右为宜，相时湿度一般不应超过 80%。

1. 包装

1) 包装相关标准

(1) 辅助材料规格标准。

①纸箱。纸箱外观平整，无破损和污迹，清洁、干燥；压痕线符合要求，搭接处应牢固，切口平整，按规定印刷唛头或贴标。

②标签纸。整批标签纸印刷及文字说明内容正确、清晰，外观整洁，色彩合格。

③印液。出口纸箱要印上罐盖代号与批次，可以直接由纸箱厂印上或不干胶贴上或可以买现成的蓝色印油，但要注意与纸箱纸质的配合牢固。

④打检棒。木制打检棒的规格重 6～7g，长约 15cm，头部基本呈圆球形，圆球直径约 1.5cm。

(2) 包装产品质量要求标准。

①包装后产品品质良好，应无胖听、假胖、低真空等不良罐，无严重锈罐。

②包装后产品密封正常，罐装封口线外观无明显缺陷，如快口、牙齿、吐舌、双线、大塌边、碰伤等。玻璃瓶罐的瓶身必须光滑、清洁，无损伤、无变形，封口良好不漏气。

③对美国、加拿大出口标准是：每批抽 10 箱（24 罐装为 240 罐，6 罐装为 60 罐），逐罐检，根据罐头外观质量情况，有问题者分为“严重”、“主要”、“次要” 3 种缺陷。

a. 严重缺陷：漏罐、胀罐（包括假胀罐）、快口假卷、大塌边。样品中此类缺陷 0 罐认可，1 罐拒收。

b. 主要缺陷：代号打印不良，将要击穿，但还未漏；延伸到卷边的突角；焊缝或卷边受到较大影响的大瘪罐；底盖表面明显影响外观的深蚀锈；卷开罐划线不良，不能卷开，卷开舌头被焊死；超过 1.27mm 的铁舌和垂唇；超过 0.64mm 的卷边“牙齿”；卷边不完全；跳封；卷边碎裂；填料挤出；焊接不良。样品中，主要缺陷 5 罐以内认可，超过 5 罐拒收。

c. 次要缺陷：锐边等。样品罐中此类缺陷不计其数。

④纸箱外观质量良好，应达到以下要求。

a. 纸箱外观良好，按规定印刷唛头或贴标，箱外生产日期、批次应正确、清晰、位置准确。

b. 用标正确，粘贴平整、清洁、位置正确，无脱标、破标、皱标、翘标、长短标等缺陷。

c. 箱内配套的垫纸、隔板（S 隔板、井字架）等符合要求（大罐、玻璃瓶采用单瓦井字架）。

2) 包装操作

(1) 擦罐（盖）。罐头包装前应先检查罐盖代号是否与要包装的产品一致，防止包错产品。检查正确无误后擦净罐盖灰尘和油污。

(2) 打检。棒击前先观察罐盖面，剔除明显凸的罐盖面（即胖听罐）；然后用棒槌棒击罐盖，棒击动作应柔和、用力均匀、不漏打，根据棒击声音正确判断是否正常罐，剔除音不良罐（假胖罐和低真空罐）。打检时应注意不同品种、不同罐型发出的声音不一样，一般声音清脆坚实者表示真空度良好，凡声音空响、铁音、低沉、松散、杂音者表示低真空。

(3) 贴标。贴标前应逐罐检查封口线是否正常，剔除缺陷罐，如快口、牙齿、吐舌、双线、大塌边、碰伤、锈罐等。贴标时，应先检查整批标签纸是否正确，要求标签纸清洁、胶水适量、粘贴平整、位置准确；贴标后无脱标、破标、皱标、翘标、长短标等缺陷（使用自动贴标机，在输送带上打检，装箱时发现贴标不正要重新贴标）。

(4) 装箱。按规定放入垫纸、隔板，装箱时轻拿轻放，防止标签纸位移，按规定罐数装满，严防漏装。纸箱包装用胶带封箱口，要求头尾部分延长量在 5cm 左右。胶带位置适中、贴牢、不起皱、不斜贴。装托盘时商标条形码向内（据客户要求）。

（5）箱外印刷唛头。按包装通知单、组批通知的要求盖上箱外印，一般箱外标记印刷在纸箱窄面的右上角，标记共四行，第一行为厂代号，第二行为生产日期，第三行为产品代号，第四行为批号（特殊情况除外）。印刷时要求位置正确、字迹清楚、不失字、不模糊，如果箱外要求贴标签纸，要求平整、不皱标、松标、斜标等。

（6）堆叠。按规定排列方式整齐堆放于板垫上，各小组包装的产品应分开堆放，以备查验。

每批包装结束后，做好成品及废次品统计工作。生产结束后按车间卫生制度做好卫生工作。

2. 装柜发运　经逐罐打检，剔除缺陷罐或瓶，贴上标纸，包装入箱，箱外刷上与罐体一致的盖号并加批次号及贴 CIQ（出入境检验检疫局）标志后，即可装柜发运。

3. 半成品及成品仓库的管理注意事项

（1）贮存仓库应远离火源，保持清洁，防鼠、防尘。

（2）贮存仓库温度以室温为宜，并防止温度骤然升降。仓库内保持通风良好，相对湿度一般不超过 75%，在雨季应做好罐头的防潮、防锈、防霉工作。

（3）罐头成品箱不得露天堆放或与潮湿地面直接接触。底层仓库内堆放罐头成品时应用垫板垫起，垫板与地面间距离 150mm 以上，箱与墙壁之间距离 500mm 以上。

（4）成品箱在托盘上的排列方式参照 GB12308 规定执行，箱与箱堆叠或罐与罐堆叠要有限制高度。

（5）定期检查罐头纸箱堆垛情况及墙距；堆垛中能直接看到纸箱及垫板是否长霉、污染、有水渍，纸箱是否完整，封箱是否完好。发现可疑情况，必要时可翻垛做进一步的检查，做记录并进行分析处理。

（6）罐头成品在贮存过程中，不得接触和靠近潮湿、有腐蚀性或易于发潮的货物，不得与有毒的化学药品和有害物质放在一起。

（三）罐头食品的保质期

在正常贮运条件下，水产、肉、禽类罐头不短于 24 个月；果蔬类罐头不短于 15 个月；油炸干果、果汁、虾、贝、蟹类、番茄酱罐头不短于 12 个月。

企业可根据生产品种、条件、包装容器具体情况，在不短于以上时间，自行确定保质期限。

第二节　罐头食品的微生物学

一、罐头食品的微生物

很多研究已经报道了食品原料可能被污染不同种的微生物，而这些微生物将影响罐头食品的贮藏与安全。罐头食品关注的微生物主要包括以下几种。

（1）耐热性极强的微生物在杀菌后仍存在于罐头食品中，对罐头食品质量与安全存在损害。

（2）有些微生物能够产生毒素等有害物质，即通过杀菌过程，对罐头食品仍存在潜在危害。

（3）已经存在于罐头食品厂（如空气中、食品接触表面、食品工厂的加工设备设施上）

的微生物，这些微生物在罐头食品加工过程中可能进入食品中影响罐头食品的质量与安全。

所有的罐头食品都是微生物生长的良好培养基，但并非各类微生物都能在所有的罐头食品中很好地生长。微生物的适应性取决于微生物本身的特性（包括抗热性、化学特性）、食品的酸度及其他化学成分、杀菌温度和时间等。对于第一种和第三种情况，食品很容易被污染上病原菌，加热杀菌本身或加热杀菌结合其他保存方法（如降低 pH、降低水分活度、增加盐度等），都可以降低或彻底杀灭有些病原菌的存活。

二、罐头食品的微生物腐败

（一）罐头食品按 pH 的分类

罐头食品分为低酸性食品罐头和高酸性食品罐头。罐头的酸性直接影响罐头的杀菌温度与时间。这主要是因为微生物对于酸性环境的敏感性很强，有些微生物能在酸性环境中生长，有些微生物只能在低酸性环境中生长。因此，可根据微生物对酸性环境的敏感性对罐头食品进行分类。有的把罐头食品分为 3 类：低酸性食品（pH＞6.0）、中酸性食品（pH 为 4.5～6.0）和高酸性食品（pH＜4.5）；有的分为 4 类：低酸性食品（pH＞5.3）、中酸性食品（pH 为 4.1～5.3）、酸性食品（pH 为 3.7～4.5）和高酸性食品（pH＜3.7）。

在罐头工业中，一般是把 pH 4.6 作为酸性食品和低酸性食品的分界线。pH 高于 4.6，水分活度（A_w）大于 0.85 的食品，即为低酸性食品。pH 低于 4.6 时，肉毒杆菌的生长受到抑制，而在 pH 大于 4.6 的食品中能够生长。因此，pH 大于 4.6 的罐头食品，必须将肉毒杆菌全部杀死。

部分罐头食品的 pH 列于表 2-5。从表 2-5 可以看出，大部分水果类和部分蔬菜的 pH 低于 4.6，属酸性食品；而肉类、禽类、水产类和大部分蔬菜类食品的 pH 大于 4.6，属低酸性食品。

表 2-5　部分罐头食品的 pH

食品名称	pH	食品名称	pH	食品名称	pH	食品名称	pH
柠檬汁	2.4	桃	3.8	青刀豆	5.4	炼乳	6.1
甜酸渍品	2.7	李	3.8	甜菜	5.4	乳糜状玉米	6.1
葡萄汁	3.2	杏	3.9	菠菜	5.4	青豆（阿拉斯加）	6.2
葡萄柚汁	3.2	酸渍新鲜黄瓜	3.9	芦笋（绿）	5.5	青豆（皱皮种）	6.2
苹果	3.4	紫褐樱桃	4.0	芦笋（白）	5.5	香肠	6.2
蓝莓	3.4	巴梨（洋梨）	4.1	黄豆猪肉	5.6	鸡	6.2
草莓	3.4	番茄	4.3	马铃薯	5.6	盐水玉米	6.3
黑莓	3.5	番茄汁	4.3	蘑菇	5.8	鲑鱼	6.4
红酸樱桃	3.5	番茄酱	4.4	金枪鱼	5.9	蟹肉	6.8
菠萝汁	3.5	无花果	5.0	鳕鱼	6.0	牛奶	6.8
腌酸包心菜	3.5	南瓜	5.1	鲳鱼	6.0	熟油橄榄	6.9
苹果沙司	3.6	甘薯	5.2	小牛肉	6.0		
橙汁	3.7	胡萝卜	5.2	猪肉	6.1		

（二）食品污染微生物

杀菌是罐头生产过程中的重要环节，可谓是决定罐藏食品保存期限的关键。罐头“杀菌”与医疗卫生领域、微生物学领域的“灭菌”有所区别，罐头杀菌是指“商业灭菌”，不要求“无菌”，罐内允许残留有微生物或芽孢，只要在所要求的保质期内（一般的贮存条件下）不使罐头腐败变质即可，但不允许有致病菌和产毒素菌存在。

1. 蔬菜中存在大量的单细胞细菌　这些细菌种类繁多、特性各异，根据其需氧量可分为 3 类。

（1）专性需氧微生物。该类微生物只能在氧存在的情况下才能生存，因为罐头食品存在于真空或部分真空状态下，因此这部分细菌的繁殖生长受到了限制。但也有例外的情况发生，当肉类罐头种添加了或污染了亚硝酸盐、枯草芽孢杆菌和蕈状芽孢杆菌等就可以繁殖产生气体，使罐头膨胀。作为污染细菌，如果罐头没有膨胀或罐头真空度没有降低，说明这部分的细菌已经被控制。但这部分细菌是原料污染的重要腐败菌。

（2）对兼性厌氧微生物来说，这部分微生物可以在较低氧或没有氧存在条件下就能生存，它们能够引起罐头腐败，特别是能够引起酸性罐头的腐败，如嗜热脂肪芽孢杆菌（*B. stearothermophilus*），这类腐败菌可引起罐头酸败，其耐热性强。凝结芽孢杆菌（*B. coagulans*）的抗酸性很强，其可在 pH 为 4.0 的酸性罐头中生长繁殖，这一类细菌可在番茄罐头、蔬菜罐头中繁殖。

（3）专性厌氧菌主要生长在无氧或低氧环境下，抽真空的罐头食品是它们的理想生长环境，这些细菌大部分为产气菌，并引起罐头腐败变味，同时涨罐，这类细菌也有例外，如肉毒杆菌或称肉毒梭状芽孢杆菌（*C. botulinum* type B，E and C），这部分细菌产生肉毒杆菌毒素，一旦产生肉毒素，对人体都存在潜在危害。

2. 病原菌　病原菌就是对人体或动物具有危害的微生物，也包括对水果、蔬菜具有危害的微生物，这部分微生物能够影响质量。患病的畜禽动物不能被宰杀用来作罐头食品，水果蔬菜在加工之前也需要检查其是否存在病原菌。

存在于食品中的病原菌或已经存在于食品中的细菌毒素将给消费者带来危害。已经被公认为病原菌包括空肠弯曲菌（*Campylobacter* sp.）、大肠杆菌（*Escherichia coli*）、沙门氏菌（*Salmonella* sp.）、志贺菌（*Shigella*）、小肠结肠炎耶尔森菌（*Yersinia enterocolitica*）、弧菌（*Vibrio parahaemoliticus*）、金黄色葡萄球菌（*Staphylococcus aureus*）、产气荚膜梭菌（*Clostridium perfringens*）、肉毒杆菌（*Clostridium botulinum*）、蜡状芽孢杆菌（*Bacillus cereus*）和李斯特菌（*Listeria monocytogenes*）。这些病原菌一般源于动物体或人的肠胃中，然后污染到动物的肌肉和果蔬。

有些病原菌形成孢子，其耐热性较营养体细菌强很多，考虑宰杀后或收货后的污染，病原菌主要包括如下几种。

（1）肉毒杆菌（*Clostridium botulinum*）通过周鞭毛活动，具有稍弯曲的棒状体，长 2～10μm，宽 0.5～1.5μm。它生长在厌氧环境中，但也可以生长在微氧环境下，当生长环境受到限制，它就产生近顶生的孢子破坏细菌体并获得较强的耐热性，一旦生存条件发生变化或有激活剂（巯基或氧化剂）存在时，孢子就会产生耐热性较差的营养细胞。肉毒杆菌可根据其生物特征分为 4 类，其营养体形式产生了 7 种免疫学的神经毒素，它们是分子质量为 141～167kDa 的蛋白质，由两个不对称的亚单位形成，它们由其前体形成，通过部分蛋白水解而产生活性，其热稳定性很差，蛋白质降解产物伴有恶臭的化合物产生，如硫化氢、硫醇、氨、吲哚及粪臭素等。同时也能产生二氧化碳和氢气而引起膨胀罐。肉毒杆菌会产生外毒素而引起食物中毒。根据肉毒杆菌的结构不同，其一般在 80～100℃加热 10min 就会死亡，这部分的肉毒杆菌的危险性是当杀菌不足时，它们就能存活而产生毒素。肉毒杆菌神经毒素引起神经节点反应被抑制体，使周围肌肉麻痹。肉毒杆菌的最适生长 pH 为中性，因此，这类细菌一般存在于肉类和水产品罐头中，随着 pH 的降低，其生长繁殖受到抑制，当 pH 为 4.5 及以下时，肉毒杆菌在 12℃及低于 12℃才能生长并产生毒素，是由 *Clostridium botulinum* A 型和 B 型产生的。而非蛋白质水解形式 B 型和 E 型属于嗜冷性菌，它们较 *Clostridium botulinum* A 型和 B 型更易受温度和水分活度控制。有些蔬菜罐头包括蘑菇、绿豆、豌豆、西班牙甘椒、橄榄都易存在这类细菌。

(2) 罐头食品中的产气荚膜梭菌（*Clostridium perfringens*）在人体消化后 18～24h 出现肠胃炎状况，它在厌氧条件下生长，也可在 5%氧气环境下生存。它在孢子形成过程中产生毒素，而不是营养体产生毒素。其毒素不受 pH 和蛋白水解的影响。相反，部分水解可以增强其破坏组织和溶血的作用。这种病原菌无处不在，存在于水、土壤和空气中。它产生空的、非圆形的近顶生孢子，它们的营养体细胞没有活性，营养体细胞存在于外壳中专门漂白菌群，不是所有的菌群具有毒性，但具有毒性的菌群共耐热性很强。一般考虑菌群的数量为 10^5/g 为危险剂量。

(3) 金黄色葡萄球菌（*Staphylococcus aureus*）能够产生肠毒素，在罐头食品中曾引起过问题，它属于微球菌科（Micrococcaceae）的革兰氏阳性菌。这一细菌主要在人和动物的鼻道和皮肤上发现，金黄色葡萄球菌的耐热性较强，经常在已经经过热处理的食品中发现，在美国 1989 年曾出现因为食用蘑菇罐头而引起的金黄色葡萄球菌中毒，Bennett (1992) 认为，金黄色葡萄球菌可能是在蘑菇加工之前已经存在于蘑菇之中。这部分细菌存在范围很广，人体、宰杀后的动物体及加工的器具都有可能存在这种细菌。

(4) 植物病原菌（*Phytopathogens*）主要侵蚀蔬菜与水果，导致水果外观不美观、营养损失，从而导致果蔬原料质量下降。例如，番茄可受到 8 种寄生虫的侵蚀，它们分别属于桉树青枯病菌（*Pseudomonas*）、假单胞菌科水稻条斑病菌（*Xanthomonas*）和棒形杆菌属（*Clavibater*）。这部分细菌可以通过预警防控措施避免。

3. 霉菌和酵母菌　此类细菌可谓无处不在，但其耐热性较差，很容易经过加热处理致死。

（三）罐头食品的腐败菌

1. 杀菌不足情况下的腐败菌　密封完好的商品罐头，不一定都是无菌的，有的往往存在活菌。这些活菌，主要是细菌的芽孢，而不是营养体。根据膨胀罐头的细菌学的大量研究证明，在大多数膨胀罐头内存在着活菌。虽然商品罐头中存在细菌，但不会引起罐头腐败，原因之一是这些细菌主要是好气性细菌，所以在没有空气的罐内是不会生长繁殖的。

罐头内残存的细菌，遇到合适的环境条件，就会生长繁殖引起罐头食品的腐败。杀菌不足的罐头腐败菌可以分为 3 类：产气并引起罐头膨胀的细菌、产酸不产气的平酸菌和产生硫化氢腐败的细菌。

1）产生膨胀罐的细菌　引起膨胀罐的细菌是普通的罐头腐败菌。

（1）好气性芽孢菌。这类细菌多为杀菌不足而残存于罐内的细菌，其耐热性很强。最常见的细菌有肠膜芽孢杆菌和蜡状芽孢杆菌，都是好气性细菌。

（2）厌气性芽孢菌。这类细菌芽孢的耐热性也比较强，故能耐加热杀菌而残存于罐内。从罐头分离出来的这类细菌，主要是生芽孢梭菌、腐败梭菌、丁酸菌及类似于这几种的细菌，有时也发现韦氏梭菌等。这些厌气菌与好气性细菌共存时，易造成罐头的膨胀。

厌气菌中最主要的是肉毒梭状芽孢杆菌，它不仅是腐败菌，而且还是食物中毒菌，其芽孢的耐热性很强。

（3）嗜热菌。这类细菌芽孢的耐温性很强，在高温下能很好生长，所以虽经加热杀菌，仍常常残存于罐内。如嗜热厌氧菌和嗜热解糖梭菌，是一种分解糖的专性嗜热芽孢厌氧菌，会使中酸性或低酸性罐头食品腐败，产生酸及二氧化碳和氢气的混合气体，造成罐头膨胀，使腐败的罐头食品带有酸味。虽然罐内残存这类细菌，但在常温下贮藏时，几乎不会产生胖罐。

2）平酸腐败菌　　罐头的平酸腐败是平酸菌引起的，腐败时只产酸不产气，所以腐败后的罐头仍然保持正常的外形，无法从外形上区别，必须开罐进行细菌培养检验。平酸菌的种类很多，最常见的为凝结芽孢杆菌和嗜热脂肪芽孢杆菌等。平酸腐败主要发生在低酸性罐头食品中，如豌豆、豆芽、青刀豆及谷类罐头等。但在酸性罐头食品（如番茄）中也发现一种兼性嗜热平酸菌——嗜酸热芽孢杆菌，能产生平酸腐败。

3）硫化氢腐败菌　　一般认为罐头产生硫化氢腐败是厌气性好热的致黑梭菌所引起的，常发生在低酸性罐头食品中，但不普遍。该菌是专性嗜热菌，在豌豆或谷类罐头中能产生硫化氢。这种细菌的耐热性较低，所以在罐头中出现这种细菌是加热杀菌不足的标志。

2. 罐头密封不完全情况下的腐败菌　　在罐头密封不完全的情况下，从罐外侵入水和空气的同时也侵入细菌，这些细菌在罐内生长繁殖也是造成罐头腐败的原因。在这种情况下产生的腐败，几乎全是膨胀罐的，而不发生平酸腐败和硫化氢腐败。这类细菌主要是非芽孢细菌，包括 *Zopficus* 属、产碱杆菌属、色杆菌属、黄杆菌属、无色杆菌属、产气杆菌属、埃希氏菌、假单胞菌属、变形菌属、乳细菌属等的细菌。这类细菌一般是在罐头冷却时，与冷却水同时侵入罐内的。密封不完全的罐头在加热杀菌时，由于罐内食品和空气的膨胀，使罐内也产生一定压力，在罐头冷却过程中，罐内压力迅速下降，吸入冷却水，同时也吸入水中的细菌。这些细菌生长繁殖时，使内容物分解，产生大量气体而使罐头膨胀。照理产生的气体应该从不密封部位排出罐外，但实际上，经过一定时间后，不密封部位，往往被内容物中的油质类或蛋白质或其他各种物质所阻塞，气体便在罐内积蓄而造成胖罐。漏罐还会导致酵母和霉菌的侵入；在水果、果酱、果冻、糖浆、果汁及甜凝结牛奶中，发现酵母腐败，并产生二氧化碳而使罐头膨胀；在家庭制作的果冻和糖水水果中，发现曲霉菌；青霉属和柠檬酸霉属等细菌腐败现象；在瓶装或罐装水果中，发现纯黄丝衣霉引起罐头的腐败。

三、罐头食品的微生物耐热性

（一）微生物的耐热性

微生物中的霉菌和酵母的耐热性均比耐热性细菌为低。杀菌不足情况下的腐败菌，大多数是耐热性很强的芽孢菌。耐热性细菌能在低酸性食品或中酸性食品中生长，因此对于低酸性食品的杀菌，就应该考虑细菌芽孢的耐热性。营养细胞和芽孢之间存在蛋白质的差异，芽孢具有特有的抗原。

芽孢的耐热性与芽孢中的水分含量有关，芽孢中自由水少，结合水多，因此芽孢的耐热性强。

芽孢的灰分含量极少，即电介质少，因此蛋白质凝固困难。芽孢中的 Ca^{2+} 含量比营养细胞多，所以芽孢的热透过性差。芽孢中的脂肪能提高芽孢的耐热性，脂肪酸链越长耐热性就越强。

（二）影响微生物耐热性的因素

1. 食品的性质和化学成分的影响　不同成分对微生物耐热性的影响如下。

1）*糖*　许多学者认为糖有增强微生物耐热性的作用。糖的浓度越高，杀灭微生物芽孢所需的时间越长。糖对微生物芽孢的这一保护作用一般认为是由于糖吸收了微生物细胞中的水分，导致细胞内原生质脱水，影响了蛋白质的凝固速度，从而增强了细胞的耐热性。

2）*脂肪*　脂肪能增强微生物的耐热性，这是因为细菌的细胞是一种蛋白质的胶体溶液，此种亲水性的胶体与脂肪接触时，蛋白质与脂肪两相间很快形成一层凝结薄膜，这样蛋白质就被脂肪所包围，妨碍了水分的渗入，造成蛋白质凝固困难；同时脂肪又是不良的导热体也阻碍热的传导，因此增强了微生物的耐热性。脂肪含量高时会增强细菌的抗热性能，其机理主要是，在不同的两个液相界面上，由于亲水性蛋白质胶体和脂肪接触，很快形成一层凝结薄膜。即脂肪包围了细菌的细胞，妨碍了水分的渗入，造成蛋白质凝固的困难，同时脂肪又是不良导热体也妨碍热量的传导，因此增强了细菌的抗热性能。例如，大肠杆菌和沙门氏杆菌，在水中加热到 60～65℃时即可死亡，而在油中加热到 100℃需经 30min 才能死亡，在 109℃下也需 10min 才能死亡。链球菌在含水的牛油中加热到 100℃、1min 即可死亡。而在干牛油中加热到 115℃需 50min 才能死亡。据此，对于脂肪含量高的罐头，如油浸鱼类罐头等，其杀菌温度要高些或杀菌时间要长些。油浸青鱼罐头杀菌温度为 118℃，杀菌时间为 60min；而红烧青鱼罐头的杀菌温度为 115℃，杀菌温度降低了 3℃，杀菌时间只需 60min。

3）*蛋白质*　食品中的蛋白质在一定的低含量范围内对微生物的耐热性有保护作用，如有的细菌芽孢在 2％的明胶介质中加热，其耐热性比不加明胶时增强两倍。高浓度的蛋白质对微生物的耐热性影响极小。

4）*盐*　一般认为低浓度的食盐对微生物的耐热性有保护作用，高浓度的食盐对微生物的耐热性有削弱的作用。这是因为低浓度食盐的渗透作用吸收了微生物细胞中的部分水分，使蛋白质凝固困难，从而增强了微生物的耐热性。高浓度食盐的高渗透压造成微生物细胞中蛋白质大量脱水变性导致微生物死亡；食盐中的 Na^+、K^+、Ca^{2+} 和 Mg^{2+} 等金属离子对微生物有毒害作用；食盐还能降低食品中的水分活度，使微生物可利用的水减少，新陈代谢减弱。

通常认为食盐含量在 4%以下时能增强微生物的耐热性，含量为 4%时对微生物耐热性的影响甚微，当含量高于 10%时，微生物的耐热性则随着盐含量的增加而明显降低。盐含量在 10%以上时减弱耐热性，15%时具有明显的保藏效果。

5）*植物杀菌素*　某些植物的汁液和它所分泌的挥发性物质对微生物具有抑制和杀灭的作用，这种具有抑制和杀菌作用的物质称为植物杀菌素。植物杀菌素的抑菌和杀菌作用因植物的种类、生长期及器官部位等而不同。例如，红辣洋葱的成熟鳞茎汁比甜辣洋葱鳞茎汁有更高的活性，经红辣洋葱鳞茎汁作用后的芽孢残存率为 4%，经甜辣洋葱鳞茎汁作用后的芽孢残存率为 17%。

含有植物杀菌素的蔬菜和调味料很多，如番茄、辣椒、胡萝卜、芹菜、洋葱、大葱、萝卜、大黄、胡椒、丁香、茴香、芥子和花椒等。如果在罐头食品杀菌前加入适量的具有杀菌素的蔬菜或调料，可以降低罐头食品中微生物的污染率，就可以使杀菌条件适当降低。

6）*杀菌剂和抑制剂*　如 SO_2 能大大减弱芽孢的耐热性。

2. 食品的酸度（pH）的影响

1）*不同食品的 pH 有差异*　各种腐败菌对酸性环境的适应性不同，而各种食品的酸度或 pH 也各有差异，故在各食品中出现的腐败菌也将随之不同。鱼肉类及大部分蔬菜罐头多属于低酸性和中酸性，而水果和部分蔬菜多属于酸性及高酸性食品，而且一般来说前者蛋白质含量较高，后者则碳水化合物含量较高。

2）*食品依 pH 分类*　对低酸性食品，任何工业生产的罐头食品中其最后平衡 pH 高于 4.6 及水分活度大于 0.85 即为低酸性食品，如大部分的蔬菜类食品及大部分肉、禽、水产食品属此范围，必须采用加压杀菌（高于 100℃）。而 pH 低于 4.6 的为酸性食品，如大部分的水果和部分蔬菜，则可采用较低温度（100℃或 100℃以下温度）进行杀菌。

3）*各类食品中常见腐败菌*　在低酸性食品中尚存在比肉毒杆菌更耐热的厌氧腐败菌，如 P. A. 3679 生芽孢杆菌的菌株，它并不产生毒素，常被选为低酸性食品罐头杀菌时供试验的对象菌。酸性食品中常见的腐败菌有巴氏固氮梭状芽孢杆菌等厌氧芽孢菌。高酸性食品中出现的主要腐败菌为耐热性能较低的耐酸性细菌、酵母和霉菌，但是热力杀菌时该类食品中的酶比腐败菌显示出更强的耐热性，所以酶的钝化为其杀菌的主要问题（表 2-6，其中 D 值代表微生物的耐热性）。

3. 罐头杀菌温度的影响　杀菌温度应以微生物不能生存为原则，一般说，大约从 60℃开始的各点温度对微生物都有致死作用。在某一温度下，微生物的杀灭取决于时间，因此微生物的致死条件是由温度和时间决定的，提高杀菌温度便可减少致死时间。例如，枯草杆菌和肉毒杆菌的杀菌温度和致死时间的关系如表 2-7 所示。

表 2-6　不同酸性食品种类中常见腐败菌

食品 pH 范围	腐败菌温度习性	腐败菌类型	罐头食品类型	腐败特征	抗热性能	常见腐败品种
低酸性和中酸性食品（pH>4.5）	嗜热菌	嗜热脂肪芽孢杆菌	平盖酸败	产酸（乳酸、甲酸、乙酸）不产气或产微量气体，不胀罐，食品有酪酸味	D(121℃)=4.0～50min	青豆、青刀豆、芦笋、蘑菇、红烧肉、猪肝酱、卤猪舌
		嗜热解糖梭状芽孢杆菌	高温缺氧发酵	产气（CO_2 + H_2），不产 H_2S，胀罐，产酸（酪酸），食品有酸味	D(121℃)=30～50min	芦笋、蘑菇、蛤
		致黑梭状芽孢杆菌	致黑（或硫臭）腐败	产 H_2S，平盖或轻胖，有硫臭味，食品和罐壁有黑色沉积物	D(121℃)=20～30min	青豆、玉米
	嗜温菌	肉毒杆菌 A 型和 B 型	缺氧腐败	产毒素，产酸（酪酸），产气（H_2S），胀罐，食品有酪酸味	D(121℃)=6～12s（或 0.1～0.2min）	肉类、肠制品、油浸鱼、青刀豆、芦笋、青豆、蘑菇
		生芽孢梭状芽孢杆菌，P. A. 3679		不产毒素，产酸，产气（H_2S），明显胀罐，有臭味	D(121℃)=6～40s（或 0.1～1.5min）	肉类、鱼类（不常见）
酸性食品（pH 3.5～4.5）	嗜温菌	耐热芽孢杆菌（或凝结芽孢杆菌）	平盖酸败	产酸（乳酸），不产气，不胀罐，变味	D(121℃)=1～4s（或 0.01～0.07min）	番茄及番茄制品（番茄汁）
		巴氏固氮梭状芽孢杆菌	缺氧发酵	产酸（酪酸），产气（CO_2+H_2），胀罐，有酪酸味	D(121℃)=6～30s（或 0.1～0.5min）	菠萝、番茄
		酪酸梭状芽孢杆菌				整番茄
		多黏芽孢杆菌	发酵变质	产酸、产气，也产丙酮和乙醇	D(121℃)=6～30s（或 0.1～0.5min）	水果及其制品（桃、番茄）
		软化芽孢杆菌				
高酸性食品（pH<3.7）	非芽孢嗜温菌	乳酸菌、明串珠菌	发霉变质	产酸（乳酸），产气（CO_2），胀罐	D(65.6℃)=6～30s（或 0.1～0.5min）	水果、果汁（黏质）
		酵母		产乙醇、产气（CO_2），有的食品表面形成膜状物		果汁、酸渍食品
		霉菌（一般）		食品表面上长霉菌		果酱、糖浆水果
		纯黄丝衣霉 雪白丝衣霉		分解果胶至果实瓦解，发酵产生 CO_2，胀罐	D(40℃)=1～2min	水果

表 2-7　杀菌温度与致死时间关系

杀菌温度/℃	热力致死时间/min	
	枯草杆菌（*B. subtilis*）	肉毒杆菌（*B. botulinus*）
100	124	300
105	110	85
110	80	70
115	70	45
120	40	24
125	30	4

从表 2-7 可以看出，提高杀菌温度可以使致死时间大大缩短。如果将温度和致死时间的关系画在半对数纸上，便成一条直线，称为“温-时”曲线。以肉毒杆菌为例，其“温-时”曲线如图 2-10 所示。

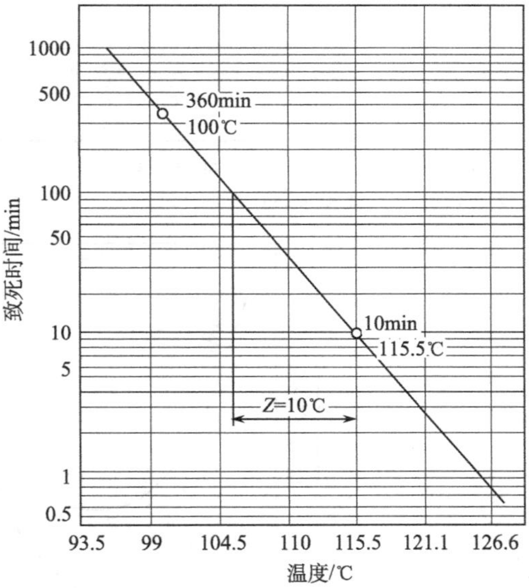

图 2-10　肉毒杆菌致死温度-时间图

从图 2-10 可以看出，杀菌温度为 100℃时的致死时间为 360min，而 115.5℃时则为 10min。可见提高杀菌温度便可缩短致死时间。

4. 水分活度对微生物耐热性的影响　水分活度是指食品中水分与食品结合程度，食品中的水分以自由水、结合水等不同状态存在。其中自由水易被微生物所利用的水分，关系到食品的保藏性能。水分含量不能直接表示被微生物利用的水分多少，水分活度（A_w）可直接表示食品所含水分在食品中生物化学反应、微生物生长中的可利用程度。水分活度越高，结合程度越低；水分活度越低，结合程度越高。

水分活度与食品贮藏之间的关系：水分活度是确定贮藏期限的一个重要因素，当温度、酸碱度和其他几个因素影响产品中的微生物快速生长的时候，水分活度可以说是控制腐败最重要的因素。总的趋势是，水分活度越小的食物越稳定，较少出现腐败变质现象。不同微生物生长对水分活度的需求不一样，只有食物的水分活度大于某一临界值时，特定的微生物才能生长。一般说来，多数细菌的适宜生长水分活度为 $A_w>0.91$，酵母为 $A_w=0.87\sim0.91$，霉菌为 $A_w=0.8\sim0.87$，嗜盐菌为 $A_w=0.75\sim0.80$。表 2-8 显示了微生物生长与水分活度之间的关系。水分活度的大小不仅影响微生物的生长，还影响酶的活性和食物脂肪的氧化反应等，详见图 2-11。

（1）每种微生物体有其生长的最低、最佳、最高水分活度，0.85 以上水分活度食品需要冷藏或其他措施来控制病原体生长。水分活度 0.60～0.85 的食品为中等水分食品，这些食品不需要冷藏控制病原体，但由于主要酵母菌和霉菌引起的腐败，要有一个限定货架期。对大部分水分活度在 0.6 以下食品，有较长的货架期，也不需冷藏，这些食品称为低水分食品。

表 2-8 微生物与水分活度之间的关系

存活水分活度	细菌	酵母	霉菌
≥0.98	*Clostridium*[a] *Pseudomonas*[b]		
≥0.94	*Lactobacillus* *Microbacterium* *Pediococcus* *Streptococcus* *Vibrio*[b]		
≥0.93	*Lactobacillus* *Streptococcus*		*Rhizopus* *Mucor*
≤0.8～0.93		*Saccharomyces*	*Aspergillus* *Penicillium* *Ewericella* *Eramascus*
≥0.75			*Aspergillus* *Wallemia*

a *C. botulinum*, type C; b some strains

来源：Rodel and Krispien，1981

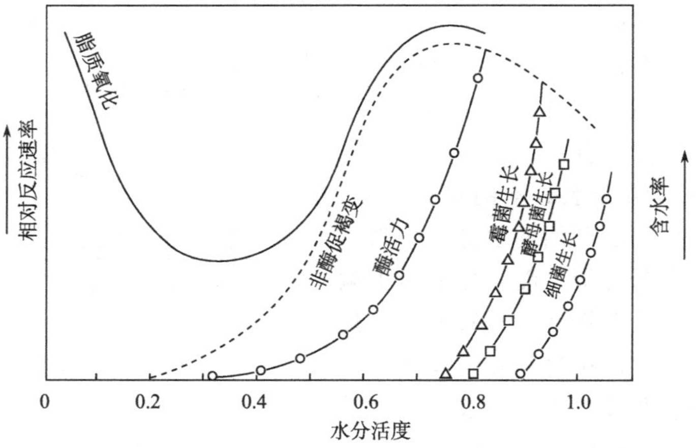

图 2-11 微生物、酶和氧化反应与水分活度之间的关系

(2) 酶促反应与食物水分活度的关系主要受两方面影响。水分活度一方面影响酶促反应的底物的可移动性，另一方面影响酶的构象。食品体系中大多数的酶类物质在水分活度小于 0.85 时，活性大幅度降低，如淀粉酶、酚氧化酶和多酚氧化酶等。但也有一些酶例外，如酯酶在水分活度为 0.3 甚至 0.1 时也能引起甘油三酯或甘油二酯的水解。

(3) 从水分活度与非酶反应的关系来看，脂质氧化作用：在水分活度较低时，食品中脂肪氧化反应加速，水分活度在 0.3 时氧化反应最低；当水分活度大于 0.4，水分活度的增加增大了食物中脂肪的氧化反应；而当水分活度大于 0.8，反应物被稀释，氧化作用降低。

(4) 水分活度与温度的关系。水分活度和温度有关，而且温度对水分活度的影响在冰点以下远大于在冰点以上。在冰点以上的温度，随着温度的升高，水分活度也升高。一般的，温度每变化 10℃，水分活度变化 0.03～0.2。在冰点以下温度，水分活度与试样成分无关，仅取决于温度，即冰相存在时水分活度不受溶质的种类和比例的影响。

（三）微生物耐热性的表示方法

1. 加热致死速度曲线　食品原料中污染的微生物种类很多，当一种食品原料中耐热性最强的微生物确定后，初步的杀菌温度就确定了。试验证明，在一定的杀菌温度条件下，随着杀菌时间的延长，微生物的死亡速度呈现对数递减关系，这条曲线被定义为微生物加热致死速度曲线或称活菌残存数曲线，如图 2-12 所示。微生物加热致死速度曲线为一条直线，纵坐标表示每 1mL 中的芽孢对数值，横坐标表示加热时间（min）。

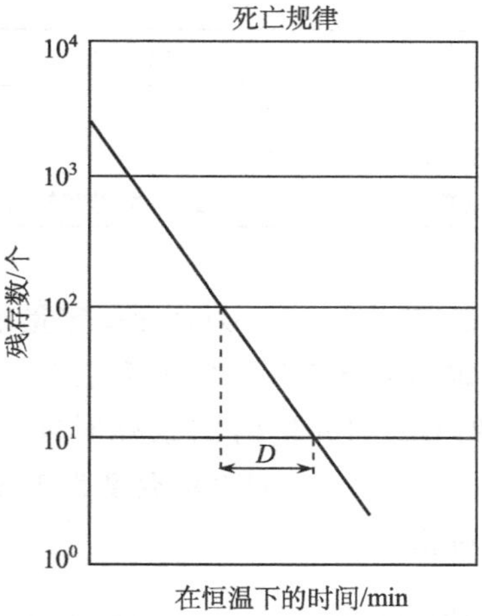

图 2-12　加热致死速度曲线

2. *D* 值　由图 2-12 可见，当微生物的死亡速度呈现一个对数变化关系时所对应的杀菌时间的变化被称为 *D* 值。*D* 值代表微生物的耐热性，*D* 值越大，其耐热性也就越强。表 2-9 列出了不同微生物的 *D* 值。在图 2-12 直线取 A、B 两点，A 点的活菌残存数为 a，对应的杀菌时间 τ_1，B 点的活菌残存数为 b，对应的杀菌时间 τ_2，即

$$\frac{\lg a-\lg b}{\tau_2-\tau_1}=\frac{1}{D} \tag{2-1}$$

$$\tau_2-\tau_1=D(\lg a-\lg b) \tag{2-2}$$

如假设 A 点为原始点，即 a 为罐头食品中的原始微生物总量，τ_1 为 0，τ_2 为杀死一定量细菌所需要的杀菌时间。因此，公式 2-3 可表达为

$$\tau_2=D(\lg a-\lg b) \tag{2-3}$$

式中：a 为加热杀菌前的细菌数；b 为经 τ_2 时间加热杀菌后的细菌残存数；τ_2 为加热杀菌时间。

表 2-9　罐头食品微生物耐热性

微生物	*D* 值的范围
低酸性食品（pH＞4.5）	$D_{121.1}$
嗜热菌（孢子）	
平酸腐败菌（*Bacillus stearothermophilus*）	4.0～5.0
好气菌（*Clostridium thermosarccharolyticum*）	3.0～4.0
嗜硫腐败菌［*Desulfotomaculum*（*Clostridium*）*nigrificans*］	2.0～3.0
嗜温菌（孢子）	
厌氧腐败菌	
肉毒杆菌（*Clostridium botulinum* type A and B）	0.1～0.2
生孢梭菌［*Clostridium sporogenes* group（包括 P. A. 3679）］	0.1～1.5
酸性食品（pH4.0～4.5）	
嗜热菌（孢子）	
凝结芽孢杆菌（*B. coagulans*-facultatively mesophilic）	0.01～0.07
嗜温菌	D_{100}
多粘类芽孢杆菌和德氏根霉（*B. polymyxa* 和 *B. mecerans*）	0.1～0.5

续表

微生物	D 值的范围
丁酸厌氧菌（*C. pasteurianum*）	0.1～0.5
高酸性食品（pH≤4.0）	
嗜温营养菌（*Lactobacillus* sp.，酵母和霉菌）	0.5～1.0

3. *F* 值　τ_2 为杀死一定量细菌所需要的杀菌时间，如果用 F 值代替 τ_2，F 值则表示在一定温度下杀死一定浓度细菌（或芽孢）所需要的时间（min）。通常是表示在标准温度为 121℃或 100℃时的致死时间。而非标准温度时的 F 值，必须有温度注脚表示之，如 $F_{116}=3.96$min，即表示温度为 116℃时的 F 值为 3.96min。F 值可用于比较不同杀菌过程的杀菌值。

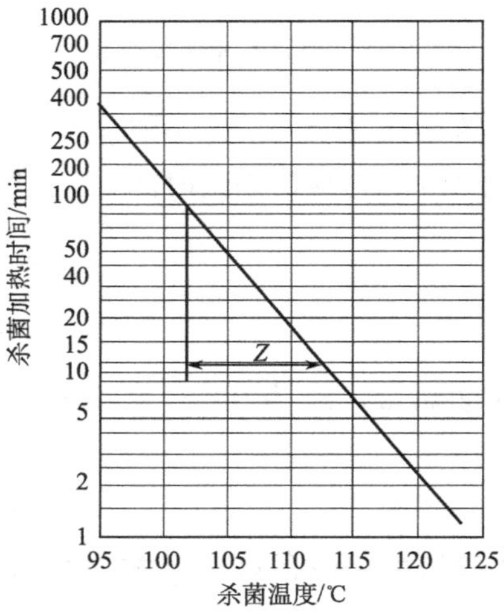

图 2-13　加热致死时间曲线

4. 加热致死时间曲线　当杀菌对象菌确定后，同一种杀菌对象菌在不同的杀菌温度条件下其加热致死时间不一样，实验证明，随着加热杀菌温度的增加，微生物的热力致死时间呈现对数变化关系，如图 2-13 所示，纵坐标表示加热致死时间（min）的对数值，横坐标表示加热杀菌温度（℃）。这条曲线被定义为加热致死时间曲线（thermal death time curve，TDT 曲线）。

5. *Z* 值　如图 2-13 可以看出，加热致死时间曲线为一条直线。当加热致死时间呈现一个对数关系所对应的加热致死温度的变化被定义为 Z 值。

6. *F* 值的近似计算法　由图 2-13 所示，在加热致死时间曲线中，选择任意两点 A 和 B，A 点的热力致死时间为 τ_1，对应的热力致死温度为 t_1，B 点对应的热力致死时间 τ_2，对应的热力致死温度为 t_2，那么，细菌的致死时间 τ_2 与加热杀菌温度 t_1 之间的关系可根据 Arrhenius 法则表示如下：

$$\lg\tau_1-\lg\tau_2=\frac{t_2-t_1}{Z} \tag{2-4}$$

$$\lg\frac{\tau_1}{\tau_2}=\frac{t_2-t_1}{Z}\text{ 或 }Z=\frac{t_2-t_1}{\lg(\tau_1/\tau_2)} \tag{2-5}$$

假设：t_1 为标准温度；t_2 为杀菌温度；τ_1 为在标准温度 t_1 温度下的致死时间；τ_2 为在 t_2 温度下的致死时间；Z 为 $\lg(\tau_1/\tau_2)=1$ 时的（t_1/t_2）值，即一个对数循环所相应的温度差。

一般标准温度 t_1 采用 121.1℃，这时的 τ_1 值称为 F_0 值，故式（2-5）可用下式表示：

$$\lg(\tau_2/F_0)=\frac{121.1-t_2}{Z} \tag{2-6}$$

或

$$\frac{\tau_2}{F_0}=10^{\frac{121.1-t_2}{Z}}$$

或

$$F_0=\tau_2\times 10^{\frac{t_2-121.1}{Z}} \tag{2-7}$$

（四）D 值、Z 值和 F 值及三者之间的关系

1. D 值　D 值（decimal reduction time）表示在规定的杀菌温度下，微生物的残存数呈现一个对数变化关系所对应的杀菌时间的变化值，或杀死 90%细菌数（或芽孢数）所需要的杀菌时间。例如，在 100℃下，杀菌 90%某一细菌数，需要 10min，则该菌在 100℃下的耐热性便可用 $D_{100}=10(\text{min})$ 表示。在加热致死速度曲线图上 D 值表示，在纵坐标上细菌减少数为一个对数循环时，所对应的横坐标上的加热时间，它是直线斜率 K 值的倒数，表示微生物的耐热性，不同种类微生物的 D 值是不相同的，如表 2-9 和图 2-14所示。

D 值可按下式计算：

$$D=\frac{1}{K}=\frac{\tau}{\lg a-\lg b} \tag{2-8}$$

利用图 2-14 可以计算 D 值，有下列几种计算方法。

① 从Ⅰ线取一个对数循环（如 $10^2\sim10^1$），便可得到 $D_1=1.0\text{min}$，在Ⅱ线取一个对数循环（$10^3\sim10^2$），便可得到 $D_2=0.75\text{min}$。

② $D=\dfrac{\tau}{\lg a-\lg b}=\dfrac{3}{\lg 10^4-\lg 10^1}=\dfrac{3}{3}=1.0\text{min}$

D 值表示微生物的耐热性，它与微生物本身的特性有关，表 2-9 为不同杀菌温度条件下不同微生物的 D 值。

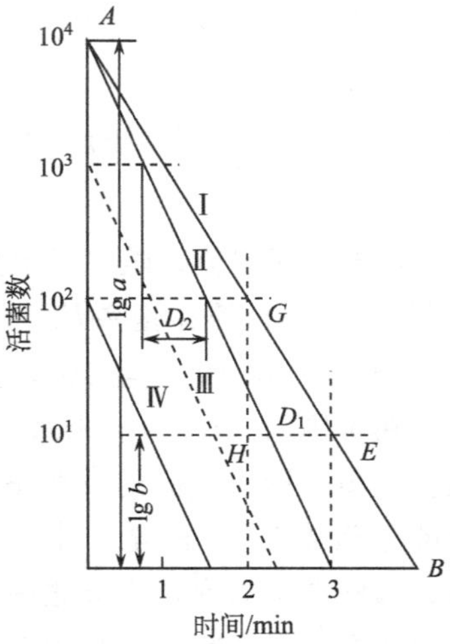

图 2-14　活菌曲线

2. TRT 值　TRT（thermal reduction time）值表示加热指数递减时间，是指在某一加热温度下，将细菌数或芽孢数减少到某一个数（10^{-n}）时所需要的加热时间。鲍尔（Ball）将 n 指数称为递减指数（reduction exponent），并用 TRT_n 表示。例如，将供试验的细菌从最初的 100 万个减少到 1 个时即减少到 $\frac{1}{10^6}$ 个需要 5min，那么 TRT_n 值就可用 $TRT_6=5\text{min}$ 表示。

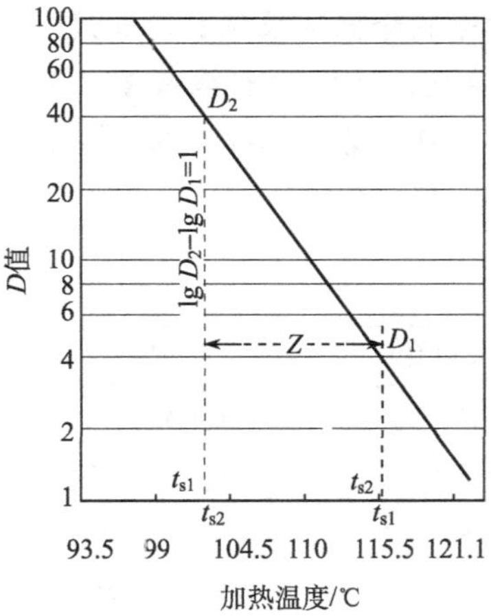

图 2-15　D 与 t_s 关系曲线
（拟加热致死时间曲线）

3. Z 值　Z 值是指加热致死时间或 D 值按 1/10 或 10 倍变化时，所对应的加热温度的变化（图 2-15）。Z 值是加热致死曲线斜率的倒数，即 TDT 曲线纵坐标致死时间为一个对数循环时，所相应横坐标上的温度差。Z 值也表示微生物的抗热能力，微生物耐热性越大，Z 值越大，杀菌效果越小，不同种类微生物的 Z 值不相同。对于低酸性食品求 F_0 时，定 Z＝10℃。酸性食品采用沸水或 80～90℃热水杀菌时，一般定 Z＝8℃。

4. F 值　F 值为杀菌致死值，表示在一定温度下杀死一定浓度细菌（或芽孢）所需要的杀菌时间。以纵坐标为 D 的常用对数值，横坐标为加热杀菌温度 t_s，作 D 与 t_s 关系曲线图 2-15，这个曲线称为拟加热致死时间曲线

(Phantom-TDT)。图 2-15 中 t_{s1}的 D 值为 D_1，t_{s2}的 D 值为 D_2，于是可以得到 D 值与 Z 值的关系

$$\lg D_2 - \lg D_1 = \frac{t_{s1} - t_{s2}}{Z} \tag{2-9}$$

当 $\lg D_2 - \lg D_1 = 1$ 时，直线的斜率 $\tan a$ 就等于 Z 值的倒数

$$\tan a = \frac{\lg D_2 - \lg D_1}{Z} = \frac{1}{Z} \tag{2-10}$$

D 值并不表示全部的杀菌时间，因此也就无法求出 F 值。但是引入了 TRT 概念就可以求出 F 值。在 TRT 曲线里，根据某一细菌递减指数 n 时的 $TRT_n = \tau_n$，根据 $D = \frac{\tau}{\lg a - \lg b}$ 公式，若 $\tau = \tau_n$，$\lg a - \lg b = n$ 的话，则

$$\tau_n = nD \tag{2-11}$$

可见在 121.1℃时求得的 D 值乘以 n 就得到 F_0值，即

$$F_0 = nD \tag{2-12}$$

n 不是固定值，随工厂卫生条件、食品污染微生物的种类和数量等而变化。例如，肉毒杆菌，每 1mL 的芽孢数从 10^5 降至 10^0，即 $n = 12$（$12D_{121.1}$ 或 TRT_{12} 值）；对于 P_0A3679（生孢梭菌）从 10^5降至 10^0，即 $n=5$（$12D_{121.1}$或 TRT_5值）。

在美国用“6D”值来杀死嗜热芽孢菌，用“6D”来杀死肉毒杆菌，以确保食品的安全性。在美国罐头成品的败坏率，一般控制在万分之一。用“6D”值加热杀菌时，可使最初细菌芽孢数 10^6 个降至 1 个。增加 D 值可以降低罐头的败坏率，但可能造成产品质量的下降，因此在美国允许万分之一的败坏率，即每 1 个罐头中有 100 个芽孢，那么 10 000 个罐头中就有 10^6 个芽孢；经“6D”值加热杀菌后的芽孢数不超过 1 个，就是说 10 000 个罐头中仅有 1 个罐头败坏。

案例 1　罐头 pH 的调整

在很多水果、蔬菜罐头生产过程中，为了降低罐头的杀菌温度和杀菌时间，罐头厂通过调味调整罐头的酸度，在苹果罐头生产中有时需要添加柠檬酸降低苹果罐头的酸度；在甜酸蔬菜罐头的生产中，通过调味添加食用醋降低蔬菜的酸度，这样控制罐头食品的酸度，使芽孢菌在其中不能生存，罐头杀菌针对的杀菌对象菌就可以为营养体细菌，杀菌温度可以为 100℃及以下。表 2-10 为糖水水果、果酱罐头的 pH 规定。

表 2-10　低酸性食品罐头的规定 pH

低酸性食品罐头种类	pH	低酸性食品罐头种类	pH
糖水橘子罐头	pH3.2～4.0	糖水桃子罐头	pH3.4～4.0
糖水菠萝罐头	pH3.2～4.0	糖水杏子罐头	pH3.2～3.6
糖水荔枝罐头	pH3.7～4.1	什锦水果罐头	pH3.6～4.1
糖水龙眼罐头	pH3.8～4.3	草莓酱罐头	pH3.2～3.8
糖水梨罐头	pH3.7～4.2	杏子酱罐头	pH3.1～3.5

案例 2　美国加州发生罐头食品引发的肉毒杆菌中毒事件

据美国食品安全新闻网消息，2014 年 7 月，美国加州一家公司宣布对一系列的罐头食品实施召回，因为这些食品在生产过程中出现问题，导致它们极易被肉毒杆菌污染。目前已经出现两起肉毒杆菌中毒病例。

这些受召回的食品包括松子罗勒酱、腌制什锦、番茄沙司、橄榄油番茄、烧烤酱、意大利酱。产品在加州生克莱门特市 VR 绿色农场有售，也通过网购的形式销售。

据报道，如果通过问题罐头食品摄入了肉毒毒素，那么会染病甚至死亡。加州公共卫生部门正会同美国 FDA 及俄亥俄州卫生部门对两起相关的病例进行调查。

肉毒杆菌毒素无色无味。肉毒杆菌中毒是一种罕见但是较为严重，可致人麻痹的疾病。患者初期中毒的症状包括视力模糊、眼睑下垂、口干或者咽喉痛，之后发展成下肢瘫痪。

加州公共卫生部（CDPH）建议，已经摄入问题产品的消费者应该立即向医护人员咨询有关情况。若消费者发现问题产品仍在售，可向 CDPH 汇报。

案例分析：根据两起肉毒杆菌中毒病例，美国加州一家公司宣布一系列的罐头食品实施召回，因为这些食品在生产过程中出现问题，导致它们极易被肉毒杆菌污染。分析可能的原因一方面是肉毒杆菌已经产生了肉毒杆菌毒素，即使杀菌时间达到了 $6D$～$12D$ 的要求，已经产生的肉毒杆菌毒素仍存在于罐头食品中。另一方面这些食品在生产过程中可能被肉毒杆菌污染，但杀菌要求并没有根据肉毒杆菌的要求执行，以致杀菌不足导致肉毒杆菌繁殖产生毒素，导致两起消费者肉毒杆菌中毒病例。因此，当遇到食品罐头的两端有膨隆现象，或内容物色香味改变者，应禁止出售和禁止食用，即使煮沸也不宜食用。除肉类以外，鱼类罐头、谷类及豆类亦有被肉毒杆菌污染的可能，因此禁止食用腐败的食物。遇有同食者发生肉毒素中毒时，马上送往医院救治。

案例 3　中国罐头蘑菇葡萄球菌食品中毒及其原因分析

1989 年，美国发生了几起因食用从中国进口的蘑菇罐头而引发的葡萄球菌食品中毒事件。记录在案的有 4 起，100 余人患病。中国 5 个省份的 8 个罐头厂产品存在葡萄球菌肠毒素。由于食品中毒，美国食品药物管理局（FDA）已将所有从中国进口的蘑菇予以扣留。不寻常的是这样一个事实：罐头食品以往极少与葡萄球菌中毒有关联。那么，它是如何发生的？同时，有无方法防止它再次发生呢？美国加利福尼亚州海沃德天然农产品公司是从中国购买蘑菇罐头的主要进口商，公司聘请了一个专家组，其中有加利福尼亚州的药学和食品专家 San Jose，以调查暴发食品中毒的原因，向 FDA 提供其研究结果，并提出解决办法，专家组还包括一位英国杀菌专家、一位包装专家和两位微生物学家。

经过调查，专家给出的意见如下。

1. 葡萄球菌食品中毒怎样发生的？　葡萄球菌食品中毒原因在于摄入了微生物金黄色葡萄球菌所产生的肠毒素。它是 3 种最常见的通常与经热处理含蛋白质的产品相关联的食品中毒类型之一，这类产品在热处理后受到了污染，并在室温下保持了数小时，肉食马铃薯色拉和充填奶油的馅饼是常见的例子，通常，产品是通过食品加工人员而受到污染的，在30%～50%的人的鼻腔内、皮肤存在金黄色葡萄球菌。

一般来说，由于金黄色葡萄球菌易于被加热和消毒剂所杀灭，虽然也有因罐头卷边假封而产生的杀菌后污染的可能性，葡萄球菌食品中毒不会在罐头食品中发生。此外，该菌不是强的竞生菌，通常只在其他微生物被除灭的情况，即加热或在含盐量较高的食品中才会生长繁殖，所以，对于蘑菇罐头被葡萄球菌肠毒素所污染可能为：①鲜菇被金黄色葡萄球菌所污染，并且有足够的时间和适宜的温度条件，使毒素在罐藏前产生（毒素是耐热的，能经受杀菌处理）；②罐头杀菌后由于操作不良和泄漏，被该菌所污染。虽然以上这两种可能都是理论性的，但是未必能得出如下的结论，即金黄色葡萄球菌与正常存在于蘑菇中的微生物或能导致杀菌后污染的微生物相比，不算是一种竞生力强的微生物，因此，我们设想鲜菇腐败导致不适于罐藏是由于好氧菌与金黄色葡球菌共同作用的结果，但是，由于鲜菇从来没有发生过葡萄球菌食品中毒事件，此种推测似乎缺乏根据。同样的，罐头杀菌后受到金黄色葡萄球菌纯培养物所污染也是不大可能的，因为罐头食品暴发葡萄球菌引起食品中毒的事件被记录在案的为数颇少，那么，在蘑菇生长、运输和加工过程中究竟发生了什么事情而使金黄色葡萄球菌得以有时间和条件生长繁殖并产毒呢？

2. 对中国罐头蘑菇工业的调查　美国每年从中国进口5000万磅蘑菇，我国把调查的焦点集中在福建省，该省约占总出口量的80%。在美国天然农产品公司的安排下，福建有7个厂家生产输美罐头蘑菇（以往在美国，天然农产品公司的产品从未发生过葡萄球菌食品中毒事件，然而，在加拿大，据报道福建一家厂有过问题）。我国的目的是在HACCP（免害分析和关键控制点）体系的原则下，对现行的蘑菇种植和加工状况进行鉴定，检查有疑问的生产记录进行微生物研究，以期模拟该问题，最终确信不仅有必要推测潜在的原因，而且有必要予以实地证实。

福建的蘑菇种植是季节性的，由于不在冷藏条件下运输，一般在冬季，即11月至次年3月期间进行大部分种植，地区是集体化的，与工厂相距50～80km。蘑菇育种是统一的，并在政府管理之下（种植和堆肥条件也同样在政府管理之下）。蘑菇种植专供制罐使用，不像许多国家用的是鲜销后的次品制造罐头蘑菇，而这也正是中国蘑菇品质优良的原因。蘑菇在木制的、水泥制的或研制的菇棚内生长，早晨采摘，装入高密度聚乙烯筐内，并用非冷藏车运至当地工厂，在工厂中对蘑菇予以检验分级，倒入贮桶、杀青、分规格大小、切片、装罐、卷边密封、热力杀菌、保温2周、检验、贴商标并装箱。蘑菇杀菌前在工厂中无时间滞留，大多数的罐藏生产，包括装罐都是手工作业的。HACCP体系对种植状况的鉴定揭示，在堆肥中或鲜菇上均不存在金黄色葡萄球菌，也没有发现有可能会促使葡萄球菌生长的不良的不卫生的种植习惯。对工厂设备的鉴定，经跟踪，确实发现工人手上带有金黄色葡萄球菌，但是，并没有发现毒素存在，也没有葡萄球菌可能生长和产毒的条件；虽然所观察到的状况未显示会促使毒素产生，但是，对去年（指1988年）生产所作的审查，使专家把注意力集中到另一个潜在的原因上。

1987年中国的农业积极鼓励私营的积极性，集中经营程度下降，出现了蘑菇在自由市场上成了紧俏高价商品，其他省和香港的投机商开始购买蘑菇，导致当地工厂失去了当地的原料供应，并设法从较边远的地区寻找货源，以往将蘑菇运进工厂仅需2～4h，而现在从中间商购买蘑菇调运进厂则需多日。蘑菇每 20kg 一袋，装袋扎紧。据推测，氧和二氧化碳从聚乙烯袋内渗出袋外的速度跟不上蘑菇旺盛呼吸的速度，每小时每千克蘑菇在 20℃时，需供氧量为 $158cm^3$，其总量为每小时需氧 $3160cm^3$。聚乙烯不是一个绝对不透气的材料，其充其量所用的 20kg 袋的透气率也不过为 $21cm^3/h$，其结果，氧气量在袋内减少，而二氧化碳量升高，直至两者达到平衡为止。二氧化碳对许多微生物，尤其是好氧菌，具有抑制作用。专家从理论上认为，如果一旦正常的腐败微生物被除灭，就会产生一个毫无天然竞生菌的，能使金黄色葡萄球菌得以生长繁殖的条件。专家对此进行了试验，以期证实该假设。

3. 试验验证　专家将金黄色葡萄球菌培养物接种到鲜菇上，然后一半装入密封的聚乙烯袋内，另一半不使用聚乙烯袋，直接装入透气的塑料筐内，未接种的对照组也采取上述两种相同包装形式，包装在塑料袋中的，不论接入或未接入金黄色葡萄球菌，均在 48h 内产生了葡萄球菌肠毒素，而包装在塑料筐内的两个样品则均为阴性。肠毒素的产生，利用 TECRA ELISA 试验予以确定。在试验中，专家也做了塑料袋内顶端的气体分析，发现氧气量在 4～6h 内降至 2%～3%，袋内的二氧化碳含量则上升至约 20%。重要的是，需强调指出，作为除灭了其他有害的好氧性微生物的结果之一，虽然塑料袋内的蘑菇有可能产生了葡萄球菌毒素，但是，蘑菇可能依然品质良好，因为毒素并不会对蘑菇的外观或气味产生不良影响。

此外，Nichois 和 Hammond（1973）曾研究报道，二氧化碳具有推迟蘑菇菇盖皱缩和推迟开伞的作用，而这些恰是蘑菇品质下降的两个重要标志，令人啼笑皆非的是，接着就形成了一个如此理想的气体贮存包装条件：一方面，在非冷藏条件下，延长了鲜菇的贮存期；另一方面，生成毒素产生了一个可造成严重后果的状况。

专家还对另一个假设做了试验，即采用盐水来贮存蘑菇以保持其质量，盐将会除灭天然的腐败微生物而有利于葡萄球菌的生长。试验表明，在含盐量 5%时，葡萄球菌会生长并产毒，而在高于 5%时，则不会生长和产毒。虽然，盐水贮存在福建并未采用，但至今在中国的一些省份一直在使用，不适当的盐水贮存蘑菇，可能是福建省外其他工厂产生一些质量事故的原因。

4. 问题牵涉到世界范围内的食品生产、消费的安全　专家将调查结果提交给 FDA，并建立了一系列关键控制点和质量控制体系。以防止此类问题再次发生。对专家的报告和数据予以评价的基础上，FDA 允许美国天然农产品公司进口福建的某些厂 1990 年的发货，而这些发货的生产记录在进口前已经过了审查，尽管来自中国的所有蘑菇仍然处于自动扣留的规定之下。该问题虽然特殊地发生在中国，同样的，也牵涉到全世界的食品生产厂，从原料的生产、收获、加工到包装过程，通常是互相联系不甚紧密的体系。

单方面改变这一体系的某些部分会造成严重的后果。消费者要求更多的新鲜的冷藏食品，要求使用新的食品工艺技术。例如，良好的气体贮存包装和斯维特食品（译注 Sous-Vide 系美国生产的冷藏肉制品），然而它们会改变食品的天然微生菌相，而仅仅留给人们一种不可靠的安全保障——冷藏销售体系。生产此类产品，如果不了解或不分析食品生产、销售系统中可能会生产的所有后果——从原料采收到消费者，以及其对食品安全和质量的联合作用，会使生产厂产生意料不到的后果。

第三节　罐头的传热

一、罐头食品的传热方式

热的传递有传导、对流和辐射 3 种，罐头加热时的传热方式主要是传导和对流两种方式。传热的方式不同，罐内热交换速度最慢一点（常称为冷点）的位置就不同。

罐头食品在加热杀菌时的传热状况和效果，关系到罐头的杀菌效果。在同一条件下，传热效果越好，罐头中心温度达到规定温度所需的时间就短，杀菌效果也就好。罐头食品某一点热量的变化，用时间-温度关系曲线表示，这曲线称为传热曲线或热传导曲线。

（一）传热曲线的表示方法

传热曲线图表示的方法有下列 3 种，如图 2-16 所示。

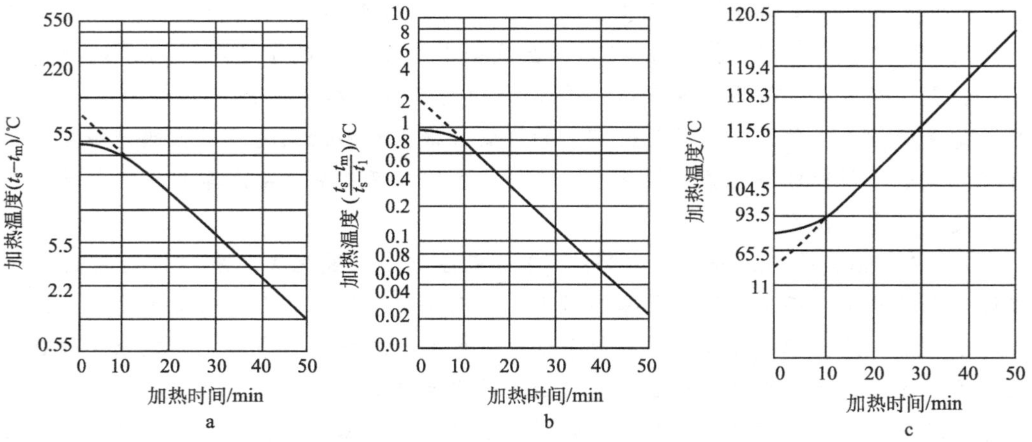

图 2-16　罐头传热曲线的 3 种表示方法

图 2-16a 的纵坐标为对数坐标，表示加热温度 t_s和罐头中心温度 t_m之差（t_s-t_m），横坐标为加热时间，传热曲线是由加热过程各个时间的（t_s-t_m）值绘制而成的。根据这种方法，t_1值是由内容物初温 t_1所决定的。

图 2-16b 的纵坐标为对数坐标，表示加热温度 t_s和罐头中心温度 t_m之差（t_s-t_m）与加热温度 t_s和罐头初温 t_1之差的比值，横坐标为加热时间，是由各加热时间的（t_s-t_m）/（t_s-t_a）值绘制而成的。根据这种方法，最初值与内容物初温无关，通常以 1 表示。图 2-16c 的纵坐标也是对数坐标，表示罐头中心温度，横坐标为加热时间。传热曲线是由各加热时间的罐头中心温度绘制而成的。图中的最高温度比实际的加热温度低 0.55℃。例如，加热温度为 121.1℃，则图上的最高温度为 120.5℃。上面 3 个方法中，前面两个方法适用于理论研究，第三个方法适用于实际。第二个方法特别适用于传热加热的数学解析。

（二）罐头食品的传热方式

罐头食品的传热方式基本上可归纳为 3 种：导热、对流、导热对流结合型传热。罐头容器全部靠热传导热量，罐内食品的传热方式则视食品的性质而定，有的以导热为主，有的以对流为主，有的两者兼有。罐头食品热量传递的基本过程是热量由蒸汽或热水传给罐头外壁表面，通过罐壁传到罐内食品，再传到罐头中心，然后随着加热杀菌时间的延续，罐头中心温度渐渐上升，并达到规定的杀菌温度。

1. 导热传热　由于物体内各个部位直接接触而产生的热量传递现象称为导热。导热可分为稳定导热和不稳定导热。物体内温度分布和传热速度不随时间的变化而变化者，称为稳定导热，温度分布和传热速度随时间的变化而变化者，称为不稳定导热。罐头在杀菌锅内的杀菌时间计算就是不稳定导热的计算。

罐头类型：干装、浓稠调味液、浓缩汤类。

实际生产罐头和模拟实验的传热方式相似。

根据傅里叶（Fourie）定律，只有 x 方向导热时，导热基本公式如下：

$$\frac{\mathrm{d}Q}{\mathrm{d}\tau}=-\lambda A\frac{\mathrm{d}T}{\mathrm{d}x}$$

式中：Q 为加热量（kW · h）；τ 为时间（h）；A 为传热面积（m^2）；λ 为热导率［W/(m · K)］；T 为温度（K）；x 为传热距离（m）。

传热速度是表示传热难易的物体固有常数。

在加热和冷却过程中，罐内壁和罐内几何中心之间将出现温度梯度。热量总是从高温向低温方向传递，即在加热时，热量向罐头几何中心传递；冷却时，热量向罐壁传递。因此，罐内各点的受热程度并不一样，导热传热最慢的一点，一般都在罐头几何中心，此点称为冷点，如图 2-17a 所示。

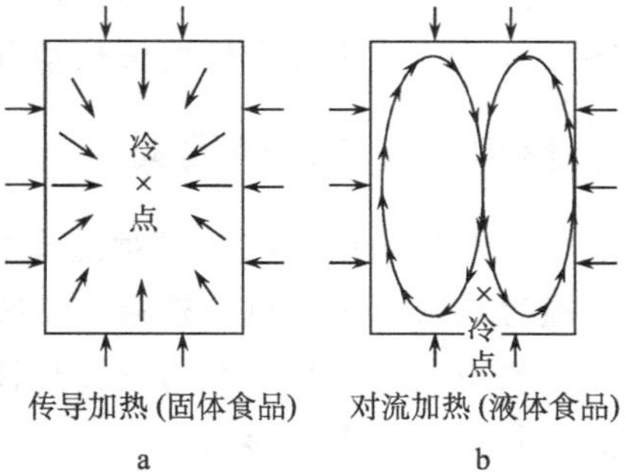

图 2-17　罐头传热冷点

2. 对流传热　对流是液体和气体流动传递热量的方式，物体各个部位发生位移而产生的热量传递现象，称为对流传热。

罐头类型：装有糖水、盐水或其他低黏度液体的罐头食品。

与传导传热比较，对流传热的速率比传导传热快，冷点温度的变化也较快，因此加热杀菌需要的时间较短。

根据牛顿（Newton）定律，得

$$Q=hA(T_a-T_b)$$

式中：Q 为加热量（kW · h）；h 为境膜传热系数［W/(m^2 · K)］；A 为传热面积（m^2）；T_a为流体平均温度（K）；T_b为固体表面平均温度（K）。

液体在固体表面是呈静止状态或近似层流状态的速度分布薄层。薄层主要通过导热、传热，要产生很大的传热阻力，这样的流体薄层称为境膜。境膜的假象有效厚度用 δ 表示，流体传热的传热速度用 k 表示，境膜传热系数 $h=k/\delta$。

液体食品受温度场的影响，部分食品受热后迅速膨胀，密度就降低，比未受热的或温度较低部分的食品轻，轻者上升，重者下沉，造成流体的循环流动，进行热交换，这样在加热或冷却过程中，罐内各点的温度比较接近，温差很小，传热速度快，所需要的加热杀菌时间或冷却时间较短。对流传热曲线，也属简单加热曲线。属于这种传热的罐头食品有果汁、汤类等低浓度流体状罐头食品。对流传热罐头食品的冷点在罐头轴上离罐底 20～40nm 的部位，如图 2-17b 所示。

3. 对流、传导结合式传热　许多食品的传热，往往是对流和导热同时存在，或先后产生，这种传热情况是相当复杂的。一般说，糖水或盐水的小块形或颗粒状果蔬罐头食品属于是先对流传热，加热后由于淀粉糊化，便由对流转为导热传热，冷却时也导热传热。盐水玉米、稍浓稠的汤和番茄汁，也是先对流后导热。苹果沙司等有较多沉积固体的罐头食品多，故为导热，由于加热流体的力量达到足以造成沉积的固体食品悬浮于液体之中，并产生循环流体，这时就开始对流传热。又如原汁贝类罐头，开始加热时由于加热使贝肉脱水，汤汁逐渐增多，便开始对流和导热同时进行，冷却阶段也是如此，对流-导热型传热曲线属于转折加热曲线。对流、传导同时存在，如水果类罐头；先对流后传导，冷却时只有传导，如苹果汁；先传导后对流，冷却时只有对流，如番茄沙司。

冷点：处于对流与传导两冷点之间，由两者比值决定。

4. 其他传热方式　为了加快传热速度，对于某些对流行差的罐头食品，采用机械转动或其他方式使它产生一定的对流，这种传热称为诱导型传热，如使用回转式杀菌锅，使罐头在杀菌过程和冷却过程中产生适当的转动，以促进传热。

食品传热方式还有辐射传热，主要是面包、烘烤果子、饼干等烘烤食品。对于加热杀菌的罐头食品，几乎没有辐射传热情况。

二、影响罐头传热的因素

罐头食品的传热状况，对罐头的加热杀菌效果有明显影响。罐头在杀菌锅内加热杀菌时，通过热水或蒸汽供应热量，从罐头外侧表面向罐内传递热量是遵循热的传导和对流规律的。一般来说，罐头中心附近传热较慢。因此，罐头中心温度是有关杀菌的重要因素。罐头传热受到下列因素的影响。

（一）罐头食品的物理特性

与传热有关的食品物理性质，主要是形状、大小、浓度、密度、黏度等。食品的物理特性不同，传热速度也不同。

1. 流体食品　这类食品的黏度和浓度不大，如果汁、肉汤、清汤类罐头食品，加热时产生对流，属于对流传热型，传热速度较快。罐头中心温度较快地达到杀菌温度，传热效果好。

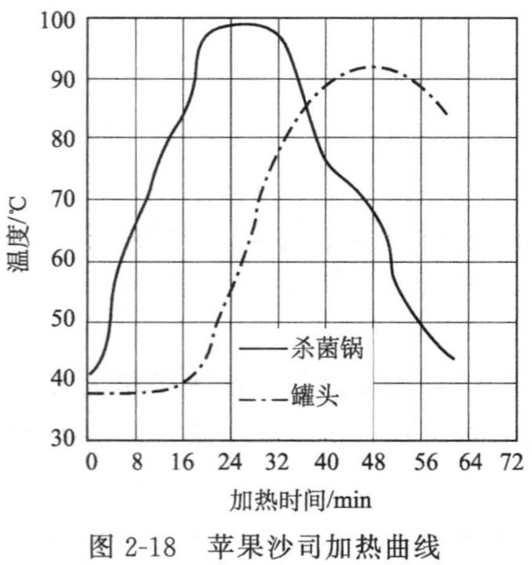

图 2-18　苹果沙司加热曲线

（引自：李雅飞等，1993）

2. 半流体食品　这类食品虽呈流体状态，但浓度较大如番茄酱、果酱、水果沙司等罐头食品，加热杀菌时，不产生对流，或对流很小，主要是导热传热，传热速度较流体食品慢。例如，苹果沙司罐头的传热曲线，见图 2-18。罐头中心温度上升比较慢。

这类食品中的糖分、淀粉、果胶等含量对传热速度产生很大影响。随着温度、黏稠度和密度的增加，其传热方式越趋势于导热为主，传热速度也越慢。例如，增加果酱中糖的含量，即增加了果酱的黏度和密度，于是传热速度也就相应的降慢，不同浓度果酱的传热曲线见图 2-19。

某些半流食品，加热到一定程度时，逐渐成为胶体，这种食品的传热是先快后慢。

3. 固体食品　这类食品呈固态或高黏度状态，如红烧类、糜状类食品、干装食品、果胶和果泥等罐头食品，加热杀菌时，罐头食品不产生流动。故是以导热传热为主，传热速度很慢。例如，1000g 罐装红烧肉罐头的传热曲线如图 2-20 所示。从图 2-20 中可以看出，罐头中心温度上升得很慢。

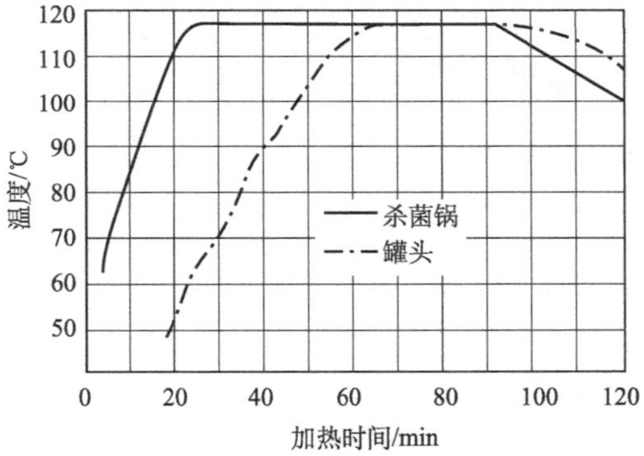

图 2-20　红烧肉罐头加热曲线
（引自：李雅飞等，1993）

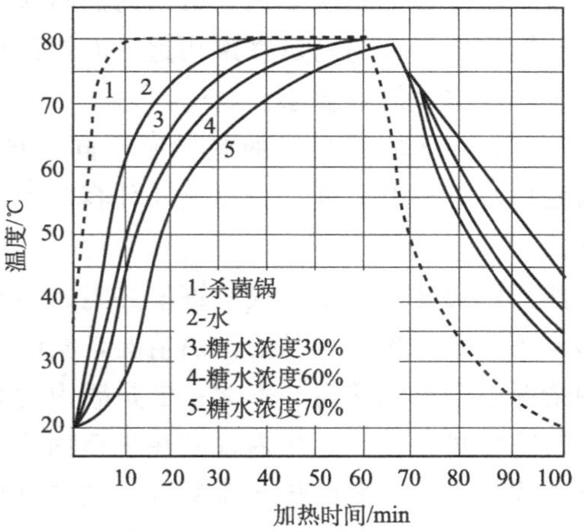

图 2-19　果酱加热曲线（引自：李雅飞等，1993）

4. 流体和固体混装食品　这类食品既有流体又有固体，传热状态是很复杂的，如糖水、清水、盐水类果蔬罐头食品等。这类食品的块形、大小、灌装方式等也会影响到传热速度。这类食品是以导热和对流结合型传热。一般说，小颗粒、条形、块形食品，在加热杀菌时。罐内的液体容易流动，以对流传热为主，传热速度比大条、块形食品快。大块形食品是对流-导热型传热。层片装食品的传热较慢。竖条装食品，液体可以上下流动，传热速度比片状食品快。

（二）罐头容器材料的物理性质、厚度和几何尺寸

1. 容器材料的物理性质及罐壁厚度　热量从罐外向罐内食品的传递，首先受到罐壁的热阻作用，罐壁的热阻 σ 与罐壁厚度 δ 和热导率 λ 有关，热阻 $\sigma=\dfrac{\delta}{\lambda}$，增加 δ 或减小 λ 值，都会使热阻 σ 增大。其次，传热还受到食品的热阻作用。

马口铁罐的罐壁，主要考虑黑铁皮的厚度和热导率，厚度 $\delta_{铁}$ 一般为 $2.4\times10^{-4}\sim3.6\times10^{-4}$ m，甚至为 1.5×10^{-4} m 以下，黑铁皮的热导率 $\lambda_{铁}$ 一般为 46.52～52.34W/(m · K)，这样马口铁罐罐壁的热阻为

$$\sigma_{铁}=\frac{\delta_{铁}}{\lambda_{铁}}=\frac{0.000\,24}{46.52}\sim\frac{0.000\,36}{46.52}=4.11\times10^{-6}\sim7.7\times10^{-6}\,(\mathrm{m^2\cdot K})/\mathrm{W}$$

玻璃罐罐壁厚度 $\delta_{玻}$ 一般为 $2\times10^{-3}\sim6\times10^{-3}$ m，热导率 $\lambda_{玻}$ 一般为 0.58～0.93W/(m² · K) 玻璃罐罐壁的热阻

$$\sigma_{玻}=\frac{\delta_{玻}}{\lambda_{玻}}=\frac{0.0002}{0.58}\sim\frac{0.0006}{0.58}=3.4\times10^{-4}\sim1.0\times10^{-2}\,(\mathrm{m^2\cdot K})/\mathrm{W}$$

可见玻璃罐罐壁的热阻要比马口铁的热阻大好几百倍。

铝罐罐壁厚度与马口铁罐相近，而铝的热导率$\lambda_{铝}$约为203.53W/(m·K)，因此铝罐罐壁热阻比马口铁罐还要小。

可见，由于容器材料的热导率不同，热阻也就不相同。λ越大，σ就越小；λ相同时，热阻便取决于罐壁厚度了。以上3种容器中，传热速度最快的是铝罐，马口铁次之，玻璃罐最慢。

然而引起注意的不仅仅是罐壁热阻的本身大小，而是这种热阻对传热所产生的影响。这种影响还取决于罐内食品的传热情况，实际上有两种情况：一是罐内食品以对流传热为主，这种情况下食品的热阻并不大；二是罐内食品以导热为主，这种情况下食品的热阻很大。

对流传热型食品，罐内食品在杀菌时产生强烈对流，如图2-21所示。最初高温介质以对流方式为主（介质的传热系数h_1）把热量传给罐壁，然后以导热方式通过罐壁，再以对流方式（食品的传热系数h_2）传给罐内食品。这样，马口铁罐的系统总热阻

$$\sigma_{1铁}=\frac{1}{h_1}+\frac{\sigma_{铁}}{\lambda_{铁}}+\frac{1}{h_2}$$

一般说，h_1和h_2都很大，所以总热阻就比较小。热阻比值为

$$\frac{1}{h_1}:\frac{\delta_{铁}}{\lambda_{铁}}:\frac{1}{h_2}=100:1:100$$

玻璃罐的系统总热阻

$$\sigma_{1玻}=\frac{1}{h_1}+\frac{\sigma_{玻}}{\lambda_{玻}}+\frac{1}{h_2}$$

热阻比值为

$$\frac{1}{h_1}:\frac{\sigma_{玻}}{\lambda_{玻}}:\frac{1}{h_2}=100:800:100$$

可见，对于对热传热型食品，玻璃罐罐壁热阻对系统中的热传有决定性的影响，而马口铁罐罐壁热阻影响较小。

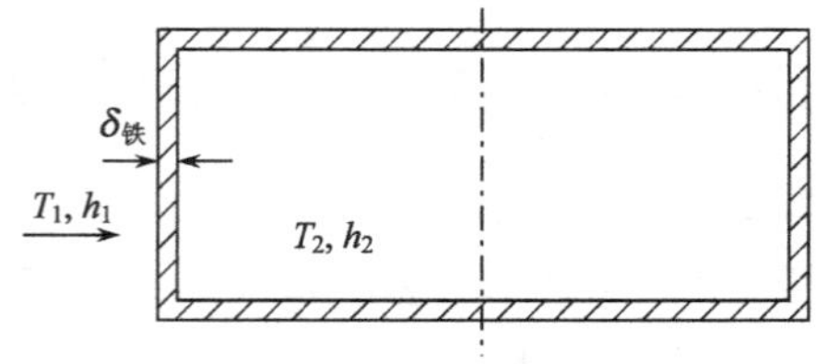

图2-21　流体食品的对流传热

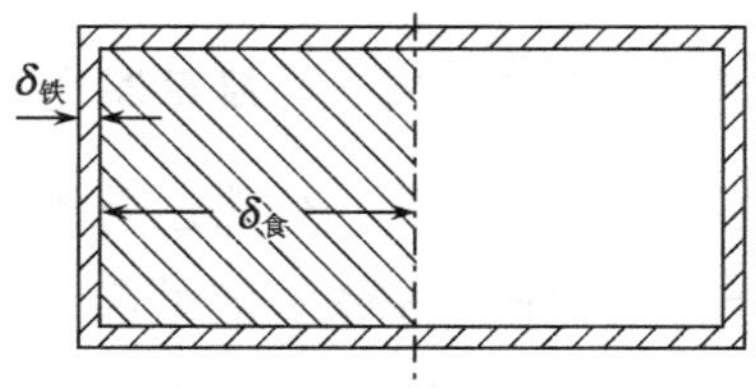

图2-22　黏稠食品的导热传热

导热传热型食品，罐内食品在加热杀菌时不产生对流，如图2-22所示。热量从介质到罐壁为对流传热，然后以导热传热通过罐壁，再以导热传热通过食品并到达罐头中心。这样，马口铁罐的系统中的总热阻为

$$\sigma_{1铁}=\frac{1}{h_2}+\frac{\sigma_{铁}}{\lambda_{铁}}+\frac{\delta_{食}}{\lambda_{食}}$$

热阻比值为

$$\frac{1}{h_1}:\frac{\delta_{玻}}{\lambda_{玻}}:\frac{\delta_{食}}{\lambda_{食}}=100:1:2500$$

可见，食品的热阻对导热传热型食品的传热起着决定性的影响。

总之，罐头容器材料的物理性质和厚度对于对流传热有很大影响，主要是看其单位容积所占有的罐外表面积及罐壁到罐头中心的距离。

2. 容器的几何尺寸　对于不同罐型的罐头进行加热时，其罐型不一样所需加热时间也不一样，根据无限长的圆柱体，在周围温度不变的情况下进行加热时，其中心温度的理论公式

$$\frac{T_m-T_i}{T_s-T_j}=f\left(\frac{\beta}{\lambda}R,\ \frac{\alpha\tau}{R^2}\right)$$

经过修正得出圆形罐头加热时间公式

$$\tau=\frac{(8.3HD+D^2)\left(19-\frac{1}{\lg\delta-0.01}\right)}{974.2\lambda} \tag{2-13}$$

式中：$\delta=\frac{T_m-T_i}{T_s-T_j}$为罐头高度（cm）；$D$ 为罐头外径（cm）；τ_i 为罐头食品的初温（K）；T_m 为罐头中心最高温度（K）；T_s 为杀菌锅内介质的杀菌温度（K）；λ 为罐头食品导热率[W/(m·K)]；τ 为罐头中心温度从 T_1 加热到 T_2 时所需要的时间。

设$\frac{19-\frac{1}{\lg\delta-0.01}}{974.2\lambda}=A$，于是公式（2-13）可写成

$$\tau=A(8.3HD+D^2) \tag{2-14}$$

罐头内容物相同，杀菌条件相同，即 A 值相同，两种不相同罐型所需要加热时间与罐型尺寸的关系按下式计算：

$$\frac{\tau_1}{\tau_2}=\frac{8.3H_1D_1+D_1^2}{8.3H_2D_2+D_2^2} \tag{2-15}$$

利用公式（2-15）可以计算不同罐装的导热传热型食品的加热时间。例如，罐外径为 10cm，罐高 11.2cm 的红烧猪肉罐头，杀菌温度为 112℃，罐头中心温度加热到 111℃时所需要的时间为 188min，现改用罐外径 10cm，罐高为 4.5cm 的空罐，那么罐头中心温度加热到 111℃时需要多少时间？

利用公式（2-15）第二种罐型加热时间为

$$\tau_2=\tau_1\frac{8.3H_1D_1+D_1^2}{8.3H_2D_2+D_2^2}=188\times\frac{8.3\times4.5\times10+10^2}{8.3\times11.2\times10+10^2}=86.5\text{min}$$

当罐头容器的材料相同、厚度相同、杀菌条件相同时，A 值实际上是个常数。令 $A=2$，罐头容积 V 和加热时间 τ 为

$$V=\frac{D^2}{4}\pi H$$

$$\tau=8.3nHD+D^2 \tag{2-16}$$

如果罐径 D 不变，罐高 H 增加 n 倍，则

$$V_1=\frac{D^2}{4}\pi nH=nV$$

$$\tau_1=8.3nHD+D^2 \tag{2-17}$$

如果罐高不变，罐径增加 n 倍，则

$$V_2=\frac{(nD)^2}{4}\pi nH=n^2V$$

$$\tau_2=8.3DnH+(nD)^2 \tag{2-18}$$

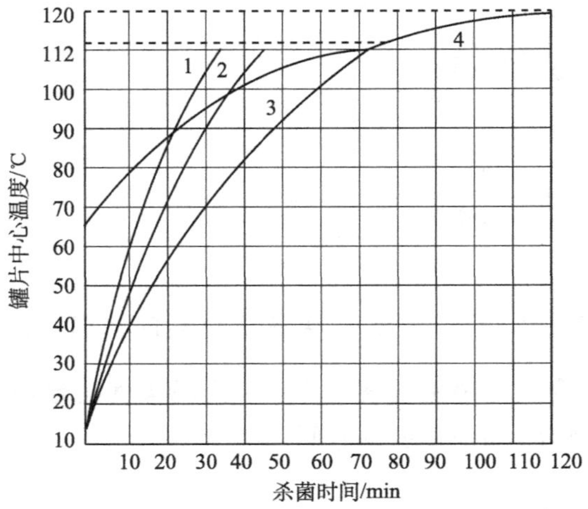

图 2-23　容积不同的鱼类罐头的加热曲线

（引自：李雅飞等，1991）

1. 容积为 141.6mL；2. 容积为 250.0mL；3. 容积为 477.7mL；4. 容积为 3033.0mL

可见，τ_1 和 τ_2 都大于 τ，即不论增加罐高或罐径，罐头的容积都增大，加热时间也就增加。不同容积罐头的加热曲线见图 2-23，从图中可以看出，容积小的罐头传热快。

罐头容器的 H/D 比值大小对传热也有影响。从单位时间加热的容积——“相对加热速度” $\frac{V}{\tau}=\frac{V}{8.3nDH+D^2}$公式出发，如果罐径不变，罐高增加 n 倍，其相对加速度为

$$\frac{V_1}{\tau_1}=\frac{nV}{8.3nHD+D^2}=\frac{V}{8.3DH+\frac{D^2}{n}} \tag{2-19}$$

如果罐高不变，罐径增加 n 倍，则相对加热速度为

$$\frac{V_2}{\tau_2}=\frac{n^2V}{8.3H\cdot nD+(nD)^2}=\frac{V}{\frac{8.3\cdot DH}{n}+D^2} \tag{2-20}$$

可见，增加罐头容积，相对加热速度也增加，而 $\frac{V_1}{\tau_1}$ 和 $\frac{V_2}{\tau_2}$ 哪个大，取决于 $\frac{V}{\tau}=\frac{V}{8.3HD+D^2}$公式的分母 $8.3HD$ 和 D^2 的大小，它们又取决于 H/D 比值大小，其关系见表 2-11。

表 2-11　H/D 与 $8.3DH$ 和 D^2 的关系

H/D	$\frac{8.3HD}{8.3nHD+D^2}$/%	$\frac{D^2}{8.3nHD+D^2}$/%
4	97.1	2.9
3	96.1	3.9
2	94.3	5.7
1	89.3	10.7
0.8	86.8	13.2

续表

H/D	$\frac{8.3HD}{8.3nHD+D^2}$/%	$\frac{D^2}{8.3nHD+D^2}$/%
0.7	85.3	14.7
0.6	83.3	16.7
0.5	80.5	19.4
0.4	76.7	23.3

从表 2-11 可以看出，$8.3HD$ 项占的百分比越大，即 $8.3HD$ 项对于 V/τ 太小起主要作用，还可以看出，H/D 比值越小，$8.3HD$ 项占的百分比也越小，则 V/τ 也就越大，即为了增加相对加热速度，应该增加罐径，而不是增加罐高。这里有一个最佳 H/D 比值问题，即使相同容积罐头的加热时间最短，或使相同加热时间内的加热容积最大的 H/D。

罐头容积相同，即 $V=$ 常数时，求出 τ 为最小值时的 H/D 比值。经一阶导数、二阶导数和函数的极大值、极小值法则求得当 $H/D=0.25$ 时，所需要的加热时间最短。

罐头容积相等，求 H/D 比值分别为 4、1、0.25、0.1 时的加热时间：

$\frac{H_1}{D_1}=4$，即 $H_1=4D_1$ 时，$\tau_1=8.3H_1D_1+D_1^2=8.3\times 4D_1D_1+D_1^2=34.2D_1^2$

$\frac{H_2}{D_2}=1$，即 $H_2=D_2$ 时，$\tau_2=8.3H_2D_2+D_2^2=8.3\times D_2D_2+D_2^2=9.3D_2^2$

因容积相等，$\frac{\pi D_2^2}{4}H_1=\frac{\pi D_2^2}{4}H_2$ 或 $D_1^2H_1=D_2^2H_2$

又因 $H_1=4D_1$，$H_2=D_2$ 所以 $D_1^2\cdot 4D_1=D_2^2\cdot D_2$

$D_2=\sqrt[3]{4}D_1=1.59D_1$

$\tau_2=9.3D_2^2=9.3\times(1.59D_1)^2=23.51D_1^2$

利用同样方法求得

$\frac{H_3}{D_3}=0.25$，即 $H_3=\frac{1}{4}D_3$ 时，$\tau_3=19.5D_1^2$

$\frac{H_4}{D_4}=0.1$，即 $H_4=\frac{1}{10}D_4$ 时，$\tau_4=21.2D_1^2$

可见，当 $\frac{H}{D}=0.25$ 时，τ 为最小值；$\frac{H}{D}>0.25$ 或 $\frac{H}{D}<0.25$ 时，τ 将增大。

加热时间相同，即 $\tau=$ 常数时，求出 V 为最大值时的 $\frac{H}{D}$ 比值也是 0.25。

通过理论计算证明，当 $\frac{H}{D}=0.25$ 时，加热时间 τ 最短，加热容积 V 最大，但实际上的罐型不可能都是 $\frac{H}{D}=0.25$。

（三）罐头食品的初温

罐头食品的初温是指杀菌刚刚开始时，罐内食品最冷的平均温度。一般说，初温与杀菌温度之差越小，罐头中心加热到杀菌温度所需要的时间越短，一般来说，食品初温对于对流传热型食品的加热时间影响不大。食品初温对于导热传热型食品的加热时间影响很大，这可以利用公式（2-18）计算证明。利用该公式时应注意其条件是：罐头中心最高温度比杀菌温度低 1℃；杀菌温度为 110～120℃；冷装食品为 20～40℃，热装食品为 50～90℃。把公式（2-17）写成

$$\tau=\frac{19-\dfrac{1}{\lg\delta-0.01}}{947.2}\cdot\frac{8.3HD+D^2}{\lambda}$$

设罐头杀菌温度为 115℃，罐头中心温度为 114℃，冷装食品温度为 30℃，热装食品温度为 70℃。则对于热装食品

$$\tau_{热}=\frac{19-\dfrac{1}{\lg\dfrac{T_m-T_i}{T_s-T_j}-0.01}}{947.2}\times\frac{8.3HD+D^2}{\lambda}$$

$$=\frac{19-\dfrac{1}{\lg\dfrac{387-343}{388-343}-0.01}}{947.2}\times\frac{8.3HD+D^2}{\lambda}$$

$$=\frac{0.074\times(8.3HD+D^2)}{\lambda}$$

对于冷装食品

$$\tau_{冷}=\frac{19-\dfrac{1}{\lg\dfrac{T_m-T_i}{T_s-T_j}-0.01}}{947.2}\times\frac{8.3HD+D^2}{\lambda}$$

$$=\frac{19-\dfrac{1}{\lg\dfrac{387-303}{388-303}-0.01}}{947.2}\times\frac{8.3HD+D^2}{\lambda}$$

$$=\frac{0.088\times(8.3HD+D^2)}{\lambda}$$

从上述两个公式可以看出，提高食品初温，便可缩短加热时间。比较如下：

$$\frac{0.088-0.071}{0.071}\times100\%=23.9\%$$

即这个例子里的冷装食品的加热时间比热装食品增加 23.9%。

如果要求达到的罐头中心温度与规定的杀菌温度之差越大，则加热时间也就越短。

（四）杀菌锅的形式和罐头在杀菌锅的位置

罐头工业中常用的静置式杀菌锅，其传热效果较差；而回转式或旋转式杀菌锅，由于罐头食品在杀菌过程中处于不断搅动状态，故传热效果较好。由于杀菌锅回转方式不同，罐头

在杀菌锅内旋转的方向也不同（有垂直转动，有螺旋前进又平行自转），罐内食品搅动状态也不相同，因此传热效果也有差异。又因罐内食品的形态、黏稠度等的不同，搅动的效果也不相同。回转式杀菌锅对于导热-对流结合型传热的食品及流动性较差的食品，如桃片、番茄酱等罐头效果特别好。表 2-12 为番茄酱罐头的传热试验记录。

表 2-12　番茄酱罐头的传热试验

杀菌温度/℃	转动状况	罐头中心到达下列温度时的时间/min			
		107.2 ℃	111.6 ℃	112.76 ℃	115.5 ℃
115.5	不转动	200	235	300	—
121.1	不转动	160	190	220	260
115.5	30r/min	9	10.5	12.5	—
115.5	4r/min	12	13.5	17	—
121.1	5r/min	10	11.5	13	16

来源：李雅飞等，1993

对于黏稠食品，回转时的搅动作用是由于罐内顶隙空间在罐头中发生位移而实现的，但转速必须适当，这样才能起到搅动作用。如果转速太慢，不论罐头转到什么位置，而罐头顶隙始终处在最上端，这样就起不到搅动作用；如果转速太快，则产生离心力，这样罐头顶隙始终处在最里边一端，同样也起不到搅动作用。因此，后两种起不到促进传热的作用。

对于块状、颗粒状食品罐头，回转时能使罐内食品颗粒或块在液体中移动，而起到搅动作用。一般说，水果罐头所采用的转速以 11r/min 为适宜，但大块食品的转速宜慢，利用大块片的重力在液体中起落，促进对流。小颗粒食品。如玉米、青豌豆等，则采用高转速为宜，使颗粒能较快地移动，玉米罐头的试验结果见表 2-13。对于娇嫩食品转速也不宜太快，否则容易损伤食品的形态。对于像午餐肉等无法流动的罐头食品，回转并没有什么意义。

表 2-13　玉米罐头回转杀菌试验

转速/(r/min)	罐头中心温度达到杀菌温度所需要的时间/min
0	90
10	70
25	50
66	15

来源：李雅飞等，1993

罐头在杀菌锅内的位置对传热也有一定影响，主要是卧式静置杀菌锅，一般说罐头处于蒸汽喷嘴远点，传热效果要差些。如果杀菌锅内的空气没有排除干净，存在空气袋，那么处在空气袋内的罐头，其传热效果就更差。

此外，杀菌锅内的热介质的不同及热介质在锅内的循环速度、热量分布情况等，对传热效果也有不同程度的影响。

三、加热杀菌时罐头传热状态的测定

罐头传热状态的测定，主要是测定罐头中心温度和杀菌 F 值。这时指的罐头中心温度是罐头传热最慢点的温度。通过罐头中心温度的测定，可以了解和观察罐头的传热状态，比较锅内各个部位的升温情况，以改进工艺和操作技术，比较各类罐头的传热情况，确定各类罐头的杀菌工艺。通过 F 值的测定，可以了解罐头的杀菌效果，制订合理的杀菌条件。

罐头中心温度可以用数学方法计算确定，但很繁琐，一般采用测量方法。过去曾使用高温度计来测量罐头中心温度，测定时将最高温度计安装在罐内传热最慢的位置，密封后罐盖上做好标记，待加热杀菌终了时，开罐取出温度计，读取温度读数即可。这种方法只测定罐头中心在整个杀菌过程中的最高温度，无法反映出罐头中心温度的变化，而且安装也较麻烦，故已淘汰。现多采用罐头中心温度测定仪来进行测定。常用的有 CTD 型数字温度计、Z9CD-F 型罐头中心温度及 F 值记录仪等。

罐头中心温度测定仪的主要构造是由热电偶和电位差计组成的。基本原理是根据两种不同金属丝，一般采用铜和康铜丝，组成封闭电降，将两个熔接点各自放入不同温度的介质中，便有电动势产生，这种电动势与两个熔接点的温差呈正比。为了计算方便，熔接点的一端保持 0℃（可放在冰水介质中），称为冷端；另一端插入罐头食品中，称为热端。然后接入仪器中，根据所产生的电位差值便可换算出或查表得知罐头中心温度。为了准确，在测定前应用标准温度计进行校对。CTD 型数字测温仪和 Z9CD-F 型温度记录仪本身已有温度补偿装置，不需要用冰水介质作冷端了，可以直接读出温度读数。CTD 型测温仪，能把罐头中心温度的变化用数字显示出来，但不能自动记录，需要时由人工记录下来。Z9CD-F 型温度记录仪，则可自动打印出温度曲线和 F 值曲线。有的可直接打印出温度数值和 F 值数值。热端的热电偶感应温度的位置是在先端 1cm 处，务必将热电偶的先端正确插在所测食材的中心位置，热端的热电偶装置及其在罐头食品和软罐头食品中的装配如图 2-24 所示。

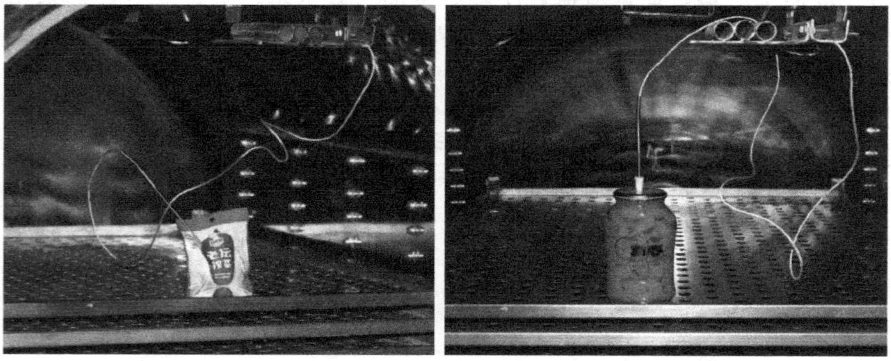

图 2-24　测温仪感温部件的装配

加热杀菌过程中，罐内食品温度的分布是不均匀的，所以测温点应是传热最慢的点。冷点的位置，对于导热型食品，应在罐头的几何中心。对于对流传热型食品，圆形罐时应在离罐轴底端 20(小型罐)～40mm(大型罐)处，见图 2-25。

对于对流-导热结合型传热食品的测温点，应在对流和导热型两个冷点之间，一般在两者的中间。特殊食品如束装、层叠装、纸包食品等，则需预先进行测试来确定其测温点。

目前的测温仪大多有 4 个或 6 个感温部件，即每一次可测定 4 个或 6 个温度点，一般每一次用 1 个感温部件测定锅内介质的温度，其余的测定罐头中心温度。测温的间隔时间根据仪器功能而定，但对流和对流-导热型食品测温时，每分钟不应少于 1 次，对于导热型食品

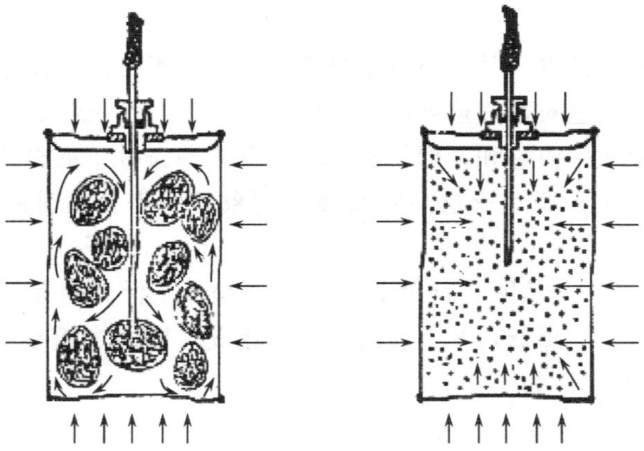

图 2-25　罐头食品冷点的位置

测温时，间隔时间可以稍长一些。供测温用的各个罐头必须分别放在杀菌锅的不同位置。使用测温仪时，必须严格按照所规定的操作程序进行操作，做好原始记录，并按照罐头传热测定试验记录表格做好登记。测定完毕，将数据进行整理，并保留原始记录。

第四节　罐头食品杀菌时间及 *F* 值的计算

罐头食品杀菌时间及 *F* 值计算的方法很多，1920 年，比奇洛（Begelow）学派首先创立了罐头杀菌理论；1923 年，鲍尔（Ball）根据罐头食品在加热杀菌时，罐头中心部位所受的加热效果，提出了积分计算杀菌效果的方法，这种理论在罐头工业中得到了广泛的应用；为了简化这种计算方法，1939 年，奥尔森（Olsen）、史蒂文斯（Stevens）及舒尔茨（Schultz）提出了改进的计算方法；1948 年，斯顿博（Stuonbo）提出了把细菌特性的影响考虑在内的计算杀菌时间的方法。通过理论计算，可以寻求较合理的杀菌时间和 *F* 值，在保证食品安全性的前提下，尽可能更好地保持原有的色香味，同时节约能源。

从微生物死亡的特性看，凡是温度达到微生物死亡温度时，微生物就开始死亡，并随着温度的提高，其死亡时间呈对数级速度减少。因此罐头杀菌过程的 *F* 值等于整个杀菌过程的杀菌效果的总和，即把罐头在实际杀菌条件下的总杀菌效果，换算成标准温度（121℃或 100℃）下杀灭一定量腐败对象菌所需要的时间，这就是所求的实际杀菌条件下的 *F* 值。

一、杀菌致死时间——*F* 值的近似计算方法

微生物的致死规律如图 2-14 所示。在恒定的致死温度下杀菌时，微生物残存数随着加热时间的延长，以对数级速度减少，如图曲线Ⅰ，当加热时间从 2min 增加到 3min 时，活菌存数则从 10^2 降到 10。从图 2-14 还可以看出，微生物Ⅰ和微生物Ⅱ的抗热性不同，如活菌存数从 10^3 降到 10^2，即杀菌数为 $\frac{10^3-10^2}{10^2}\times 100\%=90\%$ 时，曲线Ⅰ的 *D* 值为 1min 时，曲线Ⅱ的 *D* 值为 0.75min，这表明微生物Ⅰ的抗热性强。

以芽孢梭菌（P·A3679）和肉毒杆菌为例，两者在 pH 7.0 的磷酸盐缓冲液中的加热致死时间不同，在 121.1℃下，P·A3679 的致死时间为 4.15min，肉毒杆菌为 2.45min，后者

抗热性低。

从微生物的死亡的特性看，凡是温度达到微生物死亡温度时，微生物就开始死亡，并随温度的提高，其致死时间呈对数级速度减少（图 2-13）。因此，罐头食品杀菌过程的 F 值等于整个杀菌过程的杀菌效率值总和，即将罐头在实际杀菌条件下的总杀菌效率值，换算成标准温度（121.1℃或 100℃）下杀灭这一定量腐败对象菌所需要的时间，这就是所求的实际杀菌条件下的 F 值。

1. 安全 F 值的估算 从图 2-12 可以看出，纵坐标上活菌残存数，在某一恒定致死温度下，随加热时间的延长而降低，并呈直线关系，因此可以通过相似三角形关系求得活菌残存曲线的 D 值，公式（2-3）为

$$\tau_2 = D(\lg a - \lg b)$$

如果标准温度 t_0 定为 121.1℃，则 τ_2 和 F_0 相等，于是安全值 F_0 可由式（2-3）求得，即

$$F_0 = \tau = D(\lg a - \lg b) \tag{2-21}$$

例如，某罐头厂生产蘑菇罐头时，根据工厂的卫生条件及原料的微生物污染情况等，通过微生物检验，选择嗜热脂肪芽孢杆菌为对象菌，每克罐头食品在杀菌前含嗜热脂肪芽孢杆菌数不超过 2 个，经 121.1℃杀菌和保温贮藏后，允许的腐败率为万分之五以下，要求估算 425g 蘑菇罐头在标准温度 121.1℃下杀菌的安全 F_0值。

已知嗜热脂肪芽孢杆菌 $D_{121.1} = 4.00\text{min}$

$$a = 425\text{g}/\text{罐} \times 2\ \text{个}/\text{g} = 850\ \text{个}/\text{罐}$$

$$b = \frac{5}{10\ 000} = 5 \times 10^{-4}\ \text{个}/\text{罐}$$

$$F_0 = D(\lg a - \lg b) = 4 \times (\lg 850 - \lg 5 \times 10^{-4}) = 24.92\text{min}$$

2. 罐头在实际杀菌条件下 F 值的计算 从图 2-13 的相似三角形关系可得出公式（2-7）：

$$F_0 = \tau_2\ 10^{\frac{t_2 - 121.1}{Z}}$$

式中：τ_2为在温度 t_2下的加热致死时间，t_2为加热杀菌温度。

设 $L_i = 10^{-\frac{t_s - 121.1}{Z}}$ 如果 t_2为任何杀菌温度，τ_2为任何杀菌温度下的杀菌时间则

$$F_0 = \tau_i \times L_i \tag{2-22}$$

式中：L_i为微生物的致死率，表示各个温度下杀菌效率值的换算系数，即罐头在某一温度 t_2（℃）下的杀菌效率值，相当于在标准温度 121.1℃下的杀菌效率值的几分之几或几倍。采用肉毒梭状芽孢杆菌为对象菌时 $Z=10$℃，这样当 $t_2=121.1$℃时，则 $L_i = 10^{-\left(\frac{121.1-121.1}{10}\right)} = 1$，低于 121.1 ℃时，$L_i<1$，高于 121.1℃时，$L_i>1$。表 2-14 为 Z 值为 10℃时，不同杀菌温度条件下的 L_i值。

表 2-14 致死率 $L_i = \lg^{-1}\left(\frac{\tau_i - 121.1}{10}\right)$

T_i/℃	0.0	0.1	0.2	0.3	0.4	0.5	0.6	0.7	0.8	0.9
90	0.0008	0.0008	0.0008	0.0008	0.0009	0.0009	0.0009	0.0009	0.0009	0.0010
91	0.0010	0.0010	0.0010	0.0011	0.0011	0.0011	0.0012	0.0012	0.0012	0.0012

续表

T_i/℃	0.0	0.1	0.2	0.3	0.4	0.5	0.6	0.7	0.8	0.9
92	0.0012	0.0013	0.0013	0.0013	0.0014	0.0014	0.0014	0.0015	0.0015	0.0015
93	0.0016	0.0016	0.0016	0.0017	0.0017	0.0017	0.0018	0.0018	0.0019	0.0019
94	0.0020	0.0020	0.0020	0.0021	0.0021	0.0022	0.0022	0.0023	0.0023	0.0024
95	0.0025	0.0025	0.0026	0.0026	0.0027	0.0028	0.0028	0.0029	0.0030	0.0030
96	0.0031	0.0032	0.0032	0.0033	0.0034	0.0035	0.0036	0.0036	0.0037	0.0038
97	0.0039	0.0040	0.0041	0.0042	0.0043	0.0044	0.0045	0.0046	0.0047	0.0048
98	0.0049	0.0050	0.0051	0.0053	0.0054	0.0055	0.0056	0.0058	0.0059	0.0060
99	0.0062	0.0063	0.0065	0.0066	0.0068	0.0069	0.0071	0.0073	0.0074	0.0076
100	0.0078	0.0079	0.0081	0.0083	0.0085	0.0087	0.0089	0.0091	0.0093	0.0096
101	0.0098	0.0100	0.0102	0.0105	0.0107	0.0110	0.0112	0.0115	0.0117	0.0120
102	0.0123	0.0126	0.0129	0.0132	0.0135	0.0138	0.0141	0.0145	0.0148	0.0151
103	0.0155	0.0158	0.0162	0.0166	0.0170	0.0174	0.0178	0.0182	0.0186	0.0191
104	0.0195	0.0200	0.0204	0.0209	0.0214	0.0219	0.0224	0.0229	0.0234	0.0240
105	0.0245	0.0251	0.0257	0.0263	0.0269	0.0275	0.0282	0.0288	0.0295	0.0302
106	0.0309	0.0316	0.0324	0.0331	0.0339	0.0347	0.0355	0.0363	0.0371	0.0380
107	0.0389	0.0398	0.0407	0.0417	0.0427	0.0436	0.0447	0.0457	0.0468	0.0479
108	0.0490	0.0501	0.0515	0.0525	0.0537	0.0549	0.0562	0.0575	0.0589	0.0602
109	0.0617	0.0631	0.0646	0.0661	0.0676	0.0692	0.0708	0.0725	0.0741	0.0759
110	0.0776	0.0794	0.0813	0.0803	0.0851	0.0871	0.0891	0.0912	0.0933	0.0955
111	0.0978	0.1000	0.1023	0.1047	0.1071	0.1096	0.1122	0.1148	0.1175	0.1202
112	0.1230	0.1259	0.1288	0.1318	0.1349	0.1380	0.1413	0.1446	0.1479	0.1514
113	0.1549	0.1585	0.1622	0.1659	0.1698	0.1738	0.1778	0.1820	0.1862	0.1905
114	0.1950	0.1995	0.2042	0.2089	0.2138	0.2188	0.2239	0.2291	0.2344	0.2399
115	0.2455	0.2512	0.2571	0.2630	0.2692	0.2754	0.2818	0.2884	0.2952	0.3020
116	0.3090	0.3162	0.3236	0.3311	0.3436	0.3467	0.3549	0.3631	0.3715	0.3802
117	0.3891	0.3981	0.4073	0.4168	0.4266	0.4365	0.4466	0.4570	0.4677	0.4787
118	0.4897	0.5013	0.5128	0.5249	0.5371	0.5495	0.5624	0.5754	0.5889	0.6024
119	0.6165	0.6309	0.6456	0.6605	0.6761	0.6920	0.7077	0.7246	0.7413	0.7587
120	0.7764	0.7943	0.8130	0.8139	0.8511	0.8711	0.8913	0.9124	0.9328	0.9551
121	0.9775	1.000	1.023	1.047	1.071	1.096	1.122	1.148	1.175	1.202
122	1.230	1.259	1.288	1.318	1.349	1.380	1.413	1.446	1.479	1.514
123	1.549	1.565	1.622	1.659	1.698	1.738	1.778	1.820	1.862	1.905
124	1.950	1.995	2.042	2.089	2.138	2.188	1.239	2.291	2.344	2.399
125	2.455	2.512	2.571	2.630	2.692	2.754	2.818	2.884	2.952	3.020
126	3.090	3.162	3.236	3.311	3.436	3.467	3.549	3.631	3.715	3.802
127	3.891	3.981	4.073	4.168	4.266	4.365	4.466	4.570	4.677	4.786
128	4.891	5.013	5.128	5.249	5.371	5.495	5.624	5.754	5.869	6.024
129	6.156	6.309	6.456	6.605	6.761	6.920	7.077	7.246	7.413	7.587
130	7.764	7.943	8.130	7.319	8.511	8.711	8.913	9.124	9.328	9.551

根据公式（2-22）可以计算出每一个杀菌温度 t_i 下的 L_i。实际上，罐头在整个杀菌过程中，其中心温度是个变数，因此整个杀菌过程中所达到的相当于标准温度 121.1℃下的杀菌效率总值，应该是每个中心温度下杀菌效率值的总和。

当加热时间的间隔充分短时，某一时间的罐头中心温度几乎是个固定值，这样也可以把它看成一个固定值。因此，在一个无限小的时间间隔内，就有一个微小的杀菌效率值，即

$$dF = L_i \Delta\tau = L_i d\tau$$

把各个罐头中心温度所产生的 dF 总和起来，便得到整个杀菌过程的总杀菌效率 F 值，

$$F = \int_0^\tau dF = \int_0^\tau L_i \Delta\tau = L_{i1}\Delta\tau + L_{i2}\Delta\tau + \cdots + L_{in}\Delta\tau = \Delta\tau(L_{i1} + L_{i2} + \cdots + L_{in}) \tag{2-23}$$

为了省去重复的计算劳动，一般先计算不同的罐头中心温度下的 L_i 值，并列成表格（表 2-15），在计算 F 值时，从表格中查出各个温度点的 L_i 的值带入公式（2-23）便可求出 F 值。

案例 4　安全 *F* 值的估算

一罐头厂生产午餐肉罐头，据环境和原料微生物检验，定肉毒梭状芽孢杆菌为杀菌的对象菌，已知每克罐头食品在杀菌前含肉毒梭状芽孢杆菌不超过 2 个，要求经过 121.1℃杀菌、保温储藏后，允许腐败率为百万分之一以下，要求估算 175g 罐头在标准温度 121.1℃条件下的安全 F_0 值（定 D=4min)。

$F_0 = D_{121.1}(\lg a - \lg b)$

a=2 个/g×175g=350 个，$b=10^{-6}$

$F=4(\lg 350-\lg 10^{-6})=4\times(2.5441+6.0)=34.18$min

案例分析：该罐头厂生产的午餐肉罐头是在标准温度条件下进行杀菌的，经查阅我们能够确定肉毒梭状芽孢杆菌的 $D_{121.1}$=4min，根据罐头厂对罐头腐败率的要求，也是每一罐头腐败的概率(10^{-6})，就可以估算出 F_0值。

案例 5　近似 *F* 值的估算

例如，425g 蘑菇罐头，传热数据见表 2-15，求杀菌规程 10min—25min—10min/121.1℃时的实际 F 值。

已知对象嗜热脂肪芽孢杆菌的 Z=10℃，D=4.00min。每 3min 测一次温度，由表 2-14 查得各温度下的 L_i 值也带入表 2-15，因此

$$F = \Delta\tau \sum L_i = 3 \times 9.1394 = 27.41\text{mm}$$

表 2-15　425g 蘑菇罐头 *F* 值计算表（10min—25min—10min/121℃）

加热时间/min	中心温度/℃	L_i	加热时间/min	中心温度/℃	L_i
0	50	—	15	121	0.9775
3	80	—	18	121	0.9775
6	104	0.0195	21	120.5	0.8711
9	118.5	0.5495	24	121	0.9775
12	120	0.7764	27	120.7	0.9124

续表

加热时间/min	中心温度/℃	L_i	加热时间/min	中心温度/℃	L_i
30	120.7	0.9124	42	109	0.0617
33	121	0.9775	45	101	0.0098
36	120.5	0.8711	48	85	—
39	115	0.2455			$\sum L_i = 9.1349$

案例 6　加工过程中 F 值的计算

一罐头厂生产虾米罐头，据环境和原料微生物检验，定嗜热平酸腐败菌为杀菌的对象菌，已知每克罐头食品在杀菌前含嗜热平酸腐败菌不超过 2 个，要求经过 121.1℃杀菌、保温储藏后，允许腐败率为万分之一以下，要求估算 225g 罐头在标准温度 121.1℃条件下的安全 F_0 值（已知确定 $D=4$min）。如果根据估算的 F_0 值进行了如下（表 2-16）加热过程，请计算出加热过程的 F 值，该加热过程是否达到了杀菌要求？如没有达到应如何调整？请写出杀菌规程（请注意杀菌温度的时间记录间隔）。

表 2-16　不同罐头中心温度的致死率

加热时间/min	中心温度/℃	致死率（L_i）
0	70	0
2	95	0.0025
4	101	0.0098
6	108	0.0490
8	110	0.0776
10	112	0.1230
12	116	0.3090
14	121	0.9775
20	120.7	0.9124
26	121.1	1.000
32	121	0.9775
34	120	0.776
36	119	0.6165
38	110	0.0776
40	95	0.0025
42	85	0
44	75	0
46	60	0

首先，计算出 121.1℃条件下的安全 F_0 值：

$F_{01}=D_{121.1}$（$\lg a-\lg b$）

$a=2$ 个/g×225g=450 个，$b=10^{-4}$

$F=4\ (\lg 450-\lg 10^{-4})=4\times(2.6532+4.0)=26.61\text{min}$

其次，计算出该加热过程的 F_0 值：

$F_{02}=\sum \Delta t L_i=\Sigma 2\times(0.0025+0.0098+0.049+0.0776+0.123+0.309)+\sum 6\times(0.9775+0.9124+1.0)+\Sigma 2\times(0.9775+0.776+0.6165+0.0776+0.0025)=23.38\text{min}$

对于如何调整：

$F_{01}\geqslant F_{02}$，$F_{01}-F_{02}=26.18-23.38=2.8\text{min}$，因此，该加热过程需要在加热进行到121.1℃时延长 2.8min，已达到杀菌要求。

杀菌规程：15min—26min—10min/121.1℃

案例分析：该范例中要求解决 4 个问题，估算标准温度 121.1℃条件下的安全 F_{01} 值；计算出加热过程的 F 值；该加热过程是否达到了杀菌要求；如没有达到应如何调整?

范例首先给出了虾米罐头的杀菌对象菌、杀菌对象菌的数量，根据安全 F_0 值的估算公式计算出 F_{01} 值，为 26.18min。根据估算时间，该厂对罐头进行了加热杀菌，通过近似计算，得出该加热过程的 F 值为 23.38min。很清楚，虽然整个的加热过程时间 40 余分钟，但相当于 121.1℃的杀菌效果值 F_{02} 仅为 23.38min。因为估算的安全 F_{01} 值大于 F_{02}，所以加热过程应该没有达到要求，因此该加热过程需要调整，当加热过程进行到 121.1℃延长 2.8min，以保障杀菌效果。根据调整后的杀菌时间写出杀菌规程，可以根据估算的安全 F_{01} 写，也可以根据调整后的加热过程写。

案例 7

一罐头厂生产五香鱼罐头，据环境和原料微生物检验，定嗜热脂肪芽孢杆菌为杀菌的对象菌，经检测发现每克罐头食品在杀菌前含嗜热脂肪芽孢杆菌数不超过 2 个，已知嗜热脂肪芽孢杆菌在 121.1℃杀菌条件下 D 值为 4min，产品要求腐败率为万分之一以下，要求估算 275g 罐头在标准温度 121.1℃条件下的安全 F_0 值 。如果根据估算的 F_0 值加工厂在 118℃的条件下进行了如下加热过程（表 2-17），请计算出加热过程的 F 值，该加热过程是否达到了杀菌要求？如没有达到应如何调整？(请注意杀菌温度的时间记录间隔)，写出杀菌规程。

表 2-17 五香鱼罐头不同罐头中心温度与其致死率

加热时间/min	中心温度/℃	致死率/L_i
0	70	0
2	95	0.0025
4	101	0.0098
6	108	0.0490
8	110	0.0776

续表

加热时间/min	中心温度/℃	致死率/L_i
10	112	0.1230
12	116	0.3090
14	118	0.4897
20	119	0.6165
26	118	0.4897
32	118	0.4897
38	118	0.4897
44	118.5	0.5495
50	119	0.6165
56	118.5	0.5495
62	118	0.4897
64	110	0.0776
66	95	0.0025
68	85	0
70	70	0

首先，计算出 121.1℃条件下的安全 F_0 值：

$F_{01}=D_{121.1}(\lg a-\lg b)$

$a=2$ 个/g×275g=550 个，$b=10^{-4}$

$F=4(\lg 550-\lg 10^{-4})=4\times(2.7403+4)=26.96\text{min}$

其次，计算出该加热过程的 F_0 值：

$F_{02}=\sum \Delta t L_i=\sum 2\times(0.0025+0.0098+0.049+0.0776+0.123+0.309)+\sum 6\times(0.4897+0.6165+4897+4897+0.4897+0.5495+0.6165+0.5495)+\sum 2\times(0.4897+0.0776+0.0025)=28.03\text{min}$

对于如何调整：

$F_{01}\leqslant F_{02}$，$\Delta F=F_{02}-F_{01}=28.03-26.96=1.07\text{min}$，因此，如果在加热过程进行到 118℃时缩短加热时间，那么 $\Delta t=\Delta F/L_{118}$，$\Delta t=2.19\text{min}$。该加热过程需要在加热进行到 118℃时缩短杀菌时间 2.19min，这样就能满足杀菌要求。

杀菌规程：15min—55min—10min/118℃

案例分析：该范例中要求解决 5 个问题，估算标准温度 121.1℃条件下的安全 F_0 值；计算出加热过程的 F 值；该加热过程是否达到了杀菌要求；如没有达到应如何调整？写出杀菌规程。

范例首先给出了五香鱼罐头的杀菌对象菌、杀菌对象菌的数量，根据安全 F_0 值的估算公式计算出 F_{01} 值，为 26.96min。根据估算时间，该厂对罐头进行了加热杀菌，注意该加热过程基本上是在 118℃下进行的。通过近似计算，得出该加热过程的 F_{02} 值为 28.03min，注意虽然加热过程是在 118℃下进行的，而我们计算的加热过程的杀菌效果

值 F_{02} 是为加热过程相当于在 121.1℃条件的杀菌效果值，虽然加热过程进行了 66min，但相当于 121.1℃条件下的杀菌效果为 28.03min。

因为估算的安全 F_{01} 值小于 F_{02}，所以加热过程已经过度杀菌，经过计算过度杀菌值相当于 121.1℃下的杀菌效果值 1.07min，相当于 118℃下的杀菌效果值 2.19min。

杀菌规程可以根据调整后的杀菌加热时间写，也可以根据安全 F_{01} 值相当于 118℃条件下的杀菌效果值写。

二、加热杀菌时间的一般计算法

比奇洛杀菌时间推算的基本理论，就是找出罐头食品传热状况与各温度点的细菌加热致死时间的关系。致死率是致死时间的倒数，也就是指罐头在某温度下进行杀菌时，其每分钟所杀灭的细菌数为细菌总数的百分比值。例如，肉毒杆菌（*Bacillus botulinus*）在 100℃下的致死时间为 300min，则致死率为 1/300；而在 125℃下的致死时间为 12min，其致死率为 1/12，是 100℃下致死率的 25 倍。杀菌温度不同，致死时间和致死率也不同，温度越高，致死时间越短，而致死率越大。如果在 t_1（℃）温度下的致死时间为 τ_2（min），在该温度下加热时间为 τ(min)，那么所完成的杀菌效果为 $(1/\tau_1)\cdot\tau$，这个杀菌效果称为部分杀菌效率值，以 A 表示。例如，肉毒梭杆菌在 100℃下的致死率为 1/300，加热时间为 10min，那么在这个时间内的杀菌效率为

$$A=\frac{1}{\tau_1}\cdot\tau=\frac{1}{300}\times 10=\frac{1}{30}，\text{或 } A=0.033$$

这表明在 100℃下加热杀菌 10min，只杀灭罐内全部细菌的 1/30，因此计算总的杀菌效率值，就是把各个很小温度区间内的杀菌效率值相加，即 $A=A_1+A_2+\cdots+A_n$，或

$$A=\int_0^{\tau}\frac{1}{\tau}\mathrm{d}\tau \tag{2-24}$$

因此，根据整个加热杀菌过程各个温度下的总杀菌效率值，可推算出合理的杀菌时间。当 $A=1$（或为 100%）时，杀菌时间最为合理。

例如，某杀菌对象菌在各加热致死时间 τ_1（min），并计算出相应的部分杀菌效率值和总杀菌效率值，计算结果见表 2-18。

表 2-18 杀菌效率值计算表

加热时间 τ/min	加热温度 t/℃	t（℃）下的加热致死时间 τ_1/min	致死率 $1/\tau_1$	杀菌效率值 τ/τ_1	总杀菌效率值
2	98.9	200	0.005	0.010（1%）	1
3	104	100	0.010	0.030（3%）	4
5	110	50	0.020	0.100（10%）	14
4	113	20	0.050	0.200（20%）	34
6	115.6	10	0.100	0.600（60%）	94
5	110	25	0.020	0.100（10%）	104

从表 2-18 可以看出，用 25min 加热杀菌，总杀菌率值为 104%，这说明加热杀菌时间过长了。最后 110℃加热杀菌 5min，所得到的杀菌率值为 10%，如果减去 4%，杀菌率值降为 6%，这样，总杀菌率值就等于 100%，在最后 110℃下的合理加热时间为

$$\tau/\tau_1 = \frac{\tau}{50} = 0.06$$

于是，$\tau = 50 \times 0.06 = 3\text{min}$。

那么整个加热时间应为 20+3=23min。

比奇洛从上述基本理论出发，把微生物致死时间和罐头食品的传热，绘成传热曲线和致死时间曲线（图 2-26），然后来推算杀菌时间。图 2-26a 纵坐标代表罐头中心温度，横坐标表示加热时间，图 2-26b 下横坐标表示致死时间，上横坐标表示致死率。

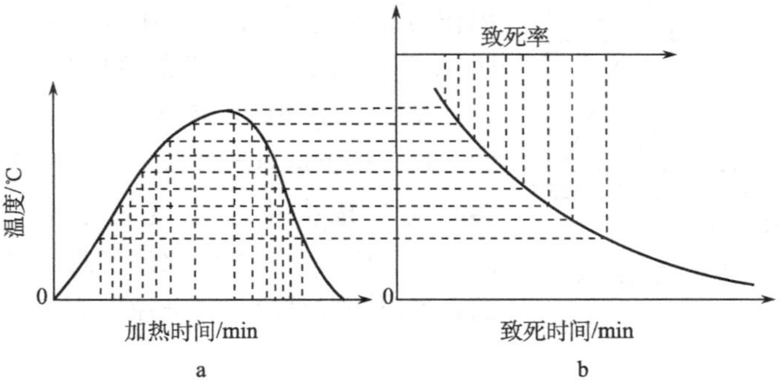

图 2-26　加热曲线与致死时间曲线

a. 加热曲线；b. 致死时间曲线

取加热时间作为横坐标，致死率作为纵坐标作图便得到致死率曲线图（图 2-27）。从图 2-27 可以直接确定在某一杀菌规则下的杀菌率值，用积分方法求出曲线所包含的面积，即为杀菌率值 A，合理的 A 值应等于 1。若 $A<1$ 即杀菌不充分，若 $A>1$，则杀菌时间过长。根据 $A=1$ 便可确定合理的杀菌时间，有以下两种方法。

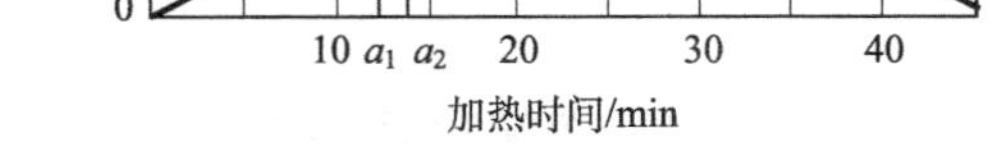

图 2-27　致死率曲线

1. 图解法求加热杀菌时间　以低酸性食品为例，一般选用肉毒杆菌作为杀菌对象菌进行试验，记录下加热时间及罐头中心温度，再在微生物致死曲线图（图 2-28）中查出每一个中心温度所相应的致死时间，并计算出致死率，然后根据加热时间和致死率，做致死率曲线图，用数学内插法求出曲线所包含的一个无菌面积时的加热时间。

例如，全粒甜玉米罐头的加热时间和中心温度见表 2-19，求其合理的加热时间。以横坐标为加热时间（τ），致死率（$1/\tau$）为纵坐标做致死率曲线图（图 2-29）。1 个无菌面积，即 $A=0.05\times20=1$，也就是 20 小格的面积为 1 个无菌面积。根据面积仪法，当加热时间为 47min 时，OCBADEFO=38.4 格，

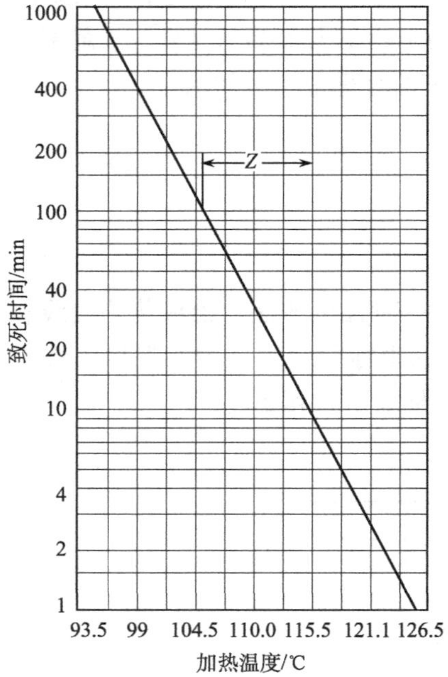

图 2-28　肉毒杆菌致死温度曲线

$\frac{38.4}{20}\times 100\% = 192\%$（>1）；

当加热时间为 35min 时，OCBEFO = 19.4 格，$\frac{19.4}{20}\times 100\% = 97\%$接近 1；

当加热时间为 25min 时，OCFO=8.4 格，$\frac{8.4}{20}\times 100\% = 42\%$（<1）。

从上述计算可以看出，合理的加热时间应该是接近 35min，这里可以选用 35.5min。

图解法的另一种求法是，将致死率曲线包含的面积作为纵坐标，以加热时间为横坐标，即时间-致死曲线图，再求出一个无菌单位面积的加热时间。

例如，升温时间为 11min，罐头食品初温为 82.2℃，杀菌温度为 115.5℃，求其加热杀菌时间，加热时间与罐头中心温度列于表 2-20。传热曲线见图 2-30。从肉毒杆菌致死温度曲线（图 2-28）查出相应的致死时间并计算出致死率，列于表 2-20 最后两项。

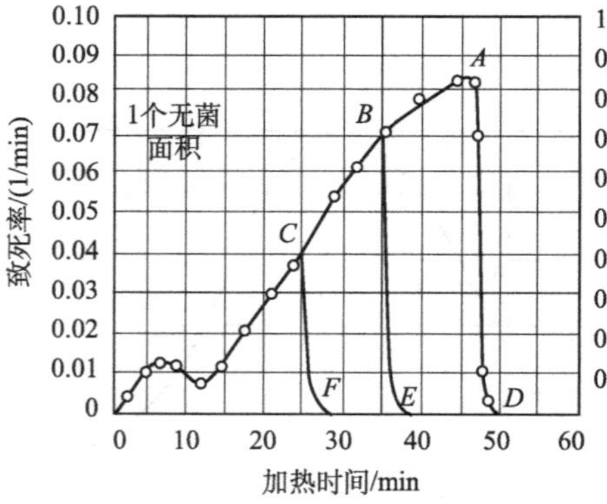

图 2-29　全粒甜玉米罐头致死率曲线
（比奇洛基本推算法）
（引自：李雅飞等，1993）

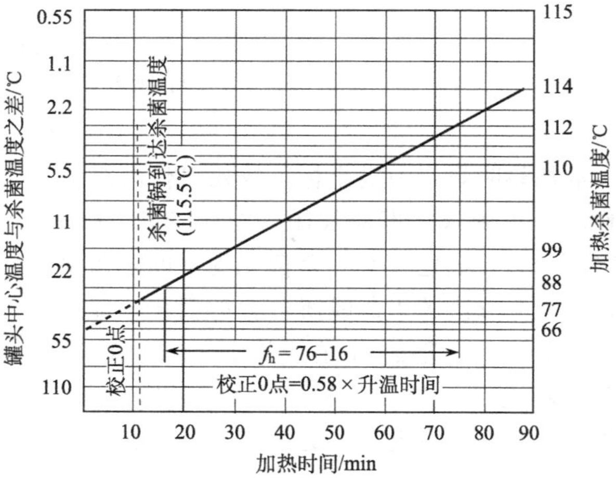

图 2-30　罐头传热曲线

表 2-19　全粒甜玉米罐头的加热时间与罐头中心温度（比奇洛基本推算法）

加热时间 τ/min	罐头中心温度/℃	加热致死时间 τ_1/min	致死率 $1/\tau_1$	A_{in}	$A=\sum A_{in}$
0	27.8				
2	102.8	670	0.00149	0.00149	0.00149
4	110.0	129	0.0078	0.00923	0.01078
6	111.7	88	0.0114	0.0192	0.0300

续表

加热时间 τ/min	罐头中心温度/℃	加热致死时间 τ_1/min	致死率 $1/\tau_1$	A_{in}	$A=\sum A_{in}$
8	111.7	88	0.0114	0.0228	0.0528
11	108.9	165	0.0061	0.0263	0.0791
14	111.1	100	0.0100	0.0241	0.1032
17	113.9	53	0.0189	0.0433	0.1465
20	115.6	36	0.0278	0.0701	0.2166
24	116.7	28	0.0357	0.1260	0.3426
29	118.3	19	0.0526	0.2207	0.5633
32	118.9	16.7	0.0599	0.1838	0.7471
35	119.5	14.8	0.0676	0.1912	0.9383
40	120	13	0.0769	0.3613	1.2996
45	120.3	12.4	0.0806	0.4188	1.7184
47	120.3	12.4	0.0806	0.1612	1.8796
47.5	119.5	14.8	0.0676	0.0369	1.9165
48	110.1	129	0.0078	0.0188	1.9353
49	102.8	670	0.0015	0.0046	1.9399

表 2-20　罐头加热时间与中心温度

加热时间/min	罐头中心温度/℃	致死时间/min	致死率/(1/min)
30	99.4	416	0.0024
40	105.0	125	0.008
50	108.3	60	0.017
60	110.6	32	0.031

从图 2-28 查得 115.5℃时的致死时间为 10min，令在 115.5℃时，10min 完成的杀菌效率作为 1 个单位，则在 115.5℃下每 1min 的杀菌率值为 0.1 单位。

根据致死率加热时间做致死率曲线图(图 2-31)。设图中 4 小格为 $1cm^2$，则 $1cm^2=0.01\times20=0.2$ 单位，因此 1 单位$=5cm^2$。借助面积测定仪测定出加热致死率曲线下所包含的面积。

$ABIA=2.5cm^2$，$ACHA=5.10cm^2$，$ADGA=8.5cm^2$，$AEFA=12.32cm^2$，并查出各个面积相应的加热时间。

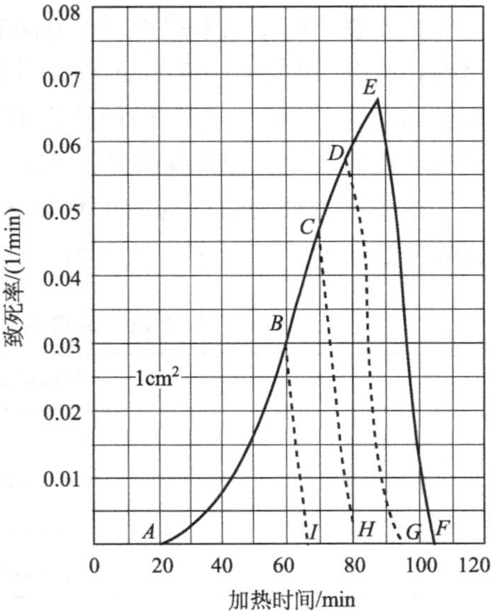

图 2-31　全粒甜玉米罐头致死率曲线

根据加热时间和致死率曲线所占有的面积做时间-致死曲线图（2-32）。从图 2-32 查得 1 个无菌面积单位 $5cm^2$ 时的加热时间为 69.5min，这是整个杀菌过程所需要的时间。考虑到升温时间的 42%有杀菌效果，所以理论的加热杀菌时间为

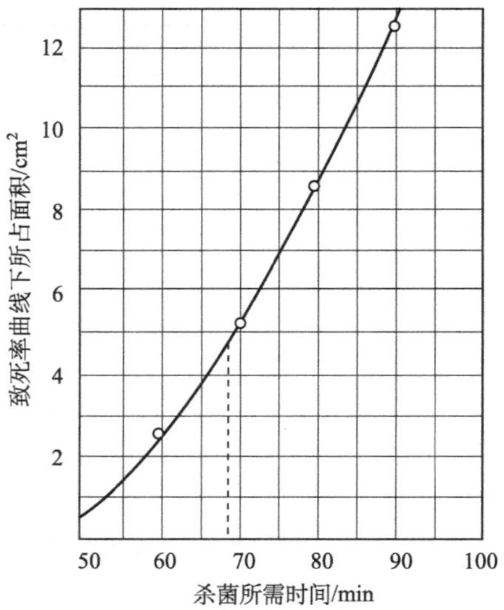

图 2-32　时间-致死曲线

$$\tau_t = 69.5 - 0.58 \times 11 = 63.12\text{min}$$

恒温杀菌时间为

$$\tau_p = \tau_t - 0.42 \times \tau_h = 63.12 - 0.42 \times 11 = 58.5\text{min}$$

图解法的选择和修正是很繁琐的。

2. 加热杀菌时间的近似计算法　根据加热间隔时间，把致死率曲线相应地分成若干个小区间，每个小区间所包含的面积就是该小区间的杀菌率值。利用梯形求面积公式，计算出各个小面积 A_i 值，其总和就是杀菌率值 $\sum A$ 。

$$A_{i,n} = \frac{L_{i,n} + L_{i,n+1}}{2} \Delta\tau_{i,n} \tag{2-25}$$

$$\sum A_i = \sum A_{i,n}, \quad n = 1,2,\cdots,n \tag{2-26}$$

以前述全粒甜玉米罐头例子，利用公式（2-25）和公式（2-26）便可计算出 A_i 值和 $\sum A_i$ 值，计算结果列于表 2-19 中的第 5、6 项。根据 $A=1$ 是合理的杀菌率值，便可确定其加热杀菌时间。从计算结果看，35min 时 $A=0.97$，那么当 $A=1$ 时，$\tau=35.5$min。

第五节　罐头的压力及真空度

一、影响罐内压力变化的因素

罐头在加热杀菌的整个过程中，由于罐内温度的变化，引起罐头容器、罐内食品和残留气体体积的变化，因而罐内压力也随之产生变化。这种压力变化又受到许多因素的影响。

（一）罐头食品的性质和罐头食品初温的影响

由于食品的膨胀系数不同，食品的体积增量也不同。食品的体积增量与温度有关，如水的比容，从 20℃时的 1.0018cm³/g，增加到 120℃时的 1.003cm³/g。马口铁罐的体积膨胀系数为每摄氏度 36×10^{-6}，玻璃罐的膨胀系数为每摄氏度 $30.5\times10^{-7}\sim330\times10^{-7}$。不同温度下，水和马口铁罐的体积变化及两者体积之差如表 2-21 所示，温度越高，体积之差就越大。

就食品性质而言，罐内干物质含量越少，食品的总体积就越趋向于水的体积。罐内压力也较接近于水蒸气所形成的压力。这样总的压力不会太高。

表 2-21　马口铁罐和水因温度不同，两者容积变化的比较

温度/℃	水的体积/cm³	马口铁罐的体积/cm³	体积差/cm³
0	1	1	0
100	1.0418	1.0029	0.0389
110	1.0502	1.0032	0.0470
120	1.0593	1.0036	0.0557

食品组织中往往含有不凝缩的气体，加热时便逸出来。气体逸出量与食品的性质、预热

处理及杀菌温度有关。例如，不经预热处理的青豌豆，每 100g 中逸出的气体为 $17cm^3$，经预热处理的每 100g 逸出的气体只有 $2.7cm^3$。这样前者在加热杀菌时所产生的罐内压力就大。可溶性气体在高温时也会逸出，对罐内压力也有一定的影响。

干装食品，其罐内压力便取决于罐内空气含量的多少，并服从气体定律。

罐内食品在加热杀菌时会产生膨胀，也是造成罐内压力的因素之一，其影响程度取决于食品的膨胀度。膨胀度用 y 表示，并可按下式计算：

$$y=\frac{V''_{食}}{V'_{食}}=\frac{m\rho'}{m\rho''}=\frac{\rho'}{\rho''} \tag{2-27}$$

式中：$V''_{食}$ 和 $V'_{食}$ 为罐头食品在杀菌和密封温度下的体积；m 为罐内食品的质量；ρ' 和 ρ'' 为罐内食品在密封和杀菌温度下的密度。

图 2-33 显示了杀菌初始温度与罐内压力的关系。将罐内装满水，其顶隙度控制为 9%（体积百分比），然后进行密封，其真空度为 6×10^4Pa，罐内的压力的计算考虑了不同温度下水蒸气和空气的压力，结果显示，初始温度越低，罐内的压力也就越大。

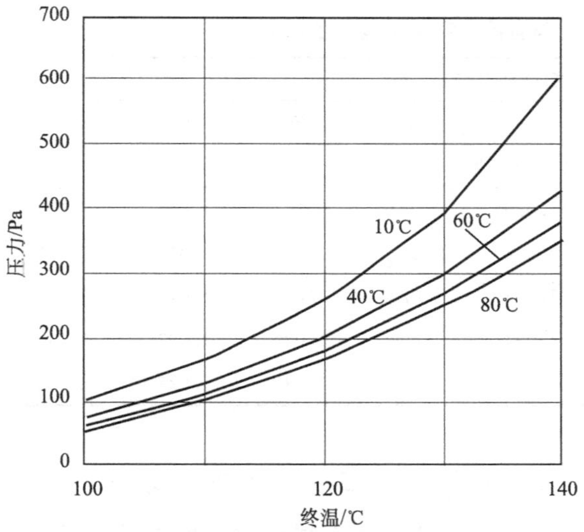

图 2-33 杀菌初始温度与罐内压力的关系（引自：Vogel，1991）

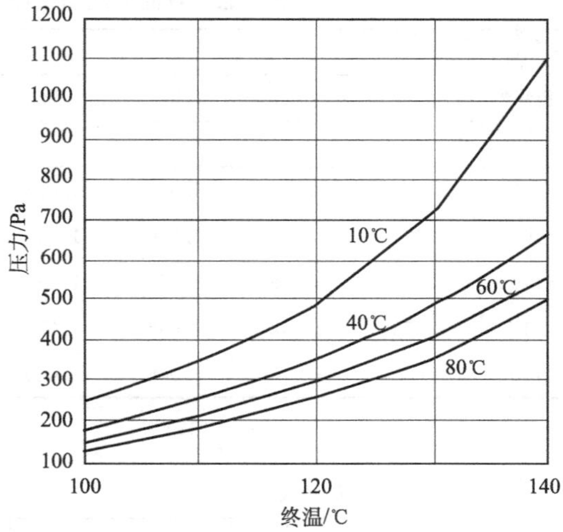

图 2-34 罐头初始真空度与罐头杀菌过程中压力的关系（引自：Vogel，1991）

当真空度较低时（3×10^3Pa），其顶隙度同样控制为 9%（体积百分比），罐内的初始压力与杀菌过程中的压力都显著提升，这说明真空度越低，罐内的压力也就越大（图 2-34）。

图 2-35 显示了当初始温度为 60℃时顶隙度与罐内压力之间的关系，由图可见，顶隙度至少应该为 8%，这样才能能避免较高的罐内压力。

罐内食品体积的膨胀程度与食品的初温、杀菌温度有关（表 2-22），初温越高膨胀度越小。因此，提高罐头食品的初温，可降低加热杀菌时食品的膨胀度，即可降低罐内压力。

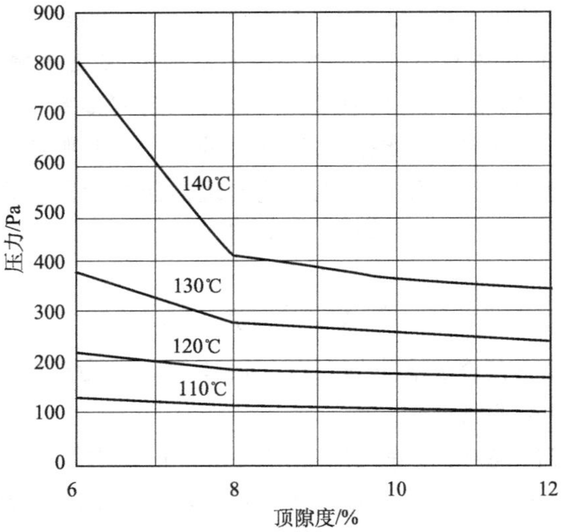

图 2-35 初始温度为 60℃时顶隙度与罐内压力之间的关系（引自：Vogel，1991）

表 2-22 食品初温和杀菌温度与食品体积膨胀度 *y* 的关系

杀菌温度/℃	罐头食品初温/℃								
	50	55	60	65	70	75	80	85	90
	食品膨胀度								
100	1.035	1.029	1.027	1.023	1.020	1.018	1.014	1.011	1.008
105	1.041	1.034	1.030	1.027	1.024	1.022	1.018	1.015	1.012
110	1.050	1.039	1.034	1.031	1.028	1.025	1.022	1.019	1.015
115	1.055	1.042	1.038	1.035	1.034	1.030	1.027	1.023	1.019
120	1.058	1.045	1.048	1.040	1.037	1.034	1.031	1.027	1.024

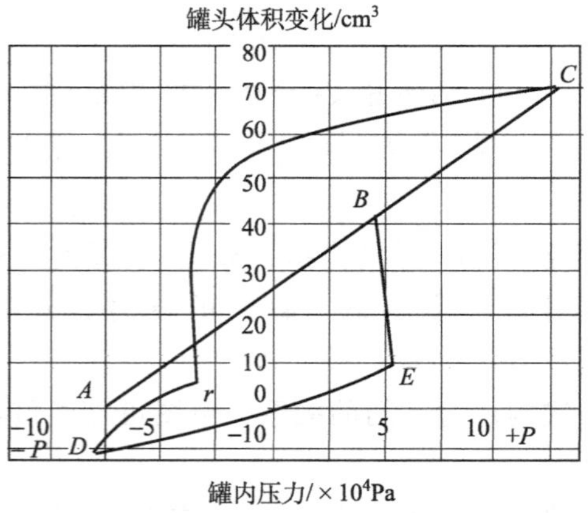

图 2-36 马口铁罐体积变化与罐外内外压力的关系（引自：李雅飞等，1993）

+*P* 为罐内过剩压力；−*P* 为罐内压力小于罐外压力；*AC* 为计算罐内过剩压力的辅助线

（二）罐头容器材料性质的影响

加热杀菌时空罐体积的增加是由于材料的热膨胀引起的。马口铁罐是富有弹性的容器，当罐内外压力变化时，罐头底盖会发生凸出或凹入现象，罐内外压力平衡时，罐头容积和外形又完全复原，如图 2-36 所示。

罐内压力和体积变化是沿着 DEBCFD 曲线变化的，其曲线类型与罐内压力大小有关。空罐直径、罐底盖膨胀圈的形式、容器材料的性质及其厚度的不同，罐头体积变化曲线的形式也不相同。

不同直径的马口铁罐体积的增量 ΔV，取决于罐内外压力差。马口铁皮厚度为 0.26mm 时，罐头体积增量 ΔV 的变化如表 2-23。

表 2-23　马口铁罐体积增量 ΔV 的变化（cm^3）

空罐直径/mm	罐内外压力差 ΔP（×10^4Pa）							
	3.92	7.85	9.81	11.77	13.73	15.69	17.65	19.61
72.8	9.1	13.57	15.43	17.29	19.15	21.00	22.87	23.76
74.1	11.5	15.40	16.96	19.14	21.00	23.10	25.00	26.94
83.4	15.50	20.12	22.88	25.56	28.24	30.91	33.60	36.90
99.0	23.10	37.15	41.81	46.47	51.13	55.79	60.45	65.00
155.1	160.00	239.99	263.92	287.95	311.78	335.71	359.64	380.00
215.1	320.00	400.00	432.00	464.00	500.00	533.00	565.00	598.00

马口铁罐体积膨胀度用 x 表示，可按下式计算

$$x=\frac{V''_{罐}}{V'_{罐}}=\frac{V'_{罐}+\Delta V}{V'_{罐}} \tag{2-28}$$

式中：$V''_{罐}$ 和 $V'_{罐}$ 分别为杀菌时和密封时空罐的体积；ΔV 为杀菌时和密封时空罐体积之差。

在加热杀菌时，x 值始终大于 1，x 值的变化范围为 1.034～1.127。当马口铁皮厚度为 0.26 时，不同罐径的马口铁罐的体积变化，主要决定于罐内与杀菌锅内的压力差 ΔP，其关系如图 2-37 所示。

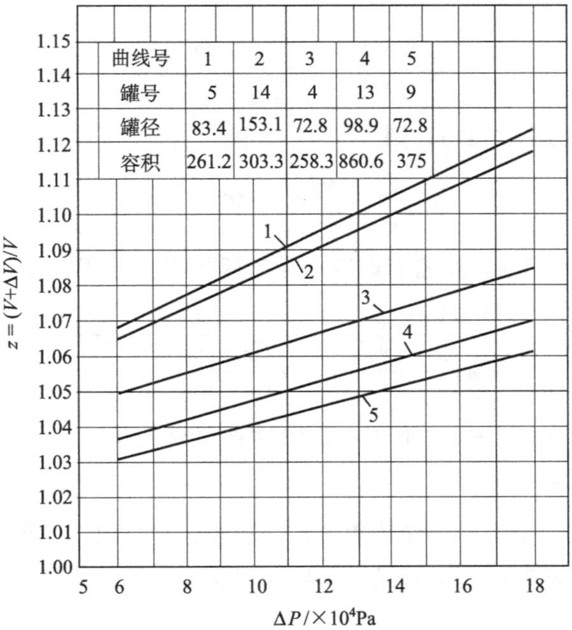

图 2-37　不同直径罐头的体积变化（引自：李雅飞等，1993）

在没有反压力杀菌情况下，罐内压力过分大时，往往会出现罐头的变形。

玻璃罐在杀菌时，由于容器体积变化很小，一般视 x 为 1。同时，玻璃罐盖密封处的强度比马口铁罐二重卷封强度小很多，所以加热杀菌就容易产生跳盖现象，为此必须采用反压杀菌。

铝合金罐也具有一定弹性，但卷封不及马口铁罐那样牢固，同时铝质容易延伸，如果罐内压力过大，就会造成铝罐的永久变形。所以一般铝罐体积增量不得太大，通常不大于2%～3%，并且应采用反压杀菌和冷却。

（三）食品装填度的影响

加热杀菌时罐内产生的压力与罐头顶隙大小也有一定关系。而顶隙大小又与食品的装填度有关。密封时罐内食品的装填度 f_1 为

$$f_1=\frac{V'_{食}}{V'_{罐}} \tag{2-29}$$

式中：$V'_{食}$为密封时罐内食品体积；$V'_{罐}$为密封时空罐体积。

各种罐头的装填度是根据产品要求和食品的性质预先确定的，一般为0.85～0.95。

假定密封时罐内顶隙的体积为 V_1，而杀菌时罐内顶隙的体积为 V_2，则

$$V_1=V'_{罐}-f_1V'_{罐}(1-f_1) \tag{2-30}$$

$$V_2=V''_{罐}-f_2V''_{罐}=V''_{罐}(1-f_2) \tag{2-31}$$

式中：f_1 为密封时罐内食品的装填度；f_2 为杀菌时罐内食品的装填度。

$$f_2=\frac{V''_{食}}{V''_{罐}} \text{ 或 } V''_{食}=f_2V''_{罐} \tag{2-32}$$

式（2-29）可写成为 $V'_{食}=f_1V'_{罐}$，并和式（2-32）一起代入式（2-27），则罐内食品的膨胀度为

$$y=\frac{V''_{食}}{V'_{食}}=\frac{f_2V''_{罐}}{f_1V'_{罐}}=\frac{f_2}{f_1}\cdot x \tag{2-33}$$

于是 $f_2=yf_1/x$，代入式（2-31），则

$$V_2=V''_{罐}\left(1-\frac{yf_1}{x}\right)=V''_{罐}\left(\frac{x-yf1}{x}\right) \tag{2-34}$$

将式（2-28）写成 $V''_{罐}=xV'_{罐}$，则密封时与杀菌时罐内顶隙体积之比为

$$\frac{V_1}{V_2}=\frac{V'_{罐}(1-f_1)}{V''_{罐}\left(\frac{x-yf_1}{x}\right)}=\frac{1-f_2}{x\left(\frac{x-yf_1}{x}\right)}=\frac{1-f_1}{x-yf_2} \tag{2-35}$$

这样，V_1/V_2 比值只与 x、y 和 f_1 有关，这给计算带来了方便。

（四）杀菌和冷却过程的影响

罐头在加热杀菌过程中，由于受热罐内食品膨胀、食品组织中的空气溢出等，造成罐内压力的增大。而造成空罐变形主要取决于罐内压力差。罐内外压力差大小又因是否采用反压杀菌等而不同。

在普通（不加反压）的杀菌过程中，升温阶段罐内压力上升很快，由于杀菌锅内压力也上升得较快，所以这个阶段罐内外压力差并不很大。在恒温杀菌阶段，杀菌锅内压力基本上保持不变，而罐内压力继续上升，因此罐内外压力差也随之增大。在杀菌结束冷却开始时，由于停止供应蒸汽，杀菌锅内压力迅速下降，而罐内压力只是缓慢下降，因此罐内压力差便迅速增大，这时最容易造成罐头的变形。

在采用反压力杀菌冷却时，则由于冷却开始时，在停止供应蒸汽的同时向杀菌锅内打入

压缩空气或高压水，维持杀菌锅内所需要的压力，因而罐内外压力明显减少，这样就可以避免罐头的变形。

由此可见，杀菌温度不同，罐头顶隙大小不同，加热杀菌时罐内压力升高的时间和最高压力也不相同，不论杀菌锅内的蒸汽压力多大，罐内外最高压力差都较大。当密封温度和杀菌温度一定时，罐头顶隙越小，罐内产生的压力越大。某些食品如青刀豆、马铃薯、带骨禽类等，在加热时会不断产生气体，使罐内压力不断上升难以稳定下来，有可能造成过大的罐内外压力差而产生罐头凸角等现象。高温密封的罐头与低温密封的罐头相比较，在同一杀菌温度下，罐内所产生的压力要低些。罐内超压是造成凸盖的主要原因。

应该注意的是，杀菌锅内压力随杀菌结束停止供应蒸汽而下降，但罐内温度并不立即下降，而是缓慢下降，因此罐盖会进一步凸出。只有当罐内的温度下降之后，罐盖凸出程度才开始逐渐下降。杀菌冷却后，罐盖的复原不仅取决于罐内超压的大小，而且还取决于马口铁的厚度、罐盖膨胀圈的直径和宽度。日本志贺实验证明，对于直径为 7.76cm 和 3.73cm 的罐盖，在罐内超压低于 5.5×10^4～8.3×10^4Pa 情况下，一旦消除超压，仍然可以恢复原状；超压大于 5.5×10^4～8.3×10^4Pa 时，即使消除超压，罐盖依然凸出。排气良好的密封罐头，将有利于避免杀菌时出现罐头凸角、凸盖和变形等，而这种现象最大可能是在杀菌结束，蒸汽停止供应并开始冷却的瞬间发生，因为这时杀菌锅内压力由于停止供应蒸汽而急剧下降，但罐内压力未能相应地下降，这样就造成罐内超压急剧增大，为此必须采用压缩空气反压冷却。

总之，未经排气的罐头或排气不良的罐头，在加热杀菌时，常因罐内超压较大而出现凸盖、凸角、脱盖、变形、裂漏等现象。排气良好的罐头，加热杀菌时罐内超压较小，这就可能避免上述现象的产生。和刚性罐头一样，软罐头装填后，如不排除袋或盘内空气，则会使袋（盘）内食品因氧化褐变而使食品质量下降，热传导减慢，且常发生制品变形或破裂现象，为此，各食品厂在产品封口时均采用各种技术排除食品排除袋（盘）内的空气。

排除食品排除袋（盘）内的空气，主要采用抽气管法、真空抽气法、反压法、蒸汽喷射法等。

软罐头食品中多数为袋装和盘装，尤其在充填咖喱类、中式风味等流体食品时，有液汁黏附封口边的危险，因而对封口应十分注意。

二、真空度及影响因素

（一）真空度

罐头排气后，罐外大气压与罐内残留气压之差即为罐内真空度，即罐内真空度＝大气压力－罐内压力，单位以 MPa 表示。如大气压力为 0.101MPa（760mmHg①），罐内压力为 0.053MPa（400mmHg），真空度即为 0.048MPa（360mmHg）。罐内真空度主要取决于罐内残留气压。罐内残留气体越多，其压力越大，则真空度就越低。

① 1mmHg≈1.333×10^2Pa

1. 罐头真空度的测定

1）*硬罐头真空度测定方法*　罐内真空度定量法可用真空表直接测定，还可以采用非破坏性的观点技术检测器进行测定，定性法可用专用打检棒检验判断。

图 2-38　罐头真空度测定

（1）罐头真空表测定真空表是一种下端带有针尖的圆盘状表，表的基部连接一个空心管，在空心管连接表身部分的外面是金属保护物，下面一段由厚橡皮座包裹（图 2-38）。空心管的顶端是尖锐的针头，在表面上刻印有真空度数字，静止时表针指向零度，表示没有真空存在。测定时将表基部的橡皮座平面紧贴于罐盖面上，用力向下加压，橡皮座内的针尖即刺入盖内，罐内的压力通至表内，表内具有隔膜，由于大气压力与罐内压力的差，使隔膜移动，从而连动表针转动，即可读出真空度。表面基部的橡皮座是起密封作用的，用以防止外界空气侵入而影响读数的准确性。测定真空度时一定要在室温下进行，否则不能真正反映罐头的真空度。

（2）非破坏性的光电技术检测器能准确测定罐内真空度，并能把低真空的罐头检出。其原理是具有真空的实罐的罐盖被大气压力压向内凹陷，如一平行光束自凹面上反射，将聚焦于某一已知点，安装于该点的光电池能够测定其光度，而光度与罐盖曲率有关，从而也就测量了罐内真空度，如果罐中没有或有很低的真空度，盖平面内的反射光线，就不会聚焦于该点。因此，低真空度将由光电池的低读数指示出来。

使用时，罐盖中央必须有 50.8mm 直径的平滑面，因为罐盖中央探测区的任何痕槽如膨胀圈、印记等都会降低测量的准确性。

2）*软罐头残留气体量*　软罐头没有真空度，必要时，应测定其残留气体的含量。

为了保证软罐头食品的质量，要尽可能减少软罐头中的空气残留量。因此，软罐头中残留气体量的测定也是重要的检测指标之一。在软罐头生产过程中，将内容物装入蒸煮袋之后，若在非真空条件下，或在低真空度条件下封口时，则仍然有少量空气残留于蒸煮袋内，同时由于内容物中也存有少量空气，使蒸煮袋形成一定量的残留气体。这些残留气体会影响加热杀菌过程中的传热效果，同时加热时气体的膨胀造成蒸煮袋内压力增大，而导致破裂率上升，也会影响软罐头在贮藏过程中内容物的质量。因此，软罐头在生产过程中应尽量减少蒸煮袋内的气体残留量，一般蒸煮袋（170mm×130mm）内的残留气体量不得超过 10mL。

测定软罐头中残留气体量的方法有破坏性和非破坏性两种，下面主要介绍前一种测定方法。

破坏性测定法：将待测软罐头样品置于漏斗口，在水（水温控制在 25～30℃）中细心地将软罐头一角剪开一小口，使软罐头内残留气体通过漏斗全部收集到试管中，调节试管的高度，使试管内的液面与水槽的液面处在同一水平面上，读取试管内的气体量即为软罐头内残留气体的体积。

2. 影响真空度的因素　排气有许多好处，排气效果越好，罐内气体被赶跑越多，那么罐内真空度就越高。罐内真空度高低还与以下几个因素有密切关系。

1）真空度与排气、密封温度　适当提高排气温度可以加快罐头内容物的升温，这样可以使罐内气体和食品充分受热膨胀，易于把罐内气体排出罐外，排气后立即进行密封，使罐内温度不致过分降低，这样就能保证得到较高的真空度。

2）真空度与罐头内顶隙　在一定限度内，罐头顶隙越大，则真空度也越高。假若在排气时没有很好地控制排气温度，不能使罐内顶隙部分气体充分排出去，反而会使真空度下降。注意顶隙过大将浪费铁皮，同时会引起消费者的不满意。

3）真空度与罐头品种　真空度与罐头品种有密切的关系。有的产品装填得满而紧实，基本上无顶隙，如肉糜（午餐肉）罐头真空度就较低；有的产品如风尾鱼（干性）等，真空度就较高。但真空度过高也不一定合理，因为容易产生瘪听，反而造成损失。

4）真空度与食品原料的种类和新鲜度　食品种类不同，所产生的气体量也不同；原料的新鲜程度也影响罐头的真空度。一般新鲜食品放出的气体量较少，不新鲜食品在变质过程中形成部分气体，在高温杀菌时将加速食品分解产生各种气体（如 H_2S、CO_2、NH_3等），气体的产生使罐内压力增大，真空度降低。

5）真空度与气压、气温　罐头到了高原地带，由于气体稀薄，大气压降低了，但是罐藏内的压力没有改变，当高原上的气压降低到比罐内压力小时，罐内压力就比罐外所受压力大，这就会使罐头底、盖向外突出，形成假胖听。

有的罐头运到热带地区，也会形成假胖听，原因是热带气温很高，罐内部残留的气体受热后膨胀，但由于罐头是密闭的，气体不能从罐内跑出去，就增加了罐内压力，当罐内压力大于气压时也就形成假胖听。在刚好杀菌、未冷却的罐头中，可以看到有不少的罐头是两端向外突出，完全冷却后突出现象就消失了。热带地区的罐头有的胀听两端突出，可是并未变质，就是这个道理。

第六节　软罐头生产工艺

软罐头食品有液体汤料、流体、固体及中西式调味菜肴、米饭、年糕等种类，这些食品的加工过程虽有一些差别，但其主要加工过程基本是相同的。下面按不同的包装种类，分别简述不同包装的软罐头工艺流程。

一、袋装食品加工过程

原料经过处理及烹调好的咖喱类、炖牛肉类、肉酱类及中式风味菜等食品是装入袋中保存的。在预煮袋或由包装机直接用卷材制成的袋中，有的装填固体食品后再注调料汤，预封袋口挤出袋内残存的空气后密封。密封后的袋经检查封口良好后，放于杀菌架上送入杀菌锅进行杀菌，杀菌冷却后的制品，通过干燥去除袋外附着水分，再通过针孔检测仪，检查袋子有无针孔或破漏，合格品套上纸盒入库。

二、盘装食品加工过程

盘装米饭、鸡肉饭、炖牛肉、杂烩菜等软罐头食品，在日本市场已较普遍销售，这类盘式容器食品，具有既使食品显得优美又可用作食品餐具的功能。

盘装食品的加工流程，首先是由包装制盒厂预制的盘容器或由食品厂用包装机自动成形制成的盘容器，装入固体食品再加入调料汤，然后真空抽气封口、杀菌。盘装食品的杀菌条件和袋装食品不同，其杀菌温度需低于120℃，杀菌时间较长。表2-24是盘装食品杀菌条件的参考资料。

表 2-24 盘装食品的杀菌条件

食品名称	盘容器的形状	杀菌条件	食品名称	盘容器的形状	杀菌条件
鳝鱼饭	Reto Form* (椭圆形，300mL)	115℃，50min	炖牛肉	Reto Form* (椭圆形，300mL)	115℃，40min
干咖喱类	Reto Form* (椭圆形，300mL)	115℃，60min	奶汁烤菜	Reto Form* (椭圆形，300mL)	115℃，50min
炒饭	Reto Form* (椭圆形，300mL)	115℃，60min	用于细面条的肉末酱	Reto Form* (椭圆形，300mL)	115℃，60min
中式风味菜	Reto Form* (椭圆形，300mL)	115℃，45min	油浸沙丁鱼	圆形 125mL	115℃，30min
奶油玉米	Reto Form* (椭圆形，300mL)	115℃，60min	滑菇	圆形 125mL	115℃，50min
杂烩菜	Reto Form* (椭圆形，300mL)	115℃，45min	牛奶甜蛋羹	圆形 125mL	115℃，60min
咕噜肉	Reto Form* (椭圆形，300mL)	115℃，45min	肝酱（牛、猪）	圆形 125mL	115℃，30min

注：日本凸版印刷公司开发的盘式容器，有如下各种类型，透明盘是由尼龙（50μm）/特殊聚丙烯(300μm）或聚碳酸酯（300μm）/特殊聚丙烯（50μm）制成；不透明盘是由铝箔（120μm）/特殊聚丙烯（50μm）制成

三、结扎食品的加工过程

鱼肉香肠、鱼肉火腿和畜肉香肠，是用自动充填结扎机充填封口成圆筒状后再经杀菌制成。一般鱼肉香肠和畜肉香肠，不需要装盘保型，铝丝结扎后立即杀菌，而汉堡饼及鱼肉火腿等制品，铝丝结扎后需装盘保型，然后杀菌。研究发现，圆筒状火腿和香肠，直接用130℃以上热水杀菌，易引起变形，因此，圆筒状香肠杀菌需通过两段加热法，即在杀菌锅内先加入冷水，然后再通入130℃以上的热水进行杀菌，可防止制品变形。法兰克福香肠和鱼香肠等制品的杀菌条件，热水杀菌时为120℃，25～27min，反压为0.3MPa。

四、软罐头的排气和封口

和钢性罐头一样，软罐头装填后，如不排除袋或盘内空气，则会使袋（盘）内食品因氧化褐变而使食品质量下降，热传导减慢，且常发生制品变形或破裂现象，为此，各食品厂在产品封口前均采用各种技术排除食品内和袋（盘）内的空气。

排除袋（盘）内空气，主要采用抽气管法、真空抽气法、反压法、蒸汽喷射法等。

软罐头食品中多数为袋装和盘装，尤其在充填咖喱类、中式风味等流体食品时，有液汁玷污封口边的危险，因而对封口应十分注意。

美国、日本等国家对软罐头的封口，大都采用连续充填封口机，用热封法封口。例如，横滨自动充填机对袋装软罐头采用两次热封方式，该机使用8根加热棍，每根为200V、

300W，封口速度为 50～60 袋/min，密封后经冷却加压，使热封面牢固。热封辊由金属制成，每根辊的表面包以硅橡胶等材料。

盘容器是采用包有聚四氟乙烯的加热板（200V，1800W）将盖膜和盘口加热密封的。软罐头的封口温度时根据杀菌温度及包装材料等不同而异，在 120℃以下普通杀菌时，袋装食品封口温度为 160～210℃，盘容器为 140～175℃。135℃高温短时杀菌透明袋的封口温度为 170～220℃，阻隔型不透明袋的封口温度为 190～240℃。

香肠、火腿、干酪、鱼糕等封口，是用自动装填结扎机将物料装入聚偏二氯乙烯薄膜后自动结扎封口的，然后在 118～122℃高温下进行杀菌。从香肠、火腿制品的质量和安全性来看，薄膜的结扎是个很重要的工序，在结扎工序中，薄膜的物理性能、铝丝扎紧程度、铝丝的直径、硬度、切割长度、薄膜的聚合速率等都是检查的重点。

五、软罐头的杀菌方法

对于金属罐、玻璃罐及蒸煮袋的杀菌，一般都是采用热水式或水蒸气式的间歇或连续加压杀菌装置，但对软罐头来说，是采用何种方式杀菌，则要根据软罐头的种类而定。为了增加软罐头在杀菌过程中均匀传热的效果，软罐头封口后必须排放在特制的杀菌架上，使上下盒（袋）之间隔开送入杀菌锅，这样在杀菌过程由于盒（袋）与盒之间留有间隙，使蒸汽畅通流动，从而能保证软罐头传热均匀杀菌。

杀菌锅最好采用定差压杀菌装置，因为这种装置装有贮水罐和杀菌锅，并有程序控制装置，在杀菌过程中，随着杀菌锅内压力上升的同时，罐内压力也上升，这时杀菌锅内部的压力保持在罐头容器内压力稍高的水平下，从而防止软罐头的变形或破裂。

在没有定差压杀菌装置的条件下，也可采用间歇式杀菌锅，以水蒸气加热杀菌，但杀菌全过程，必须在高压蒸汽中混入适量的压缩空气进行反压，使杀菌锅内的压力稍高于软罐头容器内的压力，以防止软罐头的变形或破裂。压缩空气在进入杀菌锅前，必须与蒸汽混合加热后始可进入杀菌锅，以保证杀菌锅内温度均匀，不影响杀菌效果。

本章小结

食品罐藏原理主要讲述了六节内容，包括罐头生产的基本过程、罐头食品的微生物学、罐头的传热、罐头食品杀菌时间及 F 值的计算、罐头的压力及真空度、软罐头生产工艺。其中的重点难点为罐头食品的微生物学和罐头食品杀菌时间及 F 值的计算；罐头食品的微生物耐热性是罐头杀菌的主要依据，通过理解掌握微生物耐热性理解本节引入的基本概念，如 D 值、F 值、Z 值、L_i 值的意义，并由此理解掌握罐头杀菌时间的推算。为了避免学生长期以来对罐头杀菌时间理解的难点问题，本节对罐头杀菌时间计算是在理论的基础上以范例的形式进一步加深理解，通过杀菌时间的计算加深学生对罐藏原理的理解掌握，利于未来的罐头生产科技技术人员对新型罐头的开发。除此之外，本节也引入部分杀菌量概念，部分杀菌量概念结合阶段杀菌原理进行讲述，这样加强学生对新型的阶段杀菌设备的理解掌握。罐头生产的基本过程可做简单介绍，学生可以通过后三章的具体生产工艺逐渐加深理解。罐头的传热与罐头杀菌效果紧密相关，对该节内容的学习，结合微生物的耐热性，学生会更好地理解杀菌效果值的意义。

思考题

1. 不同罐头生产的基本工艺流程一样吗？
2. 罐头内涂料和密封胶是不可缺少的吗？
3. 通过考虑二重卷边的形成过程及罐头的贮藏期思考其重要性。
4. 通过罐头生产的基本工艺流程后，罐头食品可以吃了吗？
5. 肉毒梭状芽孢杆菌与罐头食品酸性之间什么关系？
6. 为什么罐头的初温很重要？
7. 如果杀菌锅内出现空气袋，罐头内容易出现的腐败菌主要有哪些种类？
8. 微生物的耐热性主要与哪些因素有关？
9. 何为杀菌对象菌？杀菌的依据是什么？怎样确定杀菌时间？
10. 罐头食品中添加防腐剂吗？为什么？
11. 罐头在密封之前需要排气，其原因是什么？
12. 罐头食品为高风险食品还是低风险食品？
13. 罐头食品的 HACCP 管理很重要吗？其关键控制点为哪个生产环节？
14. 分析比较高温杀菌技术与阶段杀菌技术的优缺点。
15. 分析罐头食品传热方式重要性，怎样进行改进或改善？

参考文献

江建军. 2000. 罐头生产技术. 北京：中国轻工业出版社.

李雅飞，等. 1993. 食品罐藏工艺学. 上海：上海交通大学出版社.

梁文珍. 2011. 罐头生产. 北京：化学工业出版社.

夏文水. 2007. 食品工艺学. 北京：中国轻工业出版社.

杨邦英. 2002. 罐头工业手册（新版）. 北京：中国轻工业出版社.

章超华. 2012. 水产食品学. 北京：中国轻工业出版社.

Bennett R W. 1992. The biomolecular temperament of Staphylococcal enterotoxin in thermally processed foods. J. of AOAC international，75：6-12.

Jackson J M，Shinn B M. 1979. Fundamentals of Food Canning Technology. West Port，Connecticut：AVI Publishing Company，Inc.

Larousse J，Brown B E. 1997. Food Canning Technology. New York：Wiley-VCH，Inc.

Rodel L，Kripien W. 1981. Microbiology of meat and meat products in high and intermediate-moisture ranges. New York：Academic Press.

The Recommended Canadian Code of Hygienic Practice for Low-Acid and Acidified Low-Acid Foods in Hermetically Sealed Containers (Canned Foods). 1990. Health Canada，Ottawa.

Vogel F. 1991. Le matériel de traitement thermique pour les opérations de stérilisation. *In*：La conserve appertisée，aspects scientifiques，techniques et économicques. Techniques et Documentation-Lavoisier.

第3章 水产品罐藏工艺

第一节 水产品罐藏原料

由于我国沿海及内陆水域面积广阔，海岸线长，自然条件优越，水产资源丰富。因此，水产品在罐藏原料中占有重要地位。我国现有的鱼、虾、蟹、贝等水产有2000多种，是世界上鱼、贝类品种最多的国家之一。在品种众多的水产品中，有经济价值的有300多种，其中较为著名的海产品有大黄鱼、小黄鱼、带鱼、墨鱼等；淡水鱼类有青鱼、草鱼、鲢鱼、鳙鱼等；还有名贵水产品如鲑鱼、鲥鱼、银鱼、对虾、鲍鱼等。随着养殖业和罐藏工业的发展，水产类罐头食品加工会得到更大的发展。

水产原料品种很多，但由于受各种条件限制，目前我国用于罐藏加工的品种有70多种（表3-1）。表3-1主要介绍了水产罐藏原料的品种、主要习性及产地产期。

表3-1 水产罐藏原料的种类、主要习性及产地产期

种类	主要别名	主要习性	主要产地产期
大黄鱼	大黄花、大鲜、大王鱼、黄鱼、黄瓜鱼、桂花黄鱼、金龙、黄纹	暖温性集群洄游鱼类，通常是生活在沿岸浅海区域的中下层。其产卵场位于河口附近海区，产卵鱼群喜迅游、浊流，厌强光，能发出"咯咯"的声音	我国沿海产，以浙江温州、舟山群岛沈家门；福建的三都、宫澳；广东的汕头、南澳岛；江苏的吕泗等为主要产地。广东沿海的春汛在2月中旬至5月，秋汛为10月至12月中旬，福建和江浙沿海的春汛为4月中旬至6月中旬，秋汛为9月。目前，以人工养殖为主
小黄花鱼	小黄瓜、小鲜、小黄花、黄花鱼、大眼、花鱼、厚鳞仔	温水性鱼类，喜栖于泥沙质海区。是一种底层群结洄游鱼类，每年春季密集成大群，游向大陆河口附近产卵	主要产地为渤海湾、辽东湾和莱州湾等渔场，东海的温州、舟山等渔场，以及黄海的吕泗、烟台、威海、鸭绿江口等渔场。产期多在春季的3月中旬到5月下旬和秋季的9～12月
带鱼	刀鱼、白带鱼、白鱼、牙带鱼、鳞刀鱼、青宗带	暖温性中上层集群性洄游鱼类	黄渤海的产季分春汛5～6月；夏秋汛为7～11月。东海春夏汛在5～7月。冬汛由11月到翌年的2月。南海粤中以10月至次年3月，粤西以11～12月为旺季
海鳗	鳗鱼、狼牙鳝、门蜕、即勾勾鱼	凶猛性近底层鱼类。每年8月后向北作生殖洄游	我国沿海均产，以东海为最多。江浙一带为5～9月及11月至翌年2月；闽粤一带为9月至翌年3月，黄渤海为6～8月，一般冬至前后盛产

续表

种类	主要别名	主要习性	主要产地产期
银鲳	鲳鱼、鲳扁、白鲳、镜鱼、车片、平鱼	暖水性中上层鱼类。栖息近海，生殖季节集群游向近岸、河口	广东3～6月，福建4～6月；浙江4～6月；江苏4～8月；山东5～6月
鮸鱼	米鱼、敏鱼、敏子鱼	暖水性底层鱼类。肉食性	我国沿海均产，南方为3～4月，北方为5～6月
鲐鱼	鲭、青占、油胴、鲐巴、青花鱼	暖水性大洋中上层集群洄游性鱼类。具有趋光性	为太平洋西部各海主要经济鱼类之一，也是我国黄渤海主要经济鱼类之一。南海渔场为3～6月及12月至翌年8月；海南岛5～9月；东海4～6月及7～11月；黄海5～9月
马鲛鱼	鲅、燕、燕鲅、鲛鲅	暖水性大洋中上层鱼类。常集群远程洄游，捕食小鱼	我国东海、黄海、渤海均产，为我国北方海区经济鱼类之一，北方为4～6月及9～11月，南方为3～6月及10～12月
鲱鱼	太平洋鲱、青条鱼、青鱼	冷温集群性中上层鱼类。以浮游生物为饵	为北太平洋之重要经济鱼类。在世界渔业上占鱼类总产量第一位。我国主产黄渤海，12月至翌年4月
鳕鱼	大口鱼、大头鱼、大头青	冷水性底层鱼类，食性广，生长快	主要分布在黄海及东海北部，夏汛4～7月，冬汛12至次年2月
鳁	沙丁、金色小沙丁鱼	近海暖水性小型中上层鱼类，趋光性强	福建沿海4～5月及7～8月，浙江8～9月
梅童鱼	梅子、大头宝、大棘头	近海小形鱼类	我国沿海均产。山东1～3月，渤海4～6月及8～10月
鳎米鱼	半滑舌鳎、牛舌、舌头、鳎板、鳎目、龙利、达沙	温水性底层鱼类	我国沿海均产，以河口为多，以春夏季产量集中
金枪鱼	青干鱼、杜仲鱼	远洋暖水性上层洄游鱼类	主产我国南海西沙群岛及台湾，春夏季为旺季，属于同一金枪鱼科的有鲣鱼等
凤尾鱼	鲚、凤鲚、烤子、黄齐、刀鱼、河力、刀鲚、七丝鲚	浅海洄游性小形鱼类，夏季由海成群进入河口产卵，幼鱼第二年入海育肥	我国沿海均产，河口区较集中，立夏至大暑及芒种前后为汛期，近年来在淡水湖泊中大力养殖与其同一属的短颌鲚
银鱼	面鱼、面丈鱼、面条鱼、鲙残鱼	平时生活在近海，夏季入河口产卵	产于黄海、渤海、东海，长江口最多，3～5月为旺季

续表

种类	主要别名	主要习性	主要产地产期
青鱼	乌青、螺蛳青、黑鲭、青根、黑鲩、青根鱼、	江河湖泊的中下层鱼类	我国淡水养鱼的四大品种之一，主产于长江以南的淡水中，以 5～7 月为旺季
草鱼	青草，鲩、楞鱼、白鲩、草根、草包鱼、草混子、浑鱼	江河湖泊的中层鱼类	我国淡水养鱼的四大品种之一，全国水域均产，以长江流域较多，5～7 月为旺季
鲢鱼	白鲢、白鱼、鲢子、白胖头	江河湖泊的上层鱼类	我国淡水养鱼的四大品种之一，全国水域均产，以冬季产量最多
鳙鱼	花鲢、黑鲢、胖头鱼、黑胖头、松鱼	江河湖泊的中上层鱼类	我国淡水养鱼的四大品种之一，生产于长江下游，4～6 月为旺季
鳊鱼	边花鱼、长春鳊	生活于江湖湖泊，食植性鱼，与鳊相似的鲂，又称武昌鱼	产于我国各地淡水，5～8 月为旺季
鲤鱼	鲤子、鲤拐子	淡水中底层杂食性鱼	全国各地淡水均产，全年可产，以春秋季为旺季
鲫鱼	河鲫鱼、鲋鱼、喜头、拐子、鲫爪子、爪鱼	淡水中杂食性鱼，生长较慢，适应性强	各国各地淡水四季均产，以 8～12 月为旺季
大麻哈鱼	鲑鱼	溯河洄游性鱼类、平时生活在北太平洋中，性凶猛，江河中产卵，亲鱼产卵后死亡。具回归性	主产于黑龙江和乌苏里江，产期集中为 9～10 月
黑鱼	乌鱼、鲤棒子、生鱼、蛇头鱼、班鱼、文鱼、孝鱼	栖息于水草茂盛淡水中，凶猛性鱼类，适应性强，有保护后代习性	全国各地淡水全年均产，以 9～12 月为旺季
鳝鱼	黄鳝、长鱼、田鳝	底层鱼类，湖泊、沟渠、稻田中较多，肉食性凶猛鱼，有性逆转现象	全国各地均产，以长江流域最多，以 6～7 月为旺季
甲鱼	鳖、圆鱼、团鱼、圆菜	生活于江河湖泊、食性较杂	全国各地均产，以湖北产量最多，春、夏、秋三季最盛
鱿鱼	枪乌贼、柔鱼、墨鱼仔、笔管、梅兔	以毛虾为主食	我国沿海均产，以 5～9 月为旺季
对虾	明虾、大虾、闽虾	洄游性甲壳动物，主食浮游生物，与其形态相似的有白虾、红虾	我国沿海均产，主产黄海、渤海，春、秋两季为旺季
沼虾	青虾	生活于江河湖泊，种类较多，最常见的为日本沼虾	我国淡水均产，春、夏、秋季为旺季

续表

种类	主要别名	主要习性	主要产地产期
梭子蟹	三疣梭子蟹、海蟹、海螃蟹、蟹子、飞蟹、海虫	生活于太平洋沿岸泥沙海底，与其体形相似的有青蟹，甲壳动物	我国沿海均产，黄海、渤海产期为 9～10 月及 9～11 月
河蟹	湖蟹、毛蟹、中华绒螯蟹（学名）	栖居于江河湖泊的泥岸，或滩涂上的洞穴和隐匿在石砾、水草丛中。具生殖洄游，入海产卵	我国沿海均有分布，秋、冬季节为旺季
贻贝	淡菜、海红	垂直分布通常在低潮线附近至水深 20m 处，藻类为主要食料，具群聚性	分布于渤海、黄海、东海沿岸，春季 1～4 月、秋季 9～11 月为旺季
蛏蛏	蛏、蜻、青子	栖息于内湾和河口处的滩涂上，由以软泥或砂泥的中、低潮区为宜，营穴居生活，食物以硅藻为主	我国沿海均有分布，每年清明至立夏及 8～9 月为旺季
牡蛎	蚝、海蛎子	我国现有五种牡蛎，大都分布于低潮线附近至 10m 深处，食料以浮游生物为主	我国沿海均有分布，以冬、春两季为旺季
文蛤	蛤蜊	栖息在河口附近盐度较低、含砂量 60%～80%的滩涂上，生长在潮间带和低潮线下的 5～6m 深的浅水区，营穴居生活，食料为浮游生物和藻类	我国沿海各省均产，春、秋两季为盛捕期，一般规定 6～8 月为禁捕期
鲍	盘大鲍	我国的经济鲍有四种，栖息于岩石底部或礁盘狭缝之中，主食为藻类，贝壳只有一片	分布于黄海、东海、南海，收获期依种类、地区、海况配异，比较分散
红螺	海螺、辣螺	壳大而坚硬，呈螺旋状。生活在低潮线以下至 10m 深处	生产于渤海湾、鸭绿江口及山东北部沿海，收获期为 9 月至翌年 5 月

来源：李雅飞等，1993

一、水产罐藏原料的种类和质量规格

为了对水产罐藏原料的形态、特点有全面的了解，现将我国主要罐藏水产原料的名称、质量规格及适于罐藏加工的产品种类等内容列于表 3-2。

表 3-2　主要水产罐藏原料的名称、质量规格和产品种类

品名（别名）	质量规格	适合罐藏种类
鲚鱼（凤尾鱼、烤子鱼）	体长在 12cm 以上，要求带子饱满	适于油炸调味罐藏
海鳗（鳗鱼、狼牙鳝勾鱼、灰海鳗）	条重 0.75kg 以上	适宜于加工油浸、烟熏罐头，品质优良
大黄鱼（黄鱼、大黄花鱼、大鲜桂花鱼、金龙鱼、红口鱼）	条重 0.5kg 以上	适于加工油炸调味及油浸罐头，为品质优良的罐藏原料

续表

品名（别名）	质量规格	适合罐藏种类
带鱼（刀鱼、白带鱼）	条重 0.2kg 以上	适于加工油炸调味罐头，为我国主要经济鱼类品种中品质优良原料
墨鱼（乌贼、乌鱼、墨斗鱼）	条重 100g 以上，宜用新鲜或冷冻良好的肥满墨鱼，鱼体完整，色泽正常	适于加工调味及茄汁类罐头，为优良加工原料
银鲳（鲳鱼、镜鱼、白鲳）	条重 0.25kg 以上，要求新鲜良好，但允许鱼鳞有轻微脱落	适于加工调味类罐头，为名贵罐藏品种
鲫鱼（河鲫鱼、鲋鱼、喜头）	条重 0.15kg 以上	适合加工调味罐头，荷包鲫鱼、葱烤鲫鱼为我国的罐藏产品
鲤鱼（鲤子、鲤拐子）	条重 1.0kg 以上	适合加工调味类红烧及茄汁罐头
草鱼（鲩鱼、草根、草青、白鲩）	条重 1.0kg 以上，宜采用活的或新鲜良好、肌肉有弹性、骨肉紧密连接的鱼	适合加工调味类罐头，为制熏鱼罐头的优良原料
青鱼（乌青、青鲩、黑鲩）	条重 1.0kg 以上，宜采用活的或新鲜良好、肌肉有弹性、骨肉紧密连接的鱼	适合加工调味类罐头，特别适宜加工熏鱼
鲢鱼（白鲢、鲢子鱼）	条重 1.0kg 以上，宜采用活的或新鲜良好、肌肉有弹性、骨肉紧密连接的鱼	适合加工茄汁及红烧罐头，原料来源丰富
鲮鱼（土鲮鱼、鲮公、鲮箭鱼）	条重 0.123～0.25kg，宜采用活鲮鱼加工	肉质鲜美，加工成的豆豉鲮鱼罐头品质优良
黄鳝（鳝鱼、长鱼）	条重 0.15kg 以上	适合加工调味类罐头，味鲜美，为我国特有的名贵产品
乌鳢（乌鱼、斑鱼、生鱼、孝鱼、黑鱼）	条重 0.5kg 以上	肉肥味美、营养丰富，适于加工成具有滋补作用的汤品罐头
鳖（甲鱼、团鱼、水鱼、圆鱼）	条重 250g 以上，宜用活鲜或冷冻良好的鳖，不得使用变质的鳖	可加工成具有滋补作用的汤品罐头
红螺（海螺、辣螺）	条重 40g 以上，宜用活鲜肥满或者良好的海螺肉，肉色正常，清洁，无异味，取自非污染水域。不得使用死海螺或变质的螺肉	肉肥嫩而大，适用于调味罐藏
对虾（明虾、大虾）	条重 30g 以上，宜用鲜虾或冻虾，色泽正常，允许有轻微黑箍或黑斑，肉质有弹性，气味正常，不得使用不新鲜或冷冻两次的虾	适于加工调味及清蒸罐头，清蒸对虾罐头为名贵产品
三疣梭子蟹（梭子蟹、蟹子）	条重 200g 以上，宜用活鲜或新鲜肥满的蟹，色泽、气味正常，肉质坚实，不得使用蟹壳纹理不清、蟹爪下垂和肉质松软的蟹，拉花蟹（已产卵的蟹）、软壳蟹不宜使用	清蒸蟹肉罐头为名贵产品

来源：赵良，2007

案例　巴西开始开发脂鲤取代沙丁鱼

中国海洋食品网2014年11月报道：根据巴西海洋食品协会统计，巴西沙丁鱼罐头代表着国内罐头鱼市场2/3的份额。但近年来这种远海中上层鱼类资源数量遭遇了大幅下跌。

将时间拨回到1970年，当时渔民捕获的沙丁鱼总量为135 000t，而2012年沙丁鱼总渔获量只有90 000t。为了保护远海沙丁鱼资源，政府下令每年都将实施5个月的沙丁鱼捕捞禁令。然后，政府部门与鱼类罐头制造行业共同克服较低沙丁鱼原料供应的困境，巴西海洋渔业研究公司的一些专家开始分析其他可能取代沙丁鱼的海洋物种。

在此框架下，海洋专家开始开发脂鲤项目作为替代沙丁鱼的鱼罐头原料。

该项目研究员迭戈·内维斯与渔业和水产养殖部专家帕尔马斯解释说，这是一个综合性渔业项目，该项目将检查其经济可行性、消费市场认可度、加工技术等指标，还要考虑到渔民对这种新的鱼类罐头原料品种是否感兴趣。

研究表明，脂鲤具有快速增长和良好饲料转化率的优点，在一年之内能够达到的最大重量为800～1200g。

二、鱼类罐藏原料的保鲜

在鱼类罐藏原料的捕捞、运输和销售过程中，为了保证原料的鲜度和减少商品损耗，必须采取保鲜措施。

鱼类的保鲜度就是要使鱼类保持刚捕获后的鲜度。保鲜的方法，主要是生产上普遍采用的冷却保鲜法，其次是目前国外正在大力研究和提倡的微冻保鲜法。冷却保鲜法和微冻保鲜法都是将鱼体温度降低到某种程度，从而可抑制和减缓酶和微生物的作用，使鱼体在一定时间内保持良好的鲜度。但保鲜一般都用于鲜鱼的运输、加工、销售前的暂时贮藏。若要进行长期贮藏，必须将鱼体温度降到更低的程度，即所谓冻结加工。

鱼类的冷却分为冰冷却法和冷却海水冷却法。

1. 冰冷却法　冰冷却（即碎冰冷却，又称冰鲜、冰藏）是新鲜鱼类保藏运输中使用最普遍的方法。由于冰鲜鱼最能具有活鲜鱼的生物特征，故至今仍为各国在生产上应用的主要的保鲜方法。如果鱼类保冷温度为0～3℃，保鲜期为7～12天。鱼类冰冷却法又可分为撒冰法和水冰法。

撒冰法是将碎冰直接撒到鱼体表面的方法。其优点是简便可行，融冰水又可洗涤鱼体表面，除去黏液和细菌，还有防止鱼体表面氧化和干燥的作用。

撒冰法一般用于整条鱼的冷却。其工艺流程为：洗净鱼体⟶理鱼⟶撒冰装箱（撒冰应均匀，层冰层鱼。容器底、壁及鱼体表面都应均匀撒冰）。对大的鱼，必要时需去鳃、剖腹、去内脏，经洗涤后腹内抱冰，再撒冰装箱。容器底部要开孔，便于融冰水的流出。

低温、清洁、迅速这三点是冰藏保鲜的最基本的要求。保鲜的重点应放在船上，在鱼捕获后应立即冷却，这是做好保鲜工作的关键。

水冰法即先用冰把清水或清海水降温（清水0℃，海水为－1℃），然后把鱼类浸泡在冰水中。其优点是冷却速度快。主要应用于死后僵硬快的或捕获量大的鱼，如鲐鱼、沙丁鱼等。

水冰法一般用在使鱼体迅速降温，待鱼体冷却到 0℃时即取出，改用撒冰保藏。因此，整个保鲜过程并不都用水冰法，因为浸的时间过长，鱼体会吸水膨胀，容易变质。

2. 冷却海水冷却法　冷却海水冷却法是把捕获后的鱼类保藏在－1～0℃的冷却海水中，本法所需要的装置主要有小型压缩机、冷却管组、海水冷却器、海水循环管路、泵及隔热的冷却海水鱼舱等。

一般认为，要在短时间内冷却大量捕获的鱼类，采用制冷机和碎冰冷却结合的供冷方式为宜。因为冰具有较大的融解潜热，可以用来冷却刚入仓的鱼，而在鱼仓保冷阶段，只需每天用较小的冷量便可补偿外界向鱼仓渗入的热量。因此，可选用负荷较小的制冷机，从而可节省船上的动力和减小安装的空间。

采用机、冰结合的供冷方式，用于冷却鱼所需的冰量大体相当于待处理鱼量的（T＋1)%，其中 T 为鱼的初温（℃）。所需的冰量应在渔船出海时备足，同时须携带相当于冰量的 3%的食盐量。一般鱼与冷却海水的比例为 7∶3，由于冰在冷却鱼体过程中会融化成冰水。因此实际使用的冷却海水量要少些。而这部分的冷却海水应事先用制冷机冷却后备用。

处理鱼货时，先按以上比例准备好冰、盐和冷却海水，然后向舱内边装鱼边加拌混的冰盐，到满舱为止。加舱盖后，注入冷却海水使充满盖间空隙，以免因海水摇动船身，引起舱中海水的震荡和鱼体之间的碰撞摩擦而造成损伤。随后开动循环泵，使海水循环流动，促使冰盐的溶化和鱼体的冷却。到冰盐全部溶化使水温降至－1℃后，即停止海水循环。以后须随时检查舱中水温，根据水温回升情况，再开动制冷机和循环泵，使水温继续保持在－1℃左右。如发现舱内海水中血污多时，应排出部分血污海水，再补充新的冷却海水，以免引起鱼类变质。

这种冷却海水保鲜方法，特别适用于品种较为单一、渔获量高度集中的围网作业和运输船。因为围网捕获的中上层鱼类活动能力强，入舱后剧烈挣扎，很难做到层冰层鱼，有的地方会发生脱冰的现象。加上中上层洄游性鱼类血液多，组织酶活性强，胃内充满容易腐败的饵料，尤其碰到大的网头，用冰藏法往往来不及处理，鱼货在甲板上停留时间较长，造成质量下降。针对这种情况，采用冷却海水保鲜法，操作简单，鱼体冷却快，保鲜效果较好，又可用吸鱼泵装卸鱼货，减轻劳动强度。

冷却海水保鲜法的缺点是鱼体在冷却海水中会吸收水分和盐分，使鱼体膨胀，鱼肉略带咸味，体表稍有变色，以及由于船身的摇动而使鱼体损伤和脱鳞等。另外海水还会产生泡沫造成污染，时间一长使鱼体变质的速度比起同温度的冰藏鱼要快。

国外研究了一种用 CO_2 处理冷却海水进行保鲜的方法，取得了一定效果。如果在冷却海水中通 CO_2 至饱和状态，可使海水的 pH 接近 4.2，而大多数细菌在酸性条件下会受到抑制，从而可延长鱼类的保鲜期并能提高鱼品的质量。

三、水产罐藏原料的验收

对于水产罐头生产而言，原料质量与最终产品质量之间有密切的关系。原料质量的好坏，直接关系到水产罐头制品质量的优劣。因此，做好对原料的验收工作是至关重要的。罐藏水产原料的验收首先应注意其鲜度。罐头制造商希望得到的是大小一致的优质鱼，以便成品达到固定标准，所以在罐头加工前，对水产品的质量，必须从感官、化学、微生物学等多方面加以评定并进行验收。其中以感官评价为主。如含有农药、兽药、生物毒素、重金属等有害物质时，其含量必须符合要求方可使用。具体的安全卫生指标可参见《无公害食品·水产品中有毒有害物质限量（NY 5073—2006）》及《无公害食品·水产品中渔药残留限量（NY 5070—2002）》的有关规定。

验收工作的目的是为了确定鱼货的种类、鲜度及其等级，即对鱼货的品质加以判断，以便确定合适的加工方法和组织生产。

1. 原料鱼品质鉴定的一般项目 一般进行原料鱼品质鉴定的主要项目有：鱼的种类、鲜度、大小、鱼体丰满度、鱼体完整度。

鱼的种类。在确定某一种品种的鱼作为该批产品的罐藏原料之后，在验收过程中应该严格控制，不使别的品种的鱼混入其中，以免影响罐头成品的质量。特别应防止具有天然毒性的鱼贝类，如有河豚毒素的河豚及因摄取有毒藻类（含麻痹性贝毒素）而被毒化了的贝类的混入。

鱼的鲜度。鱼的鲜度是指鱼体死后的变化过程，即鱼肉是否腐败及腐败的程度，这是鱼类品质鉴定中最主要的项目。通常根据鱼的新鲜程度将鱼分成四个等级，以便分别作为各种鱼品的加工原料。

鱼体大小。鱼贝类原料即使同一个种类，其个体大小与捕捞的海域或群体有关，并且还与该品种的汛期有关。个体大小会影响可食部分所占的比例，也与成品率及滋味等有关。

鱼体丰满度。鱼体的丰满度也就是肥瘦度。鱼体的丰满度与汛期关系密切，大多前汛产的鱼体丰满度较大。鱼的种类不同，鉴定其丰满度时的要求也就不同。一般丰满度大的肥鱼，外观饱满均匀，无论背侧或腹侧的肌肉都较厚，头部相对显得小些；丰满度小的瘦鱼则肉薄脊尖，头部显得相对大些；蟹类的丰满度通常可由其体色、外壳的硬度、手感重量及蟹黄的多少等加以鉴定。

鱼体的完整度。鱼体完整度是指鱼体上有无在捕捞及贮运过程中受到的机械性伤痕及受伤的轻重程度。若鱼体肌肉部位无伤痕、不破裂，鱼头与鳞片也保持完整而不脱落，说明鱼体的完整度好。

2. 原料鱼鲜度的鉴定 鱼类的鲜度一般认为是由其所含蛋白质和脂肪的性状来决定的。当组成蛋白质的各种氨基酸和组成脂肪的各种脂肪酸未被酶和细菌分解而保持完整状态时，鲜度最高。当蛋白质中的氨基酸受酶和细菌的作用而分解，或脂肪中的脂肪酸因水解而游离、因氧化而分解，以致失去固有的完整状态时，鲜度就下降。分解程度越深，鲜度就越差。

1）原料鱼鲜度的分级及其标准 原料鱼的鲜度一般分为四级，鲜度不同，在加工生产上的用途也就不同。

一级：为新鲜度很好的鱼，即处于僵硬期和开始进入自溶阶段的鱼。主要用于加工冻鱼、冻鱼段，以及作为冻结冷藏保存的罐头原料。

二级：为新鲜度较好的鱼，即处于自溶阶段的鱼。主要用于加工冻鱼片、冻鱼、罐头、鱼松、熟食品及糟碎制品的原料。

三级：为新鲜度较差的鱼，即处于自溶期和开始进入腐败阶段的鱼。主要用于盐渍、干制品等加工咸鱼干的原料。

四级：为已经变质的鱼，即基本处于腐败阶段的鱼，已不能食用，只能作为加工饲料鱼粉的原料。

2）原料鱼鲜度的鉴定方法 目前国内外常用的鉴定鱼类鲜度的主要方法仍为感官法

和生物化学法。感官鉴定法由于简单易行又能及时得出结论，所以至今仍被广泛采用。

(1) 感官鉴定：人们若依靠视觉、嗅觉、触觉等生理官能对鱼类的外观性状进行检查，从而对其作出鲜度判断，称为“感官鉴定”。本法尽管是以外观性状凭经验作出判断，但由于能反映鱼肉内部的各种变化结果，因而有一定的科学依据。鱼类及其他水产品感官指标见表 3-3 和表 3-4。

表 3-3　鱼类感官指标

项目	新鲜	较新鲜	不新鲜
眼部	色泽鲜红，鳃丝清晰、清亮	角膜起皱，稍变浑浊，有时稍溢血发红	眼球塌陷，角膜浑浊，眼腔被血浸润
腮部	色泽鲜红，鳃丝清晰，黏液透明，无异味	开始变暗，呈暗红色或紫红色，黏液带酸味	呈褐色至灰白色，附有浑浊黏液，带酸臭味、陈腐味
肌肉	坚实有弹性，用手压后凹陷立即消失，肌肉的横断面有光泽，无异味	肌肉稍松软，受压后凹陷不能立即消失，稍有酸腥味，横断面无光泽	肌肉松软，受压后凹陷不易消失，易与骨骼分离，有霉味及酸味
体表	有透明的黏液，鳞片鲜明有光泽，贴附鱼体牢固，不易脱落（鲳鱼、鳓鱼例外）	黏液增加，不透明，有酸腥味，鱼鳞光泽较差并易脱落	黏液污秽，鳞无光泽易脱落，并有腐臭味
腹部	腹部完整、不膨胀，内脏清晰可辨，无异味	腹部完整且膨胀不明显，内脏清晰，稍有酸腥味	腹部不完整、膨胀破裂或变软凹下，内脏黏混不清，有异味
水煮试验	鱼汤透明，有带油亮光及良好气味	汤稍浑浊，脂肪稍乳化，气味和口味较正常	汤浑浊，脂肪乳化，气味和口味不正常

来源：赵良，2007

表 3-4　其他水产品感官指标

种类	新鲜	不新鲜
软体类	色泽鲜艳，表皮色泽正常，有光泽，黏液多，体型完整，肌肉柔软而光滑	色泽发红，无光泽，表皮发黏，已略有臭味
虾类	外壳有光泽，半透明，肉质紧密、有弹性，甲壳紧密附着虾体，色泽气味正常	外壳失去光泽且浑浊，肉质松软、无弹性，甲壳与虾体分离，从头部起逐渐发红，头脚易脱落，有氨臭味
蟹类	蟹壳纹理清楚，用手指夹持背腹两面平置，脚爪伸直不下垂，肉质坚实，体重、气味正常	蟹壳纹理不清，蟹脚下垂并易脱落，体轻，发腐臭味
贝类	受刺激时贝壳紧闭，两贝壳相碰发出实响	贝壳易张开，两贝壳相碰发出声音

来源：赵良，2007

(2) 生物化学检验指标：检测某种蛋白质分解产物的含量，是判断动物性食品鲜度常用的化学检验方法。水产动物品种繁多，其机体组成成分差异也较大，有些蛋白质分解产物可用作共同性的鲜度指标，而有些分解产物仅适用于某些水产品的鲜度指标。目前常用的生物化学指标有以下几种。

① 挥发性盐基氮（TVBN)，它是氨和三甲胺、二甲胺等挥发性含氮物质的总称，其中

氨占着极大的比例（90%以上），而二甲胺的含量则很少，氨含量随受检物鲜度的下降而逐渐增加，变化有规律，从新鲜到变质整个变化幅度大，便于分等分级。

② 三甲胺氮（TMA-N），水产动物体内存在的氧化三甲胺经兼性厌氧菌的还原作用而产生三甲胺，其含量能随受检物鲜度的下降而逐渐增加，变化有规律，从新鲜到变质整个变化幅度虽不如挥发性盐基氮那样大，但也便于分等分级。

③ 吲哚是氨基酸（杂环属）的分解产物，受检物体内吲哚含量的增加，也能反映蛋白质的分解程度。可作为参考性指标。

④ pH，水产动物和陆上动物一样，当其处在僵硬状态时，肌肉的 pH 较低而略带酸性，随着僵硬的消失和鲜度下降，pH 也就逐渐升高。因此从 pH 的升高幅度可以判断其鲜度的变化程度，可以作为参考指标。

⑤ K 值也是根据水产动物体内核酸降解程度去推测其鲜度的一种指标，性质上与检测次黄嘌呤相似，所不同的是 K 值并非单指某一种分解产物的含量，而是核酸降解过程中最终产物与分解过程中各种分解产物总和之间的比值，这一比值越大说明分解程度也越大。

(3) 微生物学检验指标：主要是检验杂菌数（表 3-5）。水产品的变质最初由于酶的作用，以后即由于细菌的繁殖和分解。因此水产品体内杂菌数的多少和鲜度有密切的关系。活的水产品受外界污染时，在体表、鳃部和肠道内会沾染较多的细菌。水产品所污染的细菌有水生细菌，也有陆上细菌。一般的微生物学检验法，由于要进行细菌培养，故需较长时间。

表 3-5　鱼类生化和细菌总数的鲜度指标

品种	等级	项目		
		挥发性盐基氮不得超过/(mg/100g)	pH	细菌总数不得超过/(个/g)
黄鱼	新鲜	15	—	10^4
	次新鲜	35		10^6
带鱼	新鲜	15	<5.8	10^4
	次新鲜	30	<7.2	10^5
对虾	一级	25	6.8～7.2	10^5
	二级	30	6.8～7.2	5×10^5
梭子蟹		20	≤7.5	10^5
乌贼	一级	12	—	—
	二级	25		
	三级	35		
青鱼、草鱼、鲢鱼、鲤鱼	新鲜	15	—	10^3
	次新鲜	20		10^6
鲳鱼	新鲜	15	—	5×10^3
	次新鲜	30		5×10^6
青虾	新鲜	15	—	5×10^6
	次新鲜	25		10^7
牡蛎			≤6.2	致病菌不得检出
蛤蛏		10	—	10^7

来源：李雅飞等，1993

四、鱼类罐藏原料的特性

鱼类罐藏原料有自己的特性。鱼类种类繁多，有软体动物、甲壳动物、棘皮动物、脊椎动物等，这说明它具有多种多样的性质。同时，鱼类罐藏原料与矿业、农业生产有所不同，矿业、农业生产可以通过人为的努力，达到计划生产。而鱼类则除部分进行人工养殖外，主要靠天然生产，资源量和资源所在地则缺乏充分的把握，渔期、渔场、渔获量都不定，计划生产困难较大，这说明它具有多变的性质。鱼类与一般的动物一样，同一种类中，因年龄及肥瘦度不同，其肌肉成分的组分也就不同，即使同一个体中，因部位不同，其组分也不同。在这方面鱼类要比一般动物更为明显。还有，作为鱼体主要成分的水分和脂肪含量会随季节发生变化。例如，洄游鱼类在进行索饵洄游时，鱼体肥度增加，肌肉中脂肪含量增加，但洄游中产卵时，鱼体脂肪在产卵前后会发生急剧变化，从而会影响鱼肉味道的鲜美程度。另外，鱼肉比畜肉更容易腐败变质，因为家畜一般在清洁的屠宰场屠宰，并立即除去内脏，而鱼类在渔获后一般并不立即清洗处理，常常带着容易腐败的内脏和鳃等进行运输；鱼类在渔获时，容易造成死亡，以后即使在低温下贮藏，水中的细菌侵入肌肉的机会也就较多；而且鱼类比陆上动物的组织较软弱，外皮薄，鳞片易脱落，细菌容易从受伤部位侵入；鱼体表面被覆着黏液，它是细菌的一种良好培养基。这些便是鱼类容易引起腐败的原因。

1. 鱼肉的化学组成　　鱼肉的主要化学成分中，水分占 70%～80%，蛋白质 15%～20%，脂肪 1%～10%，糖 0.5%～1.0%，无机盐 1.0%～1.5%。但是由于鱼类的种类繁多，如前所述，其年龄、季节、营养状况不同，都会影响各种成分的变化。

2. 鱼类死后变化　　鱼类经捕获致死后，其体内仍进行着各种复杂的变化，这些变化主要是由鱼体内存在的酶和生前、死后附着在鱼体上的微生物不断作用的过程。其变化过程要明确区分是困难的，但大体可分为死后僵硬、自溶和腐败变质三个阶段。

1）*死后僵硬阶段*　　鱼类和一般陆生动物一样，死后不久即发生僵硬，腭骨和锶盖紧闭，体表分泌的黏液大量增加。僵硬是由许多相互有关的酶解作用的综合发展的结果。当鱼体死后，正常的生理机能遭到破坏，向肌内细胞供应氧气停止，借皮肤和呼吸器官所进行的各种体温调节完全终止，然而与热量有关的变化在体内仍然发生，故使鱼体温度上升。鱼死后至僵硬期的主要变化是肌糖原（一般贝类体中含有较多肌糖原，白色鱼肉含有 0.2%，红色鱼肉含有 0.5%～3%）的分解。这个分解过程是不可逆的，它对鱼体鲜度和质量下降起重要的影响。

糖原的分解是由酶所进行的无氧分解过程，可用下式表示：

$$\underset{\text{糖原}}{(C_6H_{10}O_5)_n} + nH_2O \longrightarrow \underset{\text{乳酸}}{2n\ (C_3H_6O_3)}$$

在糖原分解的同时，腺苷三磷酸（ATP）也进行分解，即

$$ATP \longrightarrow ADP + Pi$$

由于糖原分解成乳酸和腺苷三磷酸分解产生磷酸，使鱼肉组织酸值增加（pH 降至 5.0～5.5）并产生大量的热量（如 ATP 脱出 1g 分子磷酸就产生 29.3kJ 热量），将使鱼（贝）类的体温上升数度，从而进一步促进组织水解酶的作用和微生物的发育繁殖。因此当鱼类捕获后，若不马上进行冷却抑制其生化反应热，就不能有效地及时地使以上反应延缓下

来，这就会使僵硬期大大缩短。

产生僵硬的机理，现在认为是鱼体肌肉中的肌动蛋白和肌球蛋白在一定浓度 Ca^{2+} 作用下，借助 ATP 的能量释放而形成肌动球蛋白。肌肉中的肌原纤维蛋白——肌动蛋白和肌球蛋白的状态是由肌肉中的 ATP 的含量所决定。鱼刚死亡时，肌动蛋白和肌球蛋白呈溶解状态，因此肌肉是软的。当 ATP 分解时，肌动蛋白纤丝向肌球蛋白纤丝滑动并凝聚成僵硬的肌动球蛋白。由于肌动蛋白和肌球蛋白的纤维重叠交叉，导致肌肉中的肌节增厚缩短，于是肌肉失去伸展性而变得僵硬。此现象类似活体时的肌肉收缩。

鱼体僵硬期开始的早迟与持续时间的长短，同鱼的种类、死前的生理状态、捕捞方法和运输保藏条件、温度等有关，其中温度的影响是主要的。温度越低，僵硬期开始得越迟，僵硬持续时间越长。一般在夏天气温中，僵硬期不超过数小时，在冬天或尽快地冰藏条件下，则可维持数天。处于死后僵硬阶段的鱼类，鲜度是良好的，它是制定鱼货鲜度质量的重要标志。

2）自溶阶段　当鱼体肌肉中的 ATP 分解完后，鱼体开始软化，即所谓解硬（或解僵），这同活体时的肌肉放松不一样，因为活体时肌肉放松是由于肌动球蛋白重新解离为肌动蛋白和肌球蛋白，而死后形成的肌动球蛋白是按原体保存下来，只是与肌节的 Z 线脱开，于是使肌肉松弛变软，促进自溶作用。

自溶作用是指鱼体自行分解（溶解）的过程。主要是水解酶积极活动的结果。所谓水解酶就是催化水解酶的总称，如蛋白酶、脂肪酶、淀粉酶等。

经过僵硬阶段的鱼体，由于组织中的水解酶（特别是蛋白酶）的作用，使蛋白质逐渐分解为氨基酸及较多的简单碱性物质，所以鱼体在开始时由于乳酸和磷酸的积聚而成酸性，但作用的本身不是腐败分解，因为自溶作用并非无限制地进行，在使部分蛋白质分解成氨基酸和可溶性含氮物后即达平衡状态，不易分解到最终产物。但由于鱼肉组织中蛋白质越来越多地变成氨基酸之类物质，则为腐败微生物的繁殖提供了有利条件，从而加速腐败进程。因此自溶阶段的鱼货鲜度已在下降。

自溶作用的快慢同鱼的种类、保藏温度和鱼体组织的 pH 有关，其中温度仍然是主要的。在一般气温中，温度越高，水解酶的活性越强，自溶作用就越快。在低温保藏中，酶的活性受到抑制使自溶作用缓慢到几乎完全停止。

3）腐败变质阶段　鱼类的腐败是一些腐败微生物（鱼类的腐败细菌主要是水中细菌，即属于无色杆菌属、黄杆菌属、假单胞菌属等的细菌。贝类的腐败还和大肠杆菌、土壤细菌有关）在鱼体繁殖分解的结果。新鲜的鱼，若保藏条件不良，或卫生条件不好，在微生物的作用下，会很快地发生腐败。

微生物侵入鱼类组织的途径是：①由肠管侵入，鱼在保存时，由于肠内蛋白酶作用于肠壁，微生物极易从肠内透出；②由表皮的黏液侵入，鱼体皮肤腺分泌黏液是一种可溶性含氮物，它是很好的培养基；③由鱼鳃侵入，在大多数情况下，鱼常窒息而死，鳃部常会血液，由于血液充于鳃中，给微生物迅速繁殖创造了有利环境；④微生物可从捕鱼、鱼的保存运输等过程中所造成的伤口中侵入鱼肉之中。

在侵入鱼体的微生物中，经常有各种腐败性的微生物。腐败微生物侵入鱼鳃时，它就分泌出胞外酶，去分解鱼鳃中的血红素，使鳃中的血红素变为变性血红素，因而使鱼鳃失去固有的颜色，变成褐色乃至灰色。

腐败性微生物侵入鱼的皮肤时，则在固着各种鱼鳞的结缔组织处发生蛋白质分解；因此破坏了鱼鳞与皮肤相结合的坚韧性，鱼鳞很容易同皮肤分离而脱落。

腐败性微生物从体表黏液进入眼部组织时，使角膜发生变化，并使固定眼球的结缔组织分解，因而眼球陷入眼窝。腐败微生物从鱼肠透出时，首先侵入实质性的脏器中，因为那里有使微生物发育最好的环境。当蛋白质分解产生气体时，仅腹腔的压力升高，因此部分鱼肠从肛门脱出，此时肛门黏液呈褐色。同时由于产生气体而使腹腔膨胀；由于肝脏剧烈分解，使肝脏内分泌出脂肪滴，积集于腹腔器官表面。微生物逐渐侵入沿脊柱走行的大血管里，并引起其中血液溶血。发生溶血现象的血液，进入周围的肌肉组织，使脊柱旁的肌肉沾染呈红色，产生“脊柱旁发红”现象。当脊柱周围的组织中蛋白质分解得非常显著时，脊柱则带有腐败气味。腐败过程向组织深部移行时，沿着鱼体内结缔组织层和骨膜，波及一块又一块的新组织。其结果使鱼体组织的蛋白质、氨基酸，以及其他一些含氮物被分解为氨、三甲胺、硫化氢、吲哚、尸胺、组胺等腐败产物，即当上述腐败产物积累到一定程度，鱼体即产生具有腐败特征的臭味而进入腐败阶段。与此同时，鱼体的 pH 也增加，即从中性变成碱性。因此，当鱼肉腐败后，就完全失去食用价值，误食会引起中毒，如组胺、尸胺、腐胺都是有毒的。

严格地说，鱼体微生物的繁殖分解实际上从死后即缓慢开始，是与死后僵硬和自溶同时进行的。但是僵硬和自溶阶段，鱼体微生物的繁殖和含氮物的分解缓慢，其数量增加不多，特别是僵硬阶段更是如此，到自溶后期，分解产物逐渐增多，微生物繁殖加快，到一定程度即进入腐败阶段。一般大型鱼类或者在气温较低的条件下，自溶阶段较长。而一些小型鱼类或者在气温较高的季节，微生物繁殖分解很快，有时腐败和自溶阶段差不多同时开始，难于清楚地划分为两个先后不同的阶段。

微生物之所以能在鱼体内这样急剧地繁殖，是因为鱼肉组织比起哺乳动物脆弱得多，且含有大量的水分，另外鱼的组织被结缔组织层分成很小的若干肌群，因此很容易被腐败性微生物所分解。

可见，要保持鱼货的鲜度，就要设法延长僵硬期，抑制自溶作用和防止腐败变质。因此鱼捕获后，应尽快用冷的清水洗净鱼体，对特种鱼，必要时应去鳃、剖腹、清除内脏、洗净血迹和污物，然后迅速冷却或冻结保鲜。在鱼货运输、装卸、加工、销售各个环节中，都应该在低温环境中进行，并要注意卫生条件，减少中转环节，避免雨淋日晒和散装堆压。只有对各个环节的高度重视，才能有效地抑制和减少酶和微生物的作用，从而可以保持鱼货的新鲜。

影响鱼类腐败速度的一些因素有以下几个。

(1) 鱼的种类。不同的鱼类即便在外界条件相同的情况下，它们的腐败速度也是不同的。这是由于不同种类的鱼，其化学组成，尤其是含氮浸出物的种类和数量的不同及酶活性之间的差别所引起的。

(2) 温度的影响。温度对鱼类死后僵硬期的开始及延续时间有影响，同样的，对于鱼类腐败变质开始的时间及腐败速度也有很大影响。这是由于细菌的繁殖和各种酶类的活性受制于温度。

不论海水鱼还是淡水鱼，其最高腐败速度的温度在 25℃左右。此现象可归因于附着在鱼体上的大部分细菌适温范围在 25℃左右，许多海水细菌在此温度条件下其生长对数期持续时间较短。

(3) pH 的影响。附着于鱼体表面的细菌生长发育的最适 pH 范围为 6.5～7.5，一般认为 pH 低于 5.2 或高于 8.0 时，细菌的发育受到很大影响，而这种 pH 的变动是由鱼类死后僵硬及代谢产物的积累所造成的。死后僵硬阶段鱼肉的 pH 常可下降至 5.0～5.5，此 pH 范围不适于细菌的生长，大部分细菌被抑制，总的菌数增加不快，此外当腐败到达后期时，由于蛋白质的氨基酸脱氨作用的结果，使鱼肉的 pH 上升得很高，常可达 8.0 以上，此时细菌的生长又受到了抑制，并逐渐死亡。

(4) 最初细菌数的影响。鱼体所附着的细菌数对于腐败速度影响很大。由于鱼体的营养有一定的限制，所以细菌生长发育到一定阶段要被它自身的代谢产物所抑制，也就是说细菌的增殖到一定阶段后，其菌数是一个相对恒定值。当鱼体附着的最初细菌数较高而其他条件相同时，达到此值的时间较短，而最初细菌数较低时则时间较长。

因此，原料的运输及处理过程中污染的细菌数越多，则腐败速度越快。而保持渔轮、鱼箱（盘）、工具、场地等的清洁卫生，对于防止微生物的污染、延缓鱼类腐败变质就具有重要意义。

第二节　水产品罐藏原料的处理和预热处理

鱼类罐藏原料须先进行处理，以除去污物和不可食部分，再进行适当的预热处理。以除去过多的水分方可装罐并进行后续处理。鱼类处理和预热处理的工艺流程如下：

原料→解冻（鲜鱼可省去此工序)→洗涤→去鳞、鳍、头、尾→鱼体切开（腹开或背开）去内脏→洗涤→切块→盐水渍→漂洗→滴干→预热处理（蒸煮、油炸、烟熏）

一、原料处理

1. 冻鱼的解冻　　罐头生产是一种大规模的工业化生产过程，它所耗用的原料数量是相当多的。只有在沿海地区的罐头厂有可能及时获得新鲜原料的供应，一般都需要使用冻鱼作为原料。所以，冻鱼的解冻是鱼罐头生产中一个比较重要的工序。

冻结鱼解冻的方法，工厂目前常用的有空气解冻和水解冻两种方法。空气解冻是在室温高于冻鱼温度的条件下，利用空气与冻鱼之间的热交换，使冻鱼温度逐渐升高而自然解冻。其优点是操作方便，但解冻不够均匀，而且解冻时间较长。所以空气解冻宜在室温低于15℃的春、秋季节里采用。

水解冻一般又分为流水解冻和淋水解冻两种方法。流水解冻是将冻结鱼块直接浸在流动水中，依靠流动水与冻鱼之间的热交换，使冻鱼解冻。此法的优点是解冻速度快而且比较均匀。但在炎热季节当水温较高的情况下，对鱼的质量会有一定影响。淋水解冻是利用细微水滴喷淋在冻鱼块上，使冻鱼逐渐升温解冻。此法既利用流水来加快冻鱼的解冻速度，又利用细微状水滴容易蒸发而使冻鱼在周围气温较低的条件下快速解冻的方法。解冻程度的掌握应与解冻方法、加工工艺要求、原料的特点、气温的高低等因素有关。

由于罐头生产的工艺过程较长，所以在炎热季节，冻鱼一般只要求基本上达到解冻即可，而像鲐鱼等原料，由于完全充分解冻后，鱼体容易骨肉分离、肉质碎散。因此一般只需达到半解冻状态就应进行原料处理。至于解冻方法，在实际生产中往往根据具体条件而灵活掌握应用。例如，鱼体较大的鳗鱼等常采用流水解冻法，而鱼体较小的凤尾鱼等，则多采用空气解冻法。

2. 原料处理　鱼类罐藏原料的处理过程，一般包括：洗鱼、挑剔去除鱼体不可食部分、胴体的洗净和切开（切段或开片）、分档等。但由于鱼的种类和各种产品的加工工艺特点的不同，其处理要求和方法并不完全相同。现就基本的方面加以说明。

冻鲜鱼或解冻鱼均先进行流水洗涤，以去除鱼体表面的污物和黏液，同时应根据产品质量要求进行挑选，剔除不合格的鱼货。

一般说来，鱼类罐头食品主要取食鱼体的肌肉部分（包括鱼皮），而把鳞、鳍、头、尾、内脏等列为不可食部分而予以去除。但有些产品（如凤尾鱼罐头等），由于原料鱼的某些部分（如鱼卵等）具有独特的风味和食用价值，所以必须完整地保存下来，并作为该品种的特色。又如在鲜食中常剔除的鱼骨，在罐头生产中，却因经过高温杀菌而使鱼骨酥软可食。因此，对于中小型鱼类制罐时往往允许保存鱼骨（个别产品有特殊要求的应去骨）。再如马面鲀制罐，则必须去除鱼皮。总之，不同鱼类的罐头对鱼体的取食部分之分不是绝对的。在去除鱼体不可食部分的过程中，既要尽可能做到去除干净，又要注意原料的利用率。至于在处理过程中发现的变质鱼，务必严格剔除。

去除不可食部分后的鱼体，应在流水中洗净腹腔内的血液、黑膜和污物等，以保持鱼体固有的色泽。洗涤时鱼体不应在水中长时间浸泡，以免鱼肉中可溶性蛋白质的流失而降低食品的营养价值。洗净后的胴体应立即切段或开片，以增加鱼体表面积，减少鱼肉的厚度，使盐分和调味液容易渗入鱼肉内部，也可便于预热处理和装罐，而且对成品开罐后鱼块的整齐美观也有密切关系。但对一些小型鱼类（如沙丁鱼、凤尾鱼），则应整条装罐，一般不必切开。所谓切段，就是将胴体横向切成块状。鱼块的长度应以适于装罐为度。这种切段的方法对中、小型鱼类处理较为普遍。而开片一般适用于大、中型鱼类或某些产品的专门要求，其方法就是从鳃盖骨后部起，沿脊柱骨直剖至鱼尾，得两条不带脊骨的鱼片（或为一条带脊骨，一条不带脊骨的鱼片）。这种切开的方法在烟熏鱼罐头的生产中较常用（当然这种鱼片在装罐前还须按罐型大小进行切块）。显然，对于大、中型鱼类而言，也有开片后再予切段的。总之，应根据工艺要求、原料特点等具体情况而定。

鱼体切开后，应根据鱼肉厚薄、块形大小、带骨与不带骨等情况，一般分成 2～3 档，个别的也有分成 8～10 档，以利于进行盐渍、预热处理和装罐。

3. 鱼块（片）的盐渍　为了对食品进行咸淡调味，罐头成品中的食盐含量，一般应控制在 1%～2.5%。这除了可在调味配料中加入适量食盐来调制外，一般都采用盐渍来达到。因为盐渍不但能使肉质咸淡均匀，而且可以利用盐液的渗透脱水作用，使鱼肉组织变得坚实些，以便于预热处理或装罐。盐渍的方法常见的有盐水渍法和拌盐法两种，而以盐水渍法使用较为普遍。

盐水渍法所用食盐溶液的配制是先将食盐（精制盐）用洁净的冷水溶解成高浓度的盐水，然后用多层纱布滤去杂质，再用冷水（在水温超过 20℃的季节宜用冰水）稀释到所需浓度。盐水浓度实际生产上常用波美比重表测定（1°Bé 即相当于溶液中的食盐含量为 1%），盐水的相对密度和含量之间的关系参见表 3-6。

表 3-6　盐水的相对密度和含盐量之间的关系

盐水中的食盐含量/%	相对密度(15℃)	波美比重表度数/°Bé	100 份水中增添的食盐量/份
1	1.007 25	1	1.0
2	1.014 50	2	2.0
3	1.027 74	3	3.1
4	1.028 99	4	4.2
5	1.036 24	5	5.3
6	1.043 66	6	6.4
7	1.051 08	7	7.5
8	1.058 51	8	8.7
9	1.065 93	9	9.9
10	1.073 75	10	11.1
11	1.080 97	11	12.4
12	1.088 59	12	13.6
13	1.096 22	13	14.9
14	1.103 84	14	16.3
15	1.111 46	15	17.6
16	1.119 38	16	19.0
17	1.127 30	17	20.5
18	1.135 23	18	22.0
19	1.143 15	19	23.9
20	1.151 07	20	25.0
21	1.159 31	21	26.5
22	1.167 55	22	28.5
23	1.175 80	23	30.0
24	1.184 04	24	31.0
25	1.192 28	25	33.3
26	1.200 98	26	35.1

来源：李雅飞等，1993

鱼块（片）应按大小分档，分别盐渍，盐水的用量以使鱼块（片）能被完全浸没为止，并需经常搅动，以使盐渍均匀。盐渍完成后，应将鱼块（片）立即取出，沥去盐水，随即用淡水漂洗一遍，并沥干之。然后进行预热处理或装罐。每次盐渍完成后，应在盐渍过的溶液中加入适量浓度盐水，以调节到所需浓度。这样一般连续使用 3～5 次，再调换新盐水。因为盐渍数次后，溶液中可溶性蛋白质及鱼肉血色素、杂质等增加，使颜色变深，对鱼块（片）的质量有一定影响。

盐渍时间与盐水浓度，对于鱼块的盐渍过程来说，是两个互为消长的因素。一般是盐水浓度越高，盐渍时间越短，反之亦然。但因盐分向鱼肉组织内部的渗透有一个过程，为使鱼肉内外的盐分含量大致均匀，在实际生产中，大都不采用高浓度盐水来盐渍。如果盐水浓度过低，则盐渍的时间较长，可溶性蛋白的损失就会增加，同时易使鱼肉组织吸水浸润，对以后的预热处理等造成一定困难。因此，在实际生产中盐水浓度宜控制在 6%～15%，盐渍时间以 10～20min 为宜。但是，对于那些块形较大，生产中又须经蒸煮脱水的一类产品，由于在控水过程中，水随汤汁大量流失，为保证成品的盐分含量，适当提高盐水浓度或延长盐渍时间，也是必要的。相反，对于那些小型鱼类（如凤尾鱼、银鱼等）产品的咸淡控制，完全可在调味中配入适量食盐来达到，因而无需盐渍。

此外，盐渍时间的长短还受季节气温、鱼肉性质（组织紧密程度、脂肪含量多少）、解冻程度、鱼块厚薄、肉面大小等因素的影响，这是由于盐分向鱼肉组织内部渗透速度的快慢，受这些因素的影响所致。例如，夏季气温较高，盐液向鱼肉组织内部的渗透速度就较快，所以同一产品夏季的盐渍时间要比冬季短。又如经冻结过的鱼体，由于肌肉组织遭受破坏而在解冻后比较疏松，所以盐液的渗透速度也比较快，盐渍时间宜短些。总之，各种产品的盐渍时间和盐水浓度并不是一成不变的，应根据产品对盐分的要求、原料性质、加工特点等来决定。必要时可通过试制样品，测定成品氯化钠含量的方法来确定。

拌盐法盐渍，即在一定量的鱼块中，加入适量精盐，拌和均匀，盐渍一定时间，就可进行预热处理。其优点是鱼块在盐渍过程中，不但没有浸润水分，而且由于食盐的作用，脱去了部分水分，因此盐渍后可直接用于油炸，操作较方便。但其缺点是盐渍不够均匀，故较少采用。

鱼肉盐渍时，食盐渗入肌肉中，这主要是具有近于半透膜性质的表皮、肌腱鞘等的选择透过性。食盐渗入鱼肉的速度和最高渗入量受到其周围的盐水浓度、温度、盐渍方法、食盐的纯度、原料鱼的性质等的影响。一般盐水盐渍时，食盐渗入速度比干腌大，且在平衡状态时渗入食盐量多。盐水盐渍时，盐水浓度高的，其食盐的渗入速度及最高渗入量都大。

即使以足够量的盐水长时间盐渍鱼肉，鱼肉中水分的食盐浓度无论如何也不会达到所使用的盐水浓度。这是由于鱼肉中的水分一部分是作为结合水存在的，不起溶媒作用。当进行干腌时，用盐量的多少则支配着盐的渗入量。进行盐水盐渍时，盐水温度高，则渗入食盐的量大。若鱼体的脂肪含量多，其皮下脂肪层厚，明显地会妨碍食盐的渗入。原料鱼的鲜度及鱼体是否带皮都会影响食盐渗入的速度和数量。

鱼肉盐渍时，由于渗透压关系，鱼肉中的水分渗出。但鱼肉中水分变化情况视鱼的种类、盐渍方法、食盐水浓度、温度等而有所不同，主要原因是由于食盐能引起鱼肉蛋白质亲水性发生变化。鱼肉盐渍后肉质的硬度增大。

鱼肉盐渍时容易引起蛋白质的变性，它受食盐浓度的影响，并因盐渍方法、试料的形状、原料鱼的种类的不同而有不同。盐渍时若添加聚合磷酸盐则可防止肌球蛋白类蛋白质的不溶性化。

二、预热处理

鱼块盐渍后的预煮、油炸、烟熏等，在罐头生产上统称为预热处理。主要目的是脱去鱼肉中一部分水分，并由于蛋白质因加热而凝固，使鱼肉组织紧密，具有一定的硬度，便于装罐。同时，鱼肉脱水后，能使调味液充分渗入，以增进食品的风味和保证成品的固形物含量。此外，预热处理还能杀灭附着于鱼块的大部分微生物，因而对确保罐头杀菌时的杀菌效果能起一些辅助作用。若用烟熏方法进行预热处理，除有上述作用外，还能增进制品的风味和色泽。

1. 预煮　一般油浸类、茄汁类等鱼类罐头的顶热处理采用蒸煮法（又称脱水）较多。其方法是将盐渍沥干后的鱼块，定量装入罐内，然后放入排气箱（或蒸缸、杀菌锅等均可）

内用直接蒸汽加热蒸煮，蒸煮温度为100℃左右，蒸煮时间依鱼的种类、块形大小及设备条件等的不同而异。一般需20～40min。脱水率的控制应与鱼的种类、鱼肉在加工过程中的浸润状况加以考虑，大致为15%～25%。在实际生产中以鱼块表面硬结，脊骨附近的肉质也已蒸熟，即可认为脱水完成。蒸煮后将罐头倒置片刻，使罐内汤汁流尽（称为控水）。控水后的鱼块暴露在空气中其肉面色泽容易变深变暗而影响成品的外观质量，所以罐内应立即注液并加盖排气密封。但考虑到有关工序的环节配合和设备条件等实际情况的限制，可在蒸煮前往罐内加入适量稀盐水，以浸没鱼块，或在罐头表面加盖结晶的纱布，而在脱水完成后，不使控水后的半成品搁置时间过长，再进入下一道工序。

此外，有些调味类罐头，采用鱼块与调味液一起共煮的方法（又称焖煮）来对鱼块进行预热处理，这样能增加产品的特色风味。总之，由于产品的调味方法不同，其预煮方法也各不相同。

鱼肉蒸煮时会发生一些理化变化：当加热到50～60℃以上时，鱼肉组织收缩，质量减少，含水量下降，硬度增加。这种现象是由于鱼肉蛋白质的加热变性。

鱼肉鲜度低时，组织收缩开始的温度也低，且收缩率增大。加热时所发生的质量减少，依加热温度、时间、鱼种、鱼体的大小、鲜度等而不同。一般硬骨鱼肉在100℃蒸煮10min，质量减少15%～20%，墨鱼和鲍鱼等质量减少可达35%～40%。鱼体大、鲜度好的减量很少。鱼肉组织加热至50℃左右硬度开始逐渐增加。这种硬度的变化随鱼种而不同，鲣、鲔较硬；鲽和鳕不太硬；墨鱼和章鱼加热前很柔软，加热后能达到很大的硬度。这种硬度的增加是由于肌肉纤维的内外充满着热凝固蛋白质，这种热凝固蛋白可使肌纤维间相互的接着力增强，并强化肌肉组织。煮熟肉的硬度还和水分有密切关系，如墨鱼肉于加热时发生强烈脱水，煮后有坚实的硬度。

鱼块在水中加热时，皮下脂肪的一部分会脱离组织，浮到水面上。这个上浮油脂的量与鱼块中脂肪的含量有密切关系。

同时，蒸煮对鱼肉的营养价值有一定影响。主要是蛋白质受热凝固而将与蛋白质结合的一部分水排出的同时会损失一些蛋白质、无机盐、维生素等。蒸煮时质量的减少，主要是水分的损失，但也包括一些营养成分在内。例如，蒸煮鱼块（1kg以下）时，烟碱酸的含量大致损失一半，无机盐的损失达2.5%～27.2%；而硫胺素和核黄素则没有什么变化。

2. 油炸　采用油炸进行预热处理，在鱼罐头生产中使用较为普遍。其过程大致如下：将精炼植物油加热至沸腾状（200℃左右）时，将大小分档已沥干的鱼块进行油炸，以保证油炸后的鱼块老嫩均匀，色泽一致。每次鱼块的投入量为锅内油量的1/15～1/10。待鱼块表面结皮后，即将鱼块翻开抖散，以防鱼块相互粘连产生白斑现象（指鱼块间粘连部分，因未被炸而呈白色斑状）。当鱼块有坚实感，呈金黄色或黄褐色时表示油炸完成，可捞起沥油。油炸得率与原料鱼的水分含量有关，一般为55%～70%。油炸时油温的高低，应根据产品品种的特点而灵活掌握。一般小型鱼类（如凤尾鱼、银鱼等）油炸时，油温应控制得稍低些（180～200℃）；而块形较大的鱼块，则可将油温增高到200～220℃。油炸时间需依炸油温度、块形大小、原料种类而定，一般为2～5min。

鱼块在油炸过程中产生的碎屑较多，使油容易老化、色深、味苦。不但影响产品的质量，而且焦屑容易燃烧。为此必须不断去除炸屑和经常补充新油，并定时去除油脚。

目前国内使用开口圆锅进行油炸较为普遍。这种设备虽较简单，但劳动强度大，操作条件差，生产效率低，产品质量不稳定。近年来，国内已试制成功连续式油炸锅，它由进料、油炸、浸汤（调味液）等部分组成。鱼块只要倒进料斗，就能连续自动地完成进锅、油炸、沥油、浸汤、沥汤、装盘等工序。可见使用连续式油炸锅，可大大降低劳动强度，改善劳动条件，提高劳动生产率，而且产品的质量比较稳定。

鱼肉经过油炸，可以改善口味，增加营养及干物质的量，提高鱼肉组织的稳定性。在高温条件下油炸鱼块时，鱼肉蛋白质发生凝固，排出水分，使鱼肉组织紧密。

鱼肉油炸时，由于温度和时间不同，鱼肉含氮物质的变化亦不同。其总氮量有若干减少，蛋白质氮的损失达到原来含量的 20%左右，但氨基酸氮的含量则增加 50%左右。另外，油炸时无机盐的损失 3%左右，B 族维生素没有什么变化。

由于油脂中的脂肪酸残基含有不饱和键，因此当暴露在空气中时便很容易发生自动的氧化作用。油脂的这种自动氧化速度会随温度的增高而增高，而且在较高温度时，油脂形成过氧化物的可能性更大，很大一部分双键则变成饱和键。氧气、紫外光、重金属离子等都能促进油脂的这种氧化作用。

3. 烟熏　鱼肉经烟熏处理可获得独特的风味和色泽，因此是烟熏鱼罐头生产中作为预热处理和调味方法所不可缺少的工序之一。烟熏的方法有冷熏和热熏两种，前者的熏温在 40℃以下，后者的熏温在 40℃以上。一般又将熏温在 40～70℃的熏制方法称为温熏。由于温熏的熏制时间比冷熏要短，制品的色香味又较冷熏为好，所以生产上大都采用温熏。

鱼肉的温熏过程包括烘干和烟熏两个步骤。烘干就是将经处理后的鱼片（块）按大小分档，分别用绳子定量地串挂在烘车上，或平铺地搁置在烘车上的网片中，并要求鱼片之间留有一定的间隙，便于气流的流通而促进热交换。然后推入烘房中，进行热风烘干。开始时烘温宜低一些，为 50～60℃，随着鱼片的逐渐干燥而缓慢升温，在干燥的后阶段烘温可增高至 65～70℃。在实际生产中，由于大都采用热风在烘道中是从出口部流向进口部，即与烘车的推进方向相反。因此随着烘车一辆辆向前逐渐推进，鱼片的烘干温度也就逐渐升高。一般情况下，烘至鱼片表面干结不粘手、其脱水率为 15%左右时，即可送入熏室进行烟熏。因为若烘得过于干燥。在烟熏时由于熏烟不易在鱼肉表面沉积和渗透内部，使鱼肉上色困难。相反，如果干燥不够，则由于鱼片表面有很多水分，而使熏烟沉积过多，甚至灰尘也会黏结在鱼片表面，而造成鱼片表面发黑，鱼肉发苦。

在烘干过程中，勿使烘温过高或过低，否则会给成品带来不利的后果。因为烘温过高（如 70℃以上），会使鱼片表面结皮，内部包水，从而延长干燥时间，而且往往造成鱼片脱皮现象；若烘温过低（如 40℃以下），则因为烘干时间的延长和温度适于微生物的发育繁殖，往往会使鱼片腐败变质，而造成半成品成批地变质发臭。可见，烘干过程中烘温的恰当掌握是十分重要的。此外，空气中湿度的高低，对鱼片干燥过程的影响也是很大的。往往在阴雨潮湿的天气里，鱼片表面水分蒸发速度降低，干燥时间也就延长，此时就必须特别注意烘温的掌握，以免鱼片成批地变质报废。

烟熏是在熏室内完成的。作为熏室的要求是：能使熏烟在室内各部分均匀扩散，并可适当地调节温度、湿度和发烟量；另外，应操作便利，无引起火灾的危险。至于熏制的设备，国内外种类较多，现介绍最简便的一种熏室：它是一间可容纳数辆烘车的房间，顶部中央有一圆筒形的气孔通入大气，内壁装有一排蒸汽管，以调节烟熏时的温度。地面中央有一条供铺设熏材用的槽（俗称烟道，使用熏烟发生器的可不设槽），槽的里端直通墙外。

在烟熏开始前，先在槽内铺上一层引火刨花，再在刨花上铺上一层小刨花，然后铺上木屑。推进载有烘至一定干燥程度的鱼片的烘车后，点燃刨花，随即将门关闭，利用刨花的燃烧引起木屑的不完全燃烧，从而产生浓烟。与此同时控制熏室温度不超过 70℃（一般不会超过 70℃，若过低时可适当开启蒸汽管予以升温），在充满浓烟的熏室内，鱼片即烟熏上色，并进一步烘干。当鱼片上色呈金黄色或淡棕黄色时，即可终止烟熏（需 30～40min）。然后从熏室取出烘车，再送入烘干房的烘道中，并以 70℃左右的温度烘至鱼片总得率达 58%～62%，即可从烘房中取出置于通风条件下使鱼片冷却至室温，然后经切段等处理后装罐。

熏烟的主要成分是酚类、醛类、酮类及酸类等挥发性有机物。它们能造成熏制品特有的色香味，并具有杀菌、抗氧化作用。但这类有机物的产生与木材种类、燃烧温度的高低、木材干湿程度等有关。

供熏制发烟的材料，一般有木材和砻糠（谷壳）、玉米芯等。但由于含树脂多的熏材能使制品具有一种苦味，而且颜色发黑，所以使用木材作熏材时，应按有关规定采用无腐烂的胡桃、栗树及白杨等硬质木材。而含有挥发性树脂的如松、柏、樟等木材，则不可使用。

由于木材在高温分解时，挥发性有机物的生成，差不多集中在 300℃左右。因此为了获得成分良好的熏烟，木材的燃烧温度应该在 300℃左右。为此，适当控制木材的燃烧条件是十分必要的。

木材本身的干湿（水分含量多少）对熏烟成分的影响也是很大的。湿木材燃烧时，其烟中含有大量的烟点、灰尘微粒和较多的酸类，给制品带来黑而脏的外观和不愉快的臭味，加上湿木材燃烧时的发热量比较低。所以用作熏材的木材水分含量应在 30%以下。

三、水产罐头分类

水产品罐头是指将水产品经过预处理后装入密封容器中再杀菌、冷却的制品。水产品罐头按加工及调味方法不同，分成下列种类。

1）*清蒸类水产罐头*　将处理好的原料经预煮脱水（或在柠檬酸水中浸渍）后装罐，再加入精盐、味精而制成的罐头产品，如清蒸对虾、清蒸蟹、原汁贻贝等罐头。

2）*调味类水产罐头*　将处理好的原料盐渍脱水（或油炸）后装罐，加入调味料而制成的罐头产品。这类产品又可分为红烧、葱烤、鲜炸、五香、豆豉、酱油等，如茄汁鲢鱼、葱烤鲫鱼、豆豉鲮鱼等罐头。

3）*茄汁类水产罐头*　将经过原料处理、盐渍的鱼块，生装（或预热）后加注茄汁然后经排气、密封、杀菌等过程制成罐头。这类罐头对茄汁的配制比较注重，一般都有成熟的配方，因此成品中鱼肉及茄汁二者的风味都兼而有之，如鳗鱼、鲭鱼、鲅鱼、鱿鱼、鲳鱼、乌贼、青鱼、草鱼、鲢鱼、鳙鱼等，都可制成茄汁鱼罐头。

4）*油浸（熏制）类水产罐头*　将处理过的原料预煮（或熏制）后装罐而制成的罐头产品，如油浸鲭鱼、油浸烟熏鳗鱼等罐头。

水产类罐头由于在加工过程中需经过油炸、蒸煮、调味、盐渍、烟熏等特殊工序，所以此类产品不仅具有水产品原有的风味，还增添了其他特有风味。且水产罐头制品经过一定时间的储藏后风味更佳，便于携带，食用方便，深受消费者的青睐。我国水产品类罐头的产区以广东、福建、浙江、辽宁等沿海地区为主。

第三节　清蒸水产罐头生产工艺

清蒸类罐头又称原汁罐头。处理后的水产原料不经烹调直接装入罐中，配以食盐水、味精或食盐和糖配成的溶液，再加入适量香料，经过排气、密封、杀菌等过程做成罐头。凡原料质量好、新鲜度高、风味鲜美的水产品都可以制成清蒸罐头。这类罐头的特点是成品保持原料固有的天然风味，或者天然风味损失极少。食用时可依消费者的嗜好重新调味，不受各地口味不同的影响。生产中需特别注意原料的品质、鲜度和杀菌的温度、时间。成品要求视产品的品种而不同，一般需具有原料特有的风味和色泽、鱼块完整而不含杂物、汁液较澄清、食盐含量一般为 1.5%～2.0%。

一、清蒸鲑鱼罐头

1. 工艺流程　原料验收→原料处理→装罐→排气→密封→杀菌→冷却→成品

2. 加工要点　鲑鱼采用鲜鱼或冷冻鱼，鱼体完整，肌肉有弹性，骨肉紧密相连，不得使用变质的鲑鱼。

1）*原料处理*　以清水充分洗去鱼体表面的污物、黏液，去头、内脏，挖出鱼籽，将腹腔内膜、血污等充分洗净。

2）*装罐*　按罐高切段装罐，装罐时加入鱼肉重量 1%的食盐。

3）*排气*　加热排气密封时要求罐内中心温度在 80℃以上，或真空封口的真空度为 0.053～0.06MPa。

4）*杀菌、冷却*　杀菌公式：5min—80min—15min/115℃，将杀菌后的罐冷却至 40℃以下。

3. 产品质量标准

1）*感官指标*　感官指标应符合表 3-7 的要求。

表 3-7　清蒸鲑鱼罐头感官指标

项目	要求
色泽	肉色正常，具有本品种鱼的自然色泽
滋味气味	具有清蒸鲑鱼罐头应有的滋味及气味，无异味
组织状态	肉质组织较紧密，有弹性，大小大致均匀，硬度适度，小心从罐内向外倒出鱼块时不碎散

2）*理化指标*

（1）净重。每罐净重要求 850g±4.5%，每批产品平均净重应不低于标明重量。

（2）氯化钠含量为 1.0%～2.0%。

（3）重金属含量应符合表 3-8 的要求。

表 3-8　重金属含量　（单位：mg/kg）

项目	锡（Sn）	铜（Cu）	铅（Pb）	砷（As）	汞（Hg）
指标	≤200.0	≤5.0	≤1.0	≤0.5	≤0.3

3）微生物指标　微生物指标符合罐头食品商业无菌要求。

延伸阅读

为防止鲑鱼罐头变黑，整个生产过程中严禁与铁、铜等金属接触，并采用抗硫涂料马口铁罐。另外，应避免使用粗盐及海水处理原料，以防止磷酸铵镁结晶析出。此外，加工过程应迅速，严防微生物污染。若气温高于 10℃，应以冰或冰水冷却处理，杀菌要充分，防止贮藏中罐内液汁浑浊，肉质液化。为防止鱼肉粘罐，可在管内壁涂抹猪油或花生油，将鱼肉在饱和盐水或柠檬酸溶液中处理一下，并迅速加热使蛋白质凝结在肉组织中而不渗出。也可采用内壁涂有脱模涂料的马口铁罐，有利于连续自动化生产。

二、清蒸对虾罐头

1. 工艺流程　原料验收→原料处理→预煮→装罐→加盐→加味精→排气→密封→杀菌→冷却→成品

2. 加工要点　对虾、鲜虾或冻虾，色泽正常，允许轻微黑箍或黑斑，肉质有弹性，气味正常，不得使用不新鲜或冷冻两次的虾。

1）原料处理　小心剥去头和壳，用不锈钢小刀削开背部，取出肠线，按大小规格分档后，用冰水清洗 1～2 次。在预煮前虾肉要始终保持在 10℃以下，以防变色。

2）预煮　用 4 倍虾肉质量的 15%盐水煮沸，将虾肉入锅，按对虾大小分开煮，小虾煮 7～10min。

大虾煮 9～12min，要经常更换预煮水，脱水率约为 35%。

3）装罐　采用抗硫涂料罐 962 号，净含量 300g，装虾肉 295g，加盐 4g，味精 1g，虾肉用硫酸纸包裹，排列整齐。

4）排气及密封　采用热排气方法，罐头中温度 80℃以上；真空抽气 12min，真空度为 0.067MPa。

5）杀菌及冷却　真空抽气，杀菌公式：15min—70min—20min/115℃，将杀菌后的罐冷却至 38℃，取出擦罐入库。

3. 产品质量标准

1）感官指标　感官指标应符合表 3-9 的要求。

表 3-9　清蒸对虾罐头感官指标

项目	要求
色泽	虾肉为白色或黄白色，允许稍带粉红色
滋味气味	具有清蒸对虾罐头应有的滋味及气味，无异味
组织状态	肉质组织较紧密，有弹性，大小大致均匀，硬度适度，罐内衬有白色硫酸肉呈条状，罐内衬有白色硫酸纸，小心从罐内向外取出虾肉时不碎散，允许有少量磷酸盐白色结晶

2）理化指标

(1) 净重。每罐净重要求为300g±3.0%，每批产品平均净重应不低于标准重量。

(2) 固形物。每罐固形物要求为255g±9.0%，每批产品平均固形物重应不低于规定重量。

(3) 氯化钠含量为1.0%～2.0%。

(4) 重金属含量应符合表3-8的要求。

3）微生物指标 微生物指标符合罐头食品商业无菌要求。

延伸阅读

(1) 对虾罐藏后易变黑色，在加工过程中严禁与铁、铜等金属接触，并采用抗硫氧化锌涂料。此外，在预煮时最好加些护色剂，如加入500mg/kg植酸或250mg/kg乙二胺四乙酸二钠等，可防止灰变和蓝色结晶的生成。

(2) 硫酸纸在装罐使用前必须经柠檬酸溶液（柠檬酸含量为50%）煮30min，然后漂洗备用。

(3) 对虾罐藏期间有时会发现有液化或糊状质量问题，但罐头外表正常。当这些质量问题发生时，罐内真空度可高达0.037MPa。防止方法：必须选用新鲜度高的对虾原料，快速加工，严防装罐前原料被微生物污染；罐头密封后，必须及时杀菌；在加工过程中，虾肉需用冰或冰水（10℃以下）降温；采用高温短时间杀菌。

三、原汁赤贝罐头

1. 工艺流程 原料验收→原料处理→预煮→热烫→配汤装罐→排气→密封→杀菌→冷却→成品

2. 加工要点 活鲜肥满的鲜赤贝，气味正常。不得使用变质或破壳的赤贝。

(1) 原料处理。将活鲜赤贝充分擦洗，除净外壳泥沙，蒸煮至壳张开，取出赤贝肉，放入打套机中，通入流动水打除外套，并在喷淋清水的振动筛中筛去已脱落的外套及杂质。摘净鳃套、贝毛，剔除不合格赤贝肉及杂质，用流动水漂洗除尽泥沙。

(2) 预煮及热烫。将赤贝肉放入预煮液中，贝肉与预煮液之比为1∶2，预煮10min。预煮液需事先用0.15%～0.20%的冰醋酸调至pH 4～5（预煮终了pH不超过5）。每锅预煮4～5次后更换新液。预煮后的赤贝肉应及时清洗，按赤贝肉大小分别于70～80℃热水中烫洗一次，沥干备用。

(3) 汤汁配方。精盐4.25kg，柠檬酸0.1kg，味精1.25kg，水94.4kg，加热配成100kg的汤汁。

(4) 装罐采用抗硫涂料罐（860号罐，净含量256g)，装赤贝肉170g，加80℃以上汤汁86g。

(5) 排气及密封热排气罐头。中心温度90℃以上；真空抽气，真空度为0.047～0.053MPa，密封后倒置杀菌。

(6) 杀菌及冷却860号罐，真空抽气，杀菌公式：15min—80min—15min/118℃。将杀菌后的罐冷却至38℃左右，取出罐入库，正放。

3. 产品质量标准

1）感官指标　感官指标应符合表3-10的要求。

表3-10　原汁赤贝罐头感官指标

项目	要求
色泽	肉色正常，汤汁呈淡灰白色，稍有沉淀
滋味气味	具有清汤赤贝罐头应有的滋味及气味，无异味
组织状态	贝肉软硬适度，贝体较为完整，大小大致均匀

2）理化指标

（1）净重。每罐净重要求256g±3.0%，每批产品平均净重应不低于标明重量。

（2）固形物。每罐固形物要求166g±11.0%，每批产品平均固形物重应不低于规定重量。

（3）氯化钠含量为0.9%～1.8%。

（4）重金属含量应符合表3-8的要求。

3）微生物指标　微生物指标符合罐头食品商业无菌要求。

延伸阅读

（1）控制好预煮液的pH，防止酸过高过低影响肉质。亦可采用将贝肉在5%的盐水中预煮3～10min（可以减少贝肉的吸水性），然后在2%的柠檬酸钠液中漂洗，最后用5%的盐水漂洗，去除多余的柠檬酸钠，可减轻贝肉的黑变。

（2）如采用冻贝肉分批解冻，边解冻边生产，防止解冻后积压。

（3）在汤汁中加入微量EDTA以隐蔽铁离子，对防止内容物变黑，提高香味，降低硬度等有一定效果。

（4）加工过程严禁贝肉与铁铜等器具接触，以防变色。

四、清汤蛏罐头

1. 工艺流程　原料验收→原料处理→蒸煮取肉→配汤装罐→排气→密封→杀菌→冷却→成品

2. 加工要点　活鲜肥满的鲜蛏，气味正常，不得使用变质或破壳的蛏。

（1）原料处理。将活蛏淘洗去泥沙，严格剔除破壳蛏、死蛏，然后将蛏放在1～1.5°Bé的盐水中，静置浸泡40～80min，使蛏充分吐沙。

（2）蒸煮取肉。将蛏分装于有孔箩或盘中，放入杀菌锅内，采用5min—5min—5min/110℃蒸煮，并回收蛏汁，以蛏壳张开、肉易剥离为准。脱水率为40%～42%（带壳计）。剥壳取肉，并剔除黑筋、碎壳及碎肉，淘洗去净泥沙杂质。

（3）配汤。将回收的蛏汁澄清（浓度在1.8°Bé以上）后加入精盐调整至3～3.5°Bé，煮沸过滤备用。

（4）装罐。采用 500mL 罐头瓶时，净含量 510g，装蛏肉 255g，加 80℃以上的汤汁至净含量，蛏肉体长不小于 4cm，破裂蛏肉不超过固形物的 10%。

（5）排气及密封。热排气罐头中心温度达 75～80℃，趁热密封。

（6）杀菌及冷却。杀菌公式：15min—35min—15min/118℃。将杀菌后的罐冷却至 38℃左右，取出擦罐入库。

3. 产品质量标准

1）感官指标　感官指标应符合表 3-11 的要求。

表 3-11　清汤蛏罐头的感官指标

项目	优等级	一级品	合格品
色泽	蛏肉呈灰白色，允许腹部呈黄绿色，汤汁呈灰白色至暗灰色	蛏肉呈灰白色，允许腹部呈深黄绿色，汤汁呈灰白色至暗灰色	蛏肉呈灰白色至灰色，允许腹部呈深黄绿色，汤汁呈灰白色至深灰色
滋味气味	具有清汤蛏罐头应有的滋味及气味，无异味	具有清汤蛏罐头应有的滋味及气味，无异味	具有清汤蛏罐头应有的滋味及气味，无异味
组织状态	蛏肉硬度适度，无煮烂现象，大小较均匀，蛏体长 40mm 以上，破裂蛏不超过固形物重的 10%	蛏肉软硬较适度，无煮烂现象，大小尚均匀，蛏体长 35mm 以上，破裂蛏不超过固形物重的 15%	蛏肉软硬尚适度，断裂蛏、破裂蛏不超过固形物重的 25%

2）理化指标

（1）净重。应符合表 3-12 中有关净重的要求，每批产品平均净重应不低于标明重量。

表 3-12　清汤蛏罐头的净重和固形物要求

编号	净重	固形物		
		含量/%	规定重/g	允许公差/%
755	185g±4.5%	55	102	±11.0

（2）固形物。应符合表 3-12 中有关固形物含量的要求，每批产品平均固形物重应不低于规定重量。

（3）氯化钠含量为 0.6%～1.5%。

（4）重金属含量应符合表 3-8 的要求。

3）微生物指标　微生物指标符合罐头食品商业无菌要求。

第四节　调味水产罐头生产工艺

将处理好的原料盐渍脱水（或油炸）后装罐，加入调味料而制成的罐头产品为调味罐头。这类产品又可分为红烧、葱烤、鲜炸、五香、豆豉、酱油等罐头。

一、凤尾鱼罐头

1. 工艺流程　原料验收→原料处理→油炸→调味→装罐→排气→密封→杀菌→冷

却→成品

2. 加工要点　凤尾鱼采用新鲜或冷冻鱼，鱼体全长在12cm以上，完整带籽，鱼鳞光亮，鳃呈红色。合格品原料允许使用部分无籽鱼。不得使用变质的凤尾鱼。

(1) 原料处理。用流动水清洗，去尽附着于鱼体上的杂物，剔除变质、无籽、破腹等不合格鱼。然后摘除鱼头，同时拉出鱼鳃及内脏，力求鱼体完整，保留下额，鱼腹带籽饱满不破损。得率为83%～85%。按鱼体大小分为大、中、小三档，分开装盆。

(2) 油炸。按档次分别进行油炸，鱼油之比为1∶10，油温为20.0℃左右，油炸时间为2～3min。油炸后的鱼体无弯曲、断尾或没炸透现象。油炸得率为55%～58%。

(3) 调味。将油炸后的凤尾鱼捞起，稍沥油，随即趁热浸没于调味液中，浸渍时间为1min左右，捞出沥去鱼体表面的调味液，放置回软。调味液配方（kg）：酱油75，砂糖25，黄酒25，高粱酒7.5，精盐2.5，味精0.075，生姜1，八角茴香0.19，桂皮0.19，陈皮0.19，月桂叶0.125，水50。先将生姜、桂皮、八角茴、陈皮、月桂叶等加入煮沸1h以上，捞去料渣，加入其他配料，再次煮沸，最后加酒并过滤，用开水调整至总量为100kg调味液备用。

(4) 装罐。采用抗硫涂料401号罐，装凤尾鱼184g。装时，鱼腹部朝上，头尾交叉，整齐排列于罐内，同一罐的鱼体大小和色泽应大致均匀，每罐内断尾鱼不得超过两条。

(5) 排气及密封。真空抽气真空度为0.053MPa，冲拔罐为0.035～0.037MPa。装罐后及时送真空封口机抽气及密封。

(6) 杀菌及冷却。杀菌公式：10min—55min—反压冷却/118℃，取出擦罐入库。

3. 产品质量标准

1) 感官指标　感官指标应符合表3-13的要求。

表3-13　凤尾鱼罐头的感官指标

项目	优级品	一级品	合格品
色泽	鱼体呈黄褐色	鱼体呈黄褐色至深褐色	鱼体呈黄褐色至深褐色
滋味气味	具有凤尾鱼罐头应有的滋味及气味，无异味	具有凤尾鱼罐头应有的滋味及气味，无异味	具有凤尾鱼罐头应有的滋味及气味，无异味
组织状态	组织硬度适度，不过韧、不松软；鱼体完整，带籽饱满，大小大致均匀，排列整齐；401或602号罐每罐装凤尾鱼不超过25条	组织硬度较适度，部分稍韧或稍软；鱼体较完整，鱼腹带籽，大小较均匀，排列整齐；允许有断尾鱼或断鱼不超过3条	有条装和段装两种规格。条状者组织软硬尚适度，鱼体尚完整，排列尚整齐，带籽鱼和无籽鱼搭配装罐，允许有断尾鱼和断鱼以条数计不超过20%；段装凤尾鱼呈段条状，允许有碎屑鱼不超过净重的20%

2) 理化指标

(1) 净重。应符合表3-14的要求，每批产品平均净重应不低于标明重量。

表 3-14　凤尾鱼罐头的净重要求

编号	标明重/g	允许公差/%	
		优级品、一级品	合格品
401	184	±4.5	±5.0

(2) 氯化钠含量为 1.5%～2.5%。

(3) 重金属含量应符合表 3-8 的要求。

3) 微生物指标　微生物指标符合罐头食品商业无菌要求。

延伸阅读

(1) 严格控制炸鱼的油温，如温度过高，易使鱼尾变暗红色；油温过低，易造成鱼体弯曲变暗。

(2) 封罐后应尽快杀菌。

(3) 冲拔罐在杀菌终了时必须先用 70℃热水降温，降温要缓慢，防止凸角和瘪罐，出锅后放入水池中冷却至 40℃左右。

二、豆豉鲮鱼罐头

1. 工艺流程　原料验收→原料处理→盐腌→清洗→油炸→调味→装罐→注油→排气→密封→杀菌→冷却→检验→成品

2. 加工要点　鲮鱼采用新鲜或冷冻良好的鲮鱼，肌肉有弹性，骨肉紧密连接，每条重 0.125～0.25kg。不得使用变质的鲮鱼。

(1) 原料处理。将活鲜鲮鱼去头、剖腹去内脏、去鳞、去鳍，用刀在鱼体两侧肉层厚处划 2～3mm 深的线，按大小分成大、中、小三级。

(2) 盐腌。鲮鱼 10kg 的用盐量：4～10 月生产时为 0.55kg，11 月至次年 3 月生产时为 0.45kg。将鱼和盐充分拌搓均匀后，装于桶中，上面加压重石，鱼与石之比为 1∶(1.2～1.7)。压石时间：4～10 月为 5～6h，11 月至次年 3 月为 10～12h。

(3) 清洗。盐腌完毕，移去重石迅速将鱼取出，避免鱼在盐水中浸泡，用清水逐条洗净，刮净腹腔黑膜，防止鱼在水中浸泡，取出沥干。

(4) 调味汁的配制。①香料水的配制。豆豉鲮鱼罐头用香料水配方（kg）：丁香 1.2，桂皮 0.9，沙姜 0.9，甘草 0.9，八角茴香 1.2，水 70。将配料放入夹层锅内，微沸熬煮 4h，去渣后得料水 65kg 备用。②调味汁的配制。豆豉鲮鱼罐头调味汁配方（kg）：香料水 10，砂糖 1.5，酱油 1.0，味精 0.02。将配料混合均匀，待溶解后过滤，总量调节至 12.52kg 备用。

(5) 油炸和浸调味汁。将鲮鱼投入 170～175℃的油中炸至鱼体呈浅茶褐色，炸透而不过干为准，捞出沥油后，将鲮鱼放入 65～75℃调味汁中浸泡 40s，捞出沥干。

(6) 装罐。容器清洗消毒后，按要求进行装罐。将豆豉去杂质后水洗一次，沥水后装入罐底，然后装炸鲮鱼，鱼体大小大致均匀，排列整齐，最后加入精制植物油，净含量为 227g。

(7) 排气及密封。热排气罐头中心温度达到 80℃以上，趁热密封。采用真空封罐时，真空度为 0.0047～0.05MPa。

(8) 杀菌及冷却。采用热排气，杀菌公式：10min—60min—15min/115℃。杀菌后罐冷却至 40℃ 左右，取出擦罐入库。

3. 产品质量标准

1) 感官指标　感官指标应符合表 3-15 的要求。

表 3-15　豆豉鲮鱼罐头的感官指标

项目	优级品	一级品	合格品
色泽	炸鱼呈黄褐色至茶褐色，油为黄褐色	炸鱼呈黄褐色至深茶褐色，油为深黄褐色	炸鱼呈茶褐色至棕红色，油为深黄褐色
滋味气味	具有豆豉鲮鱼罐头应有的滋味及气味，无异味	具有豆豉鲮鱼罐头应有的滋味及气味，无异味	具有豆豉鲮鱼罐头应有的滋味及气味，无异味
组织状态	组织紧密，软硬及油炸适度。条装：鱼体排列整齐，允许添秤小块 1 块；段装：鱼块平装，部位搭配。块形较均匀允许有添秤小块 1 块	组织较紧密，软硬及油炸较适度。条装：鱼体排列较整齐，允许添秤小块 1 块；段装：鱼块平装，部位搭配。块形大致均匀，允许有添秤小块 1 块	组织尚紧密，油炸尚适度。条装：排列尚整齐，允许每罐不足两条或四条以上，允许添秤小块 1 块；段装：鱼块较整齐，块形部位搭配一般，碎块不超过鱼块重量的 35%

2) 理化指标

(1) 净重。应符合表 3-16 中有关净重的要求，每批产品平均净重应不低于标明重量。

表 3-16　豆豉鲮鱼罐头的净重和固形物要求

编号	净重		固形物							
	标明重/g	允许公差/%	含量/%	规定重/g	其中鱼的含量		其中豆豉的含量		鱼允许公差/%
					/%	/g	/%	/g	
501	227	±3.0	≥90	204	60	136	≥15	≥40	±11.0

(2) 固形物。应符合表 3-16 中有关固形物含量的要求，每批产品平均固形物重应不低于标定重量。

(3) 氯化钠含量为 2.5%～4.5%。

(4) 重金属含量应符合表 3-17 的要求。

表 3-17　重金属含量　（单位：mg/kg）

项目	锡 (Sn)	铜 (Cu)	铅 (Pb)	砷 (As)	汞 (Hg)
指标	≤200.0	≤10.0	≤1.0	≤1.0	≤0.5

3) 微生物指标　微生物指标符合罐头食品商业无菌要求。

案例　豆豉鲮鱼罐头在港检出孔雀石绿

豆豉鲮鱼罐头是我国独创独有的传统好产品。鲮鱼是我国珠三角地区的特有淡水鱼品种，豆豉鲮鱼罐头是罐头制造技术于 1893 年传入我国后由我国自行开发的最早罐头品种之一，具有一百多年的生产历史。新中国成立后，鲮鱼罐头开始出口创汇，以其独特的风味和营养而深受东南亚地区和国内消费者的喜爱，是目前我国鱼类罐头的骨干产品，年生产规模 3 万 t 左右。

2005 年 11 月 9 日，香港在内地供港鱼类罐头中检出孔雀石绿，广东名牌“珠江桥”、“鹰金钱”、“甘竹”等的鲮鱼罐头先后在港检出含有微量“孔雀石绿”，从而在香港市场被下架。据广东海关统计，10 月份广东省输港鲮鱼罐头仅 7t，价值 1.4 万美元，不及之前每月平均 75t 输港量的 1/10。据悉，目前广东省规模较大的鲮鱼罐头有 20 多家，年产值 100 亿元，出口额占食品出口总额 10%。香港孔雀石绿事件牵涉到广东省 20 多家豆豉鲮鱼罐头生产企业，据统计，广东鱼类罐头企业受影响相当严重，部分企业已经处于停产或半停产状态。

中国罐头工业协会特发公告：首先，极个别水产养殖和水产商户违禁使用孔雀石绿是引发事件的“真凶”。孔雀石绿是一种合成染料，由于对鱼类具有抗真菌和抗寄生虫等防病效果，早在 20 世纪 30 年代就在世界各地广泛用于养殖水产。之后科学家经过动物实验证明孔雀石绿会使老鼠的肝脏出现肿瘤，各国陆续在水产养殖业中禁用孔雀石绿。我国从未允许在水产养殖中使用孔雀石绿，并于 2002 年将孔雀石绿列入《食品动物禁用的兽药及其他化合物清单》中。

罐头协会认为，罐头不应当成为报道焦点，罐头企业也是水产养殖商户违禁使用孔雀石绿的受害者。9 个淡水鱼及其制品检出孔雀石绿，而媒体将焦点对准罐头，显然是因为罐头产品有生产企业和品牌，似乎符合“曝光”报道要求的主体特征。

经过此事件的教训，我国众多的优秀罐头企业更清楚地认识到食品安全要从源头抓起的必要性和重要性，与供货的养殖户共同建立原料安全屏障，加强样品采集和送检工作，签订食品安全保证协议。随着企业自身的努力和相关政府部门的严格监管，鲮鱼原料的食品安全一定能进一步得到保证。

三、烟熏鲢鱼罐头

1. 工艺流程　原料处理→切块→盐渍→油炸→浸调味汤汁→装罐→注调味油→排气→密封→杀菌→冷却→成品

2. 加工要点　鲢鱼采用新鲜或冷冻良好的鲢鱼，肌肉有弹性，不得使用变质的鲢鱼。

（1）原料处理。将新鲜或冷冻良好的青、草、鲤等鱼洗净或解冻后洗净。去鳞、去头尾、去鳍、剖腹去内脏，用流动水洗净腹腔黑膜及血污。

（2）切块。切成 1.2～1.5cm 厚的鱼块。1kg 以上的鱼可切成 2cm 厚的鱼块，过大的鱼应除去脊骨，切块应整齐，按鱼体部位分别装盘。

（3）盐渍。每 10kg 鱼块加食盐 0.092kg 和白酒 10g，拌和均匀，盐渍时间为 10min，捞出沥干。

（4）调味汁配置。①香料水的配方（kg）：桂皮 0.4，陈皮 0.18，月桂叶 0.12，八角茴香 0.15，生姜 1，花椒 0.18，青葱 1.5，水 10。将上述配料放于夹层锅内，熬煮 2h 过滤成总量为 7.5kg 的香料水。②调味汁的配方（kg）：酱油 40，香料水 7.5，精盐 1.24，丁香粉 0.037，甘草粉 0.5，酒 40，胡椒粉 0.03，砂糖 25，味精 0.2。在夹层锅内加入除味精、黄酒以外的各种配料，煮沸溶解，出锅前加入味精和黄酒，过滤备用。

（5）油炸及调味。油温 180℃，按大小鱼块及腹肉分开油炸，好后的鱼捞出趁热浸没于调味汁中 1～2min，应挑出再于 150℃油中进行第二次油炸。

（6）调味油配制。熏鱼罐头调味油配方（kg）：月桂叶 0.12，陈皮 0.18，生姜 1，桂皮 0.4，八角茴香 0.3，青葱 4，花椒 0.2，精制植物油 42。先将香辛料放入夹层锅内，加水加热微沸 1h 至水近干，加入精制植物油，浓郁时出锅，过滤备用。

（7）装罐。采用 953 号抗硫涂料罐，净含量 198g。空罐经清洗消毒后，装鱼块 190g，分配均匀，排列整齐，加调味油 8g。

（8）排气及密封。装罐后先预封或加专用盖进行热排气，排气温度为 95℃，排气时间为 10min，趁热密封。采用真空封罐时，真空度为 0.04MPa。

（9）杀菌及冷却。杀菌公式（热排气）：15min—65min—反压冷却/118℃。将杀菌后的罐冷却至 40℃左右，取出擦罐入库。

3. 产品质量标准

1）感官指标　感官指标应符合表 3-18 的要求。

表 3-18　熏鱼罐头的感官指标

项目	优级品	一级品	合格品
色泽	肉色正常，呈红褐色	肉色正常，呈淡红色至深红褐色	肉色正常，呈红褐色，允许略带白色
滋味气味	具有豆豉鲮鱼罐头应有的滋味及气味，无异味	具有豆豉鲮鱼罐头应有的滋味及气味，无异味	具有豆豉鲮鱼罐头应有的滋味及气味，无异味，允许稍有轻微焦糊味
组织状态	组织紧密，软硬适度；鱼块骨肉连接，块形大致均匀；每罐 4～7 块，允许另加添秤小块 1 块	组织较紧密，软硬较适度。鱼块骨肉连接，块形较均匀；每罐 3～8 块，允许另加添秤小块 2 块	组织尚紧密，软硬尚适度。每罐 3～10 块，允许另加添秤小块 2 块

2）理化指标

（1）净重。每罐净重要求为 189g±4.5％，每批产品平均净重应不低于标明重量。

（2）氯化钠含量为 1.5％～2.5％。

（3）重金属含量应符合表 3-8 的要求。

3）微生物指标　微生物指标符合罐头食品商业无菌要求。

四、荷包鲫鱼罐头

1. 工艺流程　原料处理→填馅→油炸→调味→装罐→排气密封→杀菌冷却→成品检验→入库

2. 加工要点　采用新鲜或冷冻良好的鲫鱼，肌肉有弹性，不得使用变质的鲫鱼。

(1) 原料处理。将活鲜鲫鱼去鳞、去头尾、去鳍，掏净内脏，用流动水充分刷洗去净腹腔黑膜及血污，沥水 5～10min。

(2) 填馅。荷包鲫鱼肉馅配方（kg）：绞碎猪肉 10，碎生姜 0.1，花椒粉 0.01，丁香粉 0.005，碎洋葱 0.4，五香粉 0.01，水 1.0。猪肉中膘肉约占 6%。将猪肉用孔径 0.5cm 绞板的绞肉机绞碎，然后加上其他配料，充分搅拌混合均匀即成肉馅。再将肉馅填入鱼腹内，填满塞紧。

(3) 油炸。将鲫鱼放入 180～210℃的油中炸 3～6min，炸至鱼体呈棕红色，背部按之有弹性，肉馅表面不焦糊为宜，捞出沥油。

(4) 调味汁的配制。荷包鲫鱼调味汁配方（kg）：砂糖 3.0，酱油 7，精盐 4，味精 0.3，生姜 0.5，花椒粉 0.125，水 35。将生姜、花椒粉放入夹层锅内，加水煮沸 30min 去渣后，加入其他配料，再次煮沸过滤，调整至总量为 50kg 的调味汁。

(5) 装罐。采用抗硫涂料罐 602 号，净含量为 312g。将空罐清洗消毒后，装鲫鱼 265g，排列整齐，加调味汁 47g，汁温保持于 80℃以上，每罐再加黄酒 6g 后迅速送密封。

(6) 排气及密封。真空封罐机密封 0.033～0.036MPa，密封后罐头倒放。

(7) 杀菌及冷却。密封后的罐头必须及时进行杀菌，杀菌公式：30min—90min—30min/116℃。降压后出锅前，先松开杀菌锅门或盖，在锅内降温 5min 后再出锅。出锅后自然冷却 5min，再用冷水冷却至 38℃左右，擦罐入库。

3. 产品质量标准

1) 感官指标　感官指标应符合表 3-19 的要求。

表 3-19　荷包鲫鱼罐头感官指标

项目	要求
色泽	呈酱红色或带红褐色
滋味气味	具有荷包鲫鱼罐头应有的滋味及气味，无异味
组织状态	鱼肉组织较紧密，柔嫩，鱼骨酥软，小心从罐内倒出鱼体时不碎散，允许有脱皮现象，鱼体完整，每罐装 2～12 条，大小大致均匀，整齐排列于罐内

2) 理化指标

(1) 净重。每罐净重要求 312g±3.0%，每批产品平均净重应不低于标明重量。

(2) 固形物。每罐固形物要求 265g±9.0%，每批产品平均固形物重应不低于规定重量。

(3) 氯化钠含量为 1.4%～2.4%。

(4) 重金属含量应符合表 3-17 的要求。

3) 微生物指标　微生物指标符合罐头食品商业无菌要求。

五、红烧花蛤罐头

1. 工艺流程　原料处理→蒸煮脱水→洗涤→装罐→注汤汁→排气→密封→杀菌→冷却→成品

2. 加工要点　活鲜肥满或煮熟良好的蛤肉，肉色正常，清洁，无异味，取自非污染水域，不得使用破损变质的蛤肉。

(1) 原料处理。将活鲜花蛤用流动水充分刷洗后，去净泥沙，剔除破壳蛤和死蛤。

(2) 蒸煮脱水。将花蛤分装于盘中，送进杀菌锅内，杀菌公式采用5min—(3～5)min—5min/110℃，蒸煮后取出。控制脱水率为28%～30%。蛤汤需回收，然后剥壳取肉。将花蛤肉用清水淘洗一次，捞出沥干。

(3) 调味汁的配制。红烧花蛤调味汁配方（kg）：砂糖6.0，酱油16，洋葱1.0，葱0.5，蛤汤（1.5～2°Bé）30.0，生姜0.5，五香粉0.05，味精0.1，黄酒1.25，精盐0.6。将蛤汤和香辛料放入夹层锅内微沸约15min，去渣后加入其他配料，充分溶解后过滤，最后加入黄酒，得到总量为55kg的调味汁。

(4) 装罐。采用抗硫涂料罐755号，净含量为185g。罐经清洗消毒后，装蛤肉135g，加精制植物油5g，加调味汁45g，汁温不低于75℃。

(5) 排气及密封热排气罐头中心温度达75～80℃，趁热密封。

(6) 杀菌及冷却。杀菌公式：15min—35min—15min/118℃。杀菌后罐冷却至40℃左右，取出擦罐入库。

3. 产品质量标准

1) 感官指标　感官指标应符合表3-20的要求。

表3-20　红烧花蛤罐头感官指标

项目	要求
色泽	肉色正常，呈红褐色
滋味气味	具有鲜蛤（蚬）经蒸煮、去壳、装罐加调味液制成的红烧花蛤罐头应有的滋味及气味，无异味
组织状态	蛤肉软硬适度，未蒸煮过度。蛤肉大小大致均匀，允许破碎蛤肉不超过固形物重15%

2) 理化指标

(1) 净重。每罐净重要求185g±4.5%，每批产品平均净重应不低于标明重量 。

(2) 固形物。每罐固形物要求111g±11.0%，每批产品平均固形物重应不低于规定重量。

(3) 氯化钠含量为1.0%～2.0%。

(4) 重金属含量应符合表3-17的要求。

3) 微生物指标　微生物指标符合罐头食品商业无菌要求。

六、豉油鱿鱼罐头

1. 工艺流程　原料处理→盐搓→洗涤→预煮→整型→第二次预煮→装罐→注汤汁→排气→密封→杀菌

2. 加工要点　新鲜或冷冻良好，鱼体完整，肉质肥满，呈青白色，不得使用变质发红或沙石较多的小鱿鱼。

(1) 原料处理。将鱿鱼逐个除筋、嘴、墨管、内脏、沙袋、眼珠、头骨晶石等杂物（籽分开处理）。

(2) 盐搓。胴、腿分开搓洗，按鱿鱼重加3%粗盐，机搓1～3min。

(3) 洗涤。逐个在流动水中清洗干净，并按大、中、小分开。

（4）预煮。胴、腿分开微沸水煮 1～3min（水与鱿鱼之比为 2∶1），大致煮熟。

（5）整型。趁热将腿和籽装入胴体内，外形饱满完整。

（6）第二次预煮。原汤与鱿鱼之比为 2∶1，大个煮约 5min，中小个煮 3～4min，以煮透杀菌不失水为准。

（7）配制调味汤汁。调味汤汁配方（kg）：淀粉糖浆 14，精盐 4.8，酱色 10，甘草 0.7，生姜 2，黄酒 2.5，味精 0.6，原汤 75。按配方将甘草、生姜先煮成香料水，再与其他配料煮成 110kg 汤汁。

（8）装罐。罐号 783，净重 312g，鱿鱼 190g（按大中小分开装罐）、汤汁 122g（温度在 80℃ 以上）。

（9）排气及密封。排气密封：中心温度 80℃ 以上 。真空抽气密封 ，真空度为0.056～0.06MPa。

（10）杀菌及冷却。杀菌方式（排气）15min—60min—15min/115℃冷却。杀菌方式（抽气）20min—60min—15min/115℃冷却。

3. 产品质量标准

1）感官指标　　感官指标应符合表 3-21 的要求。

表 3-21　豉油鱿鱼罐头感官指标

项目	要求
色泽	肉色呈黄褐色汤汁允许稍有浑浊
滋味气味	具有豉油鱿鱼罐头应有的滋味及气味，无异味
组织状态	肉质软硬适度，呈长卵形，形状较完整，大小大致均匀，允许部分鱿鱼鳍脱落

2）理化指标

（1）净重。每罐净重要求 312g±3.0%，每批产品平均净重应不低于标明重量。

（2）固形物。每罐固形物要求 172g±11.0%，每批产品平均固形物重应不低于规定重量。

（3）氯化钠含量为 1.2%～2.0%。

（4）重金属含量应符合表 3-17 的要求。

3）微生物指标　　微生物指标符合罐头食品商业无菌要求。

第五节　茄汁水产罐头生产工艺

茄汁类水产罐头是指将经过原料处理、盐渍脱水后的鱼块，生装后加注茄汁，或生装经蒸煮脱水后加注茄汁，或先预煮再装罐加注茄汁，或经油炸后装罐加注茄汁等，然后经排气、密封、杀菌等过程制成的罐头。其调味液以茄汁为主。兼有鱼肉及茄汁两者风味，储藏一定时间（即经过成熟期），使鱼、香、味充分调和后再食用风味更佳。不少海水鱼和淡水鱼，如鳗鱼、鲭鱼、鲅鱼、鱿鱼、鲳鱼、乌贼、青鱼、草鱼、鲢鱼、鳙鱼等，均可制成茄汁类罐头。

茄汁类水产罐头的关键技术是茄汁的配制，通常由番茄酱、糖、盐、植物油、黄酒等按照一定比例调和配制而成。

茄汁的配制方法如下。

方法一：按配方规定称取配料量，将香料水放入夹层锅内，加入糖、味精等配料，溶解后再加入番茄酱及预先加热到 180～190℃并维持 5min 的精制植物油，充分搅拌均匀后，再加热至 90℃备用。

方法二：将精制植物油加热至 180～190℃，放进洋葱炸至黄色，再加入番茄酱、糖、精盐、辣椒油等，加热煮沸。出锅前加入黄酒、味精、冰醋酸等，充分拌匀备用。

经油炸过的鱼，配方中的植物油用量可酌情减少。配方中的番茄酱因生产厂家不同，其中干物质含量也不同，需进行折算来确定用量。配方中精盐用量应根据成品含盐标准，结合半成品中鱼的含盐量来折算。

茄汁香料配方见表 3-22。

表 3-22　茄汁香料配方

配料名称	用量/kg		
	1 号茄汁香料配方	2 号茄汁香料配方	3 号茄汁香料配方
月桂叶	0.02	0.080	0.035
胡椒	0.02	—	0.075
洋葱	2.50	—	3.000
丁香	0.04	0.025	0.075
芫荽子	0.02	—	0.035
精盐	—	0.010	—
水	12.00	10.000	14.000
配制总量	12.5	10.000	17.000

来源：赵良，2007

将香料放入夹层锅内，加水煮沸，并保持微沸状态 30～60min，用开水调整至规定的总量，过滤备用。其中胡椒、月桂叶、丁香、芫荽子可复煮一次，第一次煮后其渣可代替半量供下次使用，香料水随配随用，以防积压，并防止与铁、铜等金属接触。

葱头油制备：将精制植物油 10kg 置于夹层锅中，加鲜葱头泥 10kg，加热煮沸，至葱头泥呈淡黄色时即可出锅备用。

辣椒油的制备：先放 14kg 精制植物油于夹层锅中，加干红尖头辣椒，加热煮沸，至呈鲜红色时即可出锅备用。

洋葱泥与蒜泥的制备：将剥去外壳的新鲜洋葱头、大蒜头绞碎成泥状即可。

醋精的配制：3 份冰醋酸加 7 份水混合均匀即成，或直接购买市售醋精（30%）。

一、茄汁鲭鱼罐头

1. 工艺流程　原料处理→盐渍→脱水—装罐→注茄汁→排气→密封→杀菌→冷却→成品

2. 加工要点　鲭鱼采用鲜鱼或冷冻鱼，肌肉有弹性，骨肉紧密连接，不得使用变质的鲭鱼，每条鱼重量在 0.5kg 以上。番茄酱采用可溶性固形物含量在 22%以上、番茄红素含量在 20mg/kg 以上的番茄酱。

（1）原料处理。将去头尾、去内脏的鲭鱼在流动水中洗净，脊骨处的血污要洗净，横切段：397g 装鱼段长度为 3～3.5cm，198g 装鱼段长度为 2.5～3cm。

（2）盐渍。用 2%精盐干腌 30min 或用 10～15°Bé 盐水盐渍 15～20min，捞出用水洗一次。

（3）茄汁配制。配方（kg）：番茄酱（20%）56.6，砂糖 9.0，精盐 2.7，精制植物油 12，清水 19.7，配成总量 100。

（4）装罐及脱水。洗罐并消毒后，将生鱼段装罐并注满清水，经 95～100℃、25～30min 蒸煮脱水后，脱水率为 18%～22%。倒罐沥尽汤汁，加茄汁至净含量。

（5）排气及密封。热排气罐头中心温度达 75～80℃，趁热密封；真空抽气密封，真空度为 0.047～0.053MPa。

（6）杀菌及冷却。杀菌公式：15min—65min—20min/115℃。杀菌后冷却至 40℃左右，取出擦罐入库。

（7）说明。茄汁鲭鱼也可不经盐渍直接装罐脱水。

3. 产品质量标准

1）感官指标　感官指标应符合表 3-23 的要求。

表 3-23　茄汁鲭鱼罐头的感官要求

项目	优级品	一级品	合格品
色泽	茄汁的色泽为橙红色或红色，鱼皮色泽较鲜明	茄汁的色泽为橙红色至红色，鱼皮色泽尚鲜明	茄汁的色泽为橙红色至红色，鱼皮色泽正常
滋味气味	具有茄汁鲭鱼应有的滋味及气味，无异味	具有茄汁鲭鱼应有的滋味及气味，无异味	具有茄汁鲭鱼应有的滋味及气味，无异味
组织状态	条装：肉质软硬适度，形态完整，排列整齐，长短较均匀。段装：部位搭配适宜，允许有添秤小鱼块 1 块	条装：肉质软硬较适度，形态较完整，排列整齐，长短较均匀。段装：部位搭配较适宜，允许有添秤小鱼块 2 块	条装：肉质软硬适度，形态尚完整，排列较整齐，长短尚均匀。段装：部位搭配尚适宜，允许有添秤小鱼块 3 块

2）理化指标

（1）净重。应符合表 3-24 中有关净重的要求，每批产品平均净重应不低于标明重量。

表 3-24　茄汁鲭鱼罐头的净重和固形物要求

编号	净重		固形物		
	标明重/g	允许公差/%	含量/%	规定重/g	允许公差/%
601	397	±3.0	≥70	278	±9.0

（2）固形物。应符合表 3-24 中有关固形物含量的要求，每批产品平均固形物重应不低于规定重量。

（3）氯化钠含量为 1.2%～2.2%。

（4）重金属含量应符合表 3-17 的要求。

3）微生物指标　微生物指标符合罐头食品商业无菌要求。

二、茄汁沙丁鱼罐头

1. 工艺流程 原料处理→盐渍→脱水→装罐→注茄汁→排气→密封→杀菌→冷却→成品

2. 加工要点 沙丁鱼采用鲜鱼或冷冻鱼，肌肉有弹性，骨肉紧密连接，每条沙丁鱼体长10～21cm，不得使用变质的沙丁鱼。番茄酱采用可溶性固形物含量在22%以上、番茄红素含量在20mg/kg以上的番茄酱。

（1）原料处理。新鲜的或是冷冻的体长为10～21cm的沙丁鱼，冷冻鱼必须用20℃以下的冷水解冻，然后去净鱼鳞、去鳍、去头、去内脏，用清水洗净腹腔内的血污，沥水。

（2）盐渍。将鱼体浸没于10～15°Bé盐水中，鱼体与盐水之比为1∶1，盐渍时间为10min左右，盐渍时应间断翻动。盐水可使用3次，但在每次盐渍后，应调整其至规定的浓度。将盐渍后的鱼捞起，用清水漂洗一次，沥水。

（3）茄汁的配制。配方（kg）：番茄酱（20%）42，砂糖10，精盐1.2，味精0.3，精制植物油15，冰醋酸0.08，清水约31，油炸洋葱1.0，配成总量100。

（4）装罐。蒸煮脱水将生鱼装罐，采用603号抗硫涂料罐，将鱼背朝上整齐排列，注满1°Bé盐水，经倒置沥净汤汁及时加入茄汁。

（5）排气及密封。真空封罐时，真空度为0.048～0.053MPa，密封后倒罐装杀菌篮（车）。热排气时，罐头中心温度达80℃以上，趁热密封。

（6）杀菌及冷却。杀菌公式15min—80min—20min/118℃。冷却至40℃左右，取出擦罐入库。

3. 产品质量标准

1）感官指标 感官指标应符合表3-25的要求。

表3-25 茄汁沙丁鱼罐头的感官指标

项目	要求
色泽	鱼色正常，茄汁色泽为橙红色
滋味气味	具有茄汁沙丁鱼鱼罐头应有的滋味及气味，无异味
组织状态	组织紧密不散碎，排列整齐，允许其中添放1块

2）理化指标

（1）净重。每罐净重要求340g±3.0%，每批产品平均净重应不低于标明重量。

（2）固形物。每罐固形物要求238g±11.0%，每批产品平均固形物重应不低于规定重量。

（3）氯化钠含量为1.0%～2.0%。

（4）重金属含量应符合表3-17的要求。

3）微生物指标 微生物指标符合罐头食品商业无菌要求。

三、茄汁黄鱼罐头

1. 工艺流程 原料处理→盐渍→油炸→装罐→注茄汁→排气→密封→杀菌→冷却→

成品

2. 加工要点　黄鱼采用鲜鱼或冷冻鱼，肌肉有弹性，骨肉紧密连接，每条鱼重在0.5kg以上，不得使用变质的黄鱼。番茄酱采用可溶性固形物含量在22%以上、番茄红素含量在20mg/kg以上的番茄酱。

（1）原料处理。经去头、去内脏和刷洗后的鱼，按罐高切成长5～5.2cm的鱼块（尾部宽度2.2cm以上），流动水漂洗35min，沥干。

（2）盐腌。鱼块50kg，精盐0.45kg，黄酒0.25kg充分拌匀，腌渍10min。

（3）油炸。油温185～210℃炸至鱼块表面呈金黄色即可，脱水率约为25%。

（4）汤汁配方。配方（kg）：番茄酱（20%）50.4，砂糖6.2，精盐1.74，精制植物油7.2，冰醋酸0.52，清水约15，洋葱泥0.9，黄酒5.8，蒜泥0.058，辣椒油0.2，配成总量100。

（5）装罐。装罐时，鱼块竖装，大小部位搭配均匀。

（6）排气及密封。抽气密封：0.053～0.060MPa。

（7）杀菌及冷却。杀菌方式（抽气）：10min—50min—10min/118℃。将杀菌后的罐头冷却至40℃左右，取出擦罐入库。

3. 产品质量标准

1）感官指标　感官指标应符合表3-26的要求。

表3-26　茄汁黄鱼罐头的感官指标

项目	要求
色泽	鱼色正常，茄汁为橙红色
滋味气味	具有茄汁黄鱼罐头应有的滋味及气味，无异味
组织状态	组织紧密不散碎，鱼块竖装，排列整齐，部位搭配，长短大致均匀，尾部宽度不小于20mm

2）理化指标

（1）净重。应符合表3-27中有关净重的要求，每批产品平均净重应不低于标明重量。

表3-27　茄汁黄鱼罐头的净重和固形物要求

编号	净重		固形物（鱼+油）		
	标明重/g	允许公差/%	含量/%	规定重/g	允许公差/%
860	256	±3.0	≥70	179	±11.0

（2）固形物。应符合表3-27中有关固形物含量的要求，每批产品平均固形物重应不低于规定重量。

（3）氯化钠含量为1.2%～2.0%。

（4）重金属含量应符合表3-28的要求。

表3-28　重金属含量　（单位：mg/kg）

项目	锡（Sn）	铜（Cu）	铅（Pb）	砷（As）	汞（Hg）
指标	≤200.0	≤10.0	≤1.0	≤0.5	≤0.5

3）微生物指标　微生物指标符合罐头食品商业无菌要求。

四、茄汁鲢鱼罐头

1. 工艺流程　原料处理→盐渍→油炸→装罐→注茄汁→排气→密封→杀菌→冷却→成品

2. 加工要点　鲢鱼采用新鲜或冷冻良好的鲢鱼，肌肉有弹性，骨肉紧密连接，每条鱼质量在 1.0kg 以上。不得使用变质的鲢鱼。番茄酱采用可溶性固形物含量在 22%以上、番茄红素含量在 20mg/kg 以上的番茄酱。

（1）原料处理。用新鲜或冷冻的鲢鱼作原料。将新鲜鱼用清水洗净，冷冻鱼在不超过 20℃的水中解冻洗净。将洗净的鱼去鳞、去头尾、去鳍、剖腹去内脏，洗净腹腔内的黑膜及血污，切成长 5～6cm 的鱼块。

（2）盐渍。将鱼块浸没于 3～5°Bé 盐水中，鱼与盐水比为 1∶1，盐渍时间为 5～8min，视鱼块大小而定，盐渍后用清水漂洗一次，沥干。

（3）油炸。将鱼块放入 170～180℃油中，油炸时间为 2～4min，炸至鱼块表面呈金黄色时即可捞起沥油。

（4）茄汁的配制。配方（kg）：番茄酱（20%）35，砂糖 6.5，精盐 3.5，味精 0.015，精制植物油 16.5，红甜椒粉 0.021，黄酒 3.2，冰醋酸 0.1～0.4，清水或香料水约 3.3，油炸洋葱 31.5，胡椒粉 0.1，蒜泥 0.35，配成总量 100。

（5）装罐。采用 860 号抗硫涂料罐，净含量 256g。将空罐清洗消毒后，先在罐底放月桂叶 0.5～1 片，胡椒 2 粒，装鱼块 170～185g，鲢鱼每罐不超过 4 块，鲢鱼每罐不超过 5 块，竖装，大小搭配均匀，排列整齐。加茄汁 71～86g，汁温保持于 75℃以上。

（6）排气及密封。将罐顶封后热排气时，罐头中心温度达 75℃以上，趁热密封，真空封罐时，真空度为 0.047～0.053MPa。

（7）杀菌及冷却。热排气杀菌公式：10min—70min—反压冷却/118℃。真空抽气杀菌公式：15min—70min—反压冷却/118℃。将杀菌后的罐头冷却至 40℃左右，取出擦罐入库。

3. 产品质量标准

1）感官指标　感官指标应符合表 3-29 的要求。

表 3-29　茄汁鲢鱼罐头的感官指标

项目	要求
色泽	茄汁为橙红色，鱼色正常
滋味气味	具有茄汁鲢鱼罐头应有的滋味及气味，无异味
组织状态	肉质软硬适度，鱼块竖装，排列整齐，块形大小较均匀，脊椎骨无明显外露现象，每罐不得多于 4 块，允许另加添秤小块 1 块

2）理化指标

（1）净重。每罐净重要求 256g±3.0%，每批产品平均净重应不低于标明重量。

（2）固形物。每罐固形物要求 179g±11.0%，每批产品平均固形物重应不低于规定重量。

（3）氯化钠含量为1.2%～2.2%。

（4）重金属含量应符合表3-17的要求。

3）微生物指标　微生物指标符合罐头食品商业无菌要求。

延伸阅读

茄汁鱼类罐头在生产中常常出现茄汁变暗、变褐，从而降低了产品质量。影响茄汁鱼类罐头茄汁色泽的因素，一般与番茄酱的色泽、鱼的种类与新鲜度、加工方法、茄汁配制过程的工艺条件及制品贮藏条件等有关。例如，配制番茄汁时，影响茄汁色泽的重要因素番茄红素，若高温长时间受热，或与空气接触时易氧化变褐或与铁接触变成鞣酸铁，都会使茄汁变暗、变褐；配制茄汁用的香料一般含有较多的鞣酸（单宁）成分，若香料水煮沸或放置时间过长，其色泽变为深黄褐色，也会对成品茄汁色泽有影响；鱼类处理时若淤血（特别是脊骨附近的血）洗涤不净及腹腔中黑膜去除不净，也会使茄汁色泽变暗。变褐。鱼块盐渍时宜采用湿盐法，可除去部分血，有利于改善茄汁的色泽；装罐时宜注入冷的茄汁然后真空密封可使茄汁受热时间较短，成品色泽较好；罐头加热杀菌前勿积压，杀菌时温度不能偏高，冷却应充分以避免温度对成品色泽的影响。此外，罐头成品应贮藏在20℃以下，贮藏温度过高会加速茄汁的变暗、变褐。

第六节　油浸水产罐头生产工艺

采用油浸调味是鱼类罐头所特有的加工方法，其加工工艺与茄汁类罐头大致相似，但注入罐内的调味液不是茄汁，而是精制植物油及其他调味料（如糖、盐等）。精制植物油的加入像茄汁一样，有鱼块生装后直接加注；有生装再经蒸煮脱水后加注；有先预煮再装罐后加注等。其加工工艺与茄汁类水产罐头大致相似，只是注入罐内的调味液不是茄汁而是精制植物油及其他简单的调味料如糖、盐等。注入方法有以下几种：①将生鱼肉装罐后直接加注精制植物油；②生鱼肉装罐后经蒸煮脱水再加注精制植物油；③生鱼肉经预煮再装罐后加注精制植物油；④生鱼肉经油炸再装罐后加注精制植物油。采用这种方法制成的鱼类罐头称为油浸鱼类罐头。产品在色、香、味调和后食用更好，深受消费者欢迎。一般宜于加工成茄汁类罐头的各种鱼都可加工成油浸鱼罐头。凡预热处理采用烘干、烟熏方法的油浸鱼罐头，又被称为油浸烟熏鱼罐头，常用的原料有鳗鱼、黄鱼、带鱼等。

一、油浸鲅鱼罐头

1. 工艺流程　原料处理→切段→盐渍→装罐→脱水→排气→密封→杀菌→冷却→成品

2. 加工要点　鲅鱼采用鲜鱼或冷冻鱼，肌肉有弹性，骨肉紧密连接，每条鱼重在0.5kg以上，不得使用变质的鲅鱼。

（1）原料处理。新鲜或冷冻鲅鱼经解冻后，用流动水洗净鱼体表面的污物，去鳍、去头尾 、剖腹去内脏，用流动水洗净腹腔内的黑膜和血污，沥水后切成5～5.3cm的鱼段，尾部直径小于 2cm 的另作他用。

(2) 盐渍。将鲜鱼采用 20°Bé 盐水盐渍，鱼与盐水之比为 1∶1。盐渍时间为 25min，冷冻鱼采用 10°Bé 盐水盐渍，盐渍时间为 15min，盐渍后捞出沥干。

(3) 装罐、脱水。加注精制植物油采用 860 抗硫涂料罐，装生鱼块 275g，竖装，排列整齐，注满 1°Bé 盐水或清水，于 98～100℃经 30～35min 蒸煮脱水后，倒罐沥净汤汁，趁热加注 80～90℃的精制植物油 30g，加少量精盐。

(4) 排气及密封。真空抽气密封，真空度为 0.04～0.053MPa。

(5) 杀菌及冷却。杀菌公式：15min—80min—15min/118℃，冷却至 40℃ 左右，取出擦罐入库。

3. 产品质量标准

1) 感官指标　感官指标应符合表 3-30 的要求。

表 3-30　油浸鲅鱼罐头的感官指标

项目	优级品	一级品	合格品
色泽	鱼块色泽正常，表面有光泽，油较清晰	鱼块色泽正常，表面尚有光泽，油较清晰	鱼块色泽较正常，油尚清晰
滋味气味	具有油浸鲅鱼应有的滋味及气味，无异味	具有油浸鲅鱼应有的滋味及气味，无异味	具有油浸鲅鱼应有的滋味及气味，无异味
组织状态	组织紧密有弹性，不碎散，鱼块竖装，切面平整，排列整齐，部位搭配均匀，鱼块长短大致均匀，允许轻微脱皮。尾部直径不小于 10mm，添秤小块不超过 1 块	组织紧密，允许轻微碎散，鱼块整装，排列整齐部位搭配。鱼块长短大致均匀，允许轻微脱皮。尾部直径不小于 10mm，添秤小块不超过 1 块	组织较紧密，允许轻度碎散，部位搭配，鱼块长短大致均匀，允许有脱皮，添秤小块不超过 2 块

2) 理化指标

(1) 净重。应符合表 3-31 中有关净重的要求，每批产品平均净重应不低于标明重量。

表 3-31　油浸鲅鱼罐头的净重和固形物要求

编号	净重		固形物（鱼+油）		
	标明重/g	允许公差/%	含量/%	规定重/g	允许公差/%
860	256	±3.0	≥90	230	±11.0

(2) 固形物。应符合表 3-31 中有关固形物含量的要求，每批产品平均固形物重应不低于规定重量。

(3) 氯化钠含量为 1.0%～2.0%。

(4) 重金属含量应符合表 3-17 的要求。

3) 微生物指标　微生物指标符合罐头食品商业无菌要求。

二、油浸鲱鱼罐头

1. 工艺流程　原料处理→装罐→脱水→加油→排气→密封→杀菌→冷却→成品

2. 加工要点　原料采用鲜鱼或冷冻鱼，肌肉有弹性，骨肉紧密连接，每条鱼体长15～21cm，腺性成熟的鲱鱼，不得使用变质的鲱鱼。鲱鱼肉质软嫩，含脂量高，可采用干燥脱水后装罐密封或采取冻结贮藏后加工。

(1) 原料处理。经去头、去内脏和清洗后的鱼，靠尾基部平整剪去鱼尾，逐条以流动水充分漂洗干净，沥干。

(2) 脱水。生鱼装罐后逐罐注满清水，经 30～35min/98～100℃ 蒸煮脱水后，倒罐沥净汤汁，趁热加油、盐（油加热至 180～20.0℃后冷却至 40～100℃备用）。

(3) 装罐。采用 601 号抗硫涂料罐，净含量为 397g，装鱼块 400g。装罐时，腹部向上，排列整齐（大鱼可段装），加注 80～90℃ 精制植物油 50g，精盐 6g。

(4) 排气及密封。排气密封：中心温度在 70℃ 以上（加专用盖）。抽气密封：0.047～0.053MPa。

(5) 杀菌及冷却。杀菌方式（抽气）：15min—80min—反压冷却/118℃。

3. 产品质量标准

1) 感官指标　感官指标应符合表 3-32 的要求。

表 3-32　油浸鲱鱼罐头的感官指标

项目	要求
色泽	鱼体色泽正常，油应清晰，汤汁允许有轻微浑浊及沉淀
滋味气味	具有油浸鲱鱼罐头应有的滋味及气味，无异味
组织状态	组织紧密适度，不散碎。鱼排列整齐，大小大致均匀，分条装和段装两种，条装允许另加添秤半条

2) 理化指标

(1) 净重。应符合表 3-33 中有关净重的要求，每批产品平均净重不低于标准重量。

表 3-33　油浸鲱鱼罐头的净重和固形物要求

编号	净重		固形物（鱼+油）		
	标明重/g	允许公差/%	含量/%	规定重/g	允许公差/%
601	397	±3.0	≥90	357	±9.0

(2) 固形物。应符合表 3-33 中有关固形物规定重量。

(3) 氯化钠含量为 1.2%～2.0%。

(4) 重金属含量应符合表 3-28 的要求。

3) 微生物指标　微生物指标符合罐头食品商业无菌要求。

延伸阅读

金枪鱼罐头油浸的好还是水浸的好

金枪鱼罐头是水产类罐头的一个重要品种，加工罐头的金枪鱼品种主要是长鳍金枪鱼和黄鳍金枪鱼，品种有原汁金枪鱼、五香金枪鱼、油浸金枪鱼、茄汁金枪鱼等品种。由于金枪鱼肌肉中含硫蛋白质较多，因此一般采用抗硫抗酸两用全涂料马口铁罐。2000 年估计全球金枪鱼罐头生产量为 17000 万箱（约 150 万 t），美国、泰国、西班牙、日本、意大利、菲律宾、法国等是金枪鱼罐头的主要生产国，而美国、法国、意大利、西班牙、德国又是金枪鱼罐头的主要消费国。

金枪鱼罐头因为其较高的营养价值和较好的口感，越来越受到欢迎，但是不少人在购买金枪鱼罐头时，都会遇到这样一个问题：是买油浸的呢还是水浸的呢？

市场上可以看到，基本上每个品牌的金枪鱼罐头都会有多个品种，矿泉水浸的，还有油浸的，而油浸中还细分为橄榄油、植物油等，价格也略有差异，这让一些消费者比较困惑。

有人推荐水浸的金枪鱼，原因是不能确保罐头所用油的质量，相比之下，水更有保证一些。也有人推荐油浸的金枪鱼罐头，原因是油浸的口感比较浓郁，比较润滑，制作出来的菜色彩比较好看。对此，两种金枪鱼罐头总结下来，水浸的作三明治比较好，不油腻，不容易流出来，而油浸的作披萨馅料，会比较不容易被烤干。因此，购买的时候，还要根据自己的用途来进行选择。

三、油浸烟熏鳗鱼罐头

1. 工艺流程　原料处理→盐渍→烘干→烟熏→装罐→加油→排气→密封→杀菌→冷却→成品

2. 加工要点　鳗鱼采用鲜鱼或冷冻鱼，肌肉有弹性，骨肉紧密连接，每条鱼重在 0.75kg 以上，不得使用变质的鳗鱼。

（1）原料处理。新鲜鳗鱼或解冻后的冷冻鳗鱼用清水洗净后，去鳍、去头，剖腹去内脏，用流动水洗净腹腔内的黑膜及血污。沿脊骨剖开，去脊骨得两条带有鱼皮的鱼片，过大的鱼片可再纵切或横切成两条鱼片，修除腹部肉，按鱼片大小厚薄分成若干等级，以便盐渍时盐分的均匀渗透。

（2）盐渍。将鱼片浸没于 8°Bé 盐水中，鱼与水的比为 1∶1，盐渍时间按鱼片大小、气温、新鲜程度或冷冻情况，控制在 10～30min，要求盐分渗透均匀、味道咸淡适中。盐渍后的鱼捞出后用清水漂洗一次，沥干水分。

（3）烘干和烟熏。将大小一致、厚薄均匀、数量一定的鱼片吊挂或平铺于烘车网片上，送入烘房进行烘干。烘房进口处的温度为 60℃，出口处的温度为 70℃，烘干约 2h。然后将烘车送入烟熏房进行烟熏上色，熏室温度不高于 70℃，烟熏时间 30～60min，待鱼片表面呈黄色时，烟熏完毕。再将烘车送入烘房烘干，烘房温度为 70℃左右，烘干至鱼片得率为 58%～62%，取出放置在通风室内冷却至室温。

（4）装罐。采用 946 号抗硫涂料罐，用干净纱布擦去鱼片表面的灰尘油污，切成 7.5～

8.5cm长的鱼块尾部宽度不小于2cm。净含量为250g，洗罐消毒后，装鱼块210～220g不得多于8块。鱼块平铺于罐内，靠罐底两片鱼肉面向外，色泽较淡的鱼片装在表面，然后加注精制植物油30～40g。

(5) 排气及密封。真空抽气密封，真空度为0.053MPa。

(6) 杀菌及冷却。杀菌公式：10min—65mim—15min/118℃，冷却至40℃左右，取出擦罐入库。

3. 产品质量标准

1) 感官指标　感官指标应符合表3-34的要求。

表3-34　烟熏鳗鱼的感官指标

项目	要求
色泽	鱼呈深黄色至棕红色，有光泽，油应清晰，汤汁允许有轻微浑浊及沉淀
滋味气味	具有烟熏鳗鱼罐头应有的滋味及气味，无异味
组织状态	组织紧密适度，鱼排列整齐，形状大小、长短大致均匀，每罐内不得多于8块，允许另加添秤小块1块，尾部宽度不小于20mm

2) 理化指标

(1) 净重。每罐净重要求250g±3.0%，每批产品平均净重应不低于标明重量。

(2) 固形物。每罐固形物要求225g±11.0%，每批产品平均固形物重应不低于规定重量。

(3) 氯化钠含量为1.0%～2.0%。

(4) 重金属含量应符合表3-17的要求。

3) 微生物指标　微生物指标符合罐头食品商业无菌要求。

四、油浸烟熏带鱼罐头

1. 工艺流程　原料处理→盐渍→干燥→烟熏→修整切块→浸药液→装罐→加油→加调味汁→排气→密封→杀菌→冷却→成品

2. 加工要点　带鱼采用鲜鱼或冷冻鱼，肌肉有弹性，骨肉紧密连接，每条鱼重在0.2kg以上，不得使用变质的带鱼。

(1) 原料处理。将新鲜或经解冻的带鱼去鳍、去尾、去腹部肉，尾部宽度控制在2.5～3cm，以70～75℃热水烫2～6s，刮去鱼鳞，切去鱼头，用流动水洗去血污、黑膜及杂质。剖片去脊骨，再用流动水漂洗40min，去血水。

(2) 盐渍。将鱼片浸没于4.5～5.5°Bé盐水中盐渍，鱼片与盐水之比为1∶2，盐渍时间为20min。

(3) 烘干和烟熏。将鱼片表面向下平铺于烘车网片上，送入烘房进行烘干，烘房进口处温度为40～60℃。随着鱼片的脱水，温度逐步升高，脱水率大鱼为45%，小鱼为50%。待鱼片烘干后将烘车送入熏室内进行烟熏，温度控制在60℃左右，时间为20～30min，烟熏至鱼片表面为淡黄色为止。

(4) 修整切块。用干净纱布擦去鱼片表面的灰尘油污，修去不合格部位，切成长度为

8cm 的鱼块。

(5) 浸药液。将鱼块浸没于 2.25%的六偏磷酸钠溶液中，浸渍时间为 2～3s，捞出沥干，每次应补充新药液，每班要彻底更换新药液。

(6) 调味汁的配制。浸过鱼块的六偏磷酸钠溶液 3kg 中，加清水 2.75kg，加味精 0.05kg，拌匀备用。

(7) 装罐。采用 946 号抗硫涂料罐，净含量为 256g，装鱼块 205g，装罐时，将鱼块平铺于罐内，靠罐底两块鱼肉面向下，加注 80～90℃ 精制植物油 42g，加调味汁 9g。

(8) 排气及密封。真空抽气密封，真空度为 0.053～6.06MPa。

(9) 杀菌及冷却。杀菌公式 ：15min—55min—15min /116℃，冷却至 40℃ 左右，取出擦罐入库。

3. 产品质量标准

1) 感官指标　感官指标应符合表 3-35 的要求。

表 3-35　油浸烟熏带鱼罐头的感官指标

项目	要求
色泽	鱼皮表面呈灰黄色，肉面呈深黄色或棕黄色光泽，油应清晰，汤汁允许有轻微浑浊及沉淀
滋味气味	具有油浸烟熏带鱼罐头应有的滋味及气味，无异味
组织状态	组织紧密适度，小心从罐内向外倒出鱼块时不碎。鱼块排列整齐，块形大小均匀，每罐不得多于 20 块，尾部宽度不小于 15mm，无添秤小块

2) 理化指标

(1) 净重。应符合表 3-36 中有关净重的要求，每批产品平均净重应不低于标明重量。

表 3-36　烟熏带鱼罐头的净重和固形物要求

编号	净重		固形物（鱼+油）		
	标明重/g	允许公差/%	含量/%	规定重/g	允许公差/%
946	256	±3.0	≥88	230	±11.0

(2) 固形物

应符合表 3-36 中有关固形物含量的要求，每批产品平均固形物重应不低于规定重量。

(3) 氯化钠含量 1.2%～2.0%。

(4) 重金属含量应符合表 3-28。

3) 微生物指标　符合罐头食品商业无菌要求。

第七节　水产品罐头的常见问题及解决方法

水产品中蛋白质含量高，硫、磷等含量也丰富，加上罐制品加工工艺本来就复杂，所以加工过程中控制稍有不当，就易出现异常情况。下面介绍几种常见问题和解决方法。

一、腐败变质

1. 杀菌前腐败　这种类型的腐败发生在罐头产品热处理之前，它可能因微生物或酶作用而引起，导致气体堆积、产生恶臭和微生物细胞数目过多。有些情况下，这些微生物是能产生耐热性毒素的病原菌，并可能引起食物中毒。

原料品质是决定成品品质最重要的因素之一，因此加工前原料的检验是很重要的，品质差的原料必须剔除，加工中各步骤均有可能使品质降低。清洗、包装和加工作业必须在卫生状况下完成，包装前的所有阶段必须避免原料温度过高。

2. 杀菌不足　杀菌不足可能因热处理设计错误或操作不当而引起，若热处理中的一些重要因素如产品初温、处理时间和产品中含菌量偏离最佳状况时，微生物孢子可能残存。

充填后的罐头必须在密封后 1h 内进行热处理，且所有超过 1h 的迟延时间需列入加工偏差。所使用的热处理设备、工序、处理时间和温度必须小心地监控、控制和记录，以确保适当的商业杀菌要求。杀菌釜操作者必须接受适当训练，以执行热处理作业。

3. 嗜热菌腐败　低酸性食品若储存在高温（40℃以上）时，由于可能生长各种嗜热性、耐热产孢子非病原菌而导致腐败，其孢子常少量出现于商业杀菌的产品，但在以淀粉、糖或香辛料为原料的产品中则可能大量存在。此类罐头在热处理后若冷却太慢或在嗜热温度下储存、运输将导致腐败。因此此类罐头必须在杀菌处理后迅速冷却至 35～40℃。

4. 杀菌后腐败　处理后，腐败或泄漏腐败发生在微生物污染物渗入杀菌后的罐头内。此类型的腐败占腐败鱼罐头的 60%～80%。主要原因为罐头二重卷封有瑕疵；冷却水中或混罐之滑道上有微生物污染；罐装填处理设备操作或调整不良；杀菌处理后对热罐的处理不当。

为减少杀菌处理后腐败，必须确保空罐检验与处理系统控制良好，冷却用水要经氯化处理，并减少在厂内作业、运输、销售期间对罐头的损伤。为确保罐头的完整，罐缝和卷封机必须经常检验。

冷却用水必须是安全且合乎卫生的，使用氯化消毒的残氯浓度至少为 2×10^{6}。冷却后罐头须在一干净区域干燥，直到罐头干燥、冷却后再搬运。冷却区域严禁闲人进入。

罐头亦需小心搬运以避免碰凹和受伤。涂漆罐易因粗心搬运而造成真空损失。

二、硫化物污染

鱼、虾、贝等水产罐头，由于蛋白质在加热或高温杀菌过程中分解产生挥发性硫，与罐壁锡层反应生成紫黑色的硫化斑（硫化锡），与铁反应生成硫化铁，使罐内壁出现青紫色，甚至为黑色，严重时内壁上的黑色物质还会析出来，污染内容物。

挥发性硫生成量的多少与鱼的种类、pH、新鲜度等有关。一般新鲜度差，碱性条件下挥发性硫产生的量多；加热杀菌时会引起黑变，罐头冷却不充分时在储藏期间也会黑变。

解决方法有以下几种。

(1) 加工过程中严禁与铁、铜等机械器具接触，注意控制用水及配料中这些金属离子的含量。

(2) 采用抗硫涂料铁制罐作为容器。

(3) 应严格检查空罐及橡胶垫圈的质量，如果在加工过程中空罐涂料层被破坏要及时补涂。

(4) 控制原料新鲜度。

(5) 预煮时沸水中加入少量有机酸，以 0.1%的柠檬酸将半成品浸泡 1～2min，装罐后

pH 要控制在 6 左右。

三、血蛋白凝结

清蒸类水产罐头、茄汁类水产罐头与油浸烟熏水产类罐头内容物表面及空隙间常有豆腐状物质，一般称之为血蛋白。血蛋白是热性可溶性蛋白，由于加热变性凝固而成豆腐状，有损产品的外观。血蛋白的产生与鱼的种类、新鲜度、洗涤及盐渍、脱水条件等有密切的关系。为了防止和减少血蛋白的产生，应采用新鲜原料，并充分洗涤以去尽血污，经盐渍除去部分盐溶性热凝性蛋白。此外，鱼肉在脱水前应洗净血水，加热时迅速升温，使热凝性血蛋白在渗出鱼肉表面前即在鱼肉组织内部就发生了凝固。

四、粘罐

开罐时鱼肉或鱼皮粘在罐内壁上，影响形态的完整。产生粘罐的原因是生鱼肉及鱼皮本身具有黏性，加热时接触罐壁处首先凝固，同时鱼皮中的生胶质受热水解后变成明胶，极易粘在罐壁，而鱼皮与鱼肉之间有一层脂肪，受热后熔化，致使皮肉分离而产生粘罐现象。

解决方法有以下几种。

（1）选用新鲜度较高的原料。

（2）采用脱膜涂料或在罐内壁涂一层精炼植物油，或在罐内衬以硫酸纸。

（3）鱼块装罐前稍烘干表面水分，或以稀乙酸溶液浸渍（只适用于茄汁鱼类罐头），这样可减少粘罐现象。

五、清蒸水产罐头变色

清蒸虾、蟹、贝肉容易出现变色的问题。

蟹罐头久存后发生青斑是由于蟹血中含有血蓝蛋白质，其中 0.17%～0.28%是铜的成分，与硫化氢化合形成青色的硫化铜；血蓝蛋白质氧化后称为带色的氧化血蓝蛋白质。总之，蟹不新鲜或除血不净，尤其是蟹腿、爪的关节部位，容易发生青斑。

为防止色变，在加工中要做到严禁与铁、铜等金属接触；必须采用抗硫涂料罐；硫酸纸使用前应先用 0.5%柠檬酸液煮沸 30min；加工过程中进行必要的护色处理；密封后必须迅速杀菌冷却。

六、茄汁水产类罐头茄汁变暗

茄汁水产类罐头在生产中常常出现茄汁变暗、变褐，从而降低产品质量。茄汁水产类罐头茄汁色泽的变化，一般与番茄酱的色泽、鱼的种类与新鲜度、加工方法、茄汁配制过程的工艺条件及制品储藏条件等有关。例如，配制番茄汁时，影响茄汁色泽的重要因素即番茄红素，若高温长时间受热，或与铜接触时氧化变褐，或与铁接触变成鞣酸铁，这都会使茄汁变暗、变褐；配制茄汁用的香料一般含有较多的鞣质（单宁）成分，若香料水煮沸或放置时间过长，其色泽则变为深黄褐色，这也会影响茄汁色泽；处理鱼类时，若淤血洗涤（特别是脊骨附近的血）不净及腹腔中黑膜去除不净，也会使茄汁色泽变暗、变褐。

解决和防止方法有以下几种。

（1）鱼解冻常用水淋法和浸泡法，后者解冻可使鱼排出较多的血水，因而成品色泽较前者为佳。

(2) 原料处理时，将鱼除去头、鳍、内脏后，应在清水中洗净淤血（特别是脊骨血），并去净腹中黑膜，如处理不净血水及黑色素，让它进入茄汁内，可使产品色泽变褐、变暗。

(3) 鱼块盐渍时宜采用盐水渍法，可除去部分血液，有一定程度的沥血洗涤作用，所以成品色泽较好，而采用干腌法成品色泽稍差。

(4) 茄汁鱼罐头目前一般都采用生鱼装罐，加热脱水，沥水后注入热茄汁的工艺。因此，如生鱼块装量不准、脱水率不一、沥水不等，都会影响茄汁的加入量，从而对成品的色泽有一定影响，因此要严格控制脱水条件。

(5) 茄汁鱼罐头生产常采用的排气密封工艺包括：注冷茄汁→加热排气→常压密封；注热茄汁→常压密封；注冷茄汁→抽气密封。前两者茄汁受热时间较长，成品色泽较差。第二种因茄汁温度较高，油与番茄易分离，当搅拌不匀时易造成注入茄汁成分不一。第三种注入冷的茄汁，然后真空密封，使茄汁受热时间较短，成品色泽较好

(6) 罐头杀菌前积压、受热时间较长、杀菌时超压、温度偏高、杀菌后冷却不充分，都能影响成品色泽。因此罐头在加热杀菌前勿积压，罐头杀菌时温度不能偏高，应严格遵守杀菌操作规程，冷却应充分，以免温度对成品色泽造成影响。

(7) 储藏温度过高（一般在 30℃以上）褐变加速。因此，罐头成品储藏温度不宜过高，罐头成品应储藏在 20℃ 以下。

七、玻璃状结晶

清蒸鱼类、虾类、蟹类、酱油墨鱼、油浸烟熏带鱼和鳗鱼等罐头，在储藏期间会产生无色透明玻璃状结晶，可显著降低商品价值。

1. 结晶产生的原因　磷酸铵镁结晶（也称鸟粪石）的分子式是 $MgNH_4PO_4 \cdot 6H_2O$，它是无色无味、无毒透明的晶体。其结晶极硬，但溶于胃酸，对人体无害。pH 6.3 以下溶解度较大，难于析出。

由于虾、蟹本身含有磷酸铵镁盐的各种成分，在杀菌加热时生成氨，并与镁及含磷物质结合生成磷酸铵镁盐。当温度高时溶解在汤汁中，冷却或储藏时又逐渐析出。

2. 预防结晶析出的方法

(1) 采用新鲜原料，原料越新鲜，蛋白质因微生物作用和肉质自溶作用所分解的氨量也越少。如蟹肉罐头，若使用新鲜度较差的原料制成的清蒸蟹罐头，储藏不到半年就有结晶析出。如在产地采用新鲜原料（活蟹）加工罐头，储藏 2 年也未发现结晶析出。

(2) 控制 pH。磷酸铵镁结晶在 pH6.3 以上时易形成，在 pH6.3 以下溶解度较大，难以析出。因此，在生产虾、蟹罐头时，加入植酸、酒石酸、柠檬酸等调节 pH，能防止结晶析出。但对酸液浓度、浸酸时间应严格掌握。浓度大、时间长则对产品风味有不良影响。

(3) 避免使用粗盐和海水处理原料。粗盐和海水含镁量较高，加工如用粗盐盐渍或海水洗涤，会促进结晶析出。据报道，当镁的含量达到 0.0012%时，即可形成肉眼可见的结晶。因此，在加工时应严禁使用粗盐和海水。

(4) 杀菌后应立即冷却。冷却迅速则形成均匀细小结晶；冷却缓慢则易形成粗大结晶。因此，杀菌后应立即冷却至 30℃以下，使内容物温度尽快通过 50～30℃的大型结晶生成带，可尽量避免生成粗大结晶。

(5) 添加增稠剂。添加明胶、琼脂（冻粉）、羧甲基纤维素等增稠剂，可提高罐内液汁黏度。虽不能完全防止结晶析出，但可减缓结晶的析出。

(6) 添加螯合剂。添加 0.05%乙二胺四乙酸二钠（EDTA-Na_2）或六偏磷酸钠螯合剂或 0.05%植酸，可使镁离子生成稳定的螯合物，从而防止结晶析出。1964 年美国食品及药物管理局（FDA）允许金枪鱼罐头添加焦磷酸盐（0.9%以下），但需在商标上加以注明。

八、虾蟹肉变软

虾蟹类罐头储藏几个月后，由于其自溶作用和微生物作用肉质往往软化而失去固有弹性，用手指压有如糊状，失去食用价值，这种现象称为虾蟹肉的软化或液化。虾蟹肉软化时，部分蛋白质逐渐分解，蛋白质氮和不溶性氮减少，而可溶性蛋白质氮及非蛋白质氮增加。虾蟹肉软化的主要原因是原料不新鲜、杀菌不充分、微生物（耐热性枯草杆菌等）作用而引起。

解决方法有以下几种。

(1) 在加工虾蟹类罐头时应选用新鲜原料，减少土壤微生物等对食品的污染。

(2) 保证罐头的杀菌温度和时间符合操作规程。

(3) 在加工过程中可用加冰的方法来降低虾蟹肉温度，防止半成品变质。

(4) 装罐前宜将虾肉在 1%柠檬酸与 1%食盐混合液中浸渍 1～2min，对防止软化有一定的效果。

案例　悉尼餐馆金枪鱼罐头致中毒事件

2015 年 2 月，悉尼一家餐馆遭顾客投诉称，食用金枪鱼沙拉出现食物中毒症状。随后新南威尔士州食品局对餐馆提供的金枪鱼罐头进行了检测。结果发现，金枪鱼罐头符合食品安全标准，然而餐馆所售沙拉中鱼类组胺含量为安全值的 20 倍。

据报道，新南威尔士州食品局称，鲭鱼中毒或组胺中毒通常发生在食用金枪鱼或沙丁鱼时出现，因为特定种类的鱼身上自然存在的菌类将鱼体内的组氨酸转化成组胺。每公斤鱼肉组胺不超过 200mg 是安全的，而这个金枪鱼沙拉每公斤含有 3950mg 组胺。

该食品局在给 John Bull 金枪鱼厂和维省进口商 FTA Food Solutions 的检测结果中称，John Bull 提供给悉尼咖啡屋的所有罐头检测没有问题，适合人类食用。一名业内人士称，有可能是在罐头打开之后，组胺的交叉污染导致组胺含量升高并产生微生物。

组胺中毒通常表现为感到辛辣、口唇刺痛、皮肤起疹、头痛、头晕、皮肤瘙痒等，严重的情况下还导致恶心、呕吐和腹泻。这些症状通常在食用受污染的鱼 30min 之后出现，持续 4～6h，很罕见的情况超过 24h，可服用抗组胺药物治疗。

新南威尔士州食品局还将此事通知了联邦农业部。联邦农业部对 John Bull 金枪鱼的厂商——泰国 I. S. A Value Co Limited 金枪鱼和鲭鱼产品进口下达了暂停令。其要求每批产品必须暂留在一个地方，经过官员的检查、分析，符合澳大利亚进口食品计划要求后才能进入其国内。

本章小结

本章和第四章家畜家禽罐藏工艺、第五章果蔬罐藏工艺是按罐藏原料的种类不同，分别进行罐藏工艺的介绍，学生在学习的时候要根据各类罐藏原料特性，重点掌握各章罐藏工艺的异同点。水产罐藏原料种类众多，由于其具有水分含量高、易腐等特性，故其处理和预热处理过程与畜、禽、果蔬等罐藏原料有一定的差别，学生通过对后两章的学习后，将会对此有更深的理解和掌握。水产品罐头按加工及调味方法不同，分为清蒸水产罐头、调味水产罐头、茄汁水产罐头、油浸水产罐头，本章重点是这四类罐头的加工工艺，从工艺流程、加工要点、产品质量标准三个方面对四类罐头加工工艺逐一进行了介绍，难点部分在于茄汁如何配制和添加、油浸水产罐头精制油注入的方法等。本章结尾讲述了水产品罐头的常见 8 种问题及解决方法，这是本章的重点也是难点，这 8 种常见问题极易造成水产罐头产品的异常，因此掌握其解决方法是学生应掌握的重要知识点。

思考题

1. 水产品罐头的分类有哪些?
2. 水产品罐头原料的主要品种及其主要性状有哪些?
3. 简述水产类罐头加工工艺。
4. 概述水产类罐头原料预处理过程。
5. 茄汁类水产罐头工艺流程如何? 茄汁如何配制?
6. 什么是红烧水产类罐头? 简述红烧水产类罐头工艺流程及操作要点。
7. 水产类罐头生产过程中的常见问题及解决方法有哪些?

参考文献

江建军. 2000. 罐头生产技术. 北京：中国轻工业出版社.
李慧文. 2003. 罐头制品 323 例. 北京：科学技术文献出版社.
李雅飞，等. 1993. 食品罐藏工艺学. 上海：上海交通大学出版社.
梁文珍. 2011. 罐头生产. 北京：化学工业出版社.
蒲彪，艾志录. 2012. 食品工艺学导论. 北京：科学出版社.
食品工业发展报告. 2014. 北京：中国轻工业出版社.
汪之和. 2002. 水产品加工与利用. 北京：化学工业出版社.
王丽哲. 2000. 水产品实用加工技术. 北京：金盾出版社.
吴光红. 2001. 水产品加工工艺与配方. 北京：科学技术文献出版社.
夏文水. 2007. 食品工艺学. 北京：中国轻工业出版社.
杨邦英. 2002. 罐头工业手册. 北京：中国轻工业出版社.
章超桦. 2012. 水产食品学. 北京：中国轻工业出版社.
赵良. 2007. 罐头食品加工技术. 北京：化学工业出版社.
朱蓓薇. 2005. 实用食品加工技术. 北京：化学工业出版社.

第 4 章 家畜家禽罐藏工艺

第一节 畜禽肉类罐藏原料

畜禽肉种类较多，常见的有猪、牛、羊、鸡、鸭、鹅、兔等，均是肉类食品的主要来源，一些家养经济动物如狗、鹿、鹌鹑、鸵鸟等，以及野生动物也可为人们提供风味各异的肉类食品。

一、畜禽肉类原料的组织结构

畜禽胴体主要由肌肉组织、脂肪组织、结缔组织和骨骼组织四大部分组成，这些组织的构造、性质及其含量直接影响肉品质量、加工用途和商品价值，这四部分在胴体中的比例随畜禽种类、品种、年龄、性别和营养状况等因素而有很大差异。

具体来讲，“肉”是指动物的肌肉组织和脂肪组织，以及附着于其中的结缔组织、微量的血管和神经组织，其中肌肉组织和结缔组织对肉类品质的影响最大，同时也是畜禽肉类罐藏食品最主要的原料来源。

（一）肌肉组织

肌肉组织在组织学上可分为三类，即骨骼肌、心肌和平滑肌。胴体中几乎全部是骨骼肌，心肌只存在于心脏，平滑肌主要附着于内脏。骨骼肌与心肌在显微镜下均可看到明暗相间的条纹，故又称为“横纹肌”。骨骼肌收缩受中枢神经系统的控制。肉类罐藏原料主要是骨骼肌，习惯用“肌肉”指代。

1. 肌肉的一般结构 畜体肌肉有 300 多块，形状、大小各异，但其基本结构大致相同（图 4-1，图 4-2）。肌肉的基本构造单位是肌纤维；肌纤维与肌纤维之间被一层很薄的结缔组织膜（肌内膜，endomysium）隔开，每 50～150 条肌纤维聚集成束（肌束，muscle bundle)，外包一层结缔组织鞘膜（肌束膜，perimysium），这样形成的小肌束也叫初级肌束；由数十条初级肌束集结在一起，并由较厚的结缔组织膜包围就形成了次级肌束（二级肌束）；由许多二级肌束集结在一起即形成了肌肉块，外面包有一层较厚的结缔组织（肌外膜，epimysium)。分布在肌肉中的各种结缔组织膜起着支架和保护的双重作用，血管和神经也是通过这三层膜到达每一个肌纤维表面的。脂肪沉积其中可使肌肉断面呈现大理石样纹理。

2. 肌肉的微结构

1）肌纤维（muscle fiber） 肌肉组织和其他组织一样也是由细胞构成的，但肌细胞形态比较特殊，呈细长线状，没有分支，两端逐渐变得尖细，因此也称肌纤维（图 4-2)。肌纤维直径为 10～100μm，长度为 1～40mm，最长可达 100mm。

2）肌纤维膜（sarcolemma） 肌纤维的细胞膜称肌纤维膜，由蛋白质和脂质组成，具有很好的韧性，所以可承受肌纤维的伸长和收缩。与体内其他细胞膜的构造、组成和性质相当。肌纤维膜向内凹陷形成网状的管，叫做横小管（transverse tubules），通常称为 T 系统（T-system）或 T 小管（T-tubules），见图 4-3。

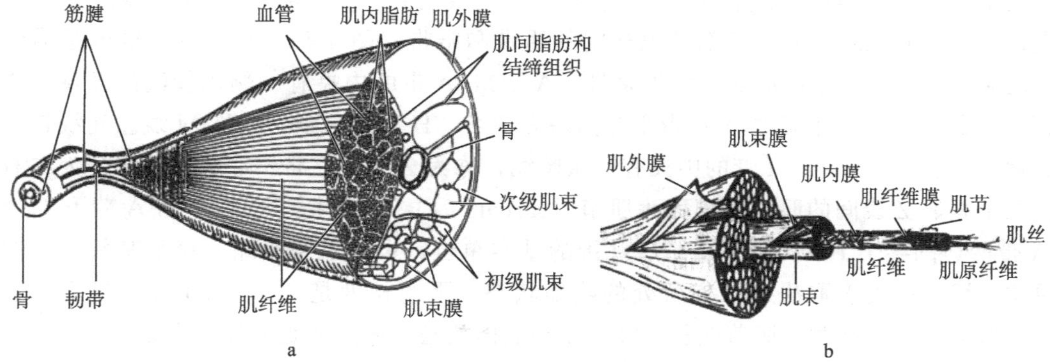

图 4-1 骨骼肌结构示意图（图 a 引自：Kinsman et al.，1994；图 b 引自：Chrystall，1971）

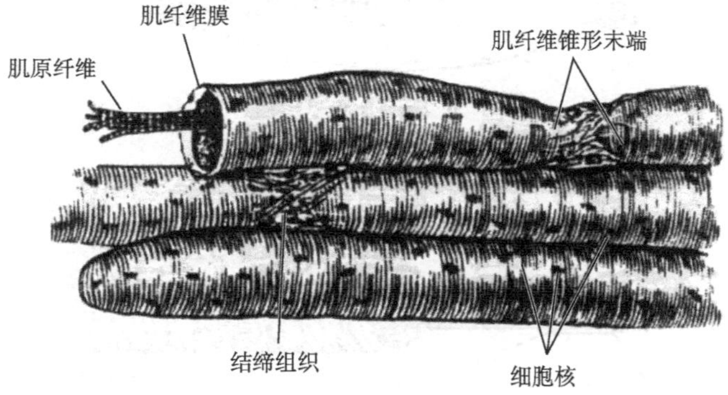

图 4-2 肌纤维（肌细胞）示意图（引自：Hedrick et al.，1994）

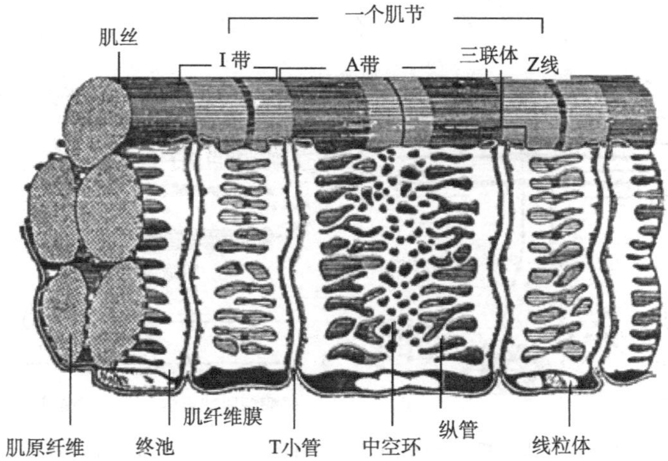

图 4-3 骨骼肌 T 小管示意图（引自：Briskey，1970）

3）*肌原纤维*（myofibrils） 肌原纤维是肌细胞独有的细胞器，占其固态组分的 60％～70％，是肌肉的伸缩装置，呈直径为 1～2μm 的圆柱状结构。其长轴与肌纤维的长轴相平行并浸润于肌浆中。一根肌纤维含有1000～2000根肌原纤维。肌原纤维又由肌丝（myofilament）组成。肌丝可分为粗丝（thick myofilament）和细丝（thin myofilament）。两者均平行整齐地排列于整个肌原纤维。在电子显微镜下，由于粗丝和细丝在某一区域形成重叠，每一条肌原纤维的全长都呈现规则的明带和暗带（图4-4），即横纹，这也是横纹肌名称的来由。光线较暗的区域称之为暗带（A带），A带的中央有一颜色较浅的区域，称为H区，它的中央有一条暗线将A带平分为左右两半，H区的这条暗线称M线。光线较亮的区域称之为明带（I带）。I带的中央有一条暗线，称为Z线，它将I带从中间平分为左右两半。两个相邻Z线间的肌原纤维称为肌节（sarcomere），它包括一个完整的A带和两个位于A带两边的半个I带。肌节是肌原纤维的基本单位，也是肌肉收缩、松弛交替发生的基本单位。肌节的长度取决于肌肉所处的收缩状态，平均长度是1.5～2.0μm，当肌肉收缩时，肌节变短；松弛时，肌节变长。哺乳动物肌肉放松时典型的肌节长度为2.5μm。

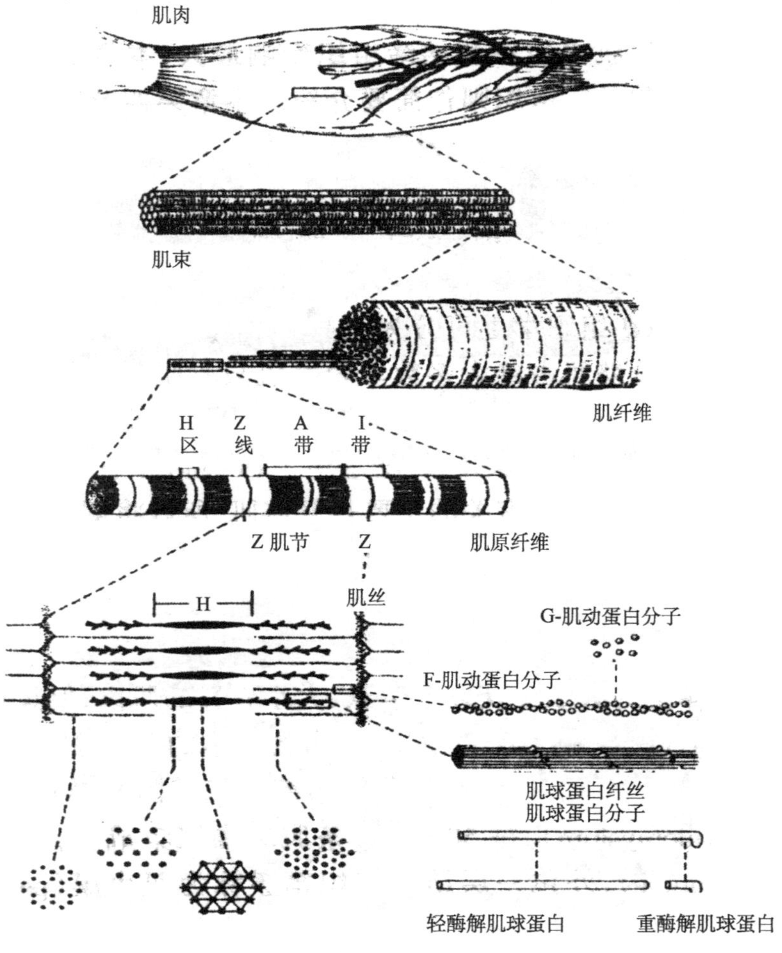

图4-4　肌纤维结构示意图（引自：Aberle et al.，1994）

A带主要由平行排列的粗丝构成，另外有部分细丝插入。粗丝主要由肌球蛋白组成，故又称为肌球蛋白丝（myosin filament），直径约10nm，长约1.5μm。每条粗丝中段略粗，形成光镜下的中线及H区。肌球蛋白分子的头部粗丝上呈横突状伸出（图4-4，图4-5）。

I 带主要是细丝，细丝由肌动蛋白、肌钙蛋白和原肌球蛋白分子组成，主要成分是肌动蛋白，所以称为肌动蛋白丝（actin filament），直径约 7nm，自 Z 线向两旁各扩张约 1.0μm。每条细丝从 Z 线上伸出，插入粗丝间一定距离。在细丝与粗丝交错穿插的区域，粗丝上的横突分别与 6 条细丝相对。因此，从肌原纤维的横断面上看 I 带只有细丝，呈六角形分布；但在 A 带两种微丝交错穿插的区域，横截面可以看到每一条粗丝周围有 6 条细丝呈六角形包绕，而 A 带的 H 区则只有粗丝呈三角形排列（图 4-4）。

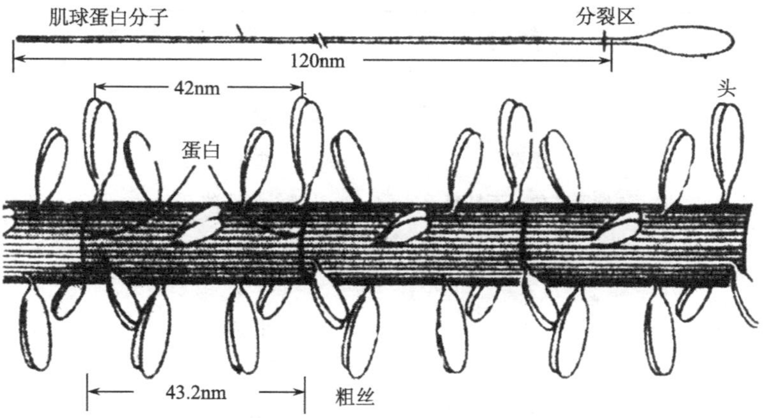

图 4-5　粗丝结构（引自：Aberle et al.，1994）

4）肌浆（sarcoplasm）　肌纤维的细胞质称为肌浆，填充于肌原纤维间和核的周围，是细胞内的胶体物质，水分含量在 75％～80％。肌浆内富含肌红蛋白、肌糖原、酶、蛋白质及其代谢产物和无机盐类等。骨骼肌的肌浆内有发达的线粒体分布，所以骨骼肌的代谢十分旺盛，习惯把肌纤维内的线粒体称为“肌粒”。

肌浆中另外一种重要的器官为溶酶体（lysosomes），它是一种小胞体，呈单层膜包被的囊状结构，内含有多种可以消化细胞和细胞内容物的酶。在这种酶系中，能分解蛋白质的酶称之为组织蛋白酶（cathepsin），其中的一些组织蛋白酶对某些肌肉蛋白质有分解作用，对肉的成熟和肉及肉制品的风味形成具有很重要的作用。

肌浆中还有一些特殊的结构，如 T 管（tubule），它是肌纤维膜上内陷的漏斗状结构延续而成，其主要作用是将神经末梢的冲动传导到肌原纤维；肌质网（sarcoplasmic reticulum）相当于普通细胞中的滑面内质网，由薄膜构成，呈管状和囊状，纵行包绕在每条肌原纤维周围。肌质网的管道内含有高浓度的 Ca^{2+}，其中小管起着钙泵的作用，在神经冲动的作用下，可以释放或收回 Ca^{2+}，从而控制着肌纤维的收缩和舒张；此外还有三联管（triad）和肌小管（sarcotubule）等。

5）肌细胞核　骨骼肌纤维为多核细胞，每条肌纤维所含核的数目不定，甚至一条几厘米的肌纤维可能有数百个核。核呈椭圆形，位于肌纤维的边缘，紧贴在肌纤维膜下，呈有规则的分布，核长约 5μm，见图 4-2。

3. 肌纤维的种类　根据肌纤维的收缩特性、代谢方式、结构、色泽、ATP 酶活性等可将肌纤维分为不同类型。不同学者采用的分类依据不同，所分类别的名称不同，在综合不同方法的基础上，普遍接受的分类如表 4-1 所示，主要分红肌纤维、白肌纤维和中间肌纤维三类。大多数家畜的肌肉是由两种或三种类型的肌纤维混合而成，只有少数肌肉全部由红肌纤维或全部由白肌纤维构成。

表 4-1　肌纤维类型和特性

特性＼分类法	Ⅰ型	Ⅱ型	
		ⅡA	ⅡB
	红肌纤维	中间肌纤维	白肌纤维
色泽	红	红	白
肌红蛋白含量	高	高	低
纤维直径	小	小至中等	大
收缩速度	缓慢	快速	快速
收缩特性	连续紧张的，不易疲乏	连续紧张的	断续的，易疲乏
线粒体数目	多	中等	少
线粒体大小	大	中等	小
毛细管密度	高	中等	低
细胞色素氧化酶活性	强	强	—
ATPase 活性	弱	弱	强
有氧代谢	高	中等	低
无氧酵解	低	中等	高
脂质含量	高	中等	低
糖原含量	低	中等	高

来源：Aberle et al.，1989；Warriss，2001

（二）结缔组织

结缔组织是将动物体内不同部分联结和固定在一起的组织，广义的结缔组织，包括液状的血液、淋巴，松软的固有结缔组织和较坚固的软骨与骨；一般所说的结缔组织仅指固有结缔组织而言。结缔组织在体内广泛分布，具有连接、支持、营养、保护等多种功能。从形态学上，结缔组织由细胞、纤维和细胞外间质组成。细胞有巨噬细胞、成纤维细胞、浆细胞、肥大细胞等。纤维包括胶原纤维、弹性纤维和网状纤维，主要有联系各组织和器官的作用。基质是略带胶黏性的液质，填充于细胞和纤维之间，为物质代谢交换的媒介。

结缔组织在畜禽胴体中的含量占胴体的 9%～15%。但因家畜（禽）种类、年龄状况、使役程度和存在部位不同，而有很大的差异。凡是役用家畜和老龄家畜，其肌肉中的结缔组织相对较多；同一畜体的不同部位也有差异，体躯的前半部分较后半部分多，下半部比上半部多。组成结缔组织的胶原蛋白、弹性蛋白和网状蛋白三种成分，都属于硬性的非全价蛋白，不仅氨基酸组成中缺少人体必需的氨基酸成分，而且具有坚硬、难溶、不易消化等特点，营养价值很低。因此，结缔组织多的部位，肉的食用价值很低，如牛肉在组织代谢构成有机体所需物质中的利用率为 65%，而结缔组织不超过 25%。结缔组织因营养价值低，常用来生产食用或工业用的明胶。但弹性蛋白含量高的结缔组织，不能用来生产食用和工业用明胶产品。

二、畜禽肉的化学和营养成分

肉的化学组成主要有水分、蛋白质、脂肪、浸出物、维生素和矿物质 6 种成分，成年哺乳动物肌肉的典型化学组成见表 4-2。

表 4-2　成年哺乳动物肌肉的化学成分及含量（%）

成分	含量
1. 水分（water）	75.0
2. 蛋白质（protein）	19.0
(a) 肌纤维（myofibrillar）	11.5
肌球蛋白（myosin）	5.5
肌动蛋白（actin）	2.5
肌联蛋白（connectin 或 titin）	0.9
伴肌动蛋白（nebulin）	0.3
原肌球蛋白（tropomyosin）	0.6
肌钙蛋白（troponins，C，I and T）	0.6
α、β 和 γ 肌动素（actinins）	0.5
M 蛋白、肌中线蛋白和 C 蛋白等（M-line protein，myomesin and C-protein）	0.2
肌间线蛋白等（desmin，filamin，F- and I-proteins，etc.）	0.4
(b) 肌浆（sarcoplasmic）	5.5
磷酸甘油醛脱氢酶（glyceraldehydes phosphate dehydrogenase）	1.2
醛缩酶（aldolase）	0.6
肌酸激酶（creatine kinase）	0.5
其他糖酵解酶（other glycolytic enzymes）	2.2
肌红蛋白（myoglobin）	0.2
血红蛋白及其他胞外蛋白（haemoglobin and other unspecified extracellular protein）	0.6
(c) 结缔组织和细胞器（connective tissue and organelle）	2.0
胶原蛋白（collagen）	1.0
弹性蛋白（elastin）	0.05
线粒体（mitochondrial）	0.95
3. 脂类（含脂溶性物质）（lipid）	2.5
4. 碳水化合物（carbohydrate）	1.2
乳酸（lactic acid）	0.90
葡糖磷酸（glucose-6-phosphate）	0.15
糖原（glycogen）	0.10
葡萄糖和糖酵解中间产物（glycose and glycolytic intermediates）	0.05
5. 可溶性非蛋白含氮物和无机物（miscellaneous soluble non-protein substances）	2.3
(a) 含氮物（nitrogenous）	1.65

续表

成分	含量
肌氨酸酐（creatinine）	0.55
一磷酸次黄（嘌呤核）苷（inosine monophosphate）	0.30
二，三磷酸嘧啶核苷酸（di-and tri-phosphopyridine nucleotides）	0.10
氨基酸（amino acid）	0.35
肌肽，鹅肌肽（carnosine，anserine）	0.35
(b) 无机物（inorganic）	0.65
可溶性总磷（total soluble phosphorus）	0.20
钾（potassium）	0.35
钠（sodium）	0.05
镁（magnesium）	0.20
钙、锌等微量金属（calcium，zinc，trace metals）	0.03
6. 维生素（vitamins）	微量

来源：Lawrie et al.，2006

（一）水分

水分是肉中含量最多的成分，在不同组织中分布不均，其中肌肉含水70%～80%，皮肤为60%～70%，骨骼为12%～15%，脂肪组织中水分含量较少。水分不是肉品的营养物质，但肉品中的水分含量及其存在状态会影响肉及肉制品的品质和贮藏性。水分含量与肉品贮藏呈函数关系，水分多较适宜细菌、霉菌繁殖，引起肉的腐败变质。肉脱水干缩不仅使肉品失重而且影响肉的颜色、风味和组织状态，并引起脂肪氧化。

1. 肉中水分的存在形式　肉中的水分是以非游离状态而存在，根据核磁共振的研究结果，水分在肉中以三种状态存在。

(1) 结合水是指借助极性基团与水分子的静电引力而紧密结合在蛋白质分子上的水分子，它的冰点很低（－40℃），无溶剂性，不会被微生物利用。不易受肌肉蛋白质结构或电荷变化的影响，甚至在施加严重外力条件下，也不能改变其与蛋白质分子紧密结合的状态。结合水约占肌肉水分总量的5%。

(2) 不易流动水是指存在于纤丝、肌原纤维及膜之间的水分，这些水距离蛋白质亲水基较远，水分子虽然有一定朝向性，但排列不够有序。肌肉中80%水分是以不易流动水状态存在，能溶解盐及溶质，在－1.5～0℃结冰。不易流动水容易受蛋白质结构和电荷变化的影响，肉的持水性能主要取决于肌肉对此类水的保持能力。

(3) 自由水指存在于细胞外间隙中能自由流动的水，它们仅靠毛细管作用力而保持，加工过程中易流失。自由水约占肌肉总水分的15%。

2. 水分活度　所谓水分活度（water activity，A_w）是指食品在密闭容器内测得的水蒸气压（P）与同温下测得的纯水蒸气压（P_0）之比，即

$$A_w = P/P_0$$

纯水的$A_w=1$，完全不含水时物质$A_w=0$，所以食品的A_w为0～1。溶液的A_w可以通过溶质溶剂的摩尔数换算出来，而肉及肉制品的A_w一般用水分活度仪测定。

一般来说，食品的水分含量越高，越易腐败，但是，严格说微生物的生长并不取决于食品的水分总含量，而是它的有效水分，即微生物能利用的水分多少，通常用水分活度来衡量。不同微生物的生长发育所需的 A_w 不同，一般而言，细菌生长的 A_w 下限为 0.94，酵母为 0.88，霉菌为 0.8。当 A_w 小于 0.7，大多数微生物不能生长发育，但嗜盐菌在 0.7、耐干燥霉菌在 0.65、耐渗透压的酵母菌在 0.61 时仍能发育。水分活度反映了水分与肉品结合的强弱及可被微生物利用的有效性，各种食品都有一定的 A_w 值。新鲜肉为 0.97～0.98，鱼为 0.98～0.99，灌肠为 0.96 左右，干肠为 0.65～0.85。

(二) 蛋白质

蛋白质是组成人体一切细胞、组织的重要成分，机体所有重要的组成部分都需要有蛋白质的参与。一般说，肌肉中蛋白质占 18%～20%，可分为三类：肌浆蛋白，占总蛋白的 20%～30%；肌原纤维蛋白，占总蛋白的 40%～60%；结缔组织蛋白，占总蛋白的 10%。这些蛋白质的含量因动物种类、解剖部位等不同而有一定差异（表 4-3）。

表 4-3　动物骨骼肌中不同种类蛋白质的含量　(单位：%)

种类	哺乳动物	禽类	鱼肉
肌原纤维蛋白	49～55	60～65	65～75
肌浆蛋白	30～34	30～34	20～30
结缔组织蛋白	10～17	5～7	1～3

1. 肌原纤维蛋白　肌原纤维蛋白（myofibrillar protein）是构成肌原纤维的蛋白质，通常利用离子强度 0.5 以上的高浓度盐溶液抽出，但被抽出后，即可溶于低离子强度的盐溶液中，主要包括肌球蛋白、肌动蛋白、肌动球蛋白、原肌球蛋白和肌钙蛋白等。

(1) 肌球蛋白（myosin）为肌原纤维粗丝的组成单位，存在于横纹肌和平滑肌中，是肌肉中含量最高也是最重要的蛋白质，约占肌肉总蛋白质的 1/3，占肌原纤维蛋白的 50%～55%，分子质量为 470～520kDa，形状很像“豆芽”，全长为 140nm，由两条重链和多条轻链构成。在胰蛋白酶的作用下，肌球蛋白裂解为两个部分，即由头部及一部分尾部构成的重酶解肌球蛋白（heavy meromyosin，HMM）和尾部的轻酶解肌球蛋白（light meromyosim，LMM)。HMM 在木瓜蛋白酶的作用下可再裂解为两个亚碎片，即头部的 HMMS 和一部分尾部的 HMMS。头部（S_1）具有 ATP 酶的活性，Ca^{2+} 可以激活其活性，并具有和肌动蛋白结合的特点，S_2 是惰性的。肌球蛋白不溶解于水或微溶于水，在离子强度为 0.3 以上的中性盐溶液中可溶解，等电点 5.4，在 55～60℃发生凝固，易形成黏性凝胶，在饱和的 NaCl 或 $(NH_4)_2SO_4$ 溶液中可盐析沉淀。肌球蛋白的头部有 ATP 酶活性，被激活后，可以分解 ATP，并可与肌动蛋白结合成肌动球蛋白，与肌肉的收缩直接有关。

(2) 肌动蛋白（actin）约占肌原纤维蛋白的 20%，是构成细丝的主要成分。肌动蛋白只有一条多肽链构成，其分子质量为 41 800～61 000kDa，等电点 4.7。肌动蛋白单独存在时，为一球形的蛋白质分子结构，称 G-肌动蛋白，G-肌动蛋白的直径为 5.5nm。当 G-肌动蛋白在有磷酸盐的少量 ATP 存在时，即可形成相互连接的纤维状结构，需 300～400 个 G-肌动蛋白形成一个纤维状结构；两条纤维状结构的肌动蛋白相互扭合成的聚合物称为 F-肌动蛋白。F-肌动蛋白每 13～14 个球体形成一段双扭合体，在中间的沟槽里“躺着原肌球蛋白”，原肌球蛋白呈细长条形，其长度相当于7个G-肌动蛋白，在肌肉收缩过程中与肌球蛋白的横突形成交联（横桥），共同参与骨骼肉的收缩过程。在每条原肌球蛋白还结合着一个肌原蛋白。肌动蛋白不具备凝胶形成能力。肌动蛋白能溶于水和稀盐溶液中，在半饱和的$(NH_4)_2SO_4$溶液中可盐析沉淀。

（3）肌动球蛋白（actomyosin）是肌动蛋白与肌球蛋白结合后的复合物。肌动球蛋白的黏度很高，具有明显的流动双折射现象，由于其聚合度不同，因而分子质量不定。肌动蛋白与肌球蛋白的结合比例为1∶(2.5～4)。肌动球蛋白也具有ATP酶活性，但与肌球蛋白不同，Ca^{2+}和Mg^{2+}都能激活ATP酶。肌动球蛋白能形成热诱导凝胶，影响肉制品的工艺特性。肌动球蛋白根据制备手段的不同可以分为两种：合成肌动球蛋白与天然肌动球蛋白。

（4）原肌球蛋白（tropomyosin）约占肌原纤维蛋白的5%，为杆状分子，长45nm，直径2nm，位于F-肌动蛋白双股螺旋结构的每一沟槽内，构成细丝的支架，每1分子的原肌球蛋白结合7个肌动蛋白亚基和1分子的肌钙蛋白，分子质量为65～80kDa。

（5）肌钙蛋白（troponin）又叫肌原蛋白，占肌原纤维蛋白的5%～6%。肌钙蛋白对Ca^{2+}有很高的敏感性。每一个蛋白分子具有4个Ca^{2+}结合位点。肌钙蛋白沿着细丝以38.5nm的周期结合在原肌球蛋白分子上（分子质量为69～81kDa）。肌原蛋白有三个亚基，各有自己的功能特性：钙结合亚基（TnC），分子质量为18～21kDa，是Ca^{2+}的结合部位；抑制亚基（TnI），分子质量为20.5～24.0kDa，能高度抑制肌球蛋白中ATP酶活性，从而阻止肌动蛋白与肌球蛋白结合；原肌球蛋白结合亚基（TnT），分子质量为30～37kDa，能结合原肌球蛋白，起联结的作用。

（6）M蛋白（myomesin）占肌原纤维蛋白的2%～3%，分子质量为160kDa，存在于M线上，其作用是将粗丝联结在一起，以维持粗丝的排列（稳定A带的网格结构）。

（7）C-蛋白约占肌原纤维蛋白的2%，分子质量为135～140kDa。它是粗丝的一个组成部分，结合于LMM部分，为一条多肽链，按42.9～43.0nm的周期结合在粗丝上，每一个周期明显地结合着2个C-蛋白。C-蛋白的功能是维持粗丝的稳定，并有调节横桥的功能。在生理状态下激活肌球蛋白ATP酶；在低离子强度条件下抑制肌球蛋白ATP酶。

（8）肌动素也称辅肌动蛋白（actinin），约占蛋白质的2.5%，分为α、β和γ三种类型。①α-肌动素为Z线上的主要蛋白质，约占肌原纤维蛋白的2%，分子质量为190～210kDa，由两条肽链组成，在Z线上固定邻近细丝，将肌动蛋白连接到Z线上，能激活肌动球蛋白收缩。②β-肌动素的分子质量为62～71kDa，位于细丝的自由端上，有阻止肌动蛋白连接起来的作用，因而可能与控制细丝长度有关。③γ-肌动素的分子质量为70～80kDa，能竞争与F-肌动蛋白结合，从而阻止G-肌动蛋白聚合成F-肌动蛋白。

（9）I-蛋白（I-protein）的分子质量为50kDa左右，存在于A带，I-蛋白在肌动球蛋白缺乏Ca^{2+}时会阻止Mg^{2+}激活ATP酶的活性，但若Ca^{2+}存在，则不会如此，因此，I-蛋白可以阻止休止状态的肌肉水解ATP。有学者认为其作用是抑制肌动蛋白与肌球蛋白结合。

2. 细胞骨架蛋白 细胞骨架蛋白（cytoskeletal protein）是明显区别于肌原纤维蛋白和肌浆蛋白的一类蛋白质，它起到支撑和稳定肌肉网格结构，维持肌细胞收缩装置的一类蛋白质，一些组成Z线并与连接肌动蛋白的蛋白质也被认为是骨架蛋白质。肉畜宰后肌肉中细胞骨架蛋白的降解对肉的嫩化取决定性的作用。

（1）伴肌球蛋白（titin，也称connectin）是细胞骨架蛋白中含量最多的蛋白，占肌肉蛋白质总量的 10%，也是肌肉中分子质量最大（3000kDa）的蛋白质，富有弹性，长度为 900～1000nm，直径为 4～5nm。贯穿于整个肌节，连接两个相邻的 Z 线，并将肌球蛋白纤丝连接到 Z 线上。Titin 蛋白可能是间隙细丝（gap filaments）的主要成分。

（2）伴肌动蛋白（nebulin）占肌原纤维蛋白质总量的 5%，分子质量为 600～800kDa，长度大约 1μm，是 I 带中心 Z 线组成成分，对其功能了解甚微。

（3）纽蛋白（vinculin）含量不到肌肉蛋白质总量的 1%，分子质量为 130kDa，存在于肌纤维膜下，具有连接肌纤维膜和肌原纤维的作用。

（4）肌间线蛋白（desmin）分子质量为 53kDa，位于 Z 线内和周围，连接邻近的细丝并维持肌节间的横向连接。

细胞骨架蛋白还有 Vimentin（分子质量 55kDa）、Synemin（分子质量 220kDa）、Z-Protein（分子质量 50kDa）和 Z-nin（分子质量 400kDa）等。前者位于 Z 线周围是中间丝的成分，后三个位于 Z 线中形成网状结构。

3. 肌浆蛋白质（sarcoplasmic protein）　肌浆是指在肌原纤维细胞中环绕并渗透到肌原纤维中的液体和悬浮于其中的各种肌浆蛋白质、有机物和无机物，以及亚细胞结构的细胞器、线粒体等。肌浆中的蛋白质主要是肌红蛋白、肌浆中的各种酶和肌粒蛋白（granule protein），如糖酵解酶系、三羧酸循环及脂肪酸 β-氧化酶系、氧化磷酸化酶系、电子传递体有关酶系等。这些蛋白质能溶于水或低离子强度的中性盐溶液中，是肉中最容易提取的蛋白质，亦称为可溶性蛋白质，30～40℃凝固，黏度较低。肌浆蛋白的主要功能是参与肌细胞中的物质代谢。

（1）肌红蛋白（myoglobin）是一种复合性的色素蛋白质，由一分子的珠蛋白和一个血色素结合而成，是肌肉呈现红色的主要成分，分子质量为 17kDa，等电点 6.78，其具体的结构和性能将在后面有关肉色的章节中详细叙述。

（2）肌浆中的各种酶。肌浆中存在大量可溶性酶，其中糖酵解酶占 2/3 以上，具体见表 4-4。

（3）肌粒蛋白主要为三羧酸循环酶及脂肪氧化酶系统，这些蛋白质定位于线粒体中，在离子强度 0.2 以上的盐溶液中溶解，在 0.2 以下则呈不稳定的悬浮液。

表 4-4　肌肉中肌浆酶蛋白的含量

肌浆酶	含量/(mg/g)
磷酸化酶	2.0
淀粉-1,6-糖苷酶	0.1
葡萄糖磷酸变位酶	0.6
葡萄糖磷酸异构酶	0.8
果糖磷酸激酶	0.35
二磷酸果糖酶	6.5
磷酸丙糖异构酶	2.0
甘油-3-磷酸脱氢酶	0.3
磷酸甘油激酶	0.8
磷酸甘油醛脱氢酶	11.0

续表

肌浆酶	含量/(mg/g)
磷酸甘油变位酶	0.8
烯醇化酶	2.4
丙酮酸激酶	3.2
乳酸脱氢酶	3.2
肌酸激酶	5.0
一磷酸腺苷激酶	0.4

4. 结缔组织蛋白 其为构成肌内膜、肌束膜、肌外膜和筋腱的主要成分，包括胶原蛋白、弹性蛋白、网状蛋白及黏蛋白。

胶原蛋白在白色结缔组织中含量多，是筋腱的主要组成成分，也是软骨和骨骼的组成成分之一。组成胶原蛋白的氨基酸主要是甘氨酸、脯氨酸和羟脯氨酸，三者加在一起占总氨基酸的 2/3，其中羟脯氨酸在胶原蛋白中的含量在不同肉畜间变化不大，可用来表示肌肉中胶原蛋白含量。胶原蛋白在肌肉中的分布是不一致的，主要与其生理功能有关。依据肌肉类型和肉畜年龄不同，胶原蛋白占机体蛋白质的 20%～25%，主要存在于肌外膜、肌束膜和肌内膜，对肉的嫩度有很大影响。胶原蛋白的不溶性和坚韧性是其分子间的交联（cross-link），特别是成熟交联所致。交联是由胶原蛋白分子特定结构形成，并整齐地排列于纤维分子之间的共价化学键，未发生交联的胶原蛋白强度差，并可溶于中性盐溶液。肌肉结缔组织中胶原蛋白的交联，尤其是成熟交联的比例随着动物年龄的增长而增加，所以动物年龄越大，其肉嫩度越差。

除胶原蛋白（纤维）外，结缔组织中还有弹性蛋白和网状蛋白。弹性蛋白在黄色结缔组织中分布较多，是一种具有高弹性的纤维蛋白，约占弹力纤维固形物的 75%，呈分叉形。其氨基酸组成有 1/3 为甘氨酸，脯氨酸、缬氨酸占 40%～50%，不含色氨酸和羟脯氨酸。弹性蛋白属硬蛋白，对酸、碱、盐都稳定，且煮沸不能分解。网状蛋白形状和组成与胶原蛋白相似，但含有 10%左右的脂肪，主要存在于肌内膜。用胶原蛋白酶水解，可产生于胶原蛋白同样的肽类。因此有人认为它的蛋白质部分与胶原蛋白相同或类似。网状蛋白对酸、碱较稳定。

5. 肌肉蛋白质的氨基酸组成 肌肉中蛋白质含量在 20%左右，总氮中有大约 95%是蛋白质，余下的 5%是小肽、氨基酸和其他含氮化合物。蛋白质由氨基酸组成，蛋白质的营养价值取决于各种氨基酸的含量和比例。肌肉蛋白质的生物价值是 0.75（人乳是 1.0，小麦蛋白质是 0.5），蛋白质净利用率是 80（蛋是 100，小麦是 52），消化率是 94～97（植物蛋白质是 78～88），氨基酸组成与人体非常接近，含有人体必需的所有氨基酸，所以肉类蛋白质营养价值高。

（三）脂肪

脂肪在肌肉中的含量多少对肉的多汁性和嫩度等食用品质影响很大，脂肪酸的组成则在一定程度上决定了肉的风味和营养价值。肌肉中的脂肪含量和水分含量呈负相关，脂肪越多，水分越少。家畜的脂肪组织中 90%是中性脂肪，水分占 7%～8%，蛋白质占 3%～

4%，此外还有少量的磷脂和固醇脂。

1. 中性脂肪　中性脂肪即甘油三酯，是由一分子甘油与三分子脂肪酸化合而成的。甘油为三元醇，任何酯类都具备，但和甘油结合的有相同或不同脂肪酸。

脂肪酸可分为两类，即饱和脂肪酸和不饱和脂肪酸。由于脂肪酸不同，所以动物脂肪都是混合甘油酯。含饱和脂肪酸多则溶点和凝固点高，脂肪组织比较硬、坚挺，含不饱和脂肪酸多则熔点和凝固点低，脂肪则比较软。因此，脂肪酸的性质决定了脂肪的性质。肉中脂肪含有 20 多种脂肪酸，最主要的有 4 种，它们是棕榈酸和硬脂酸这两种饱和脂肪酸，以及油酸和亚油酸这两种不饱和脂肪酸。不同动物脂肪的脂肪酸组成不一致，一般反刍动物硬脂酸含量较高，而猪、鸡不饱和脂肪酸含量较高，所以牛、羊脂肪较猪、禽脂肪硬。

2. 磷脂和固醇　磷脂主要包括卵磷脂、脑磷脂、神经磷脂及其他磷脂类。卵磷脂多存在于内脏器官，脑磷脂大部分存在于脑神经和内脏器官，以上两种磷脂在肌肉中较少。磷脂的结构和中性脂肪相似，只是其中 1～2 个脂肪酸被磷酸取代。磷脂中的不饱和脂肪酸比中性脂肪多，最高可达 50%以上。

胆固醇广泛存在于动物体中，100g 肌肉中胆固醇含量为 65～75mg，肾和肝中胆固醇含量明显高于肌肉，分别是 400mg/100g 和 430mg/100g，脑和其他内脏中胆固醇含量也高。肉中的胆固醇和饱和脂肪酸相互配合易导致心血管疾病。

（四）浸出物

浸出物是指除蛋白质、盐类、维生素外能溶于水的物质，包括含氮浸出物和无氮浸出物。

1. 含氮浸出物　含氮浸出物是非蛋白质的含氮物质，如游离氨基酸、磷酸肌酸、核苷酸类（ATP、ADP、AMP、IMP）及肌苷等。这些物质左右肉的风味，它们是形成肉滋味的主要物质，如 ATP 的降解产物肌苷酸，是肉鲜味的主要成分。100g 肉中大约含有 500mg 含氮浸出物。

2. 无氮浸出物　无氮浸出物为不含氮的可浸出的有机化合物，包括碳水化合物和有机酸。无氮浸出物主要有糖原、葡萄糖、核糖、乳酸、乙酸、丁酸、延胡索酸等。糖原主要存在于肝脏（2%～8%）和肌肉（0.3%～0.8%）中。肌肉中糖原含量的多少，对宰后肌肉的 pH、持水性、色泽、风味和贮藏性等有明显影响，是导致肉品质变化的主要原因之一。动物应急反应和疲劳会降低肉中糖原含量。

（五）维生素

肌肉富含 B 族维生素，但脂溶性维生素含量低。维生素含量受肉畜种类、品种、年龄、性别和肌肉类型的影响，内脏中维生素含量比肉中高，尤其是肾、肝中维生素 A 的含量可达 100～150（IU）和 10 000～20 000（IU）。

（六）矿物质

矿物质指一些无机盐类和元素（表 4-5），含量占 1.5%。这些无机物在肉中有的以单独游离状态存在，如镁离子、钙离子，有的以螯合状态存在，有的与糖蛋白和酯结合存在（如硫、磷有机结合物）。

表 4-5　肉中主要矿物质含量　　（单位：mg/100g）

	Ca	Mg	Zn	Na	K	Fe	P	Cl
含量	2.6～8.2	14～31.8	1.2～8.3	36～85	451～297	1.5～5.5	10.9～21.3	34～91
平均	4.0	21.1	4.2	38.5	395	2.7	20.1	51.4

第二节　畜禽肉类原料的处理

畜禽肉罐头生产前的预处理，对后期制品的质量控制至关重要，首先分别对畜、禽肉罐头原料预处理进行叙述。

一、畜肉

（一）原料选择

原料应选用符合卫生标准的鲜肉或冷冻肉。

（二）冻畜肉解冻处理

1. 解冻条件　冷冻的肉类原料，投产前必须经过解冻，其解冻条件见表 4-6。

表 4-6　畜肉原料的解冻条件

季节	解冻室温/℃	解冻时间	相对湿度	解冻结束肉层中心温度/℃
夏季	16～20	猪、羊肉 12～16h，牛肉 30h 以下	85%～90%	不高于 7
冬季	10～15	猪、羊肉 18～22h，牛肉 40h 以下	85%～90%	不高于 10

2. 解冻方法　肉类应分批吊挂，片与片间距约 5cm，最低点离地不小于 20cm；后腿朝上吊挂，最好在解冻中期前后腿掉头吊挂。

蹄膀及肋条堆放在高约 10cm 的垫格上。肥膘分批用流动冷水解冻，10h 内解冻完全。也可堆放在垫格板上，在 15℃室温中自然解冻。

内脏在流动冷水中解冻，夏季需 6～7h；冬季 10～12h。室内的空气调节，夏季采用冷风和其他方法进行降温，冬季直接喷蒸汽或鼓热风调节，但不允许直接吹冻肉片，以免肉汁流损过多。

解冻过程中应经常对原料表面进行清洁工作，解冻后质量要求肉色鲜红、富有弹性、无肉汁析出、无冰晶体、气味正常、后腿肌肉中心 pH 6.2～6.6。

（三）畜肉原料预处理

鲜肉及解冻的原料肉预处理主要包括洗涤、剔骨、去皮（或不去骨皮）、去淋巴及切除不宜加工的部分。

原料剔骨前应用清水洗涤，除尽表面污物，冬天可用温水洗涤，然后用干布擦干，接着分段。猪半胴体分为前、后腿及肋条三段；牛半胴体沿第 13 根肋骨处横截成前腿和后腿两段；羊肉一般不分段，通常为整片或整只剔骨。分段后的肉分别剔除脊椎骨、肋骨、腿骨及全部硬骨和软骨，剔骨时应注意肉的完整，避免碎肉及碎骨渣。若要留料，如排骨、圆蹄、扣肉等原料，则在剔骨前或剔骨后按部位选取切下留存。去皮时刀面贴皮进刀，要求皮上不带肥肉，肉上不带皮，然后按原料规格及要求割除全部淋巴、筋腱、大血管和病灶等，并除净表面油污、毛及其他杂质。

二、禽肉

（一）原料选择

原料应选用符合卫生标准的鲜肉或冷冻肉。

（二）冻禽肉解冻处理

1. 解冻条件　冷冻禽肉解冻条件见表 4-7。

表 4-7　禽肉原料的解冻条件

解冻方法	解冻室温	解冻时间	备注
自然解冻	不超过 25℃	15h	此法一般不采用，仅用于清蒸肉
淋水解冻	一般以 20℃为宜	10h 左右	重量损失 10%～15%

2. 解冻方法　冻家禽验收后，放于解冻室工作台或者架上，不得直接放地上。

淋水解冻或者自然解冻都可，主要依气候及品种来决定。如清蒸类产品最好自然解冻，以保持鲜味浓，夏天以淋水解冻为宜，冬天则可自然解冻。淋水解冻只能间歇的、流动地淋水，不能浸泡在水中，淋水解冻不允许用热水。自然解冻前可用自来水进行冲洗，以除去表面污物。

应分批进行解冻，边解冻边使用，以先解冻好的先用为原则，以保持原料的新鲜度。解冻过程中应有专人负责，逐只检查，提出不符合规定者，同时进行清洁工作，适当翻动，以使解冻均匀，但必须轻拿轻放，以防破皮。解冻过程不宜过度，以略带冻为宜，以利于下一工序进行拔毛等处理工作。

内脏在流动冷水中解冻至完全和不变质为止，翅膀可摊在台上或速冻盘中用淋水或自然解冻，不允许直接放在地上。

（三）禽肉原料预处理

鲜肉或解冻后的禽肉则先逐只将毛（包括血管毛）拔干净（头及翅膀可不拔），如遇局部隐毛密集时，可局部去皮，但面积不可超过 $2cm^2$。绒毛则可用火焰烧除。然后切去头，颈可留 7～9cm 长，割除翅尖，鸡尾，沿膝关节切下爪，有黑皮者应切至黑皮以上。

将禽身从脊椎骨中间切成两半，再除去残余内脏、气管、肺、食管、血块及肾等；剪除肛门及黑皮、粗血筋等。油块拉下后单独处理。将肫横切成两半，除去黄皮及筋油后清洗干净，再用 3%盐水浸 30min 后搓洗干净。

去骨家禽拆骨时，将整只家禽用小刀割断颈皮，然后将胸肉划开，拆开胸骨，割断腿骨筋，再将整块肉从颈沿背部往后拆下，注意不要把肉拆碎并防止将骨头折断，最后拆去腿骨。

案例　过期劣质肉事件

2014 年 7 月 20 日，据上海广播电视台电视新闻中心官方微博报道，麦当劳、肯德基等洋快餐供应商上海某食品公司被曝使用过期劣质肉而被调查。

该公司主要存在三大问题：违规篡改生产日期，多的延期达一年；将过期或变质原料回炉后再生产；将次品混入合格产品中出售。该事件虽已过去一年多，但这次“过期肉”事件无疑给“洋快餐”们历来自我标榜的“采购最优”“过程严控”一记响亮耳光。

国家一再强调保障舌尖上安全，这样的事件一再发生，如何让公众放心？这次事件正逢食品安全法草案向民众征集意见的时段，更应该引起所有人的反思，食品安全法如何能更好地保护舌尖上的安全?

许多食品行业专家一致认为，食品安全应该重典重治，首先就是应该加强惩罚力度，加重行业违法成本。其次，建立完整的食品安全体系，加速食品安全透明程度。

食品安全关系民生大计。食品行业涉及的不是一两个人，而是千千万万的生命。如果不严惩违法分子，加大违法代价，许多不法分子还是为了利益不择手段，不顾公众安全。如果加大这个代价，违法企业还是会见利忘义，食品安全还是无法保障。所以，这个时候，食品安全法草案的修订就更有意义和目的。

第三节　重组肉罐头生产工艺

一、重组技术

肉的重组技术起源于 20 世纪 60 年代，它是借助机械和添加辅料（食盐、食用复合磷酸盐、动植物蛋白、淀粉、卡拉胶等）以提取原料肉中的肌原纤维蛋白，利用添加剂的黏合作用改变肉类原有的自然结构，使肌肉组织、脂肪组织和结缔组织得以合理分布和转化，使肉颗粒或肉块重新组合形成凝胶，经冷冻后直接出售或者经预热处理保留和完善其组织结构的肉制品加工技术。在肉制品加工中，通常因为加工和品质的原因，剔骨肉或碎肉无法被完全利用，而通过肉重组技术，则可以完全利用这些价格便宜的剔骨肉或碎肉，提高其功能价值与附加值。肉的重组技术在一些发达国家如英、美等发展速度较快，其产品在美国食品市场上占据很大比例，包括牛排、烤牛肉、猪排、鸡肉香肠、牛肉香肠、牛肉馅饼等重组肉制品。我国对于重组肉的研究起步较晚，从 1996 年张荣强选用鲜鱼肉糜、大豆蛋白等纯天然原料加工成我国第一代天然高级复合植物型营养鱼肉灌肠开始，到 2003 年谢超以牛肉作为原料，经复合蛋白酶处理，重组加工生产的无肠衣牛肉香肠，重组熟肉制品在我国肉食品市场已占据相当大的比例。

二、重组肉分类

重组肉根据加工方式及肉块分割程度即粉碎程度，主要分为三大类：大块肌肉的成形加工、薄片肌肉的成形加工、小块肌肉的成形加工。对于每一类，原料肉的选择都是重要的。在重组过程中，肉经常与许多加工设备接触，因此最初原料肉的细菌数必须维持在尽可能低的水平。为了达到经济实用的目的，通常选用低值的原料肉，包括胴体中肩和腿的初步分割肉、边角料、机械去骨肉和动物副产品，如家禽的胸腹肉。

1. 大块肌肉的成形加工　大块肌肉的成形加工包括用刀分离全部肌肉或肌肉块。火腿制造商通常使用这种方法生产断片无骨火腿。猪肉和火鸡肉制成的火腿也用这种方法生产。最好去除肌外膜结缔组织，它会阻止肌肉表面混合过程中蛋白质的渗出。

2. 小块肌肉的成形加工　小块肌肉的成形加工是把肉切割成块状或者比大块加工肉小的肉块。小块成形加工是目前肉制品重组加工厂最常用的减小肉尺寸的方法，通常使用粗磨盘、切割器或斩拌机。斩拌过程可以抽真空，也可以用没有抽真空装置的设备。大的斩拌机和生产法兰克福香肠这种乳化产品用的设备一样，由水平旋转钵带动肉旋转，通过一系列的竖直旋转刀将肉斩细。斩拌机的最大特点是不需改变机器部件（如转盘或切割机头部）就可制造出不同大小的肉块。

3. 薄片肌肉的成形加工　薄片肌肉的成形加工主要用普通刀人工制成。切片是一种减小肉体积的有效方法。肉应该冷冻，切片前温度保持在－4.4～3.3℃，以确保切片大小一致。旋转式叶轮推动冷冻肉通过切片机头部的开口，可以生产不同大小的肉片。

三、重组肉制品的加工原理

制作重组肉的方法有热黏结法和冷黏结法两种。热黏结法是必须经过加热才能将碎肉重组形成凝胶的方法，在生肉或冷冻状态下不能形成重组肉的完整形态。在热黏结法中重组过程中还可加入脂肪、淀粉、亲水胶体、非肉蛋白等配料，以形成一种主要由变性的肌球蛋白或肌动球蛋白形成的凝胶网状结构——多组分凝胶。冷黏结法则不需要经过加热，在生肉或冷藏冷冻等状态下即可把碎肉黏结起来。目前冷黏结法主要是利用海藻酸钙凝胶将碎肉网络起来或利用转谷氨酰胺酶分解蛋白质，使蛋白质之间发生交联，从而赋予产品特有的质地和黏合特性。这两种方法形成的凝胶均是热稳定性凝胶，这种凝胶在随后的蒸煮过程中不会溶化。

四、重组新技术

对于肉类，重组技术目前具有两大方面的应用：一对生产加工过程中的碎肉、边角料进行重组利用，提高经济效益，如重组肉排、肉脯、肉干、肉丸以及重组香肠类、腌制类肉罐头等；二对当前人们主要消费的猪肉、牛肉等肉制品与其他功能物质重组，提高其营养价值。

西方发达国家目前普遍食用的都是低温肉制品，而目前我国肉制品加工中还存在低温肉制品偏少、初级产品偏多、产品创新力不足等问题。为获得竞争优势与满足市场需求，必须在产品结构上不断创新。重组肉制品正是在肉制品深加工中一类最具发展前途的产品，国内的研究多集中在用黏合剂将碎肉或者肉糜重新黏合到一起。

近年来转谷氨酰胺酶（TGase）在碎肉重组中应用较多，重组的产品主要有重组小牛排、重组肉干和重组肉卷等。TGase 是现代生物工程技术研制开发的一种能使蛋白质分子发生交联，使蛋白质分子由小变大的一种新型食品酶制剂。研究表明，经过 TGase 处理的肌球蛋白可形成致密的三维网状结构，进而实现对碎肉的重组。此外，在 TGase 的作用下，非肉蛋白（如大豆分离蛋白、酪蛋白酸钠和明胶）可对猪肉凝胶和质构特性产生影响，可使重组肉获得较强的黏结能力。

此外，超高压技术也广泛应用在重组中。研究表明，在高压条件下使用κ-卡拉胶和δ-葡萄糖内酯作为复合黏合剂，可生产重组猪肉。滚揉和按摩也可促进重组的进行，因为这两道工序可促进肉重肌原纤维蛋白的溶出，因此增强了黏合剂的黏合效果，进而减少了酶的用量，其形成的凝胶可进行重组。研究发现，通过对滚揉条件的控制可提高重组牛肉的品质，在滚揉 1h、加水量为 6%时可获得最佳的滚揉工艺条件，此时重组肉黏结强度明显增强，剪切力下降，质构改善，产品的颜色较好，融化损失率和蒸煮损失率均较低。

五、主要重组肉罐头生产工艺

（一）广式香肠加工工艺

1. 工艺流程　原料选择→切肉→搅拌→灌制→清洗→晾晒

2. 加工要点

1）*原料选择*　选择经卫生检疫合格的猪肉，瘦肉最好选用前后腿肉，去除筋膜、软骨、血斑和杂质。肥肉选用背部硬脂肪，肉馅中加入一定比例的肥肉丁，可以增进腊肠的滋味、香气，改善制品的口感，赋予产品红白分明的外观，但肥肉用量不可过多，以不超过原料肥瘦肉总量的 30%为宜。

2）*切肉*　瘦肉经绞肉机绞成 8～12mm 见方的颗粒，肥肉切成 8～10mm 见方的方丁，可采用切丁机切丁或手工切丁，为了便于切丁，应将肥肉预先冷却或将肉温控制在 −4～−2℃。因瘦肉含水量比肥肉多，在干燥过程中脱水收缩程度比肥肉大，所以一般肥肉丁的颗粒度小于瘦肉丁，否则产品中肥肉颗粒大，影响口感和销售。

用绞肉机绞制瘦肉时，选用的孔板孔径不能过小，否则瘦肉被绞成肉泥，灌制后易阻塞肠衣的刺孔，影响肉中水中的散发，使烘烤时间延长，产品易腐败变质；肉粒也不可过大，否则会影响成品切片性。

切肥膘丁多采用切丁机，功效快，省时省力，切忌使用绞肉机绞切肥膘。肥膘丁以 8～10mm 见方为宜。肥膘丁需漂洗去油，否则灌制后油分集结在肉馅表面肠衣内壁，干燥时阻碍肉馅水分散发，容易造成产品酸败变质。漂洗时应选用 35℃左右的温水，水温过高易使肥膘烫熟，过低则达不到除油的目的。漂洗后用冷水冲洗，然后沥干水分。

3）*搅拌*　搅拌多在搅拌机中进行，可使原辅料混合均匀。在搅拌过程中添料的顺序是将瘦肉放入搅拌机中，加辅料搅拌，然后加肥膘丁搅拌均匀。搅拌的时间不宜过长，避免将肉馅拌成糊状。拌料要以既要将原辅料混合均匀，又要尽量缩短搅拌时间，保持瘦肉和肥肉清晰分明为原则。

4）*灌制*　灌制需要充填机和肠衣。肠衣选用口径为 28～30mm 的天然肠衣或胶原肠衣。在灌制时，肉馅充填入肠衣中，完成灌制。灌制肠体的松紧度要把握好，一般以灌制稍微紧实些、灌制肠衣容量达 8～9 成为宜，若太松，肠内易留下气泡，使成品肠体粗细不匀；太紧，则不利于打结，也容易造成肠衣破裂。

灌制后，用针刺香肠排气和烘烤时排湿。刺孔以每 1～1.5cm 刺一针孔为宜。若采用真空搅拌机和真空灌肠机，肠体内残留的空气很少，可免去刺针排气。

刺孔以后，按规格长度用水草或细麻绳打结，一般每节长度 12～15cm。生产枣肠时，每隔 2～2.5cm 用细棉绳捆扎分节，挤出多余的肉馅，使呈枣形。传统的广东香肠是双条的，肠体在刺针排气后，分段扎成双条，在肠体两端用水草扎结，正中系上麻绳，成为一束双绳，便于吊挂。麻绳可染色以区分品种。

5）清洗　经过灌制、刺针排气、拴绳后，肠体表面会黏附着少许肉馅，在晾晒、烘烤前，要放在 35℃左右的温水中清洗一下，清洗掉表面附着的肉馅，且有利于肠衣收缩和排气，使成品肠体表面美观。

6）晾晒、烘烤　将清洗后的香肠挂在竹竿上，放在阳光充足的地方晾晒 2～3 天，再在通风良好的地方晾挂风干 1～2 周，使肠体表面收缩并发色。遇到雨天或烈日，不宜露天晾晒，可直接进入烘房内烘干。

烘烤是香肠生产过程中十分重要的环节，对成品的质量影响很大。烘房温度一般控制在 50～55℃，最高不超过 60℃。最重要的是初始阶段温度的控制，如果温度过高，干燥速度过快，肠衣表面易形成硬壳，从而阻止内部水分向外散发，另外，温度过高，还会使香肠出油，从而影响产品品质；如果温度过低，则香肠难以干燥，微生物易繁殖，甚至会产生酸味，并且干燥时间也会相应延长。

干燥时间受炉内温度、通风排湿及香肠直径等因素的影响，一般为 24～48h，烘烤至肠表面干燥，色泽光亮，红白分明。软硬适中，有弹性，成品率在 60%～70%为宜。

7）冷却　烘烤后的香肠，应放在通风处冷却降温。

8）包装　一般采用真空包装。能在室温下放置，保质期为半年。

3. 产品质量标准

（1）组织及形态。肠体干燥，呈完整的圆柱形，表面有自然皱纹，断面组织紧密。

（2）色泽。肥肉呈乳白色，瘦肉鲜红、枣红或玫瑰红色，红白分明、有光泽。

（3）风味。咸甜适中，鲜美适口，腊香明显，醇香浓郁，食而不腻，具有广式腊肠的特有风味。

（二）北京大香肠

1. 工艺流程　原料选择与制备→制馅→搅拌→灌制→烘烤→煮制

2. 加工要点

1）原料选择与制备　将检验合格的去骨猪肉进行选割整理，去除淤血、泥污和皮毛等杂物。剔除软骨和碎骨屑，扒下瘦肉，去掉筋腱。将肉切成长 7～8cm、宽 2～3cm 的小肉块。

2）制馅　把切好的肉块用盐、硝酸钠进行腌制 24～48h 后绞碎。拌馅时将原辅料准确称重后放入搅拌机内，再放入 2～3L 水进行搅拌，直至全部均匀为止。

3）灌制　选用直径为 20～25mm 的猪肠衣。灌馅时握肠衣的手要松紧适当，过紧容易使肉馅胀破肠衣，过松会造成香肠脱节或产生气泡。每小节 10cm，6 节为一根。烘烤时一般每一根竿串挂 13 根，每根香肠之间要留有一定的距离。

4）烘烤　要求火力均匀，炉温应由 55℃逐步达到 70℃，期间要开炉门通风 2～3 次，将热气放出，烘烤 18h 即可。

5）煮制　将烤好的香肠放入沸水中，水温保持 90℃，煮制 25min。

3. 产品质量标准

（1）感官指标。甜咸可口，有酒的清香味。

（2）理化指标。符合 GB/T 23493—2009。

（3）相关微生物指标参考 GB 2730—2005。

(三) 火腿肠

1. 工艺流程 原料肉预处理→绞碎→搅拌、腌制→斩拌→灌肠→杀菌→干燥与储存

2. 加工要点

1) *原料肉预处理* 原料肉拆去包装，置于解冻室，自然解冻约24h，解冻温度为0～4℃，并修整去除筋腱、碎骨，不带杂物。

2) *绞碎* 解冻后的原料肉在绞碎机绞碎，绞肉时肉温不高于10℃，绞肉前要先将原料肉和脂肪切碎，然后分别将它们的温度控制在3～5℃，绞碎程度要求肉粒直径为6mm。

3) *搅拌、腌制* 经绞碎的肉放入搅拌机中，同时加入2.5%食盐、0.01%亚硝酸盐、0.1%复合磷酸盐、0.04%异抗坏血酸钠、各种香辛料和调味料等，搅拌5～10min，搅拌时控制肉温不超过10℃，搅拌完毕，肉糜放入腌制间腌制。腌制间温度为0～4℃，湿度为80%～90%，腌制24h。

4) *斩拌* 斩拌前先用冰水将斩拌机降温至10℃左右，然后投放肉糜到斩拌机中斩拌2min，接着加入约20%冰水、糖及胡椒粉，斩拌2～5min后，再加入约8%玉米淀粉和5%大豆分离蛋白继续斩拌2～5min。斩拌温度控制在10℃左右，时间一般为5～10min。

5) *灌肠* 灌装结扎工艺是火腿肠生产的关键性工艺：一是肉馅通过灌装结扎变为成形产品，二是通过灌装结扎把肉馅严密封装于PVDC薄膜袋内，与外界形成了严密的隔绝状态，为产品在常温下保存以及防止微生物污染提供了先决条件。

火腿肠灌装结扎机每次开机后，要特别注意启动后3～5min运行不稳定期，及时检查焊缝是否偏移、焊缝强度是否牢靠、结扎是否严密等。因焊缝漏气、结扎松动等容易造成产品在很短时间内变质。

6) *蒸煮杀菌* 填充完毕经过检查的肠坯（无破袋、夹肉、弯曲等）排放在灭菌车内，进行灭菌处理。火腿肠的高温杀菌大多采用高压蒸汽杀菌法：温度一般控制在121℃，杀菌时间为18～20min，并要根据产品的不同品种、不同直径来确定产品的杀菌时间。如规格为58g的火腿肠其灭菌参数为15min—23min—20min/121℃。

3. 产品质量标准

(1) 感官指标。肠衣表面光滑、干燥、完整，肠体富有弹性，肉质、色泽均匀，切面呈淡粉色。口感鲜嫩，后味浓郁。

(2) 理化指标。符合GB/T 23493—2009。

(3) 相关微生物指标参考GB 2730—2005。

(四) 枣形香肠

1. 工艺流程 原料选择→分割整理→绞肉切丁→拌料→灌肠→排气→扎绳挂架→烘干→成品

2. 加工要点

1) *原料选择* 选用宰前检疫、宰后检验合格猪肉。

2) *分割整理* 去除筋腱、骨、血伤、淋巴结等杂质。

3) *绞肉切丁* 将精肉放入绞肉机内用5mm网眼进行绞碎处理。同时取肥肉切成0.5cm见方的肉丁。

4) *搅拌* 按原料肉的总量，计算各辅料的用料，准确称取各种辅料，同绞好的肉一

起用搅拌机或人工充分搅拌均匀，静置 30min 后方可灌制。

5）灌肠　选用天然猪肠衣或蛋白肠衣（纤维素肠衣），温水清洗备用。用真空灌肠机或漏斗把肉馅徐徐灌入到肠衣里面，每根肠衣灌肉馅 2/3，留 1/3 扎肠时退步用。

6）排气　把灌好的肠平放在木板上，用针排放肠体空气，使肉馅紧密。

7）扎绳挂架　用扎丝草或小绳按每 2cm 逐只扎成圆形的枣状，再一次排尽肠体空气（真空不用排气），中间扎麻绳，并用清水漂洗外体油渍杂质。

8）烘干　将香肠挂在竹竿上，放在日光下吹晒，风吹几日后送入烘房中进行烘干，温度控制在 50～55℃。烘烤时间一般控制在 18h 左右，烘至肠体干爽，鲜红发亮。

9）成品　冷却后，用剪刀去除扎草和绳，逐只剪下或成串连接都可以，发酵 2 周左右可增加风味。用真空包装机进行定量称重、封口包装，入库保存。

3. 产品质量标准

（1）感官指标。肠衣干燥、表面光滑，无碎肉粘连，坚实或有弹性，切面肉馅有光泽，肌肉灰红色至玫瑰红色，脂肪白色或微带红色，具有香肠固有的风味。

（2）理化指标。符合 GB/T 23493—2009。

（3）相关微生物指标参考 GB 2730—2005。

（五）兔肉玉米热狗肠

1. 工艺流程　原料肉处理→斩拌→灌制→烘烤→蒸煮→糖熏→冷却→包装杀菌→装箱入库

2. 操作要点

1）原料肉处理　选取检验合格的去骨兔肉、鸡皮，去除其中的碎骨、污物等杂物，分别用 6mm 孔板绞肉机绞制。

2）斩拌　先将鸡皮、脂肪投入斩拌机高速斩拌 1.5min，无可见颗粒后，加入蛋白、亚麻籽胶、冰水投入斩拌机斩拌约 4.5min（注：期间冰水陆续加入）。待乳化物整体细腻光亮、有弹性时，加入去骨兔肉、盐等辅料及冰水，斩拌约 3min，馅料更加黏稠、有弹性时，加入淀粉、香粉及冰水，斩拌均匀，加入甜玉米粒拌匀，出馅温度控制在 10～12℃。

3）灌制　将馅料灌入胶原蛋白肠衣内，扭结、穿杆、挂架。

4）烘烤　烘烤温度控制在 78℃，时间约 35min。

5）蒸煮　温度控制在 81℃，蒸煮时间 30min。

6）糖熏　温度控制在 95℃，时间 20min。

7）冷却　冷却至 18℃以下。

8）包装杀菌　包装后用 90℃水杀菌 20min，立即用冷水冷却至 18℃以下。

9）装箱入库　将冷却完全的产品送入 4℃冷藏库进行冷藏。

3. 产品质量标准

（1）感官指标。肠衣干燥且紧贴肉馅，无黏液及霉点，肉质坚实且富有弹性，切面肉馅有光泽，且具有明显的玉米颗粒，具有玉米及香肠固有的风味。

（2）理化指标。参考 GB/T 23493—2009。

（3）相关微生物指标参考 GB 2730—2005。

（六）软包装驴肉制品加工

1. 工艺流程　原料肉预处理→修整、切块→盐水配制→注射→滚揉→腌制→煮制→称量、真空包装→杀菌→保温试验→成品检验→包装→入库

2. 操作要点

1）*原料肉预处理*　原料肉必须选用检验合格的驴腿肉，不得选择西冷、里脊、腹部肉、肋条肉及驴犊肉，因为这些肉质地较嫩、肉质疏松、结缔组织多易使产品多汁而发软。将选好的原料肉置于解冻间的铁架上，自然解冻（夏季）或蒸汽解冻（冬季），解冻至肉发软，中间稍有硬心，即肉中心温度0℃，整体温度0～4℃时，视为解冻良好。如果解冻后温度偏高，则有利于微生物生长繁殖，使原料肉的原始菌数增加，卫生质量指标受影响；如果不解冻，肉块过硬，则不利于修割，特别是对注射工序不利，因而一定要使肉达到良好的解冻状态。

2）*修整、切块*　对解冻良好的肉按标准进行及时修整，修去淋巴、脂肪、淤血、皮毛、杂质、异物、病变组织等，并切成体积为15cm×10cm×8cm、重0.25～0.5kg的肉块，尽量大小均匀一致。置于洁净容器内，移至下道工序。

3）*盐水制备*　（按100kg原料肉计）淀粉5kg，大豆分离蛋白2.5kg，混合粉3kg，食盐3kg，白糖2.5kg，卡拉胶1kg，亚硝酸盐15g，D-异抗坏血酸钠50g，白胡椒粉500g，冰水适量。

4）*注射*　采用多针头注射机对驴肉块反复多次注射上述盐水，注入肉块的不同部位，将肉块平整摆放在注射机传送带上，肉块不得重叠进行注射，在注射过程中一定要注意注射液的温度和注射面积的大小。注射液温度一般应控制在5～7℃，最好是临用前配置，不宜存放过久。注射面积要控制在30%～35%，注射面积过小达不到腌制效果，发色不均匀，出品率低。反之，则会造成产品多汁而发软，增加次品的出现。

5）*滚揉、腌制*　滚揉则是采用机械方法，使肌肉组织性能发生改变，加速腌制液在肉块内的渗透和扩散，同时使肉中蛋白质在肉体表面形成黏液，从而增加了肉块之间的黏着力和保水能力，增加了肉的嫩度。合适的滚揉时间为3h。滚揉后的肉块应尽快进入腌制间进行腌制，腌制间的温度必须控制在0～4℃，腌制时间18～24h，腌制好的肉色特征是：肉块中心为均匀红色，表面黏滑，无水分，手指能插入到肉块中。

6）*预煮*　将腌制好的原料肉放入盛有料汤的夹层锅中进行煮制，原料肉应全部没入汤面，控制进气阀压力为0.2MPa，下锅后不得当即翻动原料肉，因为经滚揉、腌制后的肉表面会溶出大量的肌球蛋白，加热后会凝固，凝胶化的蛋白质分子相互连接形成网状结构，水在其中被包住，如果过早翻动肉块，会破坏这种结构，使水析出，从而造成出品率降低。因此，必须等到肉块漂起后，方可顺锅边翻动，使肉块受热均匀，同时控制气压在0.05MPa，使锅内肉汤微沸，温度保持在85～90℃。煮制过程中随时撇去汤面浮物，同时观察肉的煮制情况，以肉块中间不见血水视为预煮良好，准备出锅。出锅捞肉时应稍控水，同时趁热在肉表面撒上一层薄薄的卡拉胶（比例为肉重的0.1%），晾置10min后转入下道工序。

7）*称重、真空包装*　将晾置后的半成品按规定重量进行称重装袋，并擦净袋口，保证真空的紧密度和平整性。真空机的真空度设定在1×10^{5}Pa，把袋子平整放好，热合20～30s，真空后要检查每袋半成品的密封和真空度，不得有烫伤、破裂、折边等现象。将合格

的半成品装入杀菌笼中，笼中间必须加隔板，不可装得过满，装毕后要及时杀菌，存放时间不得超过 2h。

8）高温灭菌　杀菌分 3 个阶段进行，即升温—保温—降温。升温前应确认蒸汽压在 0.4MPa 以上，先开启热水阀，注入 80℃热水，等溢流阀有水溢出时，停止加热水，开启进气阀，通入蒸汽，同时开启循环泵，在 20min 内将温度迅速升至 121℃，锅内压力达到 0.25～0.3MPa，然后关小进气阀，按不同规格的恒温时间进行保温保压，在这一过程中应随时注意压力和温度变化。保温保压结束后，关闭进气阀、循环泵，开启冷水阀、排水阀进行冷却，降温时应缓慢降压，在 1min 内压力下降不能超过 0.1MPa，以防产品崩口，在 20min 内温度降至 35℃以下，关冷水阀，打开锅盖，待锅内水放完，关闭排水阀，再将锅盖完全打开，及时出锅。

经高温灭菌后的五香驴肉，不仅具有特有的香味、风味，而且肉色稳定，经杀菌还可延长保质期。

9）保温检验　将杀菌后的半成品及时转入恒温间，恒温间温度保持在 35～37℃，恒温时间 6～7 天，通过此工序可及时发现不合格产品，避免次品流入市场。

10）成品检验　对恒温后的产品进行质量检查，确保其符合国家卫生法和有关部门颁布的质量标准或质量要求。

11）包装入库　将检查合格的产品装入相应规格的外包装袋中，在热合机上进行热合封口，仔细检查封口情况、打印日期及批号，然后装箱贴标入库。在 0～25℃条件下保质期为 180 天。

3. 产品质量标准

（1）感官指标。包装袋外表清洁，完整无破损，内容物色泽呈酱红色，味道咸淡适中，香味醇厚，肌肉组织软硬适度，有良好的切片性，肉表面允许存有少量胶冻。

（2）理化指标。见表 4-8。

（3）微生物指标。见表 4-9。

表 4-8　理化指标

检查项目	指标	检验频率
固形物	≥85%	每批次
食盐（以氯化钠计）	≤3%	每批次
亚硝酸盐（以亚硝酸钠计）	≤30mg/kg	每批次

表 4-9　微生物指标

检查项目	指标	检验频率
细菌总数/(cfu/g)	≤20 000	每批次
大肠菌群/(cfu/100g)	≤30	每批次
致病菌	不得检出	每批次

（七）重组鸡肉火腿

1. 工艺流程　肌肉验收→成形预制→嫩化→调味→粘合成型→灌制→煮制→冷却→

煮制→商品化包装→检验→成品

2. 操作要点

1）*原料肉的选择及处理*　选择兽医卫生检验合格、品质优良的鸡肉或牛肉，肥瘦比例为（3∶7）～（2∶8），然后沿肉的纤维伸展方向把肉切成长3cm、宽2cm的肉块。

2）*腌制*　在处理好的肉块中先加入腌制材料，置于4℃的冰箱中腌制24～48h。随后滚揉嫩化4h，应注意肉温控制在2～4℃。

3）*调料灌肠*　这步是整个加工的中心环节，以肉重计，添加4%魔芋精粉、1%动物明胶、5%淀粉、2%卡拉胶、1%黄原胶及30%水。

4）*煮制*　把灌完的肠体放入蒸煮锅内，用水淹没，并保持水温在80～85℃，蒸煮1.5～4h，出锅冷却。

5）*成品冷藏*　把出锅冷却后的成品置于低于4℃的低温环境中贮藏。

3. 产品质量标准

（1）感官指标。肠体均匀饱满，无损伤，表面干净，扎口部位无内容物渗出；具鸡肉火腿固有的色泽，口味鲜香可口，无异味。

（2）理化指标。参考GB/T 23493—2009。

（3）微生物指标。参考GB 2726—2005。

（八）烟熏肋肉（培根）

1. 工艺流程　剔骨选料→初步整形→冷藏腌制→浸泡整形→再次整形→烟熏

2. 加工要点

1）*选料*　去皮去骨猪肋条肉，去脊椎排肉，然后切成宽9～11cm、厚2.5～5cm的条肉。

2）*腌制*　每100kg条肉加3.5kg 1号混合盐均匀涂擦肉面，整齐排列在缸内，在2～5℃腌3天，然后翻缸；再加入7.5%盐水30kg，继续腌6～7天，腌时要求轻压，防止肉露出水面。

3）*烟熏*　腌后肉块经洗涤后沥干水分，分三个阶段进行烟熏。

第一阶段：明火烘烤60～65℃，10～12h，得率11%～12%。

第二阶段：明火烘烤55～60℃，10h，得率15%。

第三阶段：烟熏温度不高于55℃，6h，至表面呈金黄色或褐色，脱水率约18%。

4）*切片*　肉块烟熏后进行冷却，然后在无菌室内进行切片，切成长8～9cm、宽2～5cm、厚0.2～0.3cm的薄片。

5）*装罐量*　罐号304，净重284g，烟熏肉284g。

6）*排气及密封*　抽气密封：53 329Pa（400mmHg）。

7）*杀菌及冷却*　杀菌式（抽气）：5～15min/75℃（水杀菌）冷却。

8）*说明及注意事项*

（1）无菌室的消毒。使用前后均应以紫外线照射30min，每次工作后并用新洁尔灭消毒液消毒一次；室内所用工具可用100℃蒸汽消毒1h或浸入70%乙醇消毒，工作台以70%乙醇消毒；工作人员应穿经高温杀菌的工作服及消毒过的胶鞋，并做好个人卫生；所用空罐应经120℃干热杀菌20min，在使用前放在无菌室内与无菌室一起消毒。

（2）装罐在无菌室内进行。将肉片分成两份，整齐地排在硫酸纸上，层与层之间以纸分离。两头折好，卷成方扁状，竖立装入罐中。

3. 产品质量标准

(1) 感官指标。无泄漏、胖听现象存在，容器内外表面无锈蚀，内壁涂料完整、无杂质。

(2) 理化指标。肉类罐头的理化指标参照国标 GB 13100—2005。

(3) 微生物指标。应符合罐头商业无菌的要求。

(九) 牛肉培根的加工

1. 工艺流程　原料修整→腌制配制→注射→滚揉→装模→干燥→蒸煮→烟熏→冷却→包装

2. 操作要点

1) 原料修整　牛腰窝需剔除表面的筋、腱、污血等。若为冻肉，则需先解冻后使用。

2) 腌制液配制

(1) 腌制液配方（以 100kg 原料计）。食盐 2.5kg，白糖 0.8kg，磷酸盐 0.4kg，卡拉胶 0.3kg，味精 0.2kg，亚硝酸钠 0.01kg，异抗坏血酸钠 0.08kg，红曲液 0.1kg，冰水 22kg。

(2) 配制腌制液。先用少量水溶解亚硝酸钠，再溶解三聚磷酸钠，然后溶解除卡拉胶之外的辅料，最后溶解卡拉胶，溶解均匀即可。腌制液最好现用现配。

3) 注射　调试注射压力 0.4MPa，两面注射，先将一面铺在注射传送带上注射，然后翻过来在注射一遍，注射率达到 22%。

4) 滚揉　在 0～4℃条件下，采取间歇式滚揉法。工作 20min，静置 20min，总工作时间 24h。

5) 装模　先将塑料薄膜铺于模具内，再把肉块平整地码于模具内，肉块之间没有空隙，盖好，扎孔排除肉内空气，抽真空，挂架子上。

6) 干燥　在温度为 (63±3)℃的烟熏炉中干燥 40min 至表面干爽即可。主要目的是使表面蛋白质凝固，促进发色。

7) 蒸煮　(85±3)℃蒸煮至中心温度为 74～76℃。主要作用是使蛋白质变性，形成风味和气味特征，同时可以稳定肉色和杀灭部分微生物。

8) 烟熏　将蒸煮后的牛肉培根半成品冷却后揭膜进行烟熏。在烟熏箱中烟熏，(63±3)℃烟熏 40min。主要是起到让产品形成特有的烟熏风味和赋予产品一定烟熏色的作用。

9) 冷却　烟熏后移入 0～4℃冷却间冷却。

10) 包装　按要求称重，真空包装，入冷藏库。

3. 产品质量标准

(1) 感官指标。组织致密，有弹性，质地硬实；切面呈鲜红或瑰红，有光泽，脂肪白色，有培根特有的芳香气味。

(2) 理化指标。参考 GB/T 23493—2009。

(3) 微生物指标。参考 GB 2726—2005。

(十) 午餐肉

1. 工艺流程　解冻→拆骨去皮→去膘→分级→切块→腌制→绞肉→斩拌→加配料→真空斩拌→装罐→密封→杀菌→冷却→清洗→烘干→保温检验→成品

2. 加工要点

1）原料预处理　净瘦肉和肥瘦肉分别腌制：每 100kg 猪肉加混合盐（食盐 98%、糖 1.5%、亚硝酸钠 0.5%）2kg，搅拌机拌匀，在 0～4℃冷库中腌制 48～96h。

2）斩拌配料（单位：kg）　净瘦肉 80、肥瘦肉 80、玉米淀粉 10.5、冰屑 19、白胡椒粉 0.19、玉米粉 0.06、维生素 C 0.32（或不加）。肉及配料斩拌成肉糜状，时间 3～5min。然后在真空搅拌机中搅拌。真空度控制在 1×10^5～8×10^5Pa，时间 2min。

3）装罐　肉糜搅拌均匀后，即可取出送往填充机装罐。午餐肉的罐盒应是脱膜涂料罐和抗硫涂料罐。按罐型定量装入肉糜。

4）排气密封　真空度 6×10^4Pa。

5）杀菌冷却　净重 198g 罐杀菌公式：15min—50min—反压冷却/121.1℃；净重 340g 罐杀菌公式：15min—55min—反压冷却/121.1℃，均冷却到 40℃以下。

3. 产品质量标准　组织紧密、细嫩，切面光洁，肉肥瘦均匀，无明显大块肥肉；脂肪和胶冻析出量不超过净含量的 0.5%，无析水现象；表面色泽正常，切面呈粉红色，具有午餐肉罐头浓郁的滋味与气味。

（十一）番茄肉罐头

1. 工艺流程

原料肉预处理→切块→腌制→预煮→切片
番茄预处理→粉碎、打浆→真空浓缩→调酸 } 装罐、加汁→排气→抽真空、密封→杀菌→冷却

2. 操作要点

1）原料要求及预处理　原料肉要求品质细嫩、新鲜、无污染，冷冻肉应在 15℃以下自然解冻，除去多余脂肪及结缔组织等。番茄应选择可溶性固形物含量较高的品种为原料，要求色泽大红、成熟度适宜、新鲜无霉变，剔除有异味和污染的原料。

2）切块、腌制　腌制液配比（单位：kg）：水 100、食盐 2.1～2.5、亚硝酸盐0.05～0.08、砂糖 0.5～1.0、香料 0.3～1.0。将原料肉切成大小适中的方块，投入腌制液，置于 0～4℃腌制库中，具体腌制时间视肉块大小而定，一般腌制 48～72h。

3）预煮　预煮时加水量与肉量之比为 2∶1 左右，水温为 85～90℃，煮制时间视肉块大小而定，以肉块中心稍带血心为准。把预煮过的肉块切成 1.2～1.5cm 厚的肉片。

4）番茄汁浓缩　将检验合格的原料彻底清洗，经去皮机去皮、粉碎机粉碎后，打浆成汁，最后进行浓缩。工艺条件：真空度 46.7～53.3kPa，温度 80～85℃。要求：可溶性固形物 24%～26%，总酸度 3.5～4°T，若酸度不足时可用乳酸或柠檬酸调整。

5）装罐、加汁　将肉片按不同规格定量装入经清洗、消毒过的马口铁罐中，再加入预先配制并保温 70℃的番茄汁。装罐时要求肉片排列整齐，添秤小块衬在底部。装罐量按照：净重 397g，肉重 280～285g、番茄汁 117～120g、肉片数 7～9 片/罐；净重 227g，肉重 160～165g、番茄汁 62～65g、肉片数 6～8 片/罐。

6）排气、密封、杀菌、冷却　抽气密封：真空度 0.04MPa。

首先加热排气，中心温度控制在 70℃以上，排气完毕后立即抽真空封罐。罐盖在封口前应清洗，消毒沥干水分。产品封罐后要及时杀菌，封罐至杀菌时间间隔不得超过 30min。具体杀菌条件：在 100℃条件下煮制 1～1.5h，中心温度达 72～74℃即可。

7）保温检查　产品充分冷却后，逐个检查，拣出不合格产品，然后按照采样要求抽取一定数量样品置于恒温箱中，在（37±2）℃条件下培养一周后检验。

3. 产品质量标准

1）感官指标

（1）色泽。肉色正常，在加热状态下汤汁呈酱红色，允许略带浑浊，稍有沉淀，不允许有本产品添加物以外的任何沉淀。

（2）滋味及气味。具有肉的浓香及番茄酱汁的独特滋味、气味，无异味。

（3）组织状态。肉片完整，组织较柔软，瘦肉软硬适度，块形大小大致均匀，排列比较整齐，允许底部添秤小块不超过 3 片。

（4）检验标准。取样品在自然光线下用肉眼观察其外观，打开罐头，将内容物置于洁净的白瓷盘内，观察色泽、组织状态，品尝其风味，结果应符合产品质量指标要求的规定。

2）理化指标　番茄肉罐头的理化指标见表 4-10。

表 4-10　番茄肉罐头香肠的理化指标

项目	指标
氯化钠含量/%	≤2.5
无机砷/(mg/kg)	≤0.05
铅(Pb)/(mg/kg)	≤0.5
总汞(以 Hg 计)/(mg/kg)	≤0.05
锡(Sn)/(mg/kg)	≤250
锌(Zn)/(mg/kg)	≤100
镉(Cd)/(mg/kg)	≤0.1
复合磷酸盐(以 PO_4 计)/(g/kg)	≤5.0
亚硝酸盐(以 $NaNO_2$ 计)/(mg/kg)	≤50

食品添加剂的品种和使用量应符合 GB 2760《食品添加剂使用卫生标准》的规定。

3）微生物指标　应符合罐头商业无菌的要求。

延伸阅读

认识“瘦肉精”

2011 年 3 月 15 日，央视在 315 消费者权益日播出了一期《“健美猪”真相》的特别节目，披露了河南济源双汇公司使用瘦肉精猪肉的事实。“双汇”品牌部分肉制品中涉嫌含有“瘦肉精”，这一消息爆出后，迅速掀起轩然大波，“瘦肉精”到底为何物？为什么会引起社会大众恐慌？

“瘦肉精”的正式名称是盐酸克仑特罗，简称克仑特罗，又名克喘素、氨哮素、氨必妥、氨双氯喘通，为白色结晶状粉末，味略苦。瘦肉精是一类药物的统称，主要是肾上腺类、β-激动剂、β-兴奋剂（β-agonist），用于治疗支气管哮喘、慢性支气管炎和肺气肿等疾病。大剂量用在饲料中可以促进猪的增长，减少脂肪含量，提高瘦肉率，但食用含有瘦肉精的猪肉对人体有害。目前，“瘦肉精”在我国已经禁用。

“瘦肉精”属于非蛋白质激素，耐热，使用后会在猪体组织中形成残留，尤其是在猪的肝脏等内脏器官残留较高，食用后直接危害人体健康。其主要危害是：出现肌肉震颤、心慌、战栗、头疼、恶心、呕吐等症状，特别是对高血压、心脏病、甲亢和前列腺肥大等患者危害更大，严重的可导致死亡。人类食用含“瘦肉精”的猪肝0.25kg以上者，常见有恶心、头晕、四肢无力、手颤等中毒症状。含“瘦肉精”的食品对心脏病患者、高血压患者、老年人的危害更大。

第四节　清蒸原汁肉罐头生产工艺

清蒸类罐头是将原料经初步加工后，不经烹调而直接装罐制成的罐头。它的特点是最大限度地保持各种肉类的特有风味。清蒸肉罐头工艺较简单，制作时，将处理后的原料直接装罐，再加入食盐、胡椒、洋葱、月桂叶等调味料，经排气、密封、杀菌后制作而成。成品须具有原料特有风味，色泽正常，肉块完整。

清蒸原汁肉罐头产品包括清蒸猪肉、原汁猪肉、清蒸牛肉、白切鸡、白烧鸭等。

一、清蒸猪肉罐头

1. 工艺流程　原料解冻→去污毛→预处理（分段、剔骨、去皮、整理）→切块→复查→装罐→排气密封→杀菌→冷却→清洗、烘干→保温检验→成品

2. 加工要点

1）原料肉解冻与预处理

（1）解冻。冻片猪肉解冻前可用自来水冲淋。解冻温度16～18℃，时间20h左右。解冻结束时室温不超过20℃，解冻后肉中心温度不超过10℃，但不允许有冰结晶。

（2）整理。解冻后除去残毛、污物、血污肉、碎油；拆去骨头，要保证肋条和腿肉的完整；去掉多余的肥膘，控制肥膘厚度为1.0～1.5cm。

（3）切块。按部位切成长、宽各为0.5～0.7cm的小块，每块重110～180g。颈肉和腱子肉可切成4cm左右见方的肉块，分别放置。

（4）复检。切好的小块肉必须进行复检，较小的肉块应分别放置，供装罐搭配使用。复检后按肥瘦分开（肋条、带膘较厚的瘦肉均作肥肉），以便搭配装罐。

2）装罐　装罐前将空罐清洗消毒，定量在罐内装入肉块、精盐、洋葱末、胡椒及月桂叶。如罐号8117，罐头净重要求为550g，其中肉535g、精盐7g、洋葱末8～10g、胡椒2～3粒、月桂叶0.5～1片；罐号10124，罐头净重要求为1000g，其中肉970g、精盐13g、洋葱末17g、胡椒3～4粒、月桂叶1～2片。

3）排气及密封　罐头中心温度不低于65℃，真空密封时真空度为6×10^4Pa。

4）杀菌及冷却　净重550g罐头杀菌公式为15min—80min—反压冷却/121℃，冷却至40℃以下。

5）说明及注意事项

（1）月桂叶不能放在罐内底部，应夹在肉层中间，不然桂叶也与底盖接触易产生硫化铁。

（2）制空罐时，罐内壁的锡层如不充分，呈显露铁，产品就会产生硫化铁，因此制空罐时必须用高铁氰化钾检验，罐内壁无露铁现象方能投产。在生产过程中亦应定时检查；或使用涂料铁罐。

（3）精盐和洋葱等应定量装罐，不宜采用拌料装罐方法，不然会产生腌肉味或配料拌和不均匀现象。

3. 产品质量标准

（1）感官指标。无泄漏、胖听现象存在，容器内外表面无锈蚀，内壁涂料完整、无杂质。

（2）理化指标。肉类罐头的理化指标参照国标 GB 13100—2005。

（3）微生物指标。应符合罐头商业无菌的要求。

二、原汁猪肉罐头

1. 工艺流程

原料验收→解冻→去毛污→处理（剔骨、去皮、整理、分段）→切块→复检→装罐→排气密封→杀菌冷却→擦罐入库

↑

猪皮胶熬制

2. 操作要点

1）*原料处理*　猪肉去骨去皮分成前腿、肋条、后腿三段，去掉多余的肥膘，控制肥膘厚度为 1～1.5cm。切成约 5cm×5cm×3.5cm 的肉块，切块时应按照肉层厚薄灵活掌握，肉层厚的应切窄些，肉层薄的应切宽些。腱子肉可以切成 4cm 左右的肉块，肥瘦分别放置。每块质量在 50～70g。洋葱经处理清洗后绞成末。

2）*复检*　切块后的肉块逐一进行复检，剔除残留血污、碎骨、伤肉、猪毛、淋巴等杂质按肥瘦分开（肋条肉、带肥膘较厚的瘦肉均作为肥肉）备装罐。

3）*猪皮胶的准备*　用新鲜的背部猪皮，洗净后于沸水中煮 10min，取出置于冷水中冷却，用刀刮去皮下脂肪及皮面污垢，拔去毛根，然后切成 5～7cm 宽的长条，再在 2～5℃下冷却 2h，取出用绞肉机绞碎后置于冷库中备用。

若使用猪皮胶液，先将猪皮煮后去掉脂肪和污垢，然后按 1∶2 的皮、水比例在微沸情况下熬煮，至汤汁浓度为 14%～16%，过滤后备用。

4）*配料及拌料*　按肥肉、瘦肉分别拌料，以便搭配装罐。拌料比例为：肉块 100kg、精盐 0.85kg、白胡椒粉 0.05kg，拌和均匀。

5）*装罐、排气密封*　净重 397g，装肉 360g，猪皮胶 37g。装罐后以真空度 53 329Pa 进行真空封口。

6）*杀菌及冷却*　杀菌公式：15min—60min—20min/120℃或 15～70min—反压冷却/120℃（反压 107.8～127.4Pa）。

7）*说明及注意事项*

（1）内封口线容易产生硫化铁，故最好采用涂料铁，若使用素铁罐装罐时，每罐肥瘦搭配均匀，并将肥膘面向灌顶、罐底及罐壁，添秤肉应夹在大块肉中间。

（2）装罐量要控制，不要装得太满，防止物理性胀罐。

（3）为使肥肉及融化油不超过净重的30%，在选料时最好采用四级猪肉，如使用三级或三级以上猪肉，在加工时要除去部分肥膘。

3. 产品质量标准

1）*感官要求*　应符合表4-11。

表4-11　感官要求

项目	优级品	一级品	合格品
色泽	肉色正常，在加热状态下，汤汁呈淡黄色至淡褐色，允许少许沉淀	肉色较正常，在加热状态下，汤汁淡黄色至淡褐色，允许有少量沉淀	肉色尚正常，在加热状态下，汤汁呈淡褐色至褐色，允许有沉淀
滋味、气味	具有原汁猪肉罐头应有的滋味及气味，无异味	具有原汁猪肉罐头应有的滋味及气味，无异味	具有原汁猪肉罐头应有的滋味及气味，无异味
组织形态	肉质软硬适度，每罐装5～7块，块形大小大致均匀，允许添秤小块不超过2块	肉质软硬较合适，每罐装4～7块，块形大小较均匀，允许添秤小块不超过2块	肉质软硬尚适度，块形大小尚均匀，允许有添秤小块

2）*理化指标*

（1）净重。应符合表4-12中有关净重的要求，每批产品平均净重应不低于标明重量。

（2）固形物。应符合表4-12中有关固形物含量的要求，每批产品平均固形物重应不低于规定重量。优级品和一级品肥膘肉加溶化油的量平均不超过净重的30%，合格品不超过35%。

（3）氯化钠含量。0.65%～1.2%。

表4-12　净重和固形物的要求

罐号	净重		固形物		
	标明重量/g	允许公差%	含量%	规定重量/g	允许公差%
962	397	±3.0	65	258	±9.0

3）*微生物指标*　应符合罐头商业无菌的要求。

三、清蒸牛肉罐头

1. 工艺流程　冻肉解冻（或鲜肉排酸）→修整→切块→把关检验→空罐、罐盖处理→装罐→封口→杀菌→恒温→成品

2. 操作要点

1）*原料处理*　冻品原料解冻间最佳温度为16～20℃，解冻时间控制在18h以内，解冻后的牛肉肉色鲜红，有光泽，脂肪呈乳白色或微黄色，无冰晶，肉中心温度不高于13℃；鲜品原料的排酸温度控制在15℃，时间72h以上。将牛肉剔除筋腱及结缔组织，分割成不同部位，然后将后背肉、前后腿肉、前胸肉等切成120～160g重的肉块，脱血后的脖颈肉、腱子肉切成120～150g重的肉块，筋纹多的肉块切成10～30g重的小块，再将肉块放置流动

清水中漂洗，或浸水进行脱血 2～3min，捞出后沥干。

辅料处理：洋葱经去皮处理清洗后切碎。牛油置夹层锅中熬成液态，出去浮沫，过滤后备用。将胡椒粒清洗干净后备用。

2）修整切块　去除肉中的粗组织膜、淤血、淋巴、粗血管、碎骨、软骨、大块脂肪及其他杂质，然后按部位将牛胸肉和牛腩肉切成 6.5cm 左右见方的方块，其他部位肉切成 5cm 左右见方的方块。切块时，保证形块大小大致均匀，每块肉的重量以 140g 左右为宜。

3）把关检验　对肉块的重量和形块大小进行检验，以确保修整块符合规定要求，较小的块分别放置，在装罐时可搭配使用。

4）空罐、罐盖处理　空罐必须符合要求，使用前逐个检查，剔除跳封（jumped seam）、铁舌（droop）、焊接不良（defective welding）等不合格罐，在 82℃以上的热水中清洗消毒 2min 以上，沥干水分备用。罐盖上打印产品信息后用 82℃以上热水清洗消毒。

5）装罐　装罐时先加入调味料，然后加入牛肉。调味料一般为洋葱末、月桂叶、胡椒粒（粉），添加量根据原料的情况而调整，或者根据标准要求而定。

6）封口　封口真空度要求在 0.053MPa 以上，封口后逐罐检查，剔除假封（false seam）、大塌边（knocked-down flange）、快口（cut-over）等密封不良罐，封口后的罐头及时清洗，除去外壁黏附的污物。

7）杀菌　清蒸牛肉罐头采用高温高压蒸汽杀菌，在 121℃条件下恒温，时间根据罐型而定，杀菌后迅速冷却到 40℃以下出锅。

8）恒温　杀菌后的罐头在 37℃恒温室恒温 7 天。

9）包装入库　罐头进行包装后贮藏于 25℃以下的仓库中。

3. 产品质量标准

1）感官要求　应符合表 4-13。

表 4-13　感官要求

项目	优级品	一级品	合格品
色泽	肉色正常，在加热状态下，汤汁呈淡黄色至黄色，允许轻微浑浊、沉淀	肉色较正常，在加热状态下，汤汁呈黄色至浅褐色，允许有少量沉淀及浑浊	肉色尚正常，在加热状态下，汤汁呈黄褐色棕褐色，允许有沉淀及浑浊
滋味、气味	具有清蒸牛肉罐头应有的滋味及气味，无异味	具有清蒸牛肉罐头应有的滋味及气味，无异味	具有清蒸牛肉罐头应有的滋味及气味，无异味
组织形态	肉质软硬适度，在汤汁溶化状态下，小心自罐内取出肉块时，不允许破裂。550g 每罐装 3～5 块，块形大小大致均匀，添秤小块不超过 1 块，不允许有粗组织膜	肉质软硬较合适，在汤汁溶化状态下，小心自罐内取出肉块时，允许有个别破裂。550g 每罐装 3～5 块，块形大小较均匀，添秤小块不超过 2 块，不允许有粗组织膜	肉质软硬尚适度，在汤汁溶化状态下，小心自罐内取出肉块时，允许有破裂现象。每罐装 3～5 块，块形大小尚均匀，添秤小块不超过 2 块，发现个别肉块有粗组织膜

2）理化指标

（1）净重。应符合表 4-14 中有关净重的要求，每批产品平均净重应不低于标明重量。

（2）固形物。应符合表4-14中有关固形物含量的要求，每批产品平均固形物重应不低于规定重量。优级品和一级品肥膘肉加溶化油的量平均应小于标明重量的8%，合格品应小于标明重量的12%。

（3）氯化钠含量。1.0%～1.5%。

表4-14 净重和固形物的要求

罐号	净重		固形物		
	标明重量/g	允许公差%	含量%	规定重量/g	允许公差%
8117	550	±3.0	56.5	311	±9.0
500mL罐头瓶	500	±5.0	50.0	250	±9.0

3）*微生物指标* 应符合罐头商业无菌的要求。

四、白烧鸭罐头

1. 工艺流程 原料解冻→切块修整→装罐→排气密封→杀菌冷却→清洗烘干→保温检验→成品

2. 操作要点

1）*原料处理* 对冷冻原料肉宜用间隙喷淋冷水的方法，解冻室温度以20℃左右最佳，解冻后的鸭只除净鸭毛，去鸭头、鸭尾，沿膝关节切下鸭爪，去除残余内脏、气管、食管、血块等。

2）*切块修整* 将鸭沿脊椎骨纵切成两半，再按腿、胸、翅横切成2～4块，分别放置；头颈切成5cm的段；腿骨、翅膀骨、脊椎骨各斩1～2刀，斩断骨头而保持肉皮相连，且表皮不破，以便于装罐；肫按大小切成两块或不切。

3）*装罐* 1065型抗硫涂料罐，要求净重500g，其中鸭肉（包括颈、肫、鸭油）495～500g，精盐6g。每罐装鸭肉2～4块，鸭腿、前膀至少有一块。可加鸭颈一段，鸭肫一块，允许添加小块鸭肉一块。装罐时勿使鸭骨划伤罐壁涂料。

4）*排气密封* 采用加热排气法，排气温度98℃，时间18min，罐中心温度不低于55℃。排气后立即封口。检查封口密封结构是否良好，洗去罐外油污。

5）*冷却杀菌* 杀菌公式：15min—80min—25min/118℃，杀菌后迅速冷却至40℃以下。

3. 产品质量标准 应符合禽类罐头相关标准。

五、白斩鸡软罐头

1. 工艺流程 原料解冻→清洗→修整→浸鸡→冷却及控水→泡卤→真空包装→杀菌→晾干→保温试验→检验→贮存

2. 操作要点

1）*原料处理* 解冻室温度控制在20℃左右，解冻后的鸡只将毛拔净，割去鸡头、翅尖、鸡尾和沿膝关节切下鸡爪，去除鸡的残余内脏、气管、食管、血块等，剪去肛门，除去肫内的鸡食、鸡黄皮并清洗干净，将水沥干。

2）修整　将鸡胸的肋骨割断，然后将鸡压平，减小鸡的厚度，将鸡腿腱的软组织割断，将鸡脚塞入腹部空腔内，鸡头夹在鸡翅膀里。整个操作过程中，要求不得有破损，然后将水控干。

3）浸鸡　配制浸鸡调料：水 50kg、精盐 2kg、味精 1kg、姜葱各 0.5kg、白酒 0.5kg。将调料加热至 85～90℃，将预处理完的鸡放入汤料中 20～30s 立即吊起（吊浸），重复 5～6 次后放入汤料中浸泡，以使鸡受热均匀，避免鸡皮急剧升温而失水，然后保温 10～13min，每隔 5min 搅拌 1 次。在浸鸡过程中，温度的控制及传热的控制是白切鸡质量控制的关键之一，汤料的温度过高或是浸鸡的时间过长都会使鸡的营养和风味物质转移到汤料中而且会使鸡皮收缩或破裂，影响外观。

4）冷却及控水　经过浸鸡熟化后的鸡要尽快用冰水冷却，先用凉水将熟化的鸡的表皮黏附的汤料杂质清洗掉，然后将其在 0～5℃的冰水中浸泡 30min，浸泡时需用干净冰水以保证足够的低温及卫生标准。冷却后的鸡要吊干，用冷风吹 30min 左右，然后再刷油或者喷油，一般以花生油混合鸡油为宜。

5）真空包装　包装室内温度控制在 10℃左右，真空包装的操作员要做好个人卫生，装袋过程中要避免鸡皮的油污染袋口。

6）把真空包装袋置于杀菌锅中消毒。杀菌公式：15min—15min—15min/118℃反压杀菌，反压冷却至 85℃。

7）产品出锅后用自来水冷却，逐一检查有无破损，并注意剔除破损产品。

8）保温试验　将杀菌后的产品送到恒温室，恒温 37℃保存 10 天，检查有无胀袋现象，并注意剔除不合格产品。

3. 产品质量标准　应符合 QB/T 1364—2014 禽类罐头相关标准。

六、去骨鸡罐头

1. 工艺流程　原料解冻→去骨/拆骨→切块→预煮→装罐→排气密封→杀菌冷却→清洗烘干→保温检验→成品

2. 操作要点

1）原料处理方法及要求

（1）去骨。经处理后的鸡肉，按公鸡、母鸡 4∶6 或 1∶1 取料。

（2）拆骨。分生拆或熟拆两种，生拆优点多，但易漏拆细骨。

2）切块　切成 4～6cm 或 6～8cm 见方小方块。

3）预煮　公与母、老与嫩的鸡肉应分开预煮。预煮时间分别为公鸡 6～8min、母鸡为 8～9min、碎鸡肉为 2～3min，水沸后下料。预煮汤汁经过滤供装罐用，汤汁浓度2%～4%。

4）配料及调味　精盐 1000g，味精 84g，白胡椒粉 88g。

5）排气及密封

（1）排气密封。中心温度不低于 50℃（净重 383g 者不低于 65℃）。

（2）抽气密封。53 329Pa（400mmHg）。

6）杀菌及冷却

（1）净重 142g 杀菌公式（排气）：10min—60min—10min/118℃冷却。

(2) 净重 383g 杀菌公式（排气）：10min—60min—10min/121℃冷却。抽气密封者升温延长 5min。

7) 说明及注意事项

(1) 融化油过多。应控制原料的肥瘦搭配和加油量。

(2) 有油哈味。应提高真空度和不使用贮藏过久的鸡油。

(3) 鸡皮黑点。加强原料的验收和选用抗硫性能好的镀锡薄钢板，或加复合磷酸盐及乙二胺四乙酸二钠（EDTA 二钠）。

(4) 有碎骨。把好拆骨关。

(5) 密封后装篮杀菌时罐盖向下。

3. 产品质量标准 应符合禽类罐头相关标准。

七、清蒸羊肉罐头

1. 工艺流程 原料选择→去毛污、杂质→预处理（分段、剔骨、整理）→切块→复检→装罐→排气、密封→杀菌、冷却→清洗、烘干→保温检验→成品

2. 加工要点

1) 原料

(1) 原料选择。最好选择新鲜的羊肉，冻羊肉解冻前可用自来水冲淋。解冻温度 16～18℃，时间 20h 左右。解冻结束最高室温应≤20℃。解冻后肉中心温度≤10℃，但不允许有冰结晶。

(2) 配方的确定。清蒸羊肉罐头配方，详见表 4-15。

表 4-15 清蒸羊肉罐头配方

净重/g	肉重/g	精盐/g	洋葱末/g	胡椒/粒	月桂叶/片
550	530	7	8～10	2～3	0.5～1
1000	970	13	17	3～4	1～2

(3) 去毛污、修割 除去毛、污物、血污肉、碎油等。

(4) 拆骨、整理 拆骨时需保证肋条和腿肉的完整。要求骨不带肉，肉上无骨。除去伤肉、碎肉。

(5) 切块。按部位切成长宽各 5～7cm 的小块，每块重 110～180g。颈肉和腱子肉可切成 4cm 左右见方的肉块，分别放置。切块时应注意大小均匀。

(6) 复检。切好的肉块，必须进行复检。较小的肉块应分别放置，供装块搭配使用。复检后按肥瘦分开（肋助、带膘较厚的瘦肉均做肥肉），以便搭配装罐。

2) 装罐 装罐时应注意两点：一是月桂叶不能放在罐内底部，应加在肉层中间，否则月桂叶和底盖接触易产生硫化铁；二是精盐和洋葱应定量装罐，不能采用拌料装罐的方法，否则会产生腌肉味和配料拌和不均的现象。

3) 排气及密封 加热排气，先经封顶，罐头中心温度不低于 65℃，真空密封时其真空度为 60MPa。

3. 产品质量标准

1）感官指标

（1）色泽。肉色正常，在加热状态下汤汁呈淡黄色或淡褐色，过 3min 后稍有沉淀，允许汤汁略有浑浊。

（2）滋味、气味。具有本品种加入各种配料后应有的滋味及气味，无异味。

（3）组织形态。肉质软硬适度。在汤汁溶化后小心自罐内取出肉块时，不允许破碎，要求肉不带骨，不允许有皮、内脏、淋巴结、粗血管、筋膜、伤肉、黑色素肉、颈部刀口肉与奶哺肉。块形大小大致均匀，允许有不超过两块的添秤小块。

2）理化指标

（1）净重。550g 及 1000g 两种，每罐允许公差±3%，每批平均不低于净重。

（2）固形物。肉加油不低于净重的 70%，其中油不低于净重的 10%。

（3）氯化钠。为净重的 1.0%～1.5%。

（4）重金属含量（mg）。每千克制品中：锡≤200；铜≤5；铅≤1。

3）微生物指标　无致病菌及微生物作用引起的腐败象征。

第五节　调味类肉罐头生产工艺

调味是根据不同品种、不同口味加入不同种类或数量的调料，加工成具有特定风味的产品。例如，南方人喜爱甜则在食品中多加些糖，北方人吃的咸则多加点盐，广州人注重醇香味则多放点酒（即将出锅时加入糖、味精等，以增加产品色泽、鲜味称为辅助调味）。

根据加入调料的作用和时间大致分为基本调味、定性调味和辅助调味等三种。基本调味是在原料整理后未加热前，用盐、酱油或其他辅料进行腌制，奠定产品的咸味称基本调味。定性调味是在原料下锅加热时，随同加入的辅料如酱油、酒、香辛料等，决定产品的风味称定性调味。辅助调味是在加热煮熟后进行的调味是制作酱卤制品的关键。必须严格掌握调料的种类、数量及投放的时间。

调味类罐头指原料肉经过整理、预煮或油炸、烹调后装罐，加入调味汁液而制成的罐头。这类罐头按烹调方法及加入汁液的不同，可分为红烧、五香、豉汁、浓汁、咖喱、茄汁等类别。它的特点是具有原料和配料特有的风味和香味，色泽较一致，块形整齐，如红烧扣肉、咖喱牛肉、茄汁兔肉罐头等。调味类罐头是肉类罐头品种中数量最多的一种。

一、红烧牛肉罐头

1. 工艺流程　原料出库→解冻→洗刷→修割→切块→装罐→加汁→封口→杀菌→保温→检验→包装→成品

2. 加工要点

1）原、辅料选择及修整

（1）牛肉。采自非疫区，健康良好的鲜冻牛肉，屠宰前经检疫合格，牛肉不低于三级，必须经过冷却、排酸，不允许用公牛、配种牛、放血不净、冷冻两次及质量次的牛肉。自然解冻后，修净淋巴、碎骨、牛毛、软骨等杂质，切成长宽各 2～4cm，厚约 1cm 的小块，清洗，沥净水后备用。

（2）辅料（50g 汤汁）。白糖 5g，精盐 3g，酱油 16g，味精 0.2g，干辣椒 1 段，黄酒

0.8g，香料水 25g。

2）*预煮* 将切好的肉条放入沸水中煮沸 15min 左右，注意撇沫和翻锅。

3）*配汤* 先将辅料中的香辛料洗净后，装入布袋中，扎紧袋口，加入适量的清水煮沸约 30min，定量，过滤，准备装罐。

4）*装罐* 净重 320g/罐，内装牛肉 240g，汤汁 50g，明胶 30g。

5）*排气及密封* 抽气密封，真空度 53.33kPa 以上。

6）*杀菌及冷却* 冷却至 40～45℃即可。杀菌公式：15min—90min—反压冷却（反压 1～1.2kg/cm^2）/121℃。

7）*保温* (37±2)℃，放置 168h。

3. 产品质量标准

1）*感官指标*

（1）色泽。肉色正常，汤汁呈紫棕色或酱红色。

（2）滋味和气味。具有该产品应有的滋味及气味，无异味。

（3）组织形态。组织柔软，块形大致均匀。

（4）杂质。无肉眼可见杂质。

2）*理化指标*

（1）净重。(320±5%)g，平均不低于标明量。

（2）固形物。55%±5%，平均不低于标明量。

（3）氯化钠。1.3%～2.3%。

3）*微生物指标* 应符合罐头食品商业无菌的要求。

二、红烧兔肉罐头

1. 工艺流程 原料选择及修整→烧制→辅料准备→汤料配制→焖煮→出锅→称量→装罐→排气封口→冷却→保温→成品

2. 加工要点

1）*原、辅料选择及修整*

（1）经放血剥皮（去头、尾和四肢），清除内脏。胴体冲洗沥干，进行卫生检验与选择，符合 GB 2724—1981 标准的原料肉，才能用于加工红烧兔肉罐头。将胴体分成两半，切成 3～4cm 见方的肉块。

（2）兔肉。健康无病，体重 2kg 以上的成兔。辅料（按原料肉重量的百分比计）：生姜 0.6%，葱 0.6%，八角 0.2%，桂皮 0.2%，花椒 0.1%，草果 0.1%，味精 0.16%，酱油适量，骨头汤 100%。

2）*汤料配制* 用熬制的猪骨头汤，按照配方，将生姜、葱清洗干净，绞碎或切成细块，再将骨头汤按比例倒入锅中，加入生葱、姜。称量桂皮、八角、花椒、草果等，用纱布包好扎紧，放入骨头汤中，熬制 30～40min，结束前加入味精和酱油，充分拌匀，出锅即为配好的汤料。

3）*烧制* 将猪油倒入锅中高温灼烧，加入陈皮丝，再放入切块的兔肉，用大火翻炒，炒至表面收缩变色时，加入料酒，然后加入食盐、砂糖和酱油。烧炒时间不能太长，也不能太短，火候要适宜，以免影响成品肉块的食用品质。烧制过程在 15～20min 以内。

4）焖制　将兔肉和汤料比按（4∶2）～（4∶2.5）的比例，分别将肉块和汤料倒入锅内，加盖焖煮，倒入少量料酒后，翻拌均匀，再焖煮 10～15min，当肉块基本熟透后，便可出锅。切不可煮得太熟，以免影响杀菌后成品肉块的形状和口感。

5）装罐　采用玻璃瓶装，每瓶净重 510g，其中肉块固形物 291g，汤料 219g。装罐时要将不同类型肉块相互搭配，装好称量，再配以汤料，以保持罐头肉块均匀一致。

6）排气及密封　抽气密封，真空度 400～500mmHg 以上。

7）杀菌及冷却　冷却至 40～45℃即可，待充分冷却后入库保温，要注意防止未充分冷却入库，以免影响产品风味和色泽

杀菌公式为：15min—90min—反压冷却(反压 1～1.2kg/cm^2)/121℃

3. 产品质量标准

1）感官指标

(1) 色泽。肉色正常，呈酱红色或橙红色。

(2) 滋味和气味。具有红烧兔肉罐头应有的滋味和气味，无异味，即气味淡香，滋味可口。

(3) 组织状态。肉质柔软，块形大小均匀，长宽各 3～4cm，块间不粘连。肉质软硬适宜，形状完整，搭配均匀。

(4) 净重。净重 510g，每瓶允许上下误差 3%，但兔肉固形物不得低于净重的 60%。

2）理化指标　食盐，1.76%；亚硝酸钠，未检出；锡，玻璃包装；铜，0.43mg/kg；铅，0.31mg/kg。

3）微生物指标　致病菌未检出，无微生物作用引起的腐败象征。

三、五香猪蹄软罐头

1. 工艺流程　原料验收→清洗→处理→卤制→紫外线灭菌→装袋→封盖→杀菌、冷却→保温→检验→成品

2. 加工要点

1）原、辅料选择及修整　流动水解冻，水温 20～30℃，时间 4～6h。解冻至中心温度为 2～8℃为准。在热水中清洗猪蹄，去除残毛，用刀刮除污物。

猪蹄，应采用新鲜、来自非疫区、健康良好、宰前宰后经兽医检验合格的猪蹄，表皮无机械伤、色斑，形态完整，基本无猪毛，每只猪蹄重量为 0.45～0.65kg。猪蹄必须经冷却排酸，不允许采用热鲜肉、配种猪、产过小猪的母猪、黄膘猪及质量不符合 GB 9959 .1 的原料。猪蹄 100kg，白糖 2kg，绍兴黄酒 1.2kg，混合香料 0.15kg，精盐 4kg，生姜 0.6kg，糖色 0.5kg，味精 0.45kg，丁香 0.08kg，酱油 2.5kg，烟熏剂 0.2kg，水调整到 100kg。

2）配料和卤制　按照配方，将各种香辛料装入 80 目滤布袋中，在盛有水的不锈钢夹层加热，保持微沸 30min，加入其他调料，沸溶后用 120 目不锈钢滤网过滤取汁，加进猪蹄保持 40min，在卤制时轻轻搅拌，以使风味一致、色泽均匀。

3）灭菌　将卤制后的猪蹄放入框中，在紫外线下灭菌 30min，要求严格执行卫生制度，保证灭菌效果。

4）切半　用刀将猪蹄从中间切成两半，要求切面形态完整，并防止骨头破碎而造成损坏包装袋。

5）袋装　每袋装510g，要求称量准确，搭配均匀，允许每袋有1～2块添秤。

6）封口　灌装后及时用全自动真空封口机，在0.09MPa下进行封装，逐袋检查封口质量，剔除不合格品。封袋应平整严密、无皱纹，不得有裂纹、空隙和复合层分离等不合格现象。

7）杀菌及冷却　采用反压水杀菌。冷却至40～45℃即可，待充分冷却后入库保温，要注意防止未充分冷却入库，以免影响产品风味和色泽

杀菌公式：15min—90min—反压冷却(反压1～1.2kg/cm²)/121℃

8）包装　经保温处理（没有变质现象）、检验合格后，装进外包装袋内封口，并印上生产日期。每箱30袋，袋为侧立装箱，每层各放一纸垫，用封口胶封箱。

3. 产品质量标准

1）感官指标

(1) 色泽。肉色正常，呈棕红色。

(2) 滋味和气味。具有本品种应有的滋味和气味，无异味。

2）理化指标　净重500g，固形物≥90%；食盐1.5%～2.5%；铅≤1.0mg/kg，砷≤0.5mg/kg，铜≤5mg/kg，食品添加剂符合GB 2760的规定。

3）微生物指标　致病菌未检出，菌落总数≤100个/mL，MPN≤30个。

四、崇仁五香麻鸡软罐头

1. 工艺流程　麻鸡选择→宰杀→烫毛、退毛→取内脏→漂洗→湿腌→烘烤→油炸上色→卤煮→真空包装→高温杀菌→冷却→检查→外包装→成品

2. 加工工艺

1）原、辅料选择及修整　选择1～1.25kg的崇仁麻鸡作原料，宰前断食12h，采用颌下三管（血管、食管、气管）齐断法宰杀，经65℃热水烫2～3min，去毛切腹取出内脏、食管、气管，剪去腔上囊，割下鸡爪、鸡翅，洗净。

崇仁麻鸡、大料、桂皮、花椒、丁香、砂仁、陈皮、小茴、肉蔻、白芷、山萘、食盐、白砂糖、黄酒、味精、姜、葱、饴糖、植物油等。

2）湿腌　按腌制100kg白条鸡计，其配方为：水100kg、食盐10kg、白糖1.5kg、大料250g、桂皮300g、花椒250g、丁香150g、砂仁50g、陈皮200g、小茴香100g、肉蔻50g、白芷100g、山萘150g。将各种辅料加水烧开，然后小火熬制30min，过滤即为腌制液。料液用后也可烧沸再重复利用，部分辅料酌情加入，掌控料液浓度保持在11°Bé。

腌制时将白条鸡逐只放入腌制液中，确保汁液全部淹没鸡体。然后在4～10℃条件下腌制12h，期间翻动2～3次。

3）烘烤　将腌好的鸡体取出置于案板上，压成扁平状，修去切口的碎骨，将鸡头、鸡颈翻过来压在鸡腹中，平放入烘箱，先用低温50℃烘烤4h，然后将温度调至60℃，再烘3～4h，此时鸡身硬挺，适度干燥。

4）油炸上色　将饴糖按4∶6的比例调成饴糖水，然后在鸡身各个部位均匀刷上糖液，晾干后入160～180℃的油锅中炸2～3min，以鸡身表面呈金黄色为佳。

5）卤煮　按卤煮100kg鸡坯计，其配方为老卤100kg、食盐3kg、白糖1.5kg、味精250g、黄酒2kg、酱油2kg、生姜1kg、干辣椒250g、香葱1kg、大料100g、丁香80g、山

萘 40g、桂皮 100g。将前述料液煮沸后小火熬制 30min 备用。将卤煮液煮沸，趁热加入炸好的鸡体，煮沸后小火焖煮 30min 即可。

6）真空包装　将卤煮好的鸡体及时出锅进入冷却间冷却，按包装规格进行装袋；装袋时注意不能将油汁等沾在袋口；装袋后需用洁净干布擦净袋口。热封温度 160～200℃，热封时间 3～4s，真空度 0.095MPa。

7）杀菌及冷却　杀菌公式因产品包装规格不同而异，500g 袋装产品选用杀菌公式为 10min—20min—10min/121℃，反压 0.152MPa，冷水冷却。将杀菌后产品及时取出并擦净袋面污迹，利用强风干燥袋面。

杀菌公式：15min—90min—反压冷却(反压 1～1.2kg/cm^2)/121℃。

8）检查、外包装、入库　冷却存放几天后的产品需逐一检查封口、破袋、胀袋等情况。合格后套装外袋，然后装箱入库。

3. 产品质量标准

1）感官指标

（1）色泽：金黄光亮。

（2）滋味和气味：具有五香麻鸡固有的鲜、香、咸、甜等风味，无异味。

（3）组织状态：块形完整，组织紧密，软硬适度，无碎肉及其他杂质

2）理化指标　水分≤50%，NaCl 2%～3%，Pb≤1.0mg/kg，Hg≤0.1mg/kg，As≤0.5mg/kg。

3）微生物指标　菌落总数≤100 个/g，大肠菌群≤5 个/100g，致病菌不得检出。

五、茄汁兔肉软罐头

1. 工艺流程　原料处理→预煮→切块→配汤汁→罐装→封口→杀菌及冷却→包装

2. 加工工艺

1）原料处理　选择经验收合格的兔肉，解冻后劈半，因骨内空气较多，不仅影响杀菌效果，而且骨头坚硬，容易造成复合薄膜袋的破裂，所以剔除骨骼，

2）预煮　首先配制香料，每 100kg 兔肉加洋葱 2.4kg，姜片 500g，月桂叶 150g，丁香 63g，胡椒 100g。把上述香料包于纱布袋中，放水中煮沸 10min，然后投入兔肉，预煮10～12min。

3）切块　预煮后把腹部肉、背部肉、腿肉均切成 3～4cm 见方的小块，并分别放置，以便搭配装袋。

4）配汤汁

（1）配料比。番茄酱（12%）100kg，精白面粉 6kg，黄酒 10kg，精盐 8kg，味精 2kg，砂糖 11kg，精制植物油 32kg，洋葱末 24kg，肉汤 72kg。

（2）配制方法。先将植物油加热到 180℃左右，加入洋葱末炸至淡黄色，然后趁热加入精面粉、肉汤、砂糖、食盐、番茄酱，不断搅拌，最后加入味精和黄酒，搅拌均匀，得茄汁 20～24kg。

5）灌装　灌装装置必须选用能尽量减少封口部分污染的结构形式，我国目前采用引进的 TVP-A 型自动真空封口设备是软罐头食品的灌装、抽真空密封较理想的设备。为了防止抽空时内容物被抽出，袋口应先经电热预封，顶封部位在封边中间，长 50cm，宽 5cm，

经预封后的蒸煮袋再进行抽真空密封。袋内食品应保证规定的分量和块数，一般兔肉和茄汁的比例为156∶100，食品定量后再装袋。内容物应装到离袋口上部3.5～4mm，如果内容物装得过多而接近袋口时，易抽出而污染袋口。

6）封口　软罐头的封口是一道关键工序，为保证封口的效果，要尽量减少封口部分的污染。软罐头在封口前要先排出内部空气使袋内造成部分真空。采用TVP-A型设备抽空封口时，为避免真空度过高而将内容物抽出，可进行二次抽气。第一次的真空度一般为73.1～79.8kPa，第二次抽空，79.8～93.1kPa，热装罐封口时要求中心温度控制在70℃以上。

密封后要进行封口的质量检查，良好的封口边缘外观应该整齐平服，不允许有严重的皱纹，封口边的宽度要求为（10±3)mm。

7）杀菌及冷却　杀菌公式为37min—7min/121℃，杀菌结束后，需立即进行冷却，使罐头内部温度降到38～40℃。为防止冷却过程中罐头变形，采用加压冷却。

8）包装　茄汁兔肉软罐头加工为成品后，在贮藏、运输、销售时，为避免受到跌落、碰撞、振动等影响，要采用安全包装，分里外两层，里面用小纸盒，外层再用大纸箱包装。

3. 产品质量标准

（1）色泽。番茄汁的色泽为橙红色，兔肉色泽正常。

（2）滋味和气味。具有茄汁兔肉罐头应有的滋味和气味，无异味。

（3）组织状态。肉质柔软，块形大小均匀。

六、咖喱牛肉罐头

1. 工艺流程　原料整理→预煮烫漂→调味料配置→调味→装袋封口→杀菌→冷却→保温→成品包装

2. 加工工艺

1）原料处理　1815g牛肉去除牛筋，切成2cm见方块状，沸水烫2～3min；土豆800g，胡萝卜800g，去皮切成1.5cm见方方块，沸水煮2min。

2）酱料配制　将植物油260g放入锅中加入洋葱425g炒香后加入咖喱粉175g炒黄炒香，再加糖、盐、味精共519g，水3850g，煮沸，边搅拌边加入用水调匀的淀粉并煮沸。

3）装袋　酱60g，牛肉100g，土豆10g，胡萝卜10g。

4）杀菌　121℃高压水杀菌（0.13MPa)，恒温时间30min，反压0.18MPa冷却，据内外压力相平衡原理，采用逐步降压，冷却至内容物中心温度40℃以下。

3. 产品质量标准

（1）感官。组织软硬适度，软嫩可口，块形大致均匀，肉色呈棕黄色，酱体呈褐黄色，浓稠适度，咖喱风味浓郁，符合产品标准中感官指标要求。

（2）微生物检验。符合罐头商业无菌要求。

七、咖喱猪大肠罐头

1. 工艺流程　原料验收→解冻→处理→刷洗→除油污→再次处理→蒸煮→切片→复煮→调味→制咖喱酱→装罐→排气→密封→检查→杀菌→冷却

2. 加工工艺

1）原料验收　采用来自非疫区健康良好，宰前宰后经兽医检验并附有合格证书的冷冻猪大肠。

所需原辅料：猪大肠，食盐，葱头，胡椒，生姜，原肉汤（2%），咖喱粉，白砂糖，花生油，白面粉，碎葱头，碎大蒜，味精，黄酒，调味液。

2）解冻　将验收合格的猪大肠，放入流动的清水池中进行解冻，解冻水温不得超过20℃。解冻时间 2～3h。

3）处理　将解冻后的猪大肠捞出，沥干水分后放入搅拌处理机中，每 10kg 猪大肠加食盐 4kg，进行揉擦除去黏膜臭味。

4）刷洗　处理后取出放入流动的清水池中，刷洗干净黏膜液，刷洗干净后再将猪大肠翻过来。

5）除油污　刷洗干净后捞出，将猪大肠外面上一层薄油层轻轻撕去，然后再用剪刀剪除油污等不洁物。最后用清水刷洗干净，并把大肠翻过来。

6）再次处理　将除油后的猪大肠再次放入搅拌机中，每 100kg 猪大肠，加入食盐1.5～2kg，进行搅拌揉擦去污处理。处理后取出放流动清水池中刷洗干净，并沥干水分。

7）预煮　将清洗干净的猪大肠放入沸水中进行蒸煮，蒸煮水与大肠的比例为2∶1。蒸煮时间以开沸计时 8～12min，在进行蒸煮的过程中应注意搅拌，并随时撇除浮沫及油污。

8）切片　将蒸煮后的猪大肠捞出，沥干水分。然后逐条检查处理是否干净。并将直径小于 20mm 的细肠剪除，另行处理。再将大肠切成 10～15mm 厚的圆片状。

9）复煮

（1）复煮液配方。清水，80.0kg；月桂叶，25g；葱头，1.0kg；胡椒，20g；生姜，0.6kg。

（2）操作方法。先将清水放入夹层锅中，再将葱头、生姜、月桂叶、胡椒装入料袋扎好袋口放入清水中，加热，微沸 15min 左右，撇除浮沫后，再加入大肠片，以微沸计时复煮15～20min。复煮用料葱头、生姜每隔 2h 更换一次；月桂叶、碎胡椒每隔 4h 更换一次。复煮液经过滤后供调味用。

10）调味

（1）调味配方（单位：kg）。大肠片，50.0；食盐，0.6；原肉汤（2%），35.0；咖喱粉，0.28；白砂糖，0.36。

（2）操作方法。将复煮后的大肠片捞出，沥干水分后放入夹层锅中，加入咖喱粉（要撒均匀）、砂糖、食盐搅拌均匀，再加入原肉汤搅拌煮沸 15min 左右。调味后将大肠片捞出，沥干调味液。然后取出调味液，经过滤后调节至 20kg，供配制咖喱酱使用。

11）制咖喱酱

（1）制咖喱酱配方（单位：kg）。花生油，11.0；白面粉，3.2；碎葱头，16.0；咖喱粉，1.5；碎大蒜，0.6；砂糖，3.6；食盐，2.5；味精，0.8；黄酒，4.0；调味液，80.0。

（2）操作方法。先将花生油放入夹层锅中，加热到 120～130℃。再加入经孔板孔径 2～3mm 绞肉机绞碎的葱头及大蒜，油炸至微黄色，其脱水率控制在 60%左右为宜。然后用细筛加入白面粉，边加入边进行搅拌。而后再加入调味料，待煮沸后加入咖喱粉，搅拌均匀，最后加入黄酒和味精，待拌匀后立即出锅，用原肉汤调节 120kg 备用。

12）装罐

（1）洗灌。空罐及罐盖经检验后用清水洗干净，放入沸水中进行消毒 2～8min 取出倒置备用。

（2）装罐量。罐号 860，净重 256g，大肠片 156g，调味液 100g。

（3）装罐。先将大肠片装入罐内，然后浇入咖喱酱，在浇罐时咖喱酱温度不低于 75℃。

13）排气及密封　抽气密封：350～400mmHg。

14）检查　密封后应逐罐进行检查封口是否良好及真空度是否正常。不合格的罐头应检出及时进行处理。

15）杀菌及冷却　密封后应及时进行杀菌，其间隔时间一般不应超过 30min。杀菌公式：15min—60min—15min/118℃冷却。

3. 产品质量标准

（1）色泽。肉色正常，呈该品种应有的褐黄色。

（2）滋味及气味。具有猪大肠经蒸煮、调味、咖喱酱等制成的咖喱猪大肠罐头应有的滋味及气味，无异味。

（3）组织及形态。肉质软硬适度，块形呈圆片状，片厚度为 10～15mm，直径在 20mm 以上。片形大致整齐，搭配较均匀。

八、豆豉猪肉酱软罐头

1. 工艺流程

豆豉、植物油、葱、姜→炒制
猪肉的修整→腌制→斩拌→煮制→冷却 } 调配→熬制→真空装袋→杀菌→成品
花生仁、核桃仁、芝麻仁→烤熟→绞碎

2. 加工工艺

1）原料肉修整　选用猪肉（后腿）剔除筋腱组织、污血、淋巴及去除污物，用温水洗净。猪肉清洗干净后放在腌渍液中腌渍，以使产品呈现鲜艳颜色。

腌渍液的配方为：猪肉 40kg、亚硝酸钠 20g、食盐 1kg，在 10℃以下腌渍 24h。

所需原、辅料为：猪肉、豆豉、干酱、淀粉、大豆组织蛋白、酱油、白砂糖、花生油、食盐等。

2）斩拌　将清洗干净并腌渍好的猪肉用斩拌机斩成 0.5cm 见方小块。

3）煮制　将腌渍好的猪肉投入沸水（肉：水＝1：5）中煮制：100℃，30min。在煮制过程中加入辅料葱、姜、蒜，易于出味且掩盖不良气味，并加入干酱，注意应用料汤把干酱溶解后再加入，边加边搅拌。目的是增加色泽、突出风味。待猪肉熟制后将淀粉和大豆组织蛋白一起加入，二者结合使用效果更佳。

4）豆豉炒制处理　将配料中部分花生油在铁锅里加热到 140℃左右，投入豆豉、葱、姜、蒜适量，将豆豉进行熟化处理。

5）其他辅料处理　花生仁、芝麻仁分别烤熟去皮，用绞肉机绞成碎粒。鲜姜洗净，去皮，用破碎机打成泥。

6）调配　先将配料中水在夹层锅里加热，然后再投入食盐、白砂糖、味精等溶解。

最后依次加入豆豉、猪肉等原辅料，边加热边搅拌，保持微沸，熬制 10～15min。

7）*真空灌装、封袋*　将熬制好的豆豉猪肉酱趁热装入铝箔袋中。灌装温度不能低于 85℃；此时注意搅拌，防止灌装前油脂浮出，影响灌装的均匀性；每袋灌装量准确，不低于 240g。灌装后，尽快趁热封袋，真空度设定在 800mmHg 左右。

8）*杀菌、冷却*　灌装封袋后在杀菌锅里高压杀菌。杀菌条件：121℃，30min。最后，反压冷却，冷却速度不能太快，以防胀袋。

3. 产品质量标准

（1）色泽。酱体棕褐色，表面允许有部分油脂析出。

（2）滋味和气味。鲜香味美，甜咸可口，具有猪肉与豆豉的独特滋味，无异味。

（3）口感。有明显猪肉、豆豉及果仁颗粒，有一定咀嚼感，酱体易于涂抹。

（4）组织状态。半固态状，料质均匀，黏稠适中，乳化效果好。

九、苏州酱汁肉罐头

1. 工艺流程　原辅料验收→原料肉解冻→清洗整理→煮制→酱制→制卤→称重包装→杀菌→冷却→检验→外包装→成品入库

2. 加工要点

1）*产品配方*　猪肋条肉 100kg，白砂糖 6kg，精盐 4kg，绍兴老酒 4kg，葱（捆成束）2kg，红曲米 1.2kg，生姜 0.25kg，桂皮 0.15kg，八角 0.1kg，双乙酸钠 0.3kg，乙基麦芽酚 0.1kg，乳酸链球菌素 0.05kg，山梨酸钾 0.0075kg。

2）*原辅料验收*　选择产品质量稳定的供应商，对新的供应商进行原料安全评价，向供应商索取每批原料的检疫证明、有效的生产许可证和检验合格证，对每批原料进行感官检查，对原料肉、白砂糖、食用盐、白酒等原辅料进行验收。

3）*原辅料的贮存*　原料肉在－18℃贮存条件下贮存，贮存期不超过 6 个月。辅助材料在干燥、避光、常温条件贮存。

4）*原料肉解冻*　原料肉在常温条件下解冻，解冻后在 22℃下存放不超过 2h。

5）*清洗整理*　最好取太湖猪整块的肋条肉作原料，用流动自来水清洗后，沥水。刮净毛污，斩下大排骨的椎骨，留下整块方肋条，俗称抽条子。宽 4cm，长度不限。肉条切好后砍成 4cm 见方的块状，尽量做到每千克 20 块，排骨部分每千克 14 块左右。肉块切好后，将五花肉、硬肥膘肉分开。

6）*煮制*　根据原料的规格，分批下锅，在沸水中白烧。五花肉烧 10min 左右，硬肥膘肉烧 15min 左右。捞起后用清水冲洗干净，去掉油沫、污物等。将锅内白汤撇去浮油，全部舀出。然后在锅内放拆骨的猪肉 6 块（猪脸 4 块、下巴肉 2 块，主要起衬垫作用，防止原料贴锅焦糊），放入包扎好的香料纱布袋。在猪头肉上面先放五花肉，后放硬肥膘肉。如有排骨碎肉可装入小竹篮中，置于锅中间。最后倒入肉汤，用大火煮制 1h。

7）*酱制*　当锅内卤汤沸腾时加入红曲米、绍酒和糖（用糖量为总糖的 4/5），再用中火焖煮 30min 左右，至肉色为深樱桃红色时即可出锅。

8）*制卤*　酱汁肉的质量关键在于制卤，食用时还要在肉上泼卤汁。好卤汁既可使肉色鲜艳，又可使味道具有以甜味为主、甜中带咸的特点。质量好的卤汁应黏稠、细腻、流汁而不带颗粒。卤汁的制法是将留在锅内的酱汁再加入剩下的 1/5 的白砂糖，用小火煎熬，待汤汁逐渐成稠状即为卤汁。

9）称重包装　按不同规格的要求进行称重，真空包装。

10）杀菌　杀菌操作按压力容器操作要求和工艺规范进行，升温时必须保证有3min以上的排气时间，排净冷空气。采用高温杀菌：10min—20min—10min（升温—恒温—降温）/121℃，反压冷却。

11）冷却　排尽锅内水，剔除破包，出锅后应迅速转入流动自来水池中，强制冷却1h左右，上架、平摊、沥干水分。

12）检验　检查杀菌记录表和冷却是否彻底凉透，送样到质检部门按国家有关标准进行检验。

13）外包装　按批次检验合格后下达检验报告单，打印批号和生产日期（必须严格对应），打印的位置应统一，字迹清晰、牢固。

14）成品入库　按规格要求定量装箱，外箱注明品名、生产日期，方可送入成品库。

3. 产品质量标准　成品为小块，樱桃红色，甜中带咸，入口即化，肥而不腻。

十、无锡酱排骨罐头

1. 工艺流程　原辅包装材料验收→原辅包装材料贮存→原料肉解冻→清洗整理→配料腌制→焯沸→煮制→冷却称重→真空包装→杀菌→冷却→检验→外包装→成品入库

2. 加工要点

1）产品配方

（1）腌制料。猪排骨100kg，食用盐3kg，花椒0.025kg，亚硝酸钠0.015kg。

（2）煮制料。酱油8kg，白砂糖6kg，黄酒2kg，食用盐1.5kg，味精0.8kg，生姜0.5kg，大葱0.5kg，桂皮0.1kg，八角0.1kg，丁香0.03kg，白芷0.03kg，乙基麦芽酚0.1kg，红曲红0.04kg，山梨酸钾0.0075kg。

2）原辅包装材料验收　选择产品质量稳定的供应商，对新的供应商进行原料安全评价，向供应商索取每批原料的检疫证明、有效的生产许可证和检验合格证，对每批原料进行感官检查，对原料猪排骨、白砂糖、食用盐、味精、食品添加剂等原辅料及包装材料进行验收。

3）原料包装材料的贮存　原料猪排骨在－18℃贮存条件下贮存，贮存期不超过6个月。辅助材料和包装材料在干燥、避光、常温条件下贮存。

4）原料肉解冻　原料猪排骨在常温下解冻，解冻后在22℃下存放不超过2h。

5）清洗、整理　选用猪的胸腔骨（肋排）为原料，也可采用几倍的大排骨，骨与肉的比例约为1∶3。斩成宽7cm、长11cm左右的长方块，如以大排为原料则切成厚约1.2cm的扇形块，用流动的自来水冲洗干净，沥水。

6）配料腌制　按100％计算所需的各自不同的配方，用天平和电子秤配制香辛料和调味料（香辛料用文火煮制30～60min）。将亚硝酸钠、食用盐用水溶解、拌和，均匀地洒在排骨上，反复搅拌置于缸内腌制，腌制时间：夏季4h，春秋季8h，冬季10～24h在腌制过程中需上下翻动1～2次，使咸味均匀。

7）焯沸　锅内用100℃的开水，放入排骨烧煮，上下翻动，撇除血沫，时间3～5min出锅，用流动自来水冲洗干净后沥干。

8）煮制　将生姜、大葱及香辛料分装于布袋，放在锅底，再放入排骨，加上黄酒、酱油、精盐，再放入焯沸的肉汤，旺火烧开后 10min，改用文火焖煮 1h 左右，加入白砂糖等辅料，再用旺火烧 5min，待汤汁变浓后，即可出锅。

9）冷却称重　卤煮好的产品摊放在不锈钢工作台上冷却，按不同规格要求准确称重。

10）真空包装　抽真空前先预热机器，调整好封口温度、真空度和封口时间，袋口用专用消毒的毛巾擦干（防止袋口有油渍）后封口，结束后逐袋检查封口是否完好，轻拿轻放摆放于杀菌专用周转筐中。

11）杀菌冷却　采用微波杀菌，打开微波电源盒按钮，设备自行运转，物料平放在进料平台上，不能重叠，同时调整好温度和加热时间，中心温度在 85～90℃，再用巴氏杀菌，85℃、水浴 40min，流动自来水冷却 30～60min，最后取出沥干水分、晾干。

12）检验　检查杀菌记录表和冷却是否彻底凉透，送样到质检部门按国家有关标准进行检验。

13）外包装　按批次检验合格后下达检验报告单，打印批号同生产日期（必须严格对应），打印位置应统一，字迹清晰、牢固。

14）成品入库　按规格要求定量装箱，外箱注明品名、生产日期，方可进入 0～4℃冷藏成品库。

3. 产品质量标准　产品色泽酱红，油润光亮，肉质疏松，脱骨，具有无锡酱排骨特有的风味。

十一、多味卤汁兔肉软罐头

1. 工艺流程　工艺流程：鲜兔肉（或冻兔肉解冻）→整理→切块→腌制→预煮→冲洗→油炸→煮制→浸卤→真空包装→高温杀菌→冷却→检验→装袋→成品

2. 操作要点

1）原辅料及配方

（1）腌制液配方。兔肉 100kg，食盐 2.5kg，白糖 3kg，黄酒 2kg，味精 0.5kg，豆瓣酱 1kg，八角、肉桂、花椒各 0.1kg，丁香、砂仁、小茴香、肉豆蔻、草果各 0.05kg，白胡椒 0.15kg，生姜 0.5kg，大蒜 0.2kg。

（2）煮液配方。花椒 100g，茴香 50g，砂仁 15g，八角 100g，肉桂 100g，陈皮 80g，良姜 60g，肉豆蔻 25g，草果 25g，生姜 1kg，辣椒 0.15kg，将香辛料分别用纱布袋包装。为使辣味更多溶入卤水中，生姜清洗后要压碎，辣椒应剪碎。

除上述香辛料外，还需食盐 1.5kg，酱油 6kg，白糖 1kg，黄酒 2.5kg，味精 0.5kg，五香粉 0.1kg。

2）原料处理　采用非疫区健康良好的家兔，须经兽医检验。兔肉必须冷却排酸处理，不允许使用热鲜兔肉及放血不净、冷冻两次或质量不好的兔肉。允许兔肉表面有伤疤，但每只不超过 5 处，每处面积不超过 20mm^2（呈紫色或黑色）。冷冻兔肉在解冻过程中，除保证良好的卫生条件外，必须严格控制解冻条件，以免兔肉汁大量流失，影响成品质量。流水解冻时，水温须低于 20℃，且冻肉不能露出水面，最好放入 0～4℃库中解冻，效果最好。

3）腌制　腌制的目的在于增加风味，延长保质期，脱去肉中的部分水分，使肌肉更加紧密，便于包装。腌制用浸泡法，先将香辛料包在纱布中，放入夹层锅内煮沸 1h。再加入调味料（盐、糖、味精等），放凉。将肉块放入腌制液内腌制。腌制时间随腌制温度而定。

温度低，腌制时间长，反之则短。但温度高容易使微生物生长繁殖，导致肉的腐败变质。因此，在炎热季节应降温腌制，一般在5～10℃的预冷间腌制12～24h；而冬、春季节，一般在室温下腌制即可。但腌制的时间须视气温情况灵活掌握。

4）预煮　在提升锅中放入清水，再按肉重量加入1.5％的食盐和香辛料袋，煮沸后倒入切好的肉块。20min后，用长柄铁钩刺戳腿肌肉，如无血水淌出即可出锅。

5）冲洗　肉块经预煮后从锅中捞出，用自来水冲洗、降温。然后将肉块捞入食品周转筐中沥水，再倒在操作台上摊开，继续散热与沥水。

6）油炸　待预煮后冲洗的肉块表面水分晾干后，均匀地涂抹上一层饴糖水（糖、水比例为4：6）或40％～45％的蜂蜜水，再放入175～185℃的热油锅中炸半分钟左右，使肉块表面呈绛红色捞出，滤油、冷却。

7）煮制：将香辛料袋放入锅中煮沸后倒入100kg经油炸的肉块煮制。加入食盐、酱油、白糖、黄酒等调味品，用旺火烧10min后改用文火慢慢煮，使锅内水分保持在90℃左右，不要让汤水沸腾。在慢煮过程中，要轻轻翻动兔肉2～3次。当肉块浮在卤水表面，用手指按压兔腿肉有松软感时，继续用旺火煮沸后即可出锅。

8）浸卤：将煮好的肉块捞入缸内，上面撒上五香粉、味精，再从锅中取卤水倒入缸内浸渍，上放竹架用石块压实，使卤水浸没肉块，能继续起到调味作用。一般浸卤的时间为8～12h，如浸卤时间过长，肉块会变成黑红色，影响外观；若浸卤时间太短，则肉块的色泽和风味都要差一些。

9）包装杀菌：浸卤后出锅冷却进行真空包装。真空包装密封后的包装物，应放在食品周转筐内1h左右，才能放入杀菌锅的栅屉之中，这时凡封合不严或袋壁被刺破者都能显露出来，须将袋壁松弛或已隆起的胀包剔出并重新更换包装袋，以避免产品两次消毒而导致的过热现象。杀菌公式：10min—30min—反压冷却/121℃。

10）封套标签袋：经杀菌、冷却后的真空包装产品，放入食品周转筐内，标明消毒日期，送进库房。放置7天后逐包检查袋壁与肉块的黏着情况，若两者之间紧贴为一体、中间无气隙，说明达到杀菌的目的，外套彩印标签袋封合后，即可装箱出厂。

3. 产品质量标准　符合GB 13100—2005肉类罐头卫生标准。

十二、烤鹅罐头

1. 工艺流程　验收→解冻→初加工整理→焯煮→涂上色液→油酥→切半、焖煮→切块→灌装→排气密封→杀菌冷却→擦罐入库

2. 操作要点

1）原辅料配方　以100kg鹅肉计算，烤鹅上色液配方及烤鹅配料液配方如下。

（1）烤鹅上色液配方。转化糖200g，焦糖100g，乙醇50g（注：转化糖是用砂糖80g，柠檬酸0.9g，清水200g，加热至70℃保温制成）。

（2）烤鹅配料液配方。白糖18kg，黄酒10kg，白酱油10kg，鹅汤5kg，酱油5kg，精盐4kg，味精2kg，生姜1kg，葱1kg，桂皮1kg。

2）验收　应选用经严格检验合格的、健康无病、体型饱满、单体重3kg以上的鹅只，经宰杀、放血、开膛、清除内脏、沥干后使用。工厂生产通常以经检验检疫合格的冷冻全净膛鹅为原料。冻鹅单体重在2.5kg以上。

3）*解冻*　原料自冷库领出后需解冻完全后才能投入生产加工。

（1）冷冻鹅解冻通常采取自然解冻或喷淋水解冻，解冻室温度应控制在 20℃左右，解冻时间为 8～10h，解冻过程中应适当翻动冻鹅，且在操作时做到轻拿轻放，防止弄破表皮，从而达到解冻均匀。解冻好的鹅只要逐只检查，剔除遭受污染、破皮、放血不净、瘀血严重、过瘦等不适宜加工的鹅只。

（2）解冻应分批进行，做到先解冻的鹅只先加工。

（3）解冻应适度，以内膛略带冰为好。淋水解冻时，喷淋只能间歇地进行，为避免大量营养物质流失和影响产品外观，不允许将鹅只直接浸泡在喷淋水中解冻。

4）*初加工整理*

（1）用温水刷洗净解冻好的鹅表皮污物。

（2）沿鹅脊骨对开洗净外表油污的鹅只。

（3）将对开后的鹅斩去头，留下 5～10cm 长的颈，沿着膝关节割下鹅爪，割除尾部或除去鹅膻体、翅尖（约 1cm），扒除残余内脏和气管、食道、肺、肾等。修剪去除肛门及鹅体黑皮、血筋等，取下另行处理。

（4）用拔毛钳将所有的绒毛、血管毛尽量去除干净，并拔除粗毛根。

（5）将整理好的鹅在流动温水中彻底清洗干净，去除泥沙及血块、油污等。

5）*焯煮*　把初加工整理好的鹅只投入蒸汽夹层锅中预煮（注意沸水下锅）约煮 50s，每次下锅不宜超过 10 只，每预煮 5 锅换一次锅内清水。焯煮后将鹅只及时放入流动清水中冲洗干净，沥干备用。

6）*涂上色液*　焯水沥干的鹅需用纱布逐只在表皮上均匀涂上一层上色液，内脏不需涂。一般上色两遍，第一遍稍干后上第二遍。上色液配方为：食用乙醇 100g、焦糖 200g、转化糖 400g。其中转化糖是用砂糖 160g、柠檬酸 1.8g、清水 400g，经 20min 的 70℃加热保温，再冷却至常温而制成。

7）*油酥*　把上色后晾干表皮的鹅逐只投入油温 180～185℃的油中油炸 1～1.5min，炸至表面呈酱色为止（鹅下锅只数要严格控制，每分钟不宜超过 4 只，需逐只下锅，严禁一起倒入锅中），若出现油温下降，要及时停止油炸，待温度达到后再继续。一般油炸后产品收得率为 82%。为避免产生焦苦味，油炸过程中要勤捞油中碎屑。加工厂一般使用连续式油炸机，自动控温、自动过滤油中碎屑等。

8）*切半、焖煮*　沿鹅胸中线对半切开油酥后的鹅，去净残存的血管杂碎后备用。在夹层锅中加水 120kg、拍碎或切碎的生姜 1kg、桂皮 1kg、葱 1kg（以上香辛料装入纱袋后放入），烧开料水后加入鹅肉 100kg 预煮 20min（水再沸时开始计时，气压维持在 9.8×10^4Pa）后出锅。

9）*切块*　对焖煮后的片鹅块逐片检查，拔除干净所有残存的毛根。将焖煮后的鹅切下脖颈再切成 5～7cm 见方的块状，把翅段再切成两段，颈切成 5cm 长的小段待装罐。

10）*灌装*

（1）产品装罐前需预先配制好调味液。配料是按每 10kg 焖煮后的鹅汤中调入：酱油 10kg，白酱油 20kg，精盐 8kg，白糖 36kg，黄酒 20kg，味精 400g。配汤方法：将以上配料放入夹层锅加热煮沸 10min（黄酒、味精出锅时调入），过滤，保温（70℃左右）备用，汤汁含盐量为 12%左右。

（2）装罐。采用马口铁罐，装罐前应对空罐及罐盖检查、清洗，经沸水消毒，沥干后备用。装罐时，每罐应均匀搭配胸脯肉与腿肉，每罐允许搭配鹅颈、翅膀各一块，在无脖颈的情况下，一罐内可装入两块翅膀，但一罐内不允许有两块脖颈。装罐时肉块应平放罐内，罐底的皮朝下，罐面的皮朝上。

注意：装罐时要力求避免鹅骨伤壁，尽量减少肌肉与马口铁接触，应使皮肤面与罐底盖接触。

11）排气密封　采用加热排气，温度90～98℃，时间15min。真空封口，真空度为0.06 MPa。

封口后用洗罐液洗净罐外壁油污，再用温水冲净洗液，以免碱腐蚀罐壁，并逐只检查封口质量，剔除不合格品。

12）杀菌冷却　杀菌公式：20min—90min—20min/121℃，反压冷却（压力147kPa）。

恒温结束，降温要均匀缓慢，以免外压下降过快，使罐内外压力失去平衡而造成突角，冷却至40℃左右，趁热擦罐，检测、入库保存。

3. 产品质量标准

1）感官标准　参考表4-16。

表4-16　感官要求

项目	优级品	合格品
色泽	肉呈酱黄色至浅酱红色	肉呈酱黄色至浅酱红色
滋味、气味	具有禽类罐头应有的滋味和气味，无异味	具有禽类罐头应有的滋味和气味，无异味
组织形态	组织软硬适度，块形约40mm，部位、大小搭配均匀，可稍有脱骨现象；每罐可搭配颈（不超过40mm）、翅（应斩去翅尖）各1块和添秤小块1块	组织软硬适度，块形约40mm，部位、大小搭配均匀，可有脱骨现象；每罐可搭配颈（不超过40mm）、翅（应斩去翅尖）各1块和添秤小块2块
杂质	无外来杂质及硫化铁污染物	无外来杂质及硫化铁污染物

2）理化指标

(1) 净含量应符合相关标准和规定。每批产品平均净含量不低于标示值。

(2) 固形物含量应符合表4-17要求。每批产品平均固形物含量不低于标示值。

(3) 氯化钠含量为1.0%～2.5%。

表4-17　烤鹅罐头固形物含量

项目	优级品/%	合格品/%
烤鹅罐头	85	75

3）微生物指标　应符合罐头商业无菌要求。

本章小结

畜禽胴体主要是由肌肉组织、脂肪组织、结缔组织和骨骼组织四大部分组成。肌肉组织和结缔组织对肉类品质的影响最大，也是畜禽肉类罐藏食品最主要的原料来源。肌肉组织在组织学上可分为三类，即骨骼肌、心肌和平滑肌，加工用肉类主要是骨骼肌。肌肉的基本构造单位是肌纤维，与肉类品质密切相关。肉的化学组成主要有水分、蛋白质、脂肪、浸出物、维生素和矿物质六种成分，前三种是主体。重组肉中，根据加工方式及肉块分割程度即粉碎程度，重组肉主要分为三大类：大块肌肉的成形加工；小块肌肉的成形加工；薄片肌肉的成形加工。清蒸类罐头是将原料经初步加工后，不经烹调而直接装罐制成的罐头。调味类罐头是原料肉经过整理、预煮或油炸烹调后装罐，加入调味汁液而制成的罐头。

思考题

1. 肌肉组织在组织学上可分为哪几类？
2. 什么叫初级肌束和次级肌束？
3. 肌纤维可分为哪几类？
4. 简述畜禽肉的化学和营养成分。
5. 什么叫重组技术？
6. 简述香肠类罐头加工工艺过程。
7. 什么叫基本调味、定性调味和辅助调味？

参考文献

付桂荣，危贵茂，江清流. 2007. 崇仁五香麻鸡软罐头的加工技术. 肉类工业，(3)：9-10.

江建军. 2002. 食品工艺. 北京：高等教育出版社.

蒋爱民，南庆贤. 2008. 畜产品食品工艺学. 北京：中国农业出版社.

陆新龙，邵元荣. 2002. 五香猪蹄软罐头的工艺研究. 广州食品工业科技，18 (1)：25-27.

汪小禄. 2008. 方便米饭软包装咖喱牛肉加工工艺研究. 粮食与油脂，10：29-30.

魏庆云. 1991. 咖喱猪大肠罐头的生产技术. 食品工业科技，04：21-23.

肖枫，康怀彬. 2006. 茄汁鲢鱼软罐头加工工艺的研究. 科学养鱼，09：69-70.

徐步科，宋瑞雪，宋路娟. 1994. 红烧牛肉罐头生产工艺. 现代化农业，06：37.

于丽萍. 2003. 茄汁兔肉软罐头加工技术. 肉类工业，06：13.

张雪，舒友琴，张建平. 2005. 豆豉猪肉酱软罐头工艺的研究. 郑州牧业工程高等专科学校学报，01：5-6.

周光宏. 2008. 肉品加工学. 北京：中国农业出版社.

Aberle E D，Forrest J C，Hedrick H B，et al. 1989. Principles of Meat Science. Dubuque，IA：Kendall/Hunt Publishing Company.

Briskey E J，Cassens R G，Marsh B B. 1970. The Physiology and Biochemistry of Muscle as a Food. Madison：University of Wisconsin Press.

Chrystall B B. 1971. Macroscopic，microscopic and physicochemical studies of the influence of heating on muscle tissues and proteins.

Hedrick H B，Aberle E D，Forrest J C，et al. 1994. Principles of meat science. Dubuque，IA：Kendall/Hunt Publishing Company.

Kinsman D M，Kotola A W，Breidenstein B C. 1994. Muscle Food. London：Chapman & Hall.

Lawrie R A，Ledward D A. 2006. Lawrie's Meat Science. 7th ed. Abington：Woodhead Publishing Limited.

Warriss P D. 2001. Meat Science. Oxon：CABI Publishing.

第5章 果蔬罐藏工艺

第一节 果蔬罐头的分类及原料概况

一、果蔬罐头的分类

1. 按原料进行分类

(1) 水果类，如苹果、梨、洋梨、桃、杏、菠萝、山楂、樱桃、葡萄、草莓、柑橘、荔枝、龙眼、枇杷等。

(2) 蔬菜类，如青豆、甜玉米、蘑菇、胡萝卜、番茄、芦笋、竹笋、莴笋、荸荠、莲藕、姜、豆芽、花椰菜、黄瓜等。

2. 按加工方式进行分类

1) *水果类罐头*

(1) 糖水类水果罐头。把经分级、去皮（或核）、修整（切片或分瓣）分选等处理后的水果原料装罐，加入一定浓度的糖水制成的罐头产品。常见的如糖水桃、糖水橘子、糖水菠萝、糖水荔枝等。

(2) 糖浆类水果罐头。将原料煮至可溶性固形物达65%～70%后装罐，再加入浓糖浆制成（又称液态蜜饯）。如市面上热销的蜂蜜柚子茶罐头。

(3) 果酱类水果罐头。果冻、果酱。

(4) 果汁类罐头。原果汁、鲜果汁、浓缩果汁、果汁饮料。

2) *蔬菜类罐头*

(1) 清渍类蔬菜罐头。蔬菜原料经加工处理、预煮漂洗、分选装罐后加入稀盐水或糖盐混合液（或沸水或蔬菜汁）而制成的罐头，如青刀豆、蘑菇、马蹄、清水笋。

(2) 醋浸类蔬菜罐头。选用鲜嫩或盐腌蔬菜原料，经加工修整、切块装罐，再加入香辛料及乙酸、食盐混合物制成的罐头产品，如酸黄瓜、甜酸荠头等。

(3) 调味类蔬菜罐头。选用新鲜蔬菜及其他配料，经切片（切块）、加工烹调后装罐制成的罐头产品，如油焖笋、番茄汁黄豆等。

(4) 盐渍类蔬菜罐头。选用新鲜蔬菜，经切块（切片）或腌制后装罐，再加入糖、食盐、味精等汤汁而制成的罐头产品，如雪菜、香菜心等罐头。

3. 按罐藏容器类型进行分类

(1) 金属罐罐头。高圆形、平圆形、椭圆形、方形等。

(2) 玻璃罐罐头。卷封式、旋盖式、压入式、螺纹式。

(3) 软包装罐头。用复合薄膜制成的蒸煮袋包装食品。

二、果蔬原料的特点

果蔬原料与其他动物性原料不同，具有以下几个特点。

1）季节性　果蔬的生长、采收具有很强的季节性，受到季节气候的影响。反季的果蔬原料价格高且质量也受到影响，既影响价格成本又难保证产品的品质，因此不宜采用反季果蔬进行加工生产。

2）地域性　果蔬的生长还受到自然条件、地域环境等因素的影响。同一种水果或蔬菜，由于种植环境的不同，其生长周期、收获期、收获量及品质等也会不同。

3）易腐性　水果蔬菜的水分含量通常较高，且采摘后的果蔬仍然存在呼吸作用，因此特别容易发生腐烂变质。若在采摘或运输过程中受到机械损伤的果蔬则更易腐烂。

4）加工复杂性　水果和蔬菜的品种和种类很多，其形状、大小、化学组成及加工适应性等均不同，加工过程中往往不能采用一套设备及操作参数解决不同果蔬的加工要求，因此需要根据原料自身的特点确定相应的工艺操作参数及设备选型等。

三、原料的要求

原料的选择是否合适对果蔬罐头的品质非常关键。不同果蔬原料的加工性能差别很大，若用于罐头加工的原料选择不当，将会直接影响产品的质量。果蔬原料的品种和成熟度对其加工性能也有很大的影响，并且果蔬的产量、加工性及采收期均与品种直接有关。因此选择优良的原料品种，对果蔬罐头的生产具有重要的意义。此外，原料的新鲜度对加工质量影响很大，罐藏用果蔬原料越新鲜，其加工品质越好。

总的来说，罐藏用的水果要求糖酸比例适当，果心、果核小，肉质厚，质地紧密细致，能耐热处理，可食部分比例大的种类和品种。罐藏用的蔬菜则要求肉质厚，质地柔嫩细致，粗纤维少，可食部分多的品种。

下面介绍几种常见的罐藏果蔬原料的具体要求。

(1) 苹果。一般要求果实大小适当，果形圆整，果实横径在 60mm 以上。成熟适度（八成熟以上）组织紧密，呈白色或黄白色，果肉硬而有弹性，风味浓、香气好，无畸形、霉烂、冻伤、病虫害和机械伤。罐藏性能较好的有红玉和醉露，其他还有国光、翠玉、青香蕉等。作为苹果酱的原料要求：果实新鲜良好，成熟适度，风味正常，无腐烂及病虫害。

(2) 梨。果实中等大小，新鲜饱满，果形圆整或“梨形”，成熟适度（八成熟），果肉硬度达 7.7～9.6kg（用顶尖直径 8mm 的硬度计），耐贮运。果心小，肉质细致，风味好，香味浓，石细胞与纤维少，肉白色；无霉烂、冻伤、病虫害和机械伤。大型果（莱阳梨、雪花梨）果实横径 65～90mm，中型果（鸭梨、长把梨）果实横径 60mm 以上，小型梨（秋白梨）果实横径 55mm 以上，现常采用莱阳梨、雪花梨、秋白梨等品种。

(3) 洋梨。果实新鲜饱满，成熟适度，种子呈褐色，肉质细，无明显的石细胞，呈黄绿色、黄白色或青白色，无霉烂、冻伤、病虫害、畸形果及机械伤等。果实横径在 60mm 以上，纵径不宜超过 110mm，现常采用巴梨、秋洋梨等品种。作为洋梨汁原料要求：果实新鲜良好，成熟完全，风味浓郁，无腐烂及病虫害。

(4) 桃。糖水桃是水果罐头中的大宗商品。所谓的“罐桃品种”常指黄肉、不溶质、粘核品种。白桃应白色至青白色，果尖、合缝线及核洼处无花青素，白桃不含无色花青素。黄桃含有丰富的类胡萝卜素，果肉金黄色至橙黄色，若稍有褐变也不如白桃明显，且具有独特的香气和风味，其品质优于白桃。

肉质要求不溶质。不溶质的桃果实耐贮运及加工处理，生产效率高，原料吨耗低。而溶质品种，如水蜜桃，不耐贮运，加工中碎破多，损耗大，劳动效率低，成品常出现软塌、烂顶和毛边，质量低。

种核应粘核。粘核种肉质较致密，粗纤维少，树胶质少，去核后核洼光洁；离核种则相反。此外，罐藏用桃还要求果实横径在 55mm 以上，个别品种可在 50mm 以上，蟠桃 60mm 以上。果形圆整，核小肉厚，可食率高；风味好，无明显异味和涩味，香气浓；成熟度较高，各部位成熟一致，后熟较慢等。我国用于罐藏的黄桃品种有黄露、丰黄、连黄、橙香、橙艳、爱保太黄桃和日本引进的罐桃 5 号、罐桃 14、明星；还有京玉白桃、北京 24、大久保白桃、简阳白桃、白凤、新红白桃等白桃也用于罐藏。

(5) 菠萝。菠萝也是常见的罐藏原料，罐藏品的风味比鲜食更好，制品有圆片、扁形块、碎块和菠萝米等。菠萝的罐用品种要求果实新鲜良好，果形呈长筒形，果心小而居中心位置，纤维少，果眼浅，果肉亮黄色，呈半透明，香气浓郁，糖酸比适合；无黑心、霉烂和褐斑等缺陷。供罐藏的果实应在成熟时采收，菠萝的罐藏品种有无刺卡因（Smooth Gayenne）、沙捞越（Sarawak）、巴厘（Comtede），一般要求横径在 80mm 以上。菲律宾、皇后（Queen）等也可作罐藏品种。

(6) 柑橘。用于罐藏的柑橘要求果实剥皮容易，沙瓤紧密，色泽鲜艳，香味浓郁，糖分含量高，糖酸比合适。果形扁圆，大小适中，果形指数（横径/纵径）在 1.30 以上，橘片形状接近半圆形且整齐，容易分瓤，种子少或无，果皮薄，橙皮苷含量低，果实横径 50～70mm（重 50～100g），耐热力强，耐贮运，充分成熟。现常用温州蜜柑、本地早、芦柑、四川红橘、朱红等品种。

(7) 荔枝。罐藏品要求果实较大且圆整，横径在 28mm 以上，个别品种可在 25mm 以上；成熟适度（八至九成熟），核小肉厚，果肉洁白而致密、无开裂、流汁、干硬、霉烂、病虫害及机械伤；糖分高、香味浓、涩味淡；酶褐变轻微或不褐变。罐藏品种以乌叶最好，也可采用淮枝、陈紫、大造、上番枝、下番技、桂味等。

(8) 龙眼。果实新鲜或冷藏良好，个头大，成熟适度（八成熟），肉厚核小，肉质致密，乳白色，不易褐变；风味正常，无霉烂、病虫害及机械伤，果实横径在 24mm 以上，个别品种可在 20mm 以上。罐藏品种有福建泉州的福眼、厦门同安的水涨、福州的南圆种，此外还有东壁（糖瓜蜜）、石硖等品种。

(9) 枇杷。罐藏枇杷要求果肉色泽鲜艳，橙红至橙黄色，果实中等大小且圆整，果肉厚且肉质致密、粗纤维少、糖酸比含量高，耐煮制不塌果，种子小而少。适宜罐藏品种有浙江余杭的大红袍，安徽歙县的朝宝、光荣，浙江黄岩的洛阳春、黄岩 5 号，江苏吴县的富阳种及福建的太城 4 号、梅花霞、和车本等。

(10) 李。罐藏品种以黄肉种为好，果实横径 30mm 以上，个别品种 25mm 以上，肉质紧密、果核小、耐煮制、易去皮。我国常用品种有辽宁的鸡心李，浙江的茄皮李，广东、广西的三华李，福建的芙蓉李。

(11) 杏。罐藏杏要求果实中大，横径 35mm 以上，个别品种可在 30mm 以上；果肉厚，肉质致密，粗纤维少，色泽黄亮，风味浓郁，耐煮制和运输，易去皮；成熟度适当。我国常用品种有辽宁的大红杏、大杏梅，河北的串枝红，河南的鸡蛋杏，山东的荷包榛、玉杏和北京的铁巴达、红桃、黄桃、老爷脸等。

(12) 青刀豆。原料新鲜饱满，绿色或浅绿色，脆嫩无筋，豆荚横断面近似圆形，肉质丰富，豆荚不弯曲，成熟适度（乳熟期），无病虫害及机械伤。不能使用畸形、扁形、锈斑、霉烂、带粗筋、开红花及豆粒突出的豆荚。现常采用小刀豆、棍儿豆、白子长箕、曙光等品种。

(13) 青豌豆。豆荚新鲜饱满，青绿色，成熟适度，无病虫害及机械伤。豆荚柔嫩，含糖多，淀粉少。使用白花种，不用红花种。每荚含豆仁在 5 粒以上。原料从采收至投产不得超过 24h。采用小青荚、宁科百号等品种。

(14) 蘑菇。罐藏蘑菇要求伞球质地厚实，未开伞，色泽洁白，有蘑菇特色的香气。片菇和碎菇采用色泽正常，无病虫害和严重机械损伤的蘑菇，菌盖直径不超过 60mm，菌褶不得发黑。整菇罐头要求菌盖直径 18～40mm，菌柄切口平整，不带泥根，无空心，柄长不超过 15mm，菌盖直径 30mm 以下的菌柄长度不超过菌盖直径的 1/2（菌柄从基部计算）。蘑菇采后极易发生褐变和开伞，故采收后到加工前处理要迅速及时，或用亚硫酸盐溶液进行护色处理，尽量减少与空气接触的时间。用于罐藏的品种均为白蘑菇。

(15) 番茄。果实新鲜饱满，果形中等，果面光滑，果蒂小、浅、易去，颜色鲜红而全果着色均匀，果肉厚，果心小种子少，番茄红素及果胶含量高，酸度适当，香味浓且抗裂果。整番茄用果实横径在 30～50mm，番茄酱用果实横径 35mm 以上。现常采用罗城一号、奇果、北京早红和扬州红等品种。

(16) 竹笋。冬笋新鲜脆嫩，粗纤维少，肉质乳白或淡黄色，无病虫害，味道鲜美，没有苦涩味。春笋新鲜质嫩，肉质白或黄白色，笋身充实无明显空洞，无畸形，不干缩。现采用毛竹笋、龙须笋等品种。

(17) 甜玉米。罐藏用的甜玉米要求颗粒柔嫩、风味香甜、耐热煮、含糖量高、色泽金黄、成熟度一致。甜玉米从甜与柔嫩阶段到粗硬多淀粉阶段时间很短，要在适当的时间内采收加工。过嫩易使产品稀薄呈汤状；过熟则失去甜香风味，淀粉过多，质地老硬粗糙。

(18) 荸荠。又称马蹄，可食部分是地下球茎，属水生蔬菜。味甘质脆，罐藏用种要求新鲜肥嫩，含糖量高，淀粉少，粗纤维少，肉色洁白，质地爽脆，无黑斑和黑丝，球茎扁圆，形状端正，蒂部平坦不凹陷，无抽芽和萎缩，无虫害和机械伤，横径 30mm 以上。

(19) 黄瓜。黄瓜常加工成酸黄瓜罐头。罐藏黄瓜要求无刺或少刺，新鲜饱满，深绿色，瓜形正常，组织脆嫩（种子尚未发育），直径 30～40mm，长不超过 110mm，粗细均匀，无病虫害及机械伤。

第二节　果蔬加工前处理

果蔬罐头装罐前的处理，包括原料的分选、洗涤、去皮、修整、热烫、抽空等，其中分选、洗涤是所有原料必须进行的步骤，其他处理过程则视原料及成品的种类而定。

一、果蔬的分选

进厂的原料可能含有杂质，并且大小、成熟度有一定的差异，因此非常有必要对原料进行初步分级处理。果蔬分选的目的在于剔除不能用于加工的果蔬，包括未熟或过熟的，已腐烂或长霉的果蔬，还有混入果蔬中的砂石、虫卵或其他杂质，从而保证产品的质量。此外，将进厂的原料进行分选，有利于下一步各工序过程的顺利进行。例如，将柑橘按不同的大小和成熟度分级后，可根据原料的不同制订出最适合于每一级的机械去皮、热烫、去囊衣条件，从而保证了产品的质量，并降低了能耗和辅助材料的消耗。分级时可将原料进行粗选，剔除有虫蛀、霉变和较大伤口的果实，对残次果或损伤不严重的可进行修整后再应用。

果蔬的分级包括成熟度分级、大小分级和色泽分级等，可根据果蔬种类及这些分级内容对果蔬加工品的影响来采用一项或多项。按体积大小分级是分级的主要内容，几乎所有的加工果蔬均需要按照大小分级。成熟度分级通常采用目视估测的方法进行。在果品加工中，桃、梨、苹果、杏、樱桃、柑橘等常先要进行成熟度分级。色泽的分级与成熟度分级在大部分果蔬中是一致的，常按色泽的深浅分。除了在前处理过程分级外，大部分罐藏果品在装罐前还要进行色泽分级，以保证产品色泽一致。

分级的方法有手工分级和机械分级两种。

1. 手工分级 在生产规模不大或机械设备配套不全时常用手工分级，还可配备简单的辅助工具，如圆孔分级板、蘑菇大小分级尺等。分级板由长方形板上开不同孔径的圆孔制成，孔径大小视不同的果品种类而定，通过每一圆孔的为一级。但不能用强力硬塞果蔬，以避免擦伤表皮。并且果实也不能横放或斜放，以免大小不一。除分级板外，还可根据相同原理设计而成的分级筛。

2. 机械分级 果蔬原料的分级除手工分级外，还可采用振动筛式及滚筒式分级机等机械分级。采用机械分级可提高分级效率，且分级均匀一致，目前常用的机械有滚筒式分级机、振动筛和分离输送机等。振动筛分级机适用于体积较小、质量较小的果蔬；而滚筒式分级机适用于体积较小的圆形果蔬，如青豆、蘑菇等。这些分级机主要是依据原料体积和重量的不同而设计的。随着计算机的发展，把计算机与分级机联用，利用计算机鉴别被分离果蔬的色泽、重量或体积，这样实现了果蔬分级的自动化，现已成功用于苹果、猕猴桃等水果的分级。除了各种通用机械分级机外，果品加工中有一些专用的分级机械，如橘片专用分级机和菠萝分级机等。

二、果蔬的洗涤

果蔬原料洗涤的目的在于除去果蔬表面附着的尘土、泥沙、部分微生物及可能残留的化学品等，保证产品的清洁卫生。

果品的清洗方法有很多，应根据生产条件、果品形状、质地、表面状态、污染程度、夹带泥土量及加工方法来确定。洗涤方法有漂洗法、喷洗法及转筒滚洗法等。杨梅、草莓等浆果类原料应采用小批量淘洗，防止机械损伤及在水中浸泡过长而导致色泽和口味变差。蔬菜原料的洗涤对于减少附着在原料表面的微生物，特别是耐热性芽孢，具有十分重要的意义。采收前喷过农药的果蔬，应先用 0.5%～1%的稀盐酸浸泡，再用清水清洗。

对于农药残留的果品如枇杷等要手工剥皮的果品，以及制取果汁、果酒、果酱、果冻等制品的原料，洗涤时通常在水中加化学洗涤剂（表 5-1）。常见的有盐酸、醋酸，有时用氢氧化钠等强碱以及漂白粉、高锰酸钾等强氧化剂，可除去虫卵、减少耐热菌芽孢。近年来，更有一些脂肪酸系的洗涤剂如单甘油酸酯、磷酸盐、蔗糖脂肪酸酯、柠檬酸钠等应用于生产。

表 5-1　几种常用化学洗涤剂

种类	浓度	温度	处理时间	处理对象
盐酸	0.5%～1.5%	常温	3～5min	苹果、梨、樱桃、葡萄等具蜡质果实
氢氧化钠	0.1%	常温	数分钟	具果粉的果实，如苹果
漂白粉	600mg/kg	常温	3～5min	柑橘、苹果、桃、梨等
高锰酸钾	0.1%	常温	10min 左右	枇杷、杨梅、草莓、树莓等

1. 手工清洗　手工清洗非常简单，设备投资少，所需设备只要清洗池、洗刷和搅动工具即可。在池上安装水龙头或喷淋设备，池底开有排水孔，以便排除污水。有条件时，在池靠底部装上可活动的滤水板，清洗时，泥砂等杂质可随时沉入底部，使上部水较清洁。池底可安装压缩空气管，通入压缩空气使水翻动，提高清洗效果。手工清洗适用于任何种类的果品，但劳动强度大，效率低。对于一些易损伤的果品如杨梅、草莓、樱桃等，此法较合适。

2. 机械清洗　用于果品清洗的机械有很多，常用的有以下几种。

(1) 滚筒式清洗机。主要部分是一个可以旋转的滚筒，筒壁成栅栏状，与水平面成 3°左右的倾斜，安装在机架上。滚筒内设有高压水喷头，以 300～400kPa 的压力向内喷水。原料由滚筒一端经流水槽进入后，随滚筒的转动与栅栏板条相互摩擦至出口，同时被冲洗干净。这种机械适合于质地较硬、表面不怕机械损伤的原料，如李、黄桃等。

(2) 喷淋式清洗机。在清洗装置的上方或下方均安装喷水装置，原料在连续的滚筒或其他输送带上缓缓向前移动，同时受到高压喷水的冲洗。喷洗效果与水压、喷头与原料间的距离以及喷水的水量有关，压力大，水量多，距离近，则效果好。此法常在柑橘制汁等连续生产线中应用。

(3) 压气式清洗机。在清洗槽内安装有多个压缩空气喷嘴，通过压缩空气使水产生剧烈的翻动，物料在空气和水的搅动下自动进行清洗。在清洗槽内的原料可用滚筒、金属网、刮板等传递。此种机械用途较广，适用于表面易受损的果蔬原料，如草莓。

三、原料的去皮及修整

果品外皮虽含有一定的营养成分，但一般口感粗糙、坚硬，对加工制品产生不良影响。因而在加工过程中，一般要求去皮。只有在加工某些果脯、蜜饯、果汁和果酒时因为要打浆、压榨或其他原因不用去皮。

(一) 去皮的要求

去皮的基本要求是去净表皮而不伤及果肉，并且要求去皮速度快，效率高，费用少。

(二) 去皮的方法

去皮的方法主要有机械去皮、化学去皮、热力去皮和手工去皮 4 种。

1. 手工去皮　手工去皮是一种最原始的去皮方法，但目前仍被不少工厂使用。主要是因为手工去皮虽然有去皮速度慢、效率低、消耗大等缺点，但它具有设备费用低、适合于各种果蔬的优点，尤其适合于大小、形状等差异较大的原料。此法常用于柑橘、苹果、梨、柿、枇杷等果品。手工去皮还是机械去皮后补充修整的主要方法。

2. 机械去皮　机械去皮是采用机械进行去皮的方式。主要分为两种方式：一种是利用机械作用，使原料在刀下转动削去表皮的旋皮机，主要适用于形状规则并具有一定硬度外表皮的果蔬，如苹果、梨等；另一种是利用涂有金刚砂、表面粗糙的转筒或滚轴，借摩擦的作用擦除表皮的擦皮机，主要适用于大小不匀、形状不规则的原料，如马铃薯、荸荠等。另外，还有专用的去皮机械，专门为某种果品去皮而设计，如菠萝去皮机。

机械去皮具有效率高、省劳力等优点，但也存在一些缺点，如①需要一定的机械设备，投资大；②表皮不能完全除净，还需要人工修整；③原料消耗较高，去除的果皮中还带有一定的果肉；④皮薄肉质软的果蔬不适用；⑤用于果品去皮的机械，特别是与果品接触的部分应使用不锈钢制造，否则会使果肉褐变，且由于器具被酸腐蚀而增加制品内金属含量。

3. 化学去皮　化学去皮通常用氢氧化钠或氢氧化钾的热溶液去皮，如桃子去皮、橘子去囊衣等都采用此法。此法是将果蔬置于一定浓度和温度的碱液中处理一定时间后取出，再用清水冲洗残留的碱液，并擦去皮屑。去皮原理是利用碱的腐蚀能力，将表皮与果肉间的果胶物质腐蚀溶解而进行去皮。若处理适当，仅使连接皮层细胞的中胶层受到作用而被溶解，则去皮薄且果肉光滑；但若处理过度，不仅果蔬表面粗糙，且增加原料损耗。碱液去皮使用方便、效率高、成本低、使用范围广。

碱液去皮时碱液的浓度、处理时间和碱液温度是三个重要参数，应视不同的果品原料种类、成熟度和大小而定。碱液浓度高、处理时间长及温度高会增加皮层的松离及腐蚀程度。适当增加任何一项，都能加速去皮作用。如温州蜜柑囊瓣去囊衣时，0.3%左右的碱液在常温下需 12min 左右，而 35～40℃时只需 7～9min，在 0.7%的浓度下 45℃时仅 5min 即可。生产中必须视具体情况灵活掌握，要求达到原料表面不留皮的痕迹，皮层下肉质不被腐蚀，用水冲洗稍加搅拌或搓擦即可脱皮为原则。表 5-2 是几种果蔬原料的碱液去皮条件。

表 5-2　几种果蔬的碱液去皮条件

果蔬种类	NaOH 溶液浓度/%	溶液温度/℃	处理时间/s
桃	2.0～6.0	90 以上	36～60
李	2.0～8.0	90 以上	60～120
柑橘囊衣	0.8	60～75	15～30
杏	2.0～6.0	90 以上	30～60
胡萝卜	4	90 以上	60～120
马铃薯	10～11	90 以上	约 120

来源：赵晋府，2003

经碱液处理后的果品必须立即放入冷水中浸泡、清洗，反复换水，并搓擦、淘洗，以除去果皮渣和余碱，漂洗至果块表面无滑腻感，口感无碱味为止。漂洗必须充分，否则有可能导致罐头制品的 pH 偏高，从而导致杀菌不足。为了加快降低产品 pH 和清洗效率，可用 0.1%～0.2%盐酸或 0.25%～0.5%的柠檬酸水溶液浸泡，这种方法还具有防止果品变色的作用。盐酸比柠檬酸好，因盐酸离解的氢离子和氯离子对氧化酶有一定的抑制作用，而柠檬酸较难离解。并且盐酸与余碱中和后产生的盐类可抑制酶的活力。

碱液去皮的方法有浸碱法和淋浸法两种。

（1）浸碱法分为冷浸与热浸，生产上以热浸较常用。将一定浓度的碱液装在特制的容器（热浸常用夹层锅）中，将果实浸泡一定的时间后取出，摩擦去皮，漂洗即可。

（2）淋碱法是将热碱液喷淋于输送带上的果品上，淋过碱的果品进入转筒内，冲水时与转筒内表面接触，翻滚摩擦去皮。杏、桃等常用此法。

碱液去皮适应范围广，几乎所有果品均可采用碱液去皮，且对原料表面不规则、大小不一的原料也能达到良好的去皮效果。碱液去皮条件合适时，损失率较少，原料利用率较高。另外，还可节省人工、设备等。但必须注意碱液的强腐蚀性，设备容器等必须由不锈钢或用搪瓷、陶瓷制成，不能使用铁或铝制容器。

除了用酸、碱去皮外，配合使用表面活性剂可增加去皮的效率。还有一些专用的果蔬去皮剂（液）也使用。

4. 热力去皮　用高压蒸汽或沸水将原料进行短时加热后迅速冷却，果蔬表皮因突然受热软化膨胀与果肉组织分离而去除。此法适用于成熟度高的桃、杏、番茄等。沸水去皮可用夹层锅，也可用连续式去皮机。去皮时一般都采用接近 100℃的蒸汽。

用热水去皮时，小批量的可采用锅内加热的方法。大量生产时，采用带传送装置的蒸汽加热沸水槽。果品经短时间的热水浸泡后，用手工剥皮或高压冲洗即可去皮。桃可在 100℃蒸汽下处理 8～10min，再用毛刷辊或橡皮辊冲洗；枇杷经 95℃以上的热水烫 2～5min 即可剥皮。

5. 酶法去皮　柑橘的囊瓣，在果胶酶的作用下，可使果胶水解，去除囊衣。将橘瓣放在 1.5%果胶酶液中，在 35～40℃，pH2.0～3.5 的条件下处理 3～8min，可去除囊衣。酶法去皮能有效保存果品的营养、色泽及风味，是一种理想的去皮方法；但酶法去皮应用范围较窄，只能用在果皮较薄的原料上，且成本较高。

6. 冷冻去皮　将果品在冷冻装置中轻度表面冻结，然后解冻，使皮松弛后再去皮，此法适应于杏、核桃内皮的去除。将核桃仁在－40℃下迅速冷冻，然后在 0℃下用强冷风吹核桃仁皮即可脱落。

7. 红外线辐射去皮　果蔬在辐射过程中，由于皮层的温度迅速上升，皮层下水分汽化，因而压力骤增，使组织间联系被破坏，皮肉分离，达到去皮的目的。

无论采用哪种去皮方法，都以去皮干净而又不伤及果肉为好。否则去皮过厚，伤及果肉，既增加了原料的消耗，又影响了产品的品质。

有些果蔬去皮后暴露在空气中，会迅速发生色泽变褐或变红，因此去皮后必须快速浸入稀酸或稀盐水中进行护色。需热烫的品种，应热烫后迅速冷却，然后切块修整，尽量缩短从去皮至装罐、密封、杀菌的时间。有的果蔬原料不需去皮，如青刀豆、菇类等，这类原料只需去蒂柄或适当修整处理即可。

（三）原料的切分、去心（核）、修整破碎

体积较大的原料在罐藏时，需要适当地切分。制果酒、果汁，加工前需破碎，使之便于压榨或打浆，提高取汁效率。核果类加工前需去核，仁果类则需去心。有核的柑橘类制罐头时需去种子。

在小批量生产时可借助于专用的小型工具，手工完成，如枇杷、山楂、枣的通核器，匙形的去核心器，金柑、梅的刺孔器等。规模生产常用专用机械，如劈桃机、多功能切片机和专用切片机。

果品的破碎常由破碎打浆机完成。刮板式打浆机也常用于打浆、去籽。制取果酱时果肉的破碎采用绞肉机进行。果泥加工还用磨碎机或胶体磨。

四、原料的热烫与漂洗

有些果蔬在装罐前需要热烫处理，即将果蔬放入沸水或蒸汽中进行短时间的热处理，其目的主要是：①破坏酶的活性，稳定色泽；②软化组织，便于装罐，脱除部分水分，保持开罐时固形物稳定；③杀死部分附着于原料上的微生物，并起一定的洗涤作用；④排出原料组织中的空气，可减弱空气中氧对镀锡薄板罐的腐蚀。

果蔬热烫的方法，有热水处理和蒸汽处理两种。热水热烫的温度通常在沸点附近。此法设备简单，物料受热均匀，但导致可溶性物质流失量较大。蒸汽热烫通常是在密闭的情况下，借助蒸汽喷射来进行，温度在100℃左右。此法的优点是果蔬可溶性物质流失较少，但需要特定设备。

热烫的时间和温度，应根据果蔬的种类、块形大小、工艺要求等条件而定。一般在不低于90℃下热烫2～5min，烫至果蔬半生不熟，组织较透明，失去鲜果蔬的硬度，但又不过于软烂即可。通常以果蔬中过氧化物酶活性的全部破坏为度。

果蔬中过氧化物酶的活性检查，可用1.5%愈疮木酚乙醇液及3% H_2O_2 等量混合后，将果蔬样品切片浸入其中，在数分钟内若不变色，则表示过氧化物酶已被破坏。其反应机理是，愈疮木酚（邻甲氧基苯酚）可在过氧化物酶的催化下，被氧化成褐色的四愈木醌，反应如下：

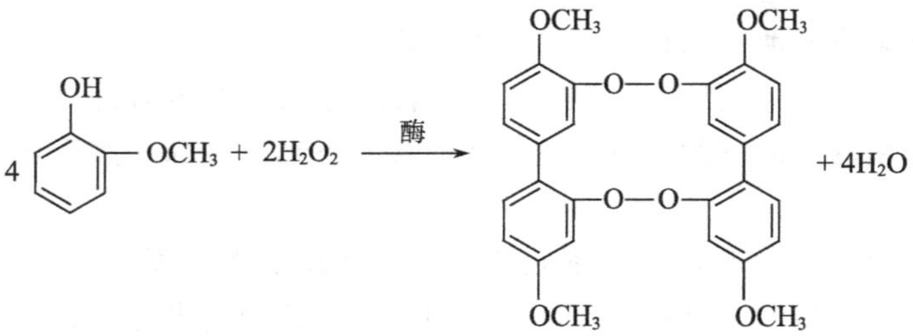

若试剂选用愈疮木脂酸，则可生成蓝色的愈疮木脂酸过氧化物，其反应如下：

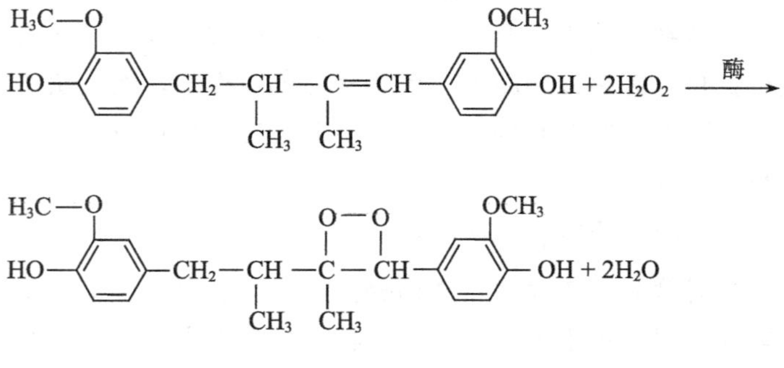

果蔬原料经热烫处理后，应立即冷却，以保持其脆嫩的口感。

五、原料的抽空处理

果蔬内部都含有一定的空气。空气含量依品种和成熟度而不同。常见水果的空气含量

(以体积计)如下:桃 1.6%～5.2%，番茄 1.3%～4.1%，葡萄 0.1%～0.6%，草莓 3.3%～11.3%，酸樱桃 0.5%～1.9%，苹果 12.2%～29.7%。水果含有空气，不利于罐头加工，会导致一系列问题，如变色、组织松软、装罐困难、腐蚀罐壁及降低罐内真空度等。因此一些空气含量较多或易变色的水果，如苹果等，在装罐前一般要采用减压抽空处理。

抽空处理是利用真空泵等使设备内部形成真空状态，让水果中的空气释放出来，以糖水或盐水填充。抽空设备是由电动机、真空泵、气液分离器、抽空锅四个部分组成。抽空锅的主体内壁应采用不锈钢制成，锅上装真空表，进气阀和紧固螺丝。真空泵、分离器和抽空锅之间用管道连接，见图 5-1。

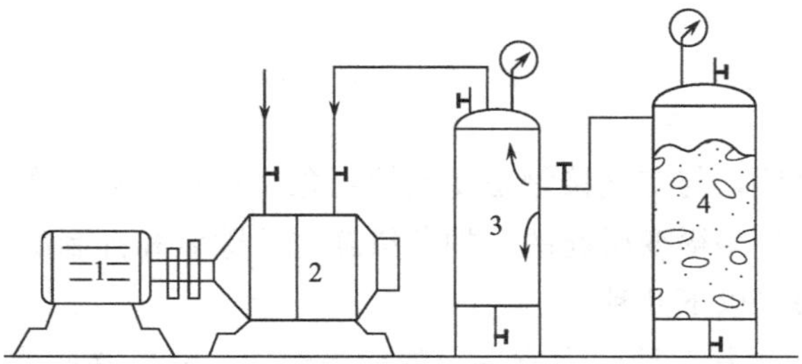

图 5-1 抽空系统示意图

1. 电动机；2. 真空泵；3. 气液分离器；4. 抽空锅

抽空的方法有干抽和湿抽两种。干抽就是将处理好的果块装入容器中，置于具有一定真空度的抽空锅中抽真空，抽去果块组织内部的空气，再吸入抽空液。一般让抽空液浸没表层果肉 5cm 以上，并保持一定时间。在此过程中，要防止真空度下降。湿抽是将处理好的果块浸在抽空液中进行抽空，在抽去果块组织内部空气的同时渗入抽空液。抽空温度一般控制在 50℃以下，真空度在 90kPa 以上，抽空液与果块的比例一般为 1∶1.2，抽空的时间根据抽空液的种类、浓度、受抽果块的面积以及抽空设备的性能等而不同，一般为 5～50min，以抽至果块透明度达 1/2～3/4 为宜。

果品常用的抽空液有糖水、盐水、护色液三种，可根据果品的种类、品种和成熟度进行选用。原则上抽空液的浓度越低，渗透速度越快；浓度越高，成品色泽越好。当以糖水为抽空液时，抽空后可以多浸泡几分钟，使糖水更好地渗入果肉中。抽空液浓度应及时调节，使用几次后应彻底更换，以保持果肉的色泽和确保抽空效果。

影响抽空效果的因素主要有以下几种。

(1) 真空度。真空度越高，空气从果品组织中释放得越快，一般在 90kPa 左右为宜。成熟度高，细胞壁较薄的果品的真空度可设置低一些。

(2) 温度。抽空液温度越高，渗透效果越好，但一般不超过 50℃。

(3) 抽空时间。果品的抽空时间根据品种而定，一般抽至抽空液渗入果块，果块呈半透明状或透明状为止。

(4) 果品受抽面积。理论上受抽接触面积越大，抽气效果越好。一般来说，小块比大块好，切开比整果好，皮核去掉的比带皮核的好。

水果在抽空液中呈减压状态，组织中的空气外逸，恢复常压后，抽空液渗入果肉使其浓度趋于平衡，果肉组织间隙被抽空液填充，肉质紧密，减少热膨胀，防止加热过程中的煮融现象。抽空处理还有利于保证罐头的真空度，减轻罐内壁腐蚀及果肉的变色。与热烫相比，经抽空后的果肉色泽鲜艳，明显改善了感官质量。几种水果的抽空效果见表5-3。

表5-3　抽空对果品色泽品质的影响

品名	热烫温度/℃	未抽空	抽空处理后
苹果	100	灰褐色，煮融现象较重	黄色，质硬
莱阳梨	100	灰褐色，维管束更为严重	白色或黄色，质脆
长把梨	100	红褐色	乳白色，质脆

六、果品的护色

果品去皮和切分之后，与空气接触易变成棕褐色，严重影响了产品的外观。这种褐变主要是由果品中的多酚氧化酶褐变引起的。护色措施应从除氧和抑制酶活力两方面着手，在加工预处理中所用的方法有以下几种。

1. 食盐水护色　食盐对酶活力有一定的抑制作用，氧气在盐水中的溶解度比空气小，故有一定的护色效果，因此可将去皮或切分后的果品浸于一定浓度的食盐水中。果品加工中常用1%～2%的食盐水护色。苹果、桃、梨、枇杷类均可采用此法。用此法护色后应注意后期的漂洗步骤除盐，以免影响果品的风味，这点对于果品尤为重要。

2. 亚硫酸盐溶液护色　亚硫酸盐除了可以防止酶褐变，还能抑制非酶褐变。常用的亚硫酸盐有亚硫酸钠、亚硫酸氢钠和焦亚硫酸钠等。罐头加工时应注意控制浓度，采用低浓度，并尽量脱硫，否则易造成罐头内壁产生硫化斑。

3. 酸溶液护色　酸性溶液可降低pH抑制多酚氧化酶的活力。大部分有机酸还是果品的天然成分，具有很多优点。常用的酸有柠檬酸、苹果酸和抗坏血酸，但由于价格原因，生产上一般采用柠檬酸，浓度控制在0.5%～1%。

可把食盐、亚硫酸氢钠，柠檬酸三者搭配在一起使用，可起到协同增效的作用，增强护色效果。工厂最常用的护色液是用2%的氯化钠、0.2%的柠檬酸和0.02%的亚硫酸氢钠混合液，对绝大多数果品均具有很好的护色效果。

除以上三种护色剂外，烫漂和抽空处理也是常用的护色方法，且效果好。

第三节　糖水水果罐头生产工艺

糖水水果罐头是一类深受消费者喜爱的果品罐头。水果经处理后加入糖液制成，制品较好地保持了水果原料固有的形状和风味。糖水水果罐头的种类有很多，但其生产过程和基本方法基本一致。

一、糖水水果罐头

（一）基本工艺流程

原料验收→原料预处理→分选→装罐→注液（糖水）→排气→密封→杀菌→冷却→检验→包装→成品

（二）糖水的配制

糖水水果罐头所用的糖液主要为蔗糖溶液。蔗糖应该是碳酸法生产的符合 GB 317—2006 的优质白砂糖。

1. 糖液的浓度　装罐所用的糖水浓度一般是根据装罐前果肉的可溶性固形物含量、产品开罐后要求达到的糖液浓度、每罐果肉装入量和糖液注入量通过以下公式计算获得：

$$w_2=\frac{m_3 w_3-m_1 w_1}{m_2}$$

式中，m_1为每罐装入果肉的质量（g）；m_2为每罐注入糖液的质量（g）；m_3为每罐净含量（g）；w_1为装罐前果肉的可溶性固形物含量（%）；w_2为装罐用糖水的浓度（%）；w_3为要求产品开罐后达到的糖液浓度（%）。

2. 糖液的配制　糖液的配制有直接法和稀释法两种。直接法是根据装罐所需的糖液浓度，直接称取糖和水，加热搅拌溶解，煮沸 5～10min，过滤后待用。稀释法是先配制高浓度的糖液，一般浓度在 65%以上。装罐时再根据所需浓度用水或稀糖液进行稀释后使用。

配制糖液用水应注意控制水的硬度和水中硝酸根和亚硝酸根离子的量。硬度过高会使果蔬组织发生硬化；硝酸根和亚硝酸根离子的含量过高会加速金属罐内壁的腐蚀速度。

（三）水果罐头的变色及其预防措施

变色是水果罐头常见的质量问题。水果罐头可能会在加工、贮藏、运输、销售等过程中发生各种色变，如糖水白桃变为紫罗兰色、橄榄褐色及灰暗色；糖水梨的褐变或红变；糖水荔枝的变红或变黄暗；糖水苹果的褐变和变黑色或深绿色；糖水杨梅、草莓、樱桃、红葡萄等的褪色或变蓝紫色等。引起这些变色的原因及预防变色的措施可归纳如下。

1. 变色原因

1）水果中固有化学成分变化而引起的变色　水果中含有丰富的单宁物质。单宁在酸性条件和有氧存在时发生氧化缩合而使水果变红，如梨的变红、荔枝的变红等。单宁物质遇 Fe^{3+} 变黑色，如糖水莲藕的变色。单宁在碱性条件下变黑，如碱液去皮后的桃子的黑变。由酶和单宁引起的酶褐变在果蔬加工中也经常出现，如苹果、香蕉、梨等在加工中的褐变。

水果中的色素物质性质不稳定，容易受到环境因素（pH、金属离子、光、热等）的影响而发生反应，从而导致产品出现变色现象。水果中含有的氨基酸与糖类发生美拉德反应而导致果实变色，如桃子的变色；水果中含有的单宁与氨基酸、仲胺类物质结合生成红褐色到深紫红色物质，如荔枝的变色。

2）抗坏血酸氧化引起的变色　罐头中适量的抗坏血酸或 D-异抗坏血酸钠能起到抗氧化，防止变色的效果。但若在加工、贮藏中条件控制得不好，会使抗坏血酸或 D-异抗坏血酸发生氧化，则将引起非酶褐变。

3）加工操作不当引起的变色　采用碱液去皮时，果肉在碱液中停留时间过长或冲碱不及时、不彻底均会引起变色，如桃子在碱液中停留过久会使花青素和单宁的氧化变色加剧。果肉在加工过程中受热过度将加深果肉的颜色，如桃肉在预煮、排气或杀菌过程中温度过高或时间延长，变色程度加剧。

4）罐头成品贮藏温度不当引起的变色　某些罐头在贮藏过程中会发生逐渐变色的现象。这是因为这些罐头长时间在高温下贮藏，加速了罐内一些成分的变化，会加速无色花色素变为有色花色素，加速单宁物质的氧化缩合等，从而使果肉变色。

2. 预防变色的措施

1）控制原料的品种和成熟度　选用花色素、单宁等含量较少的原料品种，并严格控制原料的成熟度。

2）严格控制各工序的操作

（1）在整个加工过程中，去皮后的果肉不能直接暴露在空气中，要浸入盐水或其他护色液中护色。

（2）采用碱液去皮时，控制好在碱液中的时间，要及时冲净余碱，必要时可采用柠檬酸进行中和。

（3）尽量缩短加工流程，减少加工过程中的热处理时间，杀菌后及时冷却。

（4）采用预煮、抽空等方法抑制原料中酶和氧的作用。

（5）在加工过程中避免使用硬度高的水，避免与铁、铜等金属离子接触。

（6）配制糖水时应煮沸，最好现配现用，避免蔗糖转化。

（7）可在糖水中添加适量的酸。

（8）控制罐头仓库的贮藏温度，避免出现高温贮藏。

3）添加某些保护剂或酶类

（1）可在糖液中添加适量的抗坏血酸防止变色，但要控制加入量，过多会起反作用。

（2）添加适量的多聚磷酸盐或EDTA来螯合金属离子。

（3）加入葡萄糖氧化酶和抗坏血酸，以消耗罐内残存的氧，使红色花色素脱色还原。

（4）加入花色素酶分解花色素，以减少果肉中花色素的含量。

二、糖水水果罐头的加工实例

下面以糖水梨和糖水橘子为例，介绍糖水水果罐头的加工流程、操作要点及注意事项。

（一）糖水梨罐头

1. 工艺流程　原料验收→分选→去皮切瓣→护色→抽空处理→热烫→装罐→注液→排气密封→杀菌冷却→检验→包装→成品

2. 加工要点

1）原料验收　作为罐头加工用的梨必须果形正、香味浓郁、单宁含量低且耐贮藏。目前用于生产糖水梨罐头的品种主要有巴梨、莱阳梨、雪花梨、长把梨、秋白梨等。原料梨的成熟度要适当。成熟度可通过皮色（如莱阳梨的皮色应绿中透黄）和籽巢（如巴梨的籽巢应呈乳白色）来判断，同时可品尝其风味及糖酸口感。

采收后梨的贮藏时间要适当，应根据梨的品种、贮藏条件等具体情况而定。一般巴梨不宜超过40天，莱阳梨可稍长一些，长把梨可存放半年左右。经贮藏的硬质梨（如莱阳梨、长把梨）出库后不能马上投产，必须经过回热处理，使梨心温度升至10℃以上，否则热烫后色暗，成品易变红。

2）去皮　梨的去皮以机械去皮为主。去皮后的梨切半，去掉蒂把，挖去籽巢，要使巢窝光滑而又去尽籽巢。去皮后的梨块应迅速浸入护色液（1%～2%盐水）中。巴梨不经抽空和热烫，直接装罐。

3）抽空　梨一般采用湿抽法。根据原料梨的性质和加工要求确定抽空液的种类。加工过程中不易变色的梨，如莱阳梨，可用盐水抽空，操作简单，抽空速度快。而加工过程中易变色的梨，如长把梨则用混合抽空液，其配比为：盐 2%，柠檬酸 0.2%，焦亚硫酸钠 0.02%～0.06%。

4）*热烫*　凡抽空的果肉，抽空后必须经热烫处理。热烫时应沸水下锅，迅速升温。热烫时间根据果肉块的大小及果的成熟度确定。含酸量低的莱阳梨可在热烫水中添加 0.15%柠檬酸。热烫后应急速冷却。

5）*装罐与注液*　装罐时，按成品标准要求再次去除变色、过于软烂、有斑点和病虫害等不合格的果块，并按大小、成熟度分开装罐，使每罐中的果块大小、色泽、形态大致相同，块数符合要求。每罐装入的水果块重量根据开罐固形物要求，结合原料品种、成熟度等实际情况通过试装确定。一般要求果块重量不得低于净重的 55%（生装梨为 53%，碎块梨为 65%）。每罐加入糖水的量一般应比规定净重稍高，防止果块露出液面而色泽变差。

6）*排气密封*　加热排气，排气温度在 95℃以上，罐中心温度 75～80℃。真空密封排气，真空度 53～67.1kPa。巴梨用真空排气，真空度 46.6～53.3kPa。

7）*杀菌和冷却*　热杀菌的参考条件如表 5-4 所示。

表 5-4　热杀菌的参考条件

罐型	净质量/g	杀菌条件	冷却
781	300	5～15min/100℃	立即冷却
7110	425	5～20min/100℃	立即冷却
8113	567	5～22min/100℃	立即冷却
9116	822	5～25min/100℃	立即冷却
玻璃瓶	510	升温－25min/100℃	分段冷却

来源：赵晋府，2003

杀菌后必须立即冷却至 38～40℃。杀菌时间过长或不迅速彻底冷却，会使果肉软烂，汁液浑浊，色泽、风味恶化。有实验表明，425g 装糖水巴梨杀菌时间超过 30min，产品呈粉红色，时间越长，色泽越深。故杀菌时要求沸水入池，迅速升温，杀菌后及时冷却。

8）*说明及注意事项*　糖水梨罐头的酸度一般要求在 0.1%以上，若低于 0.1%会引起罐头的败坏和风味的不足。如莱阳梨含酸量低，若加工过程中不添加酸调整酸度，十几天后成品就会出现细菌性的浑浊，汤汁呈乳白色的胶状液，继续恶化会使果肉变色和萎缩。因此，生产梨罐头时先要测定原料的含酸量（梨的含酸量见表 5-5），再根据原料的酸含量及成品的酸度要求确定添加酸的量，以保证产品质量。

表 5-5　梨的含酸量

原料名称	原料	成品	
	酸度%	酸度%	pH
巴梨	0.25～0.35	0.18～0.20	3.6～4.0
莱阳梨*	0.12～0.18	0.10～0.12	3.8～4.1
长把梨	0.35～0.40	0.19～0.22	3.6～3.8

* 糖水中添加 0.15%的柠檬酸

来源：赵晋府，2003

添加的酸也不能过量，过量会造成果肉变软风味过酸，还会由于 pH 降低，使果肉中的单宁在酸性条件下氧化缩合成“红粉”而使果肉变红。一般当原料梨酸度在 0.3%～0.4% 时，不必再外加酸，但需要调节糖酸比，以增强成品的风味。

3. 成品感官指标

(1) 感官指标。无泄漏、胖听现象存在，容器内外表面无锈蚀，内壁涂料完整、无杂质。

(2) 理化指标。果蔬罐头的理化指标参照国标 GB 11671—2003。

(3) 微生物指标。应符合罐头商业无菌的要求。

（二）糖水橘子罐头

1. 基本工艺流程 原料验收→分级→烫橘剥皮→分瓣去络→去囊衣→漂洗→整理→分选→漂洗检查→装罐注液→排气密封→杀菌冷却→擦罐检验→包装→成品

2. 操作要点

1）*原料* 用于罐头生产用的柑橘原料应符合：果形扁圆，大小整齐，瓣数一致；皮薄，易剥皮，去络分瓣容易；果肉紧密，囊衣薄，少核或无核，糖酸比适宜；橘皮苷含量低，香味浓郁；耐热耐贮藏，成熟度适宜。

橘子的糖酸比及橘皮苷等成分的含量与品种、成熟度密切相关。果肉中糖的含量随成熟度提高而增加，酸的含量则随柑橘成熟度提高而逐渐减少。糖含量可从初熟的 8%增加到成熟时的 10%以上。果实中橘皮苷的含量随成熟度的提高而不断分解减少，同时果品的色泽和风味也变好。果实中橘皮苷的含量还与果实的部位有关，内果皮比中果皮、外果皮的含量少，果汁中几乎不含橘皮苷。

适用于罐头加工的品种中，温州蜜橘的品质最好。除此之外，还有一些经国家鉴定选定的优良株系，如宁红（原称宁红 73-19）、海红（原称宁红 74-3）、石柑（原称石蒲 73-3）。

2）*分级* 要对原料进行挑选，将未熟的、腐烂发霉的、有病虫害的果实剔出。未熟的送入低温库中继续催熟。符合要求的原料按大小分级，每隔 5～10mm 分为一级，一般一级为 45～55mm，二级为 55～65mm，三级为 65mm 以上。分级后的果实置于清水槽中洗涤，再投入 0.1%的高锰酸钾溶液或 0.6g/kg 漂白粉溶液中浸泡 3～5min，以减少果实表面微生物的污染。

3）*烫橘剥皮、分瓣去络* 可先用热水或蒸汽烫橘子，使果皮软化，易于剥离。但要控制好热烫程度，若热烫过度会导致产品的色泽、风味及品质下降，增加破损率。一般用 95～100℃热水烫 30～90s，皮厚果大的、成熟度低的热烫时间可适当延长。热烫后的橘子要趁热剥皮，一般用手工剥皮。剥皮后立刻分瓣，同时撕去囊瓣上的络丝，注意要撕净，否则会引起橘子罐头汁液出现白色沉淀。

4）*去囊衣* 橘子的囊瓣也就是瓤囊，里面含有紧密排列的几百个砂囊，砂瓤中含果汁。每个瓤囊被囊衣包裹。囊衣由外表皮和内表皮组成，中间由果胶物质粘连。内表皮薄而透明并紧紧地包裹着砂囊，加工时一般去除外表皮，无需去除内表皮。

糖水橘子罐头按加工中囊衣是否去除和囊衣去净的程度可分为带囊衣、半去囊衣和全去囊衣三个品种。

去囊衣的方法目前主要有酶制剂处理法和化学处理法。

(1) 酶制剂处理法。利用果胶酶，在酶作用的最适 pH 和温度条件下，将橘瓣浸入其中，瓤囊内、外表皮之间的原果胶在果胶酶的作用下分解，使瓤囊内、外表皮间的黏着力减弱，外表皮软化。可用清水冲洗，去除外表皮。此法操作简便，不影响产品风味，但因处理时间长，生产能力低，且存在酶纯度和活力低等问题，所以目前工厂应用不多。

(2) 化学处理法。利用酸、碱的作用，使内、外表皮间的原果胶分解，囊衣中所含的纤维素部分水解，减弱内、外表皮间的黏着力，而达到去囊衣的目的。化学处理法又分酸法处理、碱法处理和酸碱混合处理三种。

a. 酸法处理：将橘瓣放入温度为 80℃、浓度为 15%的硫酸溶液或 10%的盐酸溶液中浸 40～50s，然后取出放入流动水中漂洗以去除橘瓣表面附着物，再置于碳酸钠溶液中进行中和，最后再用流动清水漂洗数小时以除去囊衣。用酸法处理操作简便，维生素 C 的损失少，但处理时间长、脱皮率低。

b. 碱法处理：将橘瓣放入沸腾的 1% NaOH 溶液中 30～40s，当橘瓣凹部呈白色时立即取出放入流动水中进行漂洗，去除碱液，脱去囊衣。必要时可用 1.0%柠檬酸中和余碱。采用此法，要严格控制碱处理的时间。浸碱时间过短，囊衣处理不净；浸碱时间过长，轻则损伤果肉，重则引起果肉组织糜烂，果汁流失。碱法处理时间短、脱皮率高，但操作条件要严格控制且对维生素 C 破坏多。

c. 酸碱混合处理：将橘瓣先用酸溶液浸一定时间，再用碱液浸泡一定时间，再以流动水冲洗去除外表皮。采用此法效果比单纯的酸法或碱法都好，酸液、碱液的浓度都低于它们单独使用时的浓度，节约了酸、碱的用量，便于操作，可防止橘瓣的软烂，降低破损率，产品的品质较好。

酸和碱的浓度、温度及处理时间相互影响，温度高或浓度高，处理时间就相应缩短。如果浓度高、处理时间长易造成瓤囊内表皮损伤，橘瓣破碎；如果浓度低，处理时间短，橘瓣囊衣去不净，表面不光滑，产品品质差。一般盐酸浓度在 0.02%～0.08%，温度为 20～45℃，时间 20～50min；碱液（NaOH）浓度在 0.02%～0.2%，温度 30～50℃，时间3～15min。

5) 整理分选　橘子瓤囊的外表皮各部位的厚薄不一致，通常果心部位最厚，果柄部位次之，其余部位相对较薄，因此酸碱处理后的橘瓣在果心和果柄处可能会留有白心，需人工去除。半去囊衣的橘瓣用剪刀将瓤囊的心、衣剪去，同时将核去除；全去囊衣的橘瓣要用钳子将心、衣、核等去除，橘瓣片形完整，无核无橘络。为确保去核彻底，应将去核后的橘瓣置于下有日光灯管的玻璃工作台上进行分批复检，剔除有残核的橘瓣。将检查合格的橘瓣漂洗后按大小分为不同的等级，同时再次去除畸形、断瓣、缺角、软烂和过薄的橘瓣。

6) 装罐注液　经分级后的橘瓣按罐型要求称量装罐，再加入一定浓度的糖液。糖液的温度不宜低于 90℃。对某些品种的橘瓣要进行糖酸比的调节，常采用在糖水中添加柠檬酸的方法，添加的酸量根据橘瓣本身的糖、酸含量而定，使成品的 pH 达到 3.7 以下。

7) 排气密封、杀菌冷却

(1) 排气密封。①全去囊衣：罐中心温度 65～70℃；②半去囊衣：罐中心温度 70～80℃。

(2) 抽气密封。①全去囊衣：压力 40～53.3kPa；②半去囊衣：压力 50～53.3kPa。

杀菌条件见表 5-6。杀菌后迅速冷却至 38℃左右。

表 5-6　橘子罐头的杀菌条件

罐号	净质量/g	全去囊衣	半去囊衣
781	312	5min—（10～13min）/100℃	5min—（10～13min）/100℃
8113	576	5min—（14～16min）/100℃	5min—（15～18min）/100℃
9121	850	5min—（23～30min）/100℃	

3. 说明及注意事项　糖水橘子罐头有时会发生汁液浑浊现象，严重时还会有沉淀出现，或橘瓣背部砂囊柄处有白色斑点的现象，影响成品的感官品质。

1）*白色沉淀产生的原因*　白色沉淀的主要成分是橘皮苷，其次还有果胶及少量的蛋白质。橘皮苷与果胶存在于柑橘果实中，在橘皮、橘络中含量最多，瓤囊内外皮和砂囊中其次，果汁中较少。橘皮苷难溶于水，易溶于乙醇，溶解度随 pH 增高和温度升高而增加。当 pH 或温度降低时，溶解的橘皮苷会重新结晶成白色沉淀析出，在 pH4 时其溶解度最小。橘皮苷在冷水中的溶解度很低，当罐头溶液中其含量超过 10～20mg/100g 时，便会出现白色沉淀。

2）*预防措施*　可采取以下措施防止或减轻糖水橘子罐头白色沉淀的产生。

（1）选用橘皮苷含量少、成熟度高的原料。不同原料中橘皮苷含量不同。选用橘皮苷含量少的橘子作为加工原料，如温州蜜橘橘皮苷含量较少，制成的罐头一般不产生白色沉淀，而芦柑和蕉柑的橘皮苷含量较高，产品易产生白色沉淀。

成熟度低的原料也容易产生白色沉淀，所以对于成熟度低的原料不宜立即加工，应将其放入 3～5℃贮藏库中进行后熟，待贮藏 15～30 天橘子成熟后再进行加工，白色沉淀可大幅减轻。

（2）严格控制酸碱处理及漂洗操作条件。在酸碱处理过程中不仅能去除囊衣，还能除去一部分橘皮苷和果胶物质。据测定，酸碱处理后的果肉橘皮苷可减少 30%～80%，可溶性果胶减少 45%，不溶性果胶减少 35%。适当提高漂洗时的水温（20～25℃）也有利于减少橘瓣内橘皮苷的含量。

（3）添加某些高分子物质，以增加橘皮苷的溶解度，如羧甲基纤维素（CMC）和甲基纤维素（MC）。MC 的效果比 CMC 要好，在 312g 装的罐头中只要加入 5～10mg/kg 的 MC 就能有很好的效果。但 MC 在糖液中难以均匀溶解，故使用时要严格控制用量。

（4）添加酶处理。可加入橘皮苷分解酶，利用橘皮苷酶对橘皮苷的分解作用减少橘皮苷的含量。但采用酶法来防止白色沉淀还存在着一些问题，如酶制剂的制备和贮藏较困难，而且罐头经 1～2 年的贮藏后会有苦味。添加酶制剂后的罐头杀菌工艺要做相应调整。

4. 成品感官指标

（1）感官指标。无泄漏、胖听现象存在，容器内外表面无锈蚀，内壁涂料完整、无杂质。

（2）理化指标。果蔬罐头的理化指标参照国标 GB 11671—2003。

（3）微生物指标。应符合罐头商业无菌的要求。

第四节　蔬菜罐头生产工艺

一、蔬菜罐头加工概述

（一）蔬菜原料的前处理

对蔬菜原料的前处理，首先要严格控制投料时间。蔬菜采收后的呼吸作用仍然很旺盛，若不及时加工，蔬菜组织就会老化，风味变劣，如芦笋；有的则容易转入腐熟期，使色、香、味及营养价值等迅速下降，甚至丧失食用价值，如番茄；有的则会变形、变色（如蘑菇开伞、芦笋尖变绿等），而不再适合用于罐头加工等。因此在生产中必须根据蔬菜原料的性质及产品的要求控制好原料的贮存时间，及时加工。

蔬菜原料的清洗要比水果困难，如携带泥沙多、表面凹凸不平，特别是根菜类及块茎类蔬菜，如马铃薯、胡萝卜、马蹄、莲藕等。在清洗时，应先浸泡再刷洗、喷洗。而对于叶菜类蔬菜，清洗时要避免造成组织损伤。

（二）蔬菜罐头的种类

根据加工方法的不同，可分为清渍类、调味类、盐渍类、醋渍类等各种蔬菜罐头。

（1）清渍类蔬菜罐头。是蔬菜罐头中一大类。它是选用新鲜或冷藏良好的原料，经加工处理，预煮（或不预煮）、漂洗，分选、装罐后，加入稀盐水或糖盐混合液或沸水或蔬菜汁，再经排气密封，杀菌后制成。其特点是能基本保持各种新鲜蔬菜原料应有的色、形、味，如清水笋、青刀豆、蘑菇等蔬菜罐头。

（2）调味类蔬菜罐头。一般选用新鲜蔬菜，经加工整理、切块（片）、油炸（或不油炸），再经调味装罐排气密封，杀菌制得，如油焖笋、茄汁黄豆罐头等。

（3）盐渍类蔬菜罐头。一般选用鲜嫩的原料，经盐渍、切块、漂水等加工工序，装罐，加入调味液，再经排气、密封、杀菌制成。因产品含盐量较高（一般 15～16°Bé），故一般采用沸水杀菌，如香菜心等罐头。

（4）醋渍类蔬菜罐头。是选用鲜嫩或盐渍的蔬菜原料，经加工整理或切块（胡萝卜、大白菜、甘蓝等需预煮处理），装罐，并根据要求装入适量鲜茴香、桂皮、辣椒、胡椒及大蒜等香辛料，再加入乙酸及食盐混合液，密封，杀菌制成。根据产品要求，有的装罐时不加茴香、辣椒等香辛小配料，而是在醋盐混合液中加入砂糖、丁香、胡椒及桂皮等制成的香料水。醋渍罐头一般要求产品含乙酸量 0.4%～0.9%，含盐 2%～3%。一般采用玻璃罐作容器，也有使用抗酸涂料铁作容器。因产品含酸量高，故装罐密封后，一般用沸水杀菌。适合生产此类罐头的原料有甜辣椒、小黄瓜、莴苣笋及甘蓝等。

（三）分选和装罐

各种蔬菜装罐前，要按产品质量标准要求，进行分选。将不同色泽、大小的蔬菜进行分选装罐。每罐装入的蔬菜量应根据产品要求的开罐固形物含量，结合原料品种、老嫩、预煮程度及杀菌后的失水率等进行调整。装罐时，汤汁要求加满，防止因罐内顶隙度过大，罐内壁产生氧化圈和蔬菜露出液面变色。

蔬菜罐头绝大部分虽属低酸性食品，但有些品种（青刀豆、蘑菇、花椰菜等）对镀锡薄板的腐蚀及硫化物污染较严重。应根据各品种对镀锡薄板腐蚀或硫化物污染程度，有针对性地选用抗蚀、抗硫性能好的镀锡薄板制罐，如番茄酱、香菜心等对铁皮腐蚀严重的品种，必须采用防酸涂料；花椰菜、甜玉米等含硫蛋白高的品种，必须采用防硫涂料铁。

（四）排气和密封

注入汤汁后，应迅速加热排气或抽气密封。

加热排气时，应注意排气的温度和时间。整番茄、青豌豆等品种，若排气温度太高，易引起罐面物料软烂破裂，净重不足等。排气不充分，罐内真空度太低，容易引起罐头凸盖，假胖罐及罐内腐蚀等质量问题。一般要求排气至封口，中心温度达 70～80℃为宜。

对热传导慢的品种，如整装笋类，应采取装罐前预煮后趁热装罐，并加入沸水再排气。整番茄、整装花椰菜等品种，除加入 90℃以上的汤汁外，还应注意适当延长加热排气时间，排气后立即密封。为防止密封时汁水溢出污染罐外，密封后必须用水洗净罐面，及时杀菌。

凡在排气过程中须防止蒸汽冷凝水滴入罐内的品种，如四川榨菜等，则宜采用抽气密封或预封后排气密封。采用真空封口抽气密封，应根据罐号品种及加入汤汁温度等控制抽真空程度。带汤汁的品种，真空度太高了，汤汁易被抽出，太低了往往造成罐内真空度太低，一般控制真空度为 300～500mmHg 为宜。

（五）杀菌和冷却

蔬菜类罐头除番茄、醋渍、酱（盐）渍等类产品外，均属低酸性或接近中性的食品，且原料由土壤中污染耐热性芽孢菌几率大，故大部分产品必须采用高温杀菌，才能达到长期保存的目的。但蔬菜类组织柔嫩，色泽和风味对热较敏感，稍高的温度或较长的时间，极易引起组织软烂和风味色泽的劣化，严重影响制品的品质。

杀菌条件，应根据蔬菜原料品种、老嫩、内容物的 pH、罐内热的传导方式和速度、微生物污染程度、罐头杀菌的初温、杀菌设备的种类等条件而定。在不影响产品的风味和色泽前提下，适当降低 pH，可缩短杀菌时间。原料新鲜度高、工艺流程快（特别是装罐密封后至杀菌）、微生物污染程度轻、罐内热的传导快的产品，杀菌时间可以适当缩短。对罐内汤汁易于对流传热的产品，如刀豆、蘑菇等，可采用高温短时杀菌。杀菌时，严格执行杀菌规程，若采用反压降温冷却，则应考虑适当增加杀菌时间。

杀菌后，必须迅速冷却，防止内容物继续受热，而影响产品的色、形、味，并严防嗜热性芽孢菌的发育生长。一般冷却至罐内中心温度至 38℃左右为宜。冷却方式以在杀菌锅内用压缩空气或水反压降温冷却较好。特别是采用高温短时杀菌及大罐型的产品，反压冷却不仅冷却速度快，且可防止罐盖凸角，减少次废品率。反压冷却，进入杀菌器的冷却水压力以稍高于器内压力即可，防止太高，以免冲力太大，造成瘪罐。

（六）常见的质量问题

蔬菜罐头在生产或贮运时，要注意防止内容物变色、罐内腐蚀及硫化物污染、酸败变质及胀罐等现象。

1. 蔬菜类罐头的胀罐　有些蔬菜类罐头在贮运期间，常发生罐头两端或一端罐盖凸起膨胀的现象，即胀罐。从罐头外表看，可分为软胀及硬胀两种。软胀包括物理胀罐及初期的氢胀或初期的微生物胀罐。硬胀主要是微生物胀罐，也包括产品的氢胀罐。

1）物理胀罐　罐头两端或一端的罐盖凸起，若施压于盖，凸起处可恢复平坦，除去压力，又可凸起。这种情况下，罐头内容物一般没有变质，主要是装罐时装填太满，或排气不足、装罐温度不够引起。如香菜心、整番茄、杂色酱菜、番茄酱等产品，经常发生这种现象。要防止这种现象发生，除了适当控制装填度，提高排气或装罐温度外，还应注意罐盖用铁厚度及膨胀圈的抗压强度。仓库温度太高或海拔太高的地区，也易引起罐头物理胀罐。杀菌冷却时降压太快及罐头严重碰撞也会引起物理胀罐。

2）氢胀罐　氢胀罐多发生于水果类罐头，但荸荠、香菜心、番茄酱等蔬菜类罐头也会发生氢胀罐。氢胀的罐头，两端罐盖肿胀与细菌性胀罐很难区别，开罐后虽然内容物有时尚未失去食用价值，但是不符合产品标准。防止措施，主要通过抑制罐内壁的腐蚀及防止涂层脱落来防止氢胀罐。

3）细菌性胀罐 罐头两端肿胀凸起，严重者罐头发生爆破，内容物败坏变质，完全失去食用价值。要防止这种现象发生，主要有：①采用新鲜度高的原料，严格注意加工过程卫生条件，控制原料半成品的微生物水平。②在保证罐头产品质量的前提下，对原料的热处理及罐头杀菌必须充分，使对罐头有危害的微生物彻底杀灭。③罐头密封性能要好，防止泄露。杀菌后的罐头冷却要快，防止嗜热菌的繁殖。冷却水保持清洁，采用经氯化处理的水冷却。④罐头生产过程，及时抽样进行保温（37℃，保温7天）及细菌检验，并对原料、半成品、工具设备进行耐热菌芽孢的检验，以指导生产。

2. 蔬菜类罐头的酸败变质 蔬菜罐头在贮藏、运输，销售期间，也会发生内容物酸败变质的现象。这是由于嗜热性酸败菌（或称平酸菌）所引起，它属于兼性厌气细菌，能分解碳水化合物而产生酸类如乳酸、甲酸及乙酸等，但不产生气体。酸败的罐头，外形和真空度一般正常，从罐头的外表很难识别罐头的好坏，但开罐后内容物酸败，汁液混浊，不能食用。如嗜热脂肪芽孢杆菌是经常引起低酸性罐藏食品酸败的一个典型菌类。这种细菌最适宜的生长温度为45～55℃，最适生长的pH为6.8～7.2，它主要来源于土壤，糖、淀粉等配料中也存在。

大部分罐头酸败的原因，主要是原料及半成品污染和积压或杀菌不足引起的。要防止酸败现象的出现，应注意原料的新鲜卫生，加工前原料要洗涤干净，尽量缩短工艺流程，严防半成品积压和污染。严格执行卫生制度，对加工用的工器具、机械设备及管道、泵及冷却池等必须严格消毒，防止耐热性细菌的滋长。

二、青豆罐头

青豆罐头的品质，主要是根据汤汁的澄清度、豆粒大小及色泽的均匀性、嫩度等来作为评定标准。

（一）工艺流程

原料验收→去荚→大小分级→盐水→分级→预煮→冷却、漂洗→选豆→装罐→排气、密封→杀菌、冷却

（二）加工要点

1. 原料验收 青豆又称豌豆、荷兰豆、雪豆。青豆的品种、成熟度、新鲜度等对罐头成品的色泽、风味、组织及形态非常重要，而且还决定着加工工艺和原料的利用率。

1）品种 青豆的品种很多，但只有白花种能作为罐藏原料，红花种制成罐头后，豆粒呈褐色，故不适用于罐藏。加工罐头用的青豆要求高产、抗病、荚中豆粒多、豆粒大小整齐一致、色均匀、能抗机械加工而不破碎、糖分及维生素C含量高。目前我国青豆罐藏品种主要有大青荚、小青荚、宁科百号等。

国外也培育出许多优良的加工品种，英、美等国多采用阿拉斯卡种，近年来为发展机械采收，又育成一些成熟一致的品种。

2）成熟度 青豆在幼嫩时酶的活性主要趋向于分解作用，此时组织中的糖分含量多，淀粉含量少。随着成熟度的增加，酶的活性则逐渐由分解转向于合成，组织中的淀粉含量随

之增多，而糖分含量相应的减少。尤其是在气温较高的情况下，合成作用的进行极为迅速，因此，供加工用的青豆，为获得甜嫩的品质，必须在幼嫩时进行采收，采收后应迅速加工，这是保证青豆罐头品质的关键之一。参见表 5-7 及表 5-8。

表 5-7　青豆的成熟度与成分含量

成分	未成熟	适熟期	过熟期
水分/%	82.37	82.17	77.08
碳水化合物/%	8.60	9.31	11.87
粗蛋白/%	5.41	4.30	6.35
叶绿素/(mg/100g)	3.50	5.00	5.30

表 5-8　青豆成熟中的变化及加工后的品质变化

开花后天数/天	18	20	22	24	26	28	30
出豆率/%	35.85	41.76	43.86	50.50	54.99	56.46	68.64
子实直径/mm	6.43	8.17	8.17	8.51	8.08	8.03	8.03
子实比重	1.031	1.056	1.055	1.045	1.078	1.130	1.140
淀粉/%	0.19	12.56	14.74	17.82	20.99	22.60	24.87
总糖/%	1.82	2.03	1.36	1.31	1.26	1.29	1.20
淀粉/总糖	5.05	6.18	10.86	13.71	16.65	17.13	20.73
液汁清浊	清	清	清	清	清	清	清
子实色泽	鲜绿	鲜绿	鲜绿	鲜绿	绿	绿	绿
破粒/%	2.30	4.40	2.60	0	0	0	0
子实软硬	软	软	软	软	硬	硬	硬
成熟度	未熟	适熟	适熟	适熟	稍过熟	过熟	过熟
风味	淡	良	良	良	良	不良	不良

来源：天津轻工业学院，无锡轻工业学院，1984

实践证明，青豆采收过早，则豆粒太小、水分多、含糖分低、质软味差。作为护色豆用时，成熟度较低的豆粒，由于叶绿素含量少亦难以护色。但若采收过迟，豆粒过分成熟，质地粗糙，淀粉含量高，风味不佳，制成罐头后，汁液混浊，并有黏性。作为护色豆时，豆皮上蜡质厚、护色困难。因此青豆应严格控制采收时间，适时采收。

3）*贮藏*　　青豆在贮藏过程中，由于呼吸作用旺盛，极易发热变质，因此必须注意通风和快速加工，严防呼吸热和发酵。

采收后的豆荚应用有间隙的木箱盛装，每箱重量不超过 15kg，严防雨淋和日晒。不能及时加工时，应摊开置于干燥洁净阴凉通风的地方，或进冷库贮存。

2. 去荚与大小分级　　去荚一般是在脱粒去荚机上进行，去荚后的豆粒经过滚筒的筛孔落入倾斜的收集器中，而碎壳等残渣由传送带送出。

青豆出豆率依品种及成熟度不同而异，一般达 41%～48%。

青豆大小分级采用圆筒式分级机。一般按豆粒直径分为五级：一级豆 5～7mm，二级豆

7～8mm，三级豆 8～9mm，四级豆 9～10mm，五级豆 10mm 以上。

青豆罐头有时出现豆粒大小不均匀的现象，主要是分级机上各级筛子长短不合理，小级跳大级所致。故青豆分级时应根据具体情况改进分级机。

3. 盐水浮选　青豆在生长过程中，成熟速度快，罐头用的原料，采摘时成熟度不尽相同。不同成熟度的青豆，淀粉和糖分的含量也会有所不同，若混在一起采用同样的操作条件进行生产，罐头内容物质量就不一致，导致在同一罐中有老嫩不均现象。此外，成熟度较高的青豆，淀粉含量较高，可能会由于预煮处理不同，而引起汤汁混浊，甚至凝冻。

如果生产护色青豆，则不同成熟度的青豆对于护色液（如硫酸铜）的浓度和处理时间的要求各有不同。豆粒成熟度越高，豆皮上的蜡质越厚，护色有困难，豆粒表面吸附铜离子能力差，叶绿素不能充分与铜离子接触，不易护色。成熟度较低的豆粒，由于叶绿素含量少，故难于护色。因此若不将它们分开，成品的色泽就不能达到一致。

青豆成熟度不同，淀粉和糖分的含量不同，密度就不同。成熟度高的密度大，用盐水浮选时沉入池底；成熟低的密度小，豆粒浮在水面上。故用不同浓度的盐水浮选，就能按原料的成熟度对青豆进行分级。

4. 预煮和漂洗　青豆预煮的主要目的是除去豆粒中一部分可溶性含氮物质、果胶和淀粉，避免汤汁混浊，除去豆粒中的空气，破坏豆粒中的酶类，防止罐头胀罐。

预煮的温度和时间，应根据原料品种，豆粒大小和老嫩而定。甜种豆粒可用沸点以下的温度煮几分钟即可，而含淀粉高及稍老的豆粒，预煮时间必须适当延长，防止预煮不足，杀菌后破裂，引起汤汁混浊。

预煮后，需迅速冷却漂洗，时间应根据原料品种及老嫩而异。甜种豆煮后稍冷即可装罐。含淀粉高的豆粒，则漂洗时间相对较长。

（三）说明与注意事项

叶绿素是青豆的主要色素。在一般情况下，叶绿素在碱的作用下，发生皂化而生成叶绿原素的碱盐。但这种碱盐还保存完整的中心核结构与叶绿素的颜色。利用叶绿素在碱性条件下较稳定的特性，生产中可改变介质 pH 来进行青豆的护色。叶绿素在酸性条件下，镁离子从叶绿素的分子中分离出来，而形成褐色的脱镁叶绿素，当叶绿素分子逐渐分解时，最主要的中间产物就是紫质，这种紫质已不再含有镁或任何其他金属，但是还保有四个吡咯环。

青豆在高温高压处理后，有时产生紫褐色。如果反过来以镁、锌、铜离子取代氢离子的话，那么又可重新获得绿色。根据这个原理，可以用镁、锌、铜等盐类来进行青豆的护色及染色。

目前青豆的护色与染色主要有如下几种。

1. 采用金属盐护色　试验证明，青豆在 0.03%硫酸铜溶液中预煮 3～7min，杀菌后就能保持很好的绿色，但因铜盐对人体有害，已被禁用。青豆护色可采用镁盐，方法是将豆粒在沸水预煮 3min 后再置于 0.74%碳酸钠和 0.12%醋酸镁混合液中浸 30min，温度维持 70℃，浸泡后再经充分漂洗装罐，这样处理后，青豆的颜色虽不及硫酸铜处理的颜色，但其色泽却接近于青豆的本色。

2. 采用碱性缓冲剂热烫护色　青豆在碱性缓冲剂中热烫处理，能保持青豆天然的绿色。一般采用的碱性缓冲剂有氢氧化镁、氢氧化钙、硫酸镁、谷氨酸二钠、六偏磷酸钠等等。试验证明，pH 为 6.8～7.2 时，青豆色泽的稳定性最佳；pH 高于 8.5 时，青豆因组织中酰胺的水解作用而产生氨味，且组织内少量脂肪的水解及氧化而变哈败，而且 pH 提高，有滋长肉毒梭状芽孢杆菌的危险。因此碱化条件应控制在适宜范围内。

3. 采用高温短时间杀菌护色　也有人不用添加剂或化学药品处理青豆，而采用改变杀菌条件的方法。试验证明，杀菌温度愈高，时间愈短，对青豆护色效果愈好。

杀菌时间、温度和 pH 对罐藏青豆叶绿素的含量影响如表 5-9 所示。

表 5-9　杀菌时间、温度和 pH 对罐藏青豆叶绿素的含量影响

杀菌温度/℃	杀菌时间/min	pH	叶绿素的损失/%
115.60	18.60	6.00	74.10
115.60	24.60	7.00	21.00
115.60	24.60	8.00	7.43
137.80	0.10	6.00	1.09
137.80	0.12	7.00	1.05
137.80	0.15	8.00	1.06

来源：天津轻工业学院，无锡轻工业学院，1984

4. 用铜叶绿素钠染色　目前青豆的染色采用如下措施。

石灰液处理：青豆在 1%石灰液中浸 20～30min，洗涤后再于 5%盐水中浸泡 15～20min，然后水洗一次。

预煮和染色：青豆 1.5 份和 0.08%～0.1%铜叶绿素钠染色液 1 份（按重量计），经 25～30min（90～95℃）预煮，预煮染色后水漂 3～4h。

实践证明，青豆染色后，经高温杀菌及长时间保存，色泽不变。

铜叶绿素钠是从菠菜、蚕沙等含叶绿素较丰富的材料中提取的叶绿素，再经皂化取代后制成的绿色食用色素。

青豆罐头由于进行硫酸铜的护色和铜叶绿酸钠的染色，罐内腐蚀会因铜离子的残存而加速进行，因此青豆护色或染色后用充分漂洗以减轻腐蚀。

（四）成品感官指标

（1）感官指标。无泄漏、胖听现象存在，容器内外表面无锈蚀，内壁涂料完整、无杂质。

（2）理化指标。果蔬罐头的理化指标参照国标 GB 11671—2003。

（3）微生物指标。应符合罐头商业无菌的要求。

三、蘑菇罐头

蘑菇中含有丰富的氨基酸、矿物质和各种维生素及多糖类，加工后味道鲜美，因此蘑菇罐头是一种深受消费者喜爱的蔬菜罐头品种。

罐藏蘑菇品质的好坏，主要是由菇色、菇体大小均匀性、嫩度、风味、及汤汁清晰度几个方面决定的。菇色淡黄、大小均匀一致、味道鲜美、质地嫩脆、汤汁清晰的是上品。

（一）工艺流程

蘑菇罐头生产流程如下：

原料验收→护色→预煮、冷却→大小分级→拣选修整→装罐→排气、密封→杀菌、冷却→擦罐入库

（装罐 ↑ 注汤）

（二）操作要点

1. 原料验收　蘑菇是一种食用真菌，品种较多，世界上现有品种有白蘑菇、棕色蘑菇、大肥菇等。我国栽培的是白色双孢蘑菇（*Agaricus bisporus*），简称白蘑菇。子实体是供食用的部分。菌盖呈白色，幼菇为球形，随成熟逐渐展开呈伞形，菌柄支撑在菌盖下面的中央，白色。优质菇菌柄短粗，组织结实，生长不良时，呈细长形，组织疏松且带有空心。在菌盖和菌柄相连处，有一层菌膜，当蘑菇成熟开伞时，菌膜破裂，残留在菌柄周围形成“菌环”，开伞后，可见到菌盖下面呈片状的部分称为“菌褶”，初期呈粉红色，后期呈棕褐色。蘑菇原料品质好坏，产量高低与选种、育种、制种、栽培条件、技术管理、采收方法、贮运条件等有直接的关系。

由于蘑菇的原料娇嫩，后熟作用强，包装材料常采用衬有稻草、棉花的篮或筐，蘑菇经纱布包裹后放入其中，可防止日晒、光线及振动。

2. 护色

蘑菇最常见的问题就是蘑菇所含有的酚类物质在多酚氧化酶催化下发生氧化变色，即酶促褐变。蘑菇中的多酚氧化酶常以多种复合的分子形式存在，它不仅能催化单元酚羟基化，而且能催化邻二酚氧化成相应的邻二醌，呈淡黄色。因此蘑菇中含有的某些黄酮类化合物及酪氨酸等都是多酚氧化酶适宜的底物，它们在酶的催化下被氧化，然后再形成棕黑色的聚合物。

为了减轻和预防变色作用，生产上常需要进行护色处理，利用控制酶催化作用的条件，如氧、pH、温度、底物等，来削弱酶促褐变的程度。一般采用的护色方法有以下几种。

(1) 稀盐溶液。蘑菇采摘经分级后浸入浓度为0.6%～0.8%食盐溶液中运入加工厂。从食盐对酚酶的钝化作用来说，需要20%的浓度才行，但这会严重地影响蘑菇的风味与品质。使用低盐溶液，可减少水中氧的含量，且氯离子也可阻止酚酶对底物的作用，从而减缓酶变。要求从浸泡到加工厂加工，不得超过4～6h。

(2) 亚硫酸盐溶液。常用的有亚硫酸钠、焦亚硫酸钠等。亚硫酸盐作果蔬半制品保藏剂是人们所熟知的，欧美等国在早期生产蘑菇罐头时，曾用它作蘑菇护色的漂白剂，因它对多酚氧化酶有很强的抑制能力，当SO_2浓度达10mg/kg时，酶的活性几乎完全被抑制。从食品卫生上应要求SO_2在食品中的残留量越低越好，如目前有些国家规定食品中SO_2的残留量不得超过30mg/kg。

延伸阅读

在2014年8月份美国FDA拒绝进口我国食品情况中，广东台山的两批蘑菇被拒绝进口，其原因为“亚硫酸盐超标；未标注亚硫酸盐；未标注配料的常用或通用名”。

亚硫酸盐类对人体的各种系统、器官和组织会产生不利影响，其残留产物二氧化硫，会损害支气管和肺，进而诱发各种呼吸道炎症。因此，各国对食品中二氧化硫的残留量均采取了严格的限量控制措施。

FAO/WHO 联合食品添加专家委员会（JECFA）认为：二氧化硫的日容许摄入量 ADI 为 0～0.7mg/kg。为避免食品中二氧化硫残留量超标而引起食用者中毒等不良反应，各国在 JECFA 制定的标准基础上，结合本国实际情况，对食品中亚硫酸盐类的使用量和二氧化硫残留量都进行了严格控制。

美国 FDA 要求亚硫酸盐使用量高于 10mg/kg 的食品要予以标明。日本对盐渍蔬菜、淀粉等食品中二氧化硫限量为 30mg/kg。我国的《食品安全国家标准 食品添加剂使用标准》（GB 2760—2014）中规定在蘑菇罐头中二氧化硫残留量为 50mg/kg。

3. 预煮 蘑菇预煮的目的主要是破坏多酚氧化酶的活力，抑制酶促褐变，同时赶走蘑菇组织内的空气，使组织收缩，保证固形物的要求，还可增加弹性，减少脆性，便于装罐。当采用亚硫酸盐护色法时，通过预煮可起到脱硫的作用。为了减轻非酶促褐变，常在预煮液中添加适量的柠檬酸，以增加预煮液的还原性，改进菇色。

预煮时，水与菇的比例为 3∶2，预煮水中加入 0.07%～0.08% 柠檬酸调整酸度。预煮时间视蘑菇大小而异，一般 5～8min，以煮透为好。但预煮时间不宜太长，以免组织太老，失水过多，失去弹性。为了防止菇色变暗，预煮液酸度应经常调整并注意定期更换，预煮后应迅速将蘑菇进行冷却。

4. 分级、拣选、修整 采用滚筒式分级机、机械振荡式分级机进行分级。对分级好的蘑菇，按级剔除不合格菇，如斑点、泥根、畸形、薄菇等。然后按整菇、片菇、碎菇的要求进行分档。

一般整菇与碎片菇间的比例为（6∶4）～(7∶3)。根据原料的新鲜度、泡水时间的长短、原料的采收期及连续化操作程度而不同，中期采收的原料较初、末期采收的原料含整菇比例大。

5. 装罐 配汤中盐含量为 2.5%左右，柠檬酸为 0.05%左右。加入汤汁后，要求罐中心温度不低于 50℃，装罐时应做到同一罐中大小均匀，不得混级。装罐量的多少常常取决于蘑菇的收缩率，这与菌种有关。固形物越高，收缩率越低。加热杀菌时的收缩率与预煮时间成反比，用连续式预煮器预煮时收缩率约为 47.5%，间歇式预煮时收缩率约为 50%。杀菌时的失水率为 1.3%～4.0%。罐藏蘑菇贮藏过程中的收缩率随盐分浓度的增加而加大，但最终达到平衡。

6. 排气、密封 采用加热排气法排气时罐中心温度要求达到 75～80℃，对于 15173 罐号要求罐中心温度达 70～75℃。除 15173 罐号外，真空封口时真空度达到 350～400mmHg。

7. 杀菌及冷却 人工栽培蘑菇易从菌床粪肥中感染耐热芽孢菌，该菌最适生长温度为 45～55℃，pH6～7(以 pH7 为最适宜)。其耐热性为 $F_{121}=18$、$Z=10$，$D_{121}=2.35$。为此，在制定蘑菇罐头杀菌条件时应以该菌为杀菌对象菌设置杀菌规程。采用间歇式高压杀菌器杀菌时的工艺条件（用反压冷却至 40℃以下）参考表 5-10。

冷却方法对杀菌效率有直接的影响。一般采用反压冷却时，冷却阶段的杀菌效率占总杀菌效率的 0～10%，若不采用反压冷却，冷却降温时间长达 15～20min，杀菌效率可达 20%～40%。但冷却降温慢会导致蘑菇组织软烂，色泽加深，不宜采用。

表 5-10 热杀菌的参考条件

罐号	杀菌公式	罐号	杀菌公式
761	10—23—5min/121℃	9124	10—27—5min/121℃
6101	10—23—5min/121℃	15173	15—25—10min/121℃
7114	10—23—5min/121℃		

来源：天津轻工业学院，无锡轻工业学院，1984

（三）说明与注意事项

在蘑菇生产过程中，常会出现以下几种现象。

1. 异味 异味的来源有几个方面的原因：①蘑菇本身含有对苯二酚类物质，氧化成相应的醌类后，散发出刺激性气味；②水中若含有大量的游离氯时，也会有强烈氯臭；③使用亚硫酸盐护色时，SO_2残留量较高是引起异味的主要原因之一。为此在生产中必须严格控制水质、原料新鲜度，并尽量采用连续化生产线，缩短加工时间、减少杂质污染，尽量不使用或少使用亚硫酸盐护色，以杜绝异味的产生。

2. 汤汁呈黄绿色、鲜味不足 这类情况主要发生在使用亚硫酸盐护色。由于护色液浓度过高或浸泡时间过长，为了脱硫就需要延长漂洗和预煮时间，从而导致鲜味不足。并且当SO_2残留量达 50mg/kg 以上时，菇柄中央及汤汁中还会出现淡黄绿色，并伴有异味。

要防止这种现象出现，最根本的方法就是不采用亚硫酸盐护色，而采用添加适量的L-抗坏血酸或D-异抗坏血酸及其盐类等。并尽量减少水质中铁离子含量，以保证使用效果。在尽量保持原料新鲜的情况下，改进杀菌工艺及方法，采用高温短时杀菌可使蘑菇色泽、风味良好，同时尽量采用素铁罐包装，利用贮藏过程中罐内产生的亚锡离子及其他的强还原性物质，对蘑菇的色素物质起还原作用，改善菇色及风味等。

（四）成品感官指标

（1）感官指标。无泄漏、胖听现象存在，容器内外表面无锈蚀，内壁涂料完整、无杂质。

（2）理化指标。果蔬罐头的理化指标参照国标 GB 11671—2003。

（3）微生物指标。应符合罐头商业无菌的要求。

四、番茄酱罐头

番茄浓缩制品的种类主要有以下几种。

（1）番茄浆为番茄经处理后，经细孔筛板打浆，去净皮和种籽，不加盐和其他调料，经浓缩而制成的产品。目前，生产的番茄浆是指干物质含量 20%以下（包括 20%）的产品。

（2）番茄酱的加工方法与番茄浆相同，但浓缩的浓度不同，所含的干物质比番茄浆高，其干物质含量一般为 22%～30%。

（3）番茄沙司一般由番茄打浆后的原浆或浓缩至干物质含量达 12%～14%的番茄浆，加入果醋、精盐、糖和多种香辛调料，浓缩制成。一般按其浓度的不同分为干物质含量不低于 33%、29%、25%三种。

下面以高浓度番茄酱罐头为例，介绍生产中应注意的几个问题。

（一）工艺流程

番茄酱生产流程如下：

原料验收→洗果→挑选→破碎→预热→打浆→真空浓缩→加热→装罐→称重→封口→杀菌→冷却→成品

（二）操作要点

1. 原料验收 番茄制品的色泽是评定产品等级与衡量产品质量的主要条件之一，其色泽的好坏取决于原料本身的色泽。番茄所含的色素有番茄红素、胡萝卜素、叶黄素及叶绿素等。各品种番茄的色泽，决定于各品种色素的相对浓度和分布。加工番茄酱应选用色泽大红，番茄红素含量高的原料。

番茄原料所含可溶性固形物的高低，直接影响制品的成品率。新鲜番茄含可溶性固形物高，番茄酱在浓缩过程中，能节约燃料，又能提高劳动生产率和设备利用率，因此应选用可溶性固形物含量高的品种。

此外，生产番茄酱应选择成熟度适宜的原料，以保证产品的黏稠度；还应选择新鲜，无霉烂的果实，并彻底清洗果实，以减少微生物的数量。

2. 预热、打浆 番茄打浆前需经预热处理，其目的主要有三个方面：①抑制果胶酶的活性，防止产品发生汁液分离现象；②使破碎的果肉软化，增加产品的黏稠度；③排除果实组织中的空气，避免在加热浓缩时产生泡沫。

在番茄加工过程中，当番茄破碎去籽后，由于番茄中含有果胶酶，若不采取措施钝化酶的话，浆体中果胶酶迅速分解果胶物质而产生低甲氧基果胶和半乳糖醛酸，会使浆体黏稠度迅速降低，影响产品品质。因此破碎去籽后的番茄，应迅速加热升温至80℃以上，以抑制果胶酶的活性。

为了去除果皮、种籽等取得均匀细腻的原浆，一般利用打浆机进行打浆处理。打浆所产生的废渣为3.5%～4%，若渣过湿，则原料损耗率增大，出浆率低，但也不能过干，太干会造成种籽在打浆机中被刮板挤擦破碎，从而影响产品的风味和形态。

3. 真空浓缩 番茄汁液一般含有大量水分，而可溶性固形物只占4.0%～7.0%。通过浓缩除去汁液中大量的水分，不但可以提高产品的浓度，而且可以节约包装，便于贮藏及运输。

浓缩操作可以在常压或减压下进行。在减压下进行的浓缩操作称为真空浓缩。由于果蔬汁液是热敏感性很强的物质，所以进行浓缩时要慎重考虑食品原有的色、香、味成分。为此，力求使浓缩在低温、短时的条件下进行。因为液体的沸点与外压有关，外压越小，沸点越低，因此番茄汁液的浓缩多采用真空浓缩法，这样有利于降低物料的沸点，从而提高产品的质量。

（三）说明与注意事项

番茄酱（特别是高浓度的酱）是典型的高酸性食品，对镀锡薄板罐的腐蚀性很强，一般的耐酸涂料，或空罐制作过程中涂层机械伤均易引起集中腐蚀及涂料脱落等质量问题，故目前采用防酸内涂料罐（214# 三涂二烘，制罐后喷涂一次涂料，可防止受机械伤涂层的涂料脱落）及高锡带罐（HTF罐）作为容器。

高锡带罐是在涂料罐接缝处用纯锡代替常用的Sn-Pb合金来焊接，并使溶锡深入锡缝形成一条锡带（宽0.3～1mm，厚0.3mm），它对于铁具有阴极保护作用（高锡带作为牺牲阳极）以保护涂料损伤处的露铁或露合金层的腐蚀，目前美国等应用于腐蚀性较强的番茄制品等罐头中，我国也应用来盛装高浓度番茄酱及整番茄，取得很好的效果，但耗锡量较大。

浓缩好的酱，加热至 90～95℃后，必须快速装罐密封，密封酱温不能低于 85℃，以提高罐头真空度。密封后应立即杀菌（以采用连续常压杀菌器为好）、冷却，以提高杀菌效果，减少色泽深暗。另外，为提高番茄酱质量，生产过程应避免与铜、铁工具设备接触。

（四）成品感官指标

（1）感官指标。无泄漏、胖听现象存在，容器内外表面无锈蚀，内壁涂料完整、无杂质。

（2）理化指标。果蔬罐头的理化指标参照国标 GB 11671—2003。

（3）微生物指标。应符合罐头商业无菌的要求。

第五节　果酱类罐头生产工艺

一、果胶凝胶的理论基础

果胶广泛存在于水果中，它是果酱类制品形成凝胶的主要物质。果胶是多半乳糖醛酸的长链，分子中的部分羧基为甲醇所酯化，根据其分子的甲酯化程度的不同可分为高甲氧基果胶和低甲氧基果胶。甲氧基含量在 7%以上的为高甲氧基果胶，也叫普通果胶；甲氧基含量等于或小于 7%的为低高甲氧基果胶。这两种果胶的甲氧基含量不同，形成凝胶的机理及条件也不相同。

（一）高甲氧基果胶凝胶的形成

1. 凝胶形成的机理与条件　高甲氧基果胶是亲水性胶体物质，在其水溶液中加入一定量的糖，调整 pH，就可形成凝胶。果胶凝胶的最佳条件为果胶含量 0.6%～1%，糖含量 65%～70%，pH2.8～3.3。

水分会影响凝胶的形成，当水过量时，果胶不易形成凝胶。向果胶溶液中添加糖能起到脱水剂的作用，酸起中和果胶胶粒表面负电荷的作用。溶液中高度水合的果胶束因脱水和电性中和而发生凝聚并相互交错，无定向地组成一种连接松弛的三维网状结构，形成凝胶。

2. 影响凝胶强度的因素　高甲氧基果胶形成的凝胶强度主要受果胶相对分子质量及甲酯化程度的影响。

1）果胶相对分子质量　果胶凝胶的强度与果胶相对分子质量成正比，见表 5-11。果胶的凝胶强度随果胶相对分子质量的增大而增强。在果胶溶液转变为凝胶时，每 6～8 个半乳糖醛酸单位形成一个结晶中心，因此相对分子质量越大，在标准条件下形成的凝胶强度也越大。

表 5-11　果胶相对分子质量与凝胶强度的关系

相对分子质量	凝胶强度/(N/cm^2)
18×10^4	2200～3000
14×10^4	1800～2200
11.5×10^4	1300～1800
9×10^4	1000～1300
5×10^4	200～500
3×10^4	不形成凝胶

来源：赵晋府，2003

2）甲酯化程度　果胶的凝胶强度还受到甲酯化程度的影响。甲酯化程度越高，凝胶强度越大。果胶的甲酯化程度不仅影响凝胶的强度，还影响果胶凝胶的速度。甲酯化程度越低，凝胶的速度越慢。根据果胶的凝胶速度可将其分为两种：

（1）速凝果胶。其甲酯化程度70%以上，即分子中的甲氧基含量在11.4%以上，加糖、酸后可立即形成凝胶。这种果胶的相对分子质量大小对凝胶性质的影响更为突出。

（2）慢凝果胶。其甲酯化程度为50%～70%，即分子中的甲氧基含量为8.2%～11.4%，加糖、酸后缓慢形成凝胶。

3）pH的影响　只有在适宜的pH条件下，才能形成凝胶强度好的果胶一糖凝胶体。当pH偏小，温度高，在果胶分子苷键处会发生水解断裂，将直接影响凝胶强度；当pH偏大，使果胶处在碱性条件下，即使在室温，果胶分子中的酯键部分也会发生水解，使凝胶强度降低。

4）温度的影响　当糖的含量和pH适当时，在0～50℃，温度对果胶凝胶影响不大，但温度过高或加热时间过长，果胶将发生降解，蔗糖也发生转化，从而导致果胶凝胶的强度减弱。

（二）低甲氧基果胶凝胶的形成

低甲氧基果胶其甲氧基含量低于7%，其凝胶的形成需要有钙、镁等金属离子的参与，靠离子链形成凝胶结构。低甲氧基果胶凝胶的基本条件是：低甲氧基果胶1%，pH2.5～6.5，每克低甲氧基果胶添加25mg钙离子（钙量占整个凝胶的0.01%～0.1%）。低甲氧基果胶常用来生产低糖和低热量果酱、果冻，供特殊群体，如糖尿病和肥胖病人食用。

二、果酱类罐头

（一）工艺流程

原料处理（选果、去皮、去核等）→加热软化→打浆（泥状酱）或取汁（果冻）→配料浓缩→装罐密封→杀菌冷却→检验→包装→成品

（二）原料的选择

生产果酱类制品用的原料要求果酸和果胶含量高，芳香浓郁，成熟度较高，品质优良。各种果实原料根据其果胶和酸的含量，可分为以下5种。

（1）果胶和果酸丰富的原料。山楂、杏、苹果（含酸量高的品种）等。

（2）含果胶量高、含酸量低的原料。无花果、甜樱桃、桃子、香蕉、番石榴等。

（3）果胶和酸中等的原料。葡萄、枇杷、成熟度高的苹果等。

（4）含果胶量少、含酸量高的原料。酸樱桃、菠萝、杨梅、芒果等。

（5）含果胶和酸均少的原料。成熟的桃子、洋梨、草莓等。

当采用含果胶量和果酸量少的果实生产果酱类制品时，需要外加果胶和果酸，也可通过加入另一种富含果胶的果实来弥补不足。

（三）操作要点

1. 原料预处理　剔除霉烂的、成熟度低的等不合格果实，对果实按照成熟度进行分选清洗，再进行去皮、去核、切块，最后进行修整，彻底修除斑点、虫害等部分。去皮切块后易变色的水果，应及时浸入食盐水或其他护色液中，并尽快加热软化，以破坏酶的活性。

2. 加热软化　处理好的果块根据需要加水或加稀糖液进行加热软化处理，也有一小部分水果无需软化而直接浓缩（如草莓）。加热软化的主要目的有：破坏酶的活性，防止变色和果胶的水解；软化果肉组织，便于打浆和糖液的渗透；使果胶溶出；脱去一部分水分，缩短浓缩时间。

加热软化时升温要快，沸水投料，注意控制每批的投料量，不宜过多。加热时间根据原料的种类及成熟度进行控制，防止加热时间过长影响风味和色泽。

3. 打浆与取汁　生产泥状果酱的果块，软化后要趁热进行打浆。打浆机孔径一般为0.5mm。生产果冻的果块软化后需先榨果汁，再经过滤、澄清处理。柑橘类一般使用果肉榨汁，残渣再用少量的水加热软化，抽取果胶液与果汁混合使用。

4. 果酱的配方　果酱的配方中，一般果肉（汁）占总配料量的40%～50%，砂糖占45%～60%（其中可用淀粉糖浆代替20%的砂糖）。当原料的果胶和果酸含量不足时，应添加适量的柠檬酸和果胶或琼脂，使成品的含酸量达到0.5%～1%，果胶含量达到0.4%～0.9%。

所有的固体配料使用前均需先配成浓溶液后过滤备用。

（1）砂糖。配成70%～75%的溶液。

（2）柠檬酸。配成50%溶液。

（3）果胶粉。果胶粉不易溶于水，可先与4～6倍果胶粉重的砂糖粉充分混合均匀，再加入10～15倍的水加热搅拌溶解。

（4）琼脂。琼脂是果酱类制品生产常用的一种增稠剂，使用时应先用约50℃的温水软化，再加入20～24倍的水加热溶解，过滤后备用。

5. 果酱的浓缩　生产泥状果酱时，在处理好的果浆中加入浓糖液即可加热浓缩。若生产块状果酱，应先将果肉加热软化10～15min，使果肉软化透，再加入浓糖液加热浓缩。待浓缩至接近终点时，再依次加入果胶液或琼脂液、淀粉糖浆、柠檬酸等，充分搅拌均匀，使可溶性固形物含量达到65%即可。

目前常用的浓缩方法主要有以下两种。

1）*常压浓缩*　将物料置于夹层锅中于常压下加热蒸发水分，以达浓缩目的。此法的浓缩温度较高，产品质量较难掌握。

2）*真空浓缩*　将物料置于真空浓缩装置中，在减压条件下进行蒸发浓缩。真空浓缩由于浓缩温度较低，产品的色、香、味等品质都比常压浓缩的好。浓缩过程中，当真空度达到53.33kPa时开启进料阀，用锅内的真空吸力将物料吸入锅内，物料温度最好应控制在70℃以上，以利于蒸发。锅内真空度保持在86.65～95.99kPa，加热蒸汽压保持在0.098～0.147MPa，蒸发温度控制在50～60℃。

6. 装罐密封　酱类制品为热装产品，出锅后必须迅速装入事先清洗消毒好的空罐中，即刻密封。每锅酱自出锅到分装完毕不得超过30min，以20min为佳，封口温度不得低于80℃。在装罐过程中，要注意果酱不得污染罐边或瓶口，若有污染应以消毒湿布及时擦净，以免造成产品发霉变质。

酱类制品大多均采用玻璃瓶或抗酸涂料罐。当采用玻璃瓶时，要注意防止遇热炸裂。

7. 杀菌冷却　果酱经加热浓缩，其中所含的大部分微生物已被杀死，且由于酱体的糖度高，pH低（pH3～4），一般装罐密封后残留于罐内的微生物很少，也不易生长繁殖。因此在卫生条件好的情况下，果酱密封后只需倒罐或倒瓶数分钟进行罐盖消毒即可，不需再进行杀菌处理。但为确保罐头质量，密封后的果酱罐头还需再进行常压杀菌处理。杀菌条件根据品种及罐型来定，一般为100℃杀菌5～15min。杀菌后的罐头应迅速冷却至38℃左右。玻璃瓶罐头应采用热水分段冷却，并严格控制好各段的温度，以防瓶炸裂。

（四）果酱类罐头生产常见的质量问题

1. 糖结晶析出　酱体中的糖重新结晶是果酱生产中的常见质量问题之一。其主要原因有：①含糖量过高，酱体中的糖过饱和。生产中应控制总糖的含量，一般不应超63%。②转化糖量不足。应保证转化糖的含量不低于30%，可通过添加适量的淀粉糖浆代替砂糖，但用量不得超过砂糖总量的20%。

2. 果酱的变色　引起果酱颜色变褐变暗的原因同本章第三节中水果罐头变色的原因。

3. 果酱的霉变　果酱污染霉菌而发霉变质主要原因有：原料本身被霉菌污染且加工中又没能杀灭；加工操作和储藏过程卫生条件恶劣；操作不当，装罐时酱体污染罐边或瓶口而又没有及时采取补救措施，尤其是玻璃瓶罐头；装罐后密封不严造成二次污染。要防止果酱发霉应该注意以下几点。

（1）贮藏原料的库房应用过氧醋酸等消毒（浓度0.2g/m^3），以减少霉菌的污染。霉烂的原料严格剔除。

（2）原料必须彻底清洗，必要时进行消毒处理。

（3）生产车间所用设备、工器具等要用0.5%过氧乙酸及蒸汽彻底消毒，操作人员保证个人卫生，尤其是装罐工序的工器具及操作人员更应严格卫生管理。车间不得有霉菌污染，必要时对原料进行霉菌数检验。

（4）装罐容器、罐盖及胶圈严格按规定清洗和消毒。

（5）保证环境的密封温度在80℃以上，严防果酱污染罐口，并确保封口的密封性。

（6）合理选用杀菌、冷却的方式，玻璃瓶装果酱最好采用蒸汽杀菌和淋水冷却，并严格控制杀菌条件。

第六节　案例介绍

案例1　低酸罐头——蘑菇罐头的安全

罐头按pH的不同，可分为低酸性罐头（pH＞4.6）和酸性罐头（pH ≤4.6）。蘑菇罐头的pH在5.0以上，属低酸性食品，因此对蘑菇罐头的杀菌条件需要严格控制，避免微生物对其产生的影响。在20世纪，蘑菇罐头发生过不少偶发性问题。

1982年，在美国宾夕法尼亚州生产的蘑菇中发现肉毒梭毒素，对事件的原因进行追踪，发现是由某型号连续装料机装料过满引起，造成杀菌不足。

1983年，美国加利福尼亚州用albuvac工艺加工的蘑菇，被发现严重加工不当，未发现有毒物质，其原因之一是热烫不当，使蛋白质从蘑菇渗析出进入盐水，进而导致热渗透下降和总的杀菌率降低。

1989年2月，美国密西西比州有20个人金黄色葡萄球菌食物中毒，传播的媒介认为是中国包装的规定尺寸的蘑菇罐头。该事件后，又发生几起由于进口蘑菇罐头引起的金黄色葡萄球菌中毒事件，这些事件导致了美国FDA实施从中国进口蘑菇的贸易禁令。金黄色葡萄球菌是很重要的病原菌，但在发达国家很少发生，原因是加工过程自动化程序高，而我国在大量劳动密集型的食品加工方式下，如果没有对员工个人卫生，特别是患有上呼吸道感染和手部感染性伤口的员工个人加以控制，金黄色葡萄球菌很容易通过呼吸液和创口污染在加工食品中。美国药品与食品协会对我国蘑菇罐头出现金黄色葡萄球菌进行生产过程试验，得出我国蘑菇罐头出现金黄色葡萄球菌主要是蘑菇采摘后送厂使用密封的塑料袋装菇，运输过程未采取温度时间控制造成。

HACCP 在罐头的应用最早是于 1974 年美国政府授权 FDA 在低酸罐头食品和酸化食品上使用。我国早在 20 世纪 80 年代出口蘑菇罐头就已按美国法规运行，但没有 HACCP 管理概念，90 年代中期出口蘑菇罐头建立了 HACCP 体系，2002 年 5 月，我国正式以法规形式对出口罐头等六大类进行 HACCP 体系评审。近期我国又颁布了出口蘑菇罐头质量安全控制规范 SN/T 4255—2015，于 2016 年 1 月实施。

案例 2　果汁也会爆炸，且威力惊人！

临近夏天，天气越来越热，大家喝的饮料也越来越多。浙江一位徐阿姨喝果汁的时候，刚一打开，啪，瓶盖就跟爆炸似的，直接飞出来打在徐阿姨的眼睛上，导致眼睛受伤！这果汁又不是碳酸饮料，怎么会有气？会爆炸呢？

经调查，那瓶果汁是过年的时候买的，在家里放了几个月一直没喝。事发前一天，一家人吃晚饭打开喝过，剩下半瓶就放在柜子上。等到第二天徐阿姨打算再拧开喝的时候，意外就发生了。记者注意到这瓶果汁的生产日期是 12 月份，还有 8 个月过期，它的瓶身比正常的瓶子大了一圈，瓶底也凸了出来，就在记者拧开瓶盖的瞬间，仍然像碳酸饮料一样，有气体喷出。问题：果汁里面为什么会有气体呢？

案例分析：果汁发生爆炸最主要的原因就是里面产生了二氧化碳。果汁中含有大量的糖类物质，是微生物的营养源。一旦果汁中有微生物污染，一些易产气的微生物就会产生二氧化碳。当气体累积到一定量的时候，爆炸就会发生。夏天天气较热，大部分微生物的最佳生长温度在 28～37℃，正是微生物发酵产生二氧化碳的最适宜环境。

建议：在生活中，饮用果汁饮料时，打开前最好按一按瓶身，如果非常坚硬，就说明里面气体压力非常高，在打开时要格外小心。在温度较高时，一瓶打开的果汁最好马上喝完，以防微生物污染繁殖产气；若实在喝不完，应放置在冰箱中，尽早喝完。

案例 3　罐头产品无需添加防腐剂！

2010 年，沈阳市质量技术监督局通报罐头产品质量监督抽查结果，沈阳市北方罐头厂生产的一批次罐头产品检出苯甲酸，按标准果蔬罐头不允许使用苯甲酸。

沈阳市质监局于 2010 年 3 月 9 日至 2010 年 4 月 14 日对沈阳市辖区内罐头的生产企业进行了产品质量监督抽查，共抽查了 2 家企业生产的 22 批次产品，合格产品 21 批次，产品抽样合格率为 95.5%。沈阳市北方罐头厂的糖水杨梅罐头（480g/瓶，2010-3-12）检出含有苯甲酸，检出值为 0.1g/kg。苯甲酸作为防腐剂，适当的使用可以延长食品的保质期，但过量摄入则会对人体造成伤害。国家标准规定，只允许部分食品可以使用苯甲酸，并且对其使用量都有明确的规定，而果蔬罐头不允许使用苯甲酸。在水果罐头生产中，罐头产品质量好坏，主要是依据优质的原料和规范的生产工艺，而无需添加防腐剂。

本章小结

果蔬罐头装罐前的处理，包括原料的分选、洗涤、去皮、修整、热烫、抽空等，其中分选、洗涤是所有原料必须进行的步骤，其他处理过程则视原料及成品的种类而定。

变色是水果罐头常见的质量问题。引起水果变色的主要原因有水果中固有化学成分（如单宁、色素等成分）变化而引起的变色，抗坏血酸氧化引起的变色，加工操作不当引起的变色和罐头成品贮藏温度不当引起的变色。可从控制原料的品种和成熟度，严格控制各工序的操作，添加某些保护剂或酶类等措施解决水果变色问题。

要注意防止蔬菜罐头变色、罐内腐蚀、酸败变质及胀罐等现象。蔬菜罐头胀罐可通过控制装填度，提高排气温度，注意罐盖用铁厚度及膨胀圈的抗压强度，抑制罐内壁腐蚀，控制原料半成品的微生物水平，充分杀菌等措施预防。为防止酸败，应注意原料的新鲜卫生，尽量缩短工艺流程，严防半成品积压和污染。严格执行卫生制度，对加工用的工器具、机械设备及管道、泵以及冷却池等必须严格消毒，防止耐热性细菌的滋长。

思考题

1. 请简述果蔬罐头加工过程中发生变色的原因与预防措施。
2. 描述果蔬罐头的一般工艺流程。
3. 试分析蔬菜类罐头胀罐的原因。
4. 试述柑橘罐头白色沉淀的生成原因及预防措施。

参考文献

陈玉梅 . 2010. 亚硫酸盐类在食品中的应用及残留控制 . 检验检疫学刊，20（3）：22-24.

何建新 . 2008. 我国果蔬罐头加工现状、存在问题及发展对策 . 食品与机械，24（2）：151-155.

江建军 . 2002. 食品工艺. 北京：高等教育出版社.

李雅飞，等 . 1988. 食品罐藏工艺学 . 上海：上海交通大学出版社.

林我飞. 2003. HACCP 在蘑菇罐头加工应用探讨. 第二届 HACCP 理论和应用研讨会论文集，上海.

天津轻工业学院，无锡轻工业学院 . 1984. 食品工艺学 . 北京：中国轻工业出版社.

王丽莉，李保国，张彩霞 . 2011. 蔬菜软罐头加工工艺及其保鲜试验研究 . 农产品加工 · 学刊，1：7-10.

赵晋府 . 2003. 食品工艺学. 2 版 . 北京：中国轻工业出版社.